全国高等教育自学考试指定教材

# 工业设计史论

（2024年版）

（含：工业设计史论自学考试大纲）

全国高等教育自学考试指导委员会　组编

主编　蒋红斌

参编　吴　丹　秦　宇

金志强　张龄予

机械工业出版社
CHINA MACHINE PRESS

本书从蒸汽时代、电气时代、信息时代、智能时代四个时代的工业设计流变出发，系统地梳理了工业设计的历史发展脉络，涵盖了各个时期的重要设计事件、设计师和设计作品。通过一些比较成型和成熟的理论、既成的事实、客观的规律，把它们呈现出来，然后来思考历史当中的一些现象和典型案例，由这个角度来推动读者自主地学习。此外，本书跳脱出狭义的工业设计史论框架，内容还涉及相关的科学、企业、社会等方面的知识，展现了工业设计的多元性和综合性，希望读者从更加全局、宏观的角度来理解工业设计的影响因素和意义，洞悉工业设计的本质及其发生发展的规律。

本书适合参加全国高等教育自学考试工业设计、产品设计等专业“工业设计史论”课程考试的学生使用，同时也适合高等院校艺术设计类专业师生阅读。

**图书在版编目（CIP）数据**

工业设计史论 / 全国高等教育自学考试指导委员会组编；蒋红斌主编. -- 北京：机械工业出版社，2024. 7. --（全国高等教育自学考试指定教材）. -- ISBN 978-7-111-76379-6

Ⅰ. TB47-091

中国国家版本馆 CIP 数据核字第 2024RF5903 号

机械工业出版社（北京市百万庄大街 22 号　邮政编码 100037）
策划编辑：宋晓磊　　责任编辑：宋晓磊　章承林
责任校对：曹若菲　陈　越　　封面设计：鞠　杨
责任印制：常天培
北京机工印刷厂有限公司印刷
2024 年 8 月第 1 版第 1 次印刷
184mm×260mm · 17 印张 · 435 千字
标准书号：ISBN 978-7-111-76379-6
定价：58.00 元

电话服务
客服电话：010-88361066
　　　　　010-88379833
　　　　　010-68326294

网络服务
机　工　官　网：www. cmpbook. com
机　工　官　博：weibo. com/cmp1952
金　　书　　网：www. golden-book. com
机工教育服务网：www. cmpedu. com

# 组编前言

21 世纪是一个变幻莫测的世纪，是一个催人奋进的时代。科学技术飞速发展，知识更替日新月异。希望、困惑、机遇、挑战，随时随地都有可能出现在每一个社会成员的生活之中。抓住机遇，寻求发展，迎接挑战，适应变化的制胜法宝就是学习——依靠自己学习、终身学习。

作为我国高等教育组成部分的自学考试，其职责就是在高等教育这个水平上倡导自学、鼓励自学、帮助自学、推动自学，为每一个自学者铺就成才之路。组织编写供读者学习的教材就是履行这个职责的重要环节。毫无疑问，这种教材应当适合自学，应当有利于学习者掌握和了解新知识、新信息，有利于学习者增强创新意识，培养实践能力，形成自学能力，也有利于学习者学以致用，解决实际工作中所遇到的问题。具有如此特点的书，我们虽然沿用了“教材”这个概念，但它与那种仅供教师讲、学生听，教师不讲、学生不懂，以“教”为中心的教科书相比，已经在内容安排、编写体例、行文风格等方面都大不相同了。希望读者对此有所了解，以便从一开始就树立起依靠自己学习的坚定信念，不断探索适合自己的学习方法，充分利用自己已有的知识基础和实际工作经验，最大限度地发挥自己的潜能，达到学习的目标。

欢迎读者提出意见和建议。

祝每一位读者自学成功。

全国高等教育自学考试指导委员会

2022 年 12 月

# 目录

全国高等教育自学考试

# 工业设计史论
# 自学考试大纲

全国高等教育自学考试指导委员会　制定

# 大纲前言

为了适应社会主义现代化建设事业的需要，鼓励自学成才，我国在20世纪80年代初建立了高等教育自学考试制度。高等教育自学考试是个人自学、社会助学和国家考试相结合的一种高等教育形式。应考者通过规定的专业课程考试并经思想品德鉴定达到毕业要求的，可获得毕业证书；国家承认学历并按照规定享有与普通高等学校毕业生同等的有关待遇。经过40多年的发展，高等教育自学考试为国家培养造就了大批专门人才。

课程自学考试大纲是规范自学者学习范围、要求和考试标准的文件。它是按照专业考试计划的要求，具体指导个人自学、社会助学、国家考试及编写教材的依据。

为更新教育观念，深化教学内容方式、考试制度、质量评价制度改革，更好地提高自学考试人才培养的质量，全国高等教育自学考试指导委员会各专业委员会按照专业考试计划的要求，组织编写了课程自学考试大纲。

新编写的大纲，在层次上，本科参照一般普通高校本科水平，专科参照一般普通高校专科或高职院校的水平；在内容上，及时反映学科的发展变化以及自然科学和社会科学近年来研究的成果，以更好地指导应考者学习使用。

全国高等教育自学考试指导委员会

2023年12月

# I 课程性质与课程目标

## 一、课程性质和特点

“工业设计史论”课程是全国高等教育自学考试工业与产品设计专业开设的必修课，是为培养自学考生理解和掌握自工业革命以来工业设计从诞生到成熟的演变历程，包括工业设计发展的历史背景与产业动因、经济社会因素、著名企业与经典产品、设计学派与风格流派、著名设计师及其作品等为主要内容的一门核心基础课程，目的是为工业设计专业的其他分支学科提供基本的设计史理论和方法指导。

## 二、课程目标

通过学习“工业设计史论”课程，正确理解和掌握工业设计发展的内在动力与逻辑，掌握一定的工业设计史理论能力，提高分析问题、解决问题的能力，为进一步学习工业设计专业课程和参与实际工业设计工作打下理论基础。具体目标如下：

1）理解工业设计在蒸汽、电气、信息、智能时代发生与发展的历史背景与经典案例，如标志性企业、设计学派与流派、著名设计师与作品、经典工业设计产品等。学会分析工业设计与科学、社会、文化、经济、技术等诸多方面的关系，深入探讨工业设计在工业革命后的各个历史时期以及现代社会中的角色和重要作用。

2）培养学生的设计思维和创造能力，通过实践项目和案例分析，提高学生的设计技能和解决问题的能力。探讨工业设计的未来发展趋势和挑战，例如可持续性设计、智能化设计、全球化设计等。

3）通过工业设计史的学习，认识到工业设计史就是多学科交叉融合的人类文明史，从而加强学生的跨学科合作和交流能力，鼓励学生与其他领域的专业人士合作，推动未来创新和设计的交叉融合。

## 三、与相关课程的联系与区别

本课程是工业设计专业自学考试系列课程中“产品开发设计”与“产品设计程序与方法”的先修课程。学好“工业设计史论”课程，会对工业设计史有一个系统全面的了解与认识，将给后续专业课的学习打下坚实的理论基础。

## 四、课程的重点和难点

“工业设计史论”课程的重点包括工业设计的概念、不同历史时期工业化背景与产业发展概况、工业设计发展的内在动力、设计思潮与变革中的重点流派与代表人物、经典工业设计作品等基本概念和范畴，并能够通过课内学习结合课外阅读的方法进行思考与评析。

本课程的难点包括时间跨度长、知识面广、理论体系复杂等，需要掌握的历史事件和人物较多，内容涉及设计学、艺术史、社会学、经济学等多个学科领域的知识，需要学生深入理解和掌握设计原则、设计方法、设计流程等多个方面。

# II 考核目标

识记：要求考生能够识别和记忆本课程中有关工业发展史、工业设计概念、工业设计理论、工业设计史经典案例等核心知识点，能够根据考核的不同要求，做出正确的表述、选择和判断。

领会：要求在识记的基础上，能够把握工业设计史论中的基本概念、基本原理、基本方法，掌握有关概念、原理、方法的区别与联系，并能根据考核的不同要求进行逻辑推理和论证，做出正确的判断、解释和说明。

应用：要求在领会的基础上，熟练地掌握基于科学、社会、文化、经济、技术等诸多方面的背景资料，对工业设计案例、工业设计问题进行深入分析、论证，得出合理的结论或做出正确的判断。 能够将所掌握的设计经验，正确运用到新的设计场景之中，进行整体的分析，提出解决问题的合理方案。

# III 课程内容与考核要求

## 第1章 设计与工业设计

### 一、学习目的与要求

通过对本章的学习，了解和掌握设计的概念、工业设计的概念、历次工业革命驱动工业设计产生和发展的动力因素等基本内容。

### 二、课程内容

1. 设计概述
2. 工业设计概述

### 三、考核知识点与考核要求

1. 设计概述

识记：设计的源流；设计的概念；设计的价值。

领会：设计的产生；关于设计的发展动力因素；设计在人类社会中的重要性。

应用：联系历史典型案例，说明设计的重要性。

2. 工业设计概述

识记：工业设计的概念；工业设计的流变；中国工业设计发展。

领会：工业设计的产生；工业设计在工业社会的重要性。

应用：联系历史典型案例，说明工业设计的重要性；工业革命推动工业设计产生、发展、变革的历程。

## 四、本章重点与难点

本章重点：设计以及工业设计的发展历程、概念和价值。

本章难点：工业设计的概念和发展历程。

# 第 2 章　蒸汽时代的工业与产业

## 一、学习目的与要求

通过对本章的学习，能够描述第一次工业革命的产生及发展历程，了解该时期有哪些技术进步驱动了第一次工业革命的发生与发展。同时，还能够了解在工业化大规模批量生产的历史背景下，设计与制造出现了分工，出现了早期面向工业制造的设计萌芽。除此之外，还需要充分掌握该阶段产业发展的情况，结合案例领会技术与设计是如何共同促进工业产业发展的。

## 二、课程内容

1. 工业与经济发展

2. 产业发展典型案例

## 三、考核知识点与考核要求

1. 工业与经济发展

识记：驱动第一次工业革命的重要进步技术；技术进步对从手工业向工业化转型的驱动作用。

领会：第一次工业革命如何促进经济发展与社会消费，形成早期的设计分工。

应用：能够在更多情况下理解并分析技术发展、社会需求等因素对设计的重要推动作用。

2. 产业发展典型案例

识记：瓦特蒸汽机和早期机床设计的特点；韦奇伍德陶瓷工业的发展简史；米切尔·托勒家具设计的特点。

领会：结合案例领会技术与设计是如何共同促进工业产业发展的。

应用：能够在更多情况下理解并分析技术发展、经济、商业、社会需求等因素对设计的重要推动作用。

### 四、本章重点与难点

本章重点：理解工业革命的技术变革以及给工业设计带来的具体变化，对蒸汽时代的产业发展情况有整体认知。

本章难点：结合具体产业发展案例学习蒸汽时代的工业设计发展情况。

## 第 3 章　蒸汽时代的设计变革

### 一、学习目的与要求

通过对本章的学习，能够充分掌握第一次工业革命前后设计的思潮与变革。其中，包括工业革命之前漫长古代东、西方社会的手工艺设计典型案例，工业革命后“水晶宫”国际工业博览会的历史意义，以及之后在艺术与设计领域发生的工艺美术运动、新艺术运动的设计风格与特征。

### 二、课程内容

1. 工业革命前的设计
2. “水晶宫”国际工业博览会
3. 工艺美术运动
4. 新艺术运动

### 三、考核知识点与考核要求

1. 工业革命前的设计

领会：中国古代手工艺设计成就；欧洲古代手工艺设计成就。

应用：吸收中国古代手工艺的设计哲学，将其运用在现代设计中；思考传统的设计遗产如何在当下焕发出生机。

2. “水晶宫”国际工业博览会

识记：“水晶宫”国际工业博览会的基本概念。

领会：“水晶宫”国际工业博览会的影响与意义。

3. 工艺美术运动

识记：工艺美术运动的基本概念及风格理念。

领会：工艺美术运动的意义和影响；拉斯金和莫里斯的设计理念。

应用：联系“水晶宫”，分析相应的时代环境是如何诞生出相应设计思潮的。

4. 新艺术运动

识记：新艺术运动的基本概念及风格理念。

领会：代表人物及其作品的设计成就和影响；新艺术运动与工艺美术运动的联系和差别。

应用：选取一个新艺术运动时期的典型设计作品，分析其设计元素、风格特点以及在当时社会的影响。

### 四、本章重点与难点

本章重点：对工业革命前的手工艺设计有整体的了解认知，理解“水晶宫”国际工业博览会的重要意义，学习工艺美术运动和新艺术运动的理念、代表人物及设计风格。

本章难点：熟记新艺术运动中各个国家的风格、理解新艺术运动和工艺美术运动的区别。

## 第 4 章　电气时代的工业与产业

### 一、学习目的与要求

通过对本章的学习，能够描述第二次工业革命的产生及发展历程，了解该时期有哪些技术进步驱动了第二次工业革命的发生与发展。 除此之外，还需要充分掌握该阶段工业产业发展的情况，结合产业案例领会技术与设计是如何共同促进工业产业发展的。

### 二、课程内容

1. 工业与经济发展

2. 产业发展典型案例

### 三、考核知识点与考核要求

1. 工业与经济发展

识记：驱动第二次工业革命的重要技术进步有哪些。

领会：结合案例领会技术与设计是如何共同促进工业产业发展的。

应用：能够在更多情况下理解并分析技术发展、社会需求等因素对设计的重要推动作用。

2. 产业发展典型案例

领会：托马斯 · 爱迪生对现代电力照明产业有哪些重要贡献；电报、电话、无线通信所代表的现代通信技术的进步是如何引发了通信工业的诞生的；结合案例领会“流水线”上的汽车对工业化进程的推动作用；结合实例领会化学工业发展带来的材料创新，对工业制造的影响和价值。

应用：能够在更多情况下理解并分析技术发展、经济、商业、材料、社会需求等因素对设计的重要推动作用。

### 四、本章重点与难点

本章重点：理解第二次工业革命的技术变革以及给工业设计带来的具体变化，对电气时代的产业发展情况有整体认知。

本章难点：结合具体产业发展案例了解电气时代的工业设计发展情况。

## 第 5 章　电气时代的设计变革

### 一、学习目的与要求

通过对本章的学习，能够充分掌握第二次工业革命后设计的思潮与变革。其中，包括现代主义设计运动、俄国构成主义与荷兰风格派、德意志制造联盟、包豪斯学派、装饰艺术运动、北欧早期的现代设计以及美国的流线型风格与工业设计职业化。除此之外，本章还会介绍中国近代自洋务运动起的工业萌芽与早期的工业设计发展历史。

### 二、课程内容

1. 俄国构成主义、荷兰风格派
2. 德意志制造联盟
3. 包豪斯
4. 装饰艺术运动
5. 北欧早期的现代设计
6. 美国工业设计
7. 近代中国工业肇始与工业设计萌芽

### 三、考核知识点与考核要求

1. 俄国构成主义、荷兰风格派

识记：俄国构成主义概念与代表人物及作品；荷兰风格派概念与代表人物及作品。

领会：俄国构成主义与荷兰风格派的美学思想。

2. 德意志制造联盟

识记：德意志制造联盟的概念；AEG 与彼得 · 贝伦斯的代表作品。

领会：德意志制造联盟的历史意义。

3. 包豪斯

识记：包豪斯的基本理念；包豪斯学院发展的三个时期与主要人物。

领会：包豪斯的代表教员及教育体系；包豪斯的历史意义。

应用：结合俄国构成主义、荷兰风格派、德意志制造联盟、包豪斯，梳理现代主义的发展脉络、风格流派、主要特征等；分析包豪斯设计教育模式的特点，思考当下的设计教育。

**4. 装饰艺术运动**

识记：装饰艺术运动的概念。

领会：装饰艺术运动与现代主义的关系。

**5. 北欧早期的现代设计**

识记：瑞典早期现代设计代表人物及作品；丹麦早期现代设计代表人物及作品；芬兰早期现代设计代表人物及作品。

领会：北欧早期现代设计对世界现代设计的影响。

应用：理解北欧设计的思想哲学，能够分析具体设计案例，并应用到具体设计中。

**6. 美国工业设计**

识记：消费主义与“有计划的商品废止制度”概念；流线型风格概念和代表作品；美国职业工业设计师。

领会：美国 20 世纪上半叶工业设计发展的独特性和历史意义；消费主义对资源和环境的负面影响。

应用：结合前面内容，总结工艺美术运动、新艺术运动、装饰艺术运动、现代主义设计这四种设计思潮的思想、联系、区别等。

**7. 近代中国工业肇始与工业设计萌芽**

领会：洋务运动与中国近代工业；中国工业设计萌芽。

### 四、本章重点与难点

本章重点：理清俄国构成主义、荷兰风格派、德意志制造联盟的理念和设计风格，理解包豪斯的发展历程和重要意义，掌握北欧和美国现代主义设计的风格、代表人物、代表作品。

本章难点：本章内容较多，集中于现代主义设计发展时期，需要理清这一时期关于设计的重点脉络，牢记各个设计运动的风格理念，对现代主义风格有清晰认知。

## 第 6 章　信息时代的工业与产业

### 一、学习目的与要求

通过对本章的学习，能够描述第三次工业革命的发生以及发展历程，了解该时期有哪些技术进步推动了第三次工业革命的发生与发展，掌握信息时代工业与产业发展的基本概念和理论。 熟悉电子工业、互联网、无线通信 1G ~3G、太阳能光伏和航天工业等产业的发展历程和现状，能够运用所学知识，分析和评估这些产业在经济、社会和环境方面的影响。

### 二、课程内容

1. 工业与经济发展
2. 产业发展典型案例

### 三、考核知识点与考核要求

1. 工业与经济发展

识记：推动第三次工业革命的重要技术。

领会：结合案例领会科学进步与战争因素是如何共同促进工业产业发展的。

应用：能够在更多情况下理解并分析科学、战争等因素对设计的重要推动作用。

2. 产业发展典型案例

领会：半导体晶体管的优势以及如何促进信息产业发展；芯片工业的关键技术；无线通信领域中 1G、2G、3G 的发展路径；光伏、航天工业对信息产业革命的推动作用。

应用：能够在更多情况下理解并分析科学技术、经济、商业、材料、社会需求等因素对设计的重要推动作用。

### 四、本章重点与难点

本章重点：理解信息革命的技术变革以及给工业设计带来的具体变化，并对信息时代的产业发展情况有整体认知。

本章难点：结合具体产业发展案例了解信息时代的工业设计发展情况。

## 第 7 章　信息时代的设计变革

### 一、学习目的与要求

通过对本章的学习，能够充分掌握第三次工业革命后设计的思潮与变革。其中包括理性主义设计、后现代时期的波普风格、后现代主义风格、孟菲斯设计集团和高科技风格等。除此之外，还会介绍信息时代工业设计的新发展，包括计算机辅助工业设计、人机交互设计和一些信息时代的经典设计案例。在设计多元发展部分，会介绍服务设计、绿色与可持续设计、人机工程学设计等内容，带领同学们了解 20 世纪下半叶设计与工业设计领域蓬勃的发展图景。

### 二、课程内容

1. 理性主义设计

2. 后现代时期的设计

3. 信息时代的工业设计

4. 设计的多元发展

5. 中国工业设计的发展与成熟

## 三、考核知识点与考核要求

### 1. 理性主义设计

识记：理性主义设计的概念；乌尔姆设计学院的风格理念及影响。

领会：理性主义设计在工业化批量生产中的优势；乌尔姆-布劳恩体系的运作模式；好设计的十个准则；布劳恩公司的设计特点；索尼公司的设计特点。

应用：将系统设计和理性主义原则应用在具体设计中。

### 2. 后现代时期的设计

识记：广义和狭义的后现代设计的概念；波普风格的概念；孟菲斯设计集团的概念；高技术风格的概念。

领会：后现代时期的设计产生的历史背景与影响；文化思潮对设计发展的影响。

应用：梳理现代主义和后现代主义的多方面异同。

### 3. 信息时代的工业设计

识记：计算机辅助工业设计产生的历史背景与特点；交互设计的概念。

领会：交互设计的起源；交互设计的常用方法；信息技术对设计发展的影响。

### 4. 设计的多元发展

识记：服务设计的概念；绿色设计与可持续设计的概念；人机工程学的概念。

领会：服务设计的流程与方法；绿色设计与可持续设计的概念辨析；人机工程学是如何促进现代工业设计发展的；环境因素对设计的影响；产业发展因素对设计的影响。

应用：能够对具体的服务设计、绿色设计与可持续设计、人机工程学的项目或产品进行分析评价。

### 5. 中国工业设计的发展与成熟

领会：中国工业设计的几个发展阶段；中国工业设计在全球化背景下的定位、创新方向以及未来的发展趋势。

## 四、本章重点与难点

本章重点：理解理性主义设计的含义以及乌尔姆设计学院的风格理念，掌握后现代主义时期的代表风格、运动流派，对新兴起的设计概念有清晰认知。

本章难点：对波普、孟菲斯等后现代时期的风格有清晰认知，理解绿色设计、服务设计、可持续设计的要求及未来的发展趋势。

# 第 8 章　智能时代的工业技术与应用

## 一、学习目的与要求

通过对本章的学习，能够描述智能时代下，在工业 4.0、5G 技术、自动驾驶、机器人等新型高科技产业兴起时，技术与产业进步是如何深刻改变了人们的生产方式与生活方式的。并能够结合技术与产业背景，充分理解工业设计在当今的时代背景下迎来了怎样的机遇与挑战。

## 二、课程内容

1. 工业 4.0
2. 4G、5G 技术及应用
3. 生态与智慧产业
4. 新能源与智慧交通
5. 机器人产业

## 三、考核知识点与考核要求

1. 工业 4.0

识记：工业 4.0 的定义与核心理念。

领会：了解工业 4.0 中关于数字化制造、工业互联网、绿色工业、3D 打印、大数据技术五项技术的基本原理及其对工业化生产的价值。

应用：结合实际情况，能够对工业 4.0 的技术应用进行分辨、评价和分析。

2. 4G、5G 技术及应用

领会：4G 技术与 3G 技术的关联和区别；4G 的应用场景与典型案例；中国领跑全球 5G 技术的案例；个人智能移动终端的具体发展案例。

应用：理解技术对设计的影响；结合历史和当下的技术，思考分析个人智能移动终端的发展趋势。

3. 生态与智慧产业

领会：可持续发展理念的含义；智慧城市的含义；乡村振兴的含义。

应用：在实际设计中应用可持续发展理念；分析评估智慧城市、乡村振兴等相关设计案例。

4. 新能源与智慧交通

领会：新能源汽车的发展历史；中国新能源汽车的发展与典型案例；自动驾驶的定义与分级；中国自动驾驶的发展与典型案例。

应用：在更多的场景中思考新能源是如何应用发展、发挥作用的。

5. 机器人产业

领会：机器人的发展历程；工业机器人、特种机器人、服务机器人的分类和典型案例。

### 四、本章重点与难点

本章重点：掌握工业 4.0 技术的基本原理和应用，理解 4G 和 5G 技术在个人智能移动终端等领域的应用，掌握新能源的概念、新能源交通工具和自动驾驶技术的发展趋势，了解各类机器人的特点和应用。

本章难点：深入理解工业 4.0 背景下各种技术的融合和协同应用，理解新能源与智慧交通、机器人产业等领域的交叉应用和发展趋势。

## 第 9 章　智能时代的工业设计

### 一、学习目的与要求

通过学习智能时代的工业设计的特点和发展趋势，能够掌握人工智能辅助设计的基本概念和方法，运用人工智能技术进行设计创新。了解设计维度拓展的含义和方法，在设计中考虑更多的因素和需求。理解设计的组织与社会创新的现状变化，能够在设计中考虑社会和环境因素，推动可持续发展。了解工业设计与生态文明建设的关系，掌握生态设计的基本原则和方法，在设计中考虑环境保护和资源利用的问题。

### 二、课程内容

1. 人工智能的辅助
2. 设计维度的拓展
3. 设计的组织与社会创新
4. 工业设计与生态文明建设

### 三、考核知识点与考核要求

1. 人工智能的辅助

识记：AIGC（生成式人工智能）的定义。

领会：人工智能的基本概念和发展趋势；人工智能辅助设计的基本形式和应用场景；人工智能辅助设计的优势和局限性。

应用：在实际设计中应用人工智能辅助设计的技术工具。

2. 设计维度的拓展

领会：扩展现实和多模态交互的概念和特点；扩展现实和多模态交互在工业设计中的应用。

应用：能够运用扩展现实和多模态交互的技术和方法进行工业设计实践。

3. 设计的组织与社会创新

领会：跨学科设计、参与式设计和设计的社会创新的概念和特点；跨学科设计和参与式设计的理念和方法。

应用：分析和评价跨学科设计、参与式设计和设计的社会创新案例；运用跨学科设计和参与式设计的理念进行具体的设计实践。

4. 工业设计与生态文明建设

领会：分析和评价以双碳目标和可持续发展为导向的设计、乡村振兴与城市更新背景的设计案例；理解设计的伦理以及智能时代下设计师和企业的社会责任。

## 四、本章重点与难点

本章重点：了解人工智能辅助设计的方式，掌握扩展现实和多模态交互的理念。 理解跨学科设计合作、参与式设计创新等的社会创新方式，认识工业设计与生态文明建设的关系。

本章难点：掌握运用扩展现实和多模态交互等技术手段拓展设计维度，提升设计体验和创新性。 理解跨学科设计合作、参与式设计创新和设计的社会创新等理念，并将其应用于实际设计项目中。

# Ⅳ　关于大纲的说明与考核实施要求

## 一、课程自学考试大纲的目的和作用

课程自学考试大纲根据工业设计专业自学考试计划的要求，结合自学考试的特点而确定。其目的是对个人自学、社会助学和课程考试命题进行指导和规定。

本课程自学考试大纲明确了课程学习的内容以及深度和广度，规定了课程自学考试的范围和标准。 因此，它是编写本课程自学考试教材和辅导书的依据，是社会助学组织进行自学辅导的依据，是自学者学习教材、掌握课程内容知识范围和程度的依据，也是进行自学考试命题的依据。

## 二、课程自学考试大纲与教材的关系

课程自学考试大纲是进行学习和考核的依据，而教材则提供了学习中应掌握课程知识的基本内容与范围，教材的内容是大纲所规定的课程知识和内容的扩展与发挥。课程内容在教材中可以体现一定的深度或难度，但在大纲中对考核的要求一定要适当。

教材与大纲所体现的课程内容应基本一致；大纲里面的课程内容和考核知识点，教材里一般也要有。反之，教材里有的内容，大纲里就不一定要体现。如果教材是推荐选用的，其中有的内容与大纲要求不一致的地方，应以大纲规定为准。

## 三、关于自学教材

《工业设计史论》，全国高等教育自学考试指导委员会组编，蒋红斌主编，机械工业出版社，2024 年版。

## 四、关于自学要求和自学方法的指导

本大纲的课程基本要求是依据专业基本规范和专业培养目标而确定的。课程基本要求还明确了课程的基本内容，以及对基本内容掌握的程度。基本要求中的知识点构成了课程内容的主体部分。因此，课程基本内容掌握程度、课程考核知识点是高等教育自学考试考核的主要内容。

为有效地指导个人自学和社会助学，本大纲已指明了课程的重点和难点，在章节的基本要求中一般也指明了章节内容的重点和难点。

工业设计是一门涵盖广泛、复杂的学科，需要系统学习和深入理解。根据业余自学的情况，结合工业设计专业的要求和“工业设计史论”课程的特点，考生在进行学习时，还应注意自学方法的掌握。具体方法包括：

（1）系统学习法　阅读教材时，可以根据时间顺序或主题分类，对工业设计的发展历程和理论体系进行系统学习，从而建立完整的知识框架。

（2）案例分析法　通过研究教材中提到的经典设计案例，深入分析其设计理念、创新点和影响，有助于更好地理解工业设计理论和方法。

（3）比较研究法　将不同历史时期、不同地域或不同设计师的设计作品进行对比，探讨其设计风格、技术特点和文化背景等差异，有助于拓宽视野，提高对工业设计的认识。

## 五、对社会助学的要求

1）社会助学者应根据本大纲规定的考试内容和考核目标，认真钻研指定教材，对自学应试者进行切实有效的辅导，纠正他们自学中的各种偏向，引导、体现社会助学的正确方向。

2）要正确处理基础知识和应用能力的关系，努力引导自学应试者将基础知识转化为实际应用能力。在全面辅导的基础上，重点培养和提高自学应试者独立分析和应用能力。

## 六、对考核内容的说明

本课程将要求考生学习并掌握的知识点内容都纳入考核范围。课程中各个章节的内容均由若干知识点组成，这些知识点将在自学考试中作为考核知识点出现。因此，课程自学考试大纲中所规定的考试内容将以分解为考核知识点的方式呈现。由于各个知识点在课程中的地位、作用以及知识自身的特点不同，自学考试将根据各个知识点的不同情况，分别按识记、领会、应用三个能力层次确定其考核要求。考试试卷中所占的比例分别为30%、40%、30%。

## 七、关于考试方式和试卷结构的说明

1）本课程的考试方式为闭卷，笔试，满分100分，60分及格。考试时间为150分钟。

2）本大纲各章所规定的基本要求、知识点及知识点下的知识细目，都属于考核的内容。考试命题既要覆盖到章，又要避免面面俱到。要注意突出课程重点、章节重点，加大重点内容的覆盖面。

3）命题不应有超出大纲中考核知识点范围的题目，考核目标不得高于大纲中所规定的相应的最高能力层次要求。命题应着重考核自学者对基本概念、基本知识和基本理论的了解或掌握情况，对基本方法的应用熟练程度。不应出与基本要求不符的偏题或怪题。

4）本课程在试卷中对不同能力层次要求的分数比例大致为：识记占30%，领会占40%，应用占30%。

5）要合理安排试题的难易程度，试题的难度可分为易、较易、较难和难四个等级。必须注意试题的难易程度与能力层次有一定的联系，但二者不是等同的概念。在各个能力层次中对于不同的考生应存在着不同的难度。

6）课程考试命题的主要题型一般有单项选择题、多项选择题、填空题、简答题、辨析题、论述题、案例分析题等题型。

7）为了让考生详细了解试卷的有关情况，附上样题，供参考。

# 附录　题型举例

## 一、单项选择题：在每小题列出的备选项中只有一项是最符合题目要求的，请将其选出。

1. 新艺术运动的主要特点是（　　）

A. 强调装饰性和手工艺

B. 追求简洁、实用和理性

C. 强调机器美学和工业化生产

D. 形式追随功能

2. 乌尔姆设计学院的设计作品具有很高的艺术价值，其代表作品是（　　）

A. 布劳恩公司的电器产品设计

B. 可口可乐的品牌形象设计

C. 宝马公司的汽车设计

D. 苹果公司的产品设计

**二、多项选择题：在每小题列出的备选项中至少有两项是符合题目要求的，请将其选出。错选、多选、少选或未选均无分。**

3. 中国古代手工艺设计的特点包括（　　）

A. 注重形式和装饰

B. 强调功能主义

C. 注重自然与人的和谐统一

D. 是实用性和审美性的结合

E. 上层阶级对下层阶级具有导向性作用

4. 新能源的开发利用面临的难点有（　　）

A. 技术成本相对较高，需要大量投资

B. 新能源的能量密度相对较高，需要占用大量空间

C. 新能源的产生和利用往往存在时间和空间上的不匹配

D. 目前技术成熟度相对较低，需要进一步的研究和开发

E. 受到天气、季节等自然因素的影响，需要解决可靠性问题

**三、辨析题：判断正误，并说明理由**

5. 中西方古代的手工艺设计并未考虑人机因素。

6. 工业 4.0 的核心理念是通过实时数据的采集、分析和共享来实现智能制造。

**四、简答题**

7. 如何理解“形式服从功能”这一设计原则？ 结合具体案例说明它在好的设计中扮演了什么角色？

8. 设计与文化的关系是什么？ 如何理解设计对文化的传承和创新作用？

**五、论述题**

9. 列举一个你最喜欢的设计品牌或公司，论述该品牌或公司设计理念的演变及其对产品设计的影响。

10. 论述设计在跨学科研究中的作用，以及如何通过设计推动跨学科研究的进展和成果转化。

## 六、案例分析题

11. 都江堰水利工程始建于公元前256年，由战国时期秦国蜀郡太守李冰率众修建，它是全世界年代最久、唯一留存、以无坝引水为特征的水利工程，被誉为“世界水利文化的鼻祖”。都江堰因地制宜，乘势利导，工程选址在岷江上游的山区，利用地形和水资源，实现了灌溉、防洪和航运等多种功能，最大限度地减少了对当地生态环境的影响。充分利用当地西北高、东南低的地形特点，根据江河出山口处特殊的地形、水脉、水势，乘势利导，无坝引水，自流灌溉，使堤防、分水、泄洪、排沙、控流相互依存，共为体系，保证了防洪、灌溉、水运和社会用水综合效益的充分发挥。分洪、排沙等技术手段，有效地减少了泥沙淤积对工程的影响，确保了工程的长期稳定运行。都江堰建成后，从根本上改变了蜀地的面貌，把原来水旱灾害严重的地区，变成了“沃野千里”的天府之国，造福当时，泽被后世。都江堰以不破坏自然资源，充分利用自然资源为人类服务为前提，变害为利，使人、地、水三者高度协调统一，是全世界迄今为止仅存的一项伟大的“生态工程”。

要求：1）都江堰水利工程体现的设计理念有哪些？

2）论述可持续设计的概念、原则和方法，并探讨设计师在可持续设计中的角色和责任。

# 大纲后记

《工业设计史论自学考试大纲》是根据《高等教育自学考试专业基本规范（2021 年）》的要求，由全国高等教育自学考试指导委员会艺术类专业委员会组织制定的。

全国考委艺术类专业委员会对本大纲组织审稿，根据审稿会意见由编者做了修改，最后由艺术类专业委员会定稿。

本大纲由清华大学蒋红斌副教授编写；参加审稿并提出修改意见的有北京信息科技大学高炳学教授、北京印刷学院赵颖副教授。

对参与本大纲编写和审稿的各位专家表示感谢。

全国高等教育自学考试指导委员会

艺术类专业委员会

2023 年 12 月

全国高等教育自学考试指定教材

# 工业设计史论

全国高等教育自学考试指导委员会 组编

# 编者的话

设计本质上是一种创造性和人文精神的体现，它需要人类独特的审美、情感和价值观的融入。AI（人工智能）时代来临了以后，人脑更进一步被解放，整体的工业文明从1.0到4.0，甚至迈向5.0，实际上是人的体力和脑力、智力和慧力之间的转化，这个时代更关注人类的整体发展的命运。面对新一轮工业革命的冲击，我们也需要深入探究工业设计的基础理论，关注不同时代里的现象和典型案例，理解其本质和规律。只有深入探究技术的本质和人性的本质，才能更好地理解技术的发展和人类的需求，以便从中汲取经验教训，为未来的发展提供借鉴参考。

为适应我国高等教育自学考试教育发展的新形势，培养应用型人才，满足广大考生学习的需要，在全国高等教育自学考试指导委员会的指导下，编写了本教材，为参加高等教育自学考试的考生及其他设计工作者提供力所能及的帮助。本教材旨在帮助学习者全面了解工业设计的发展历史，洞悉工业设计的本质及其发生发展的规律，掌握分析评判工业设计现象的基本方法，提高工业设计创作鉴赏的能力。

本教材的特点如下：

（1）引导启发性　本教材的定位为“史论”，“史论”和“史”之间是具有区别的，本教材的“论”实际上并不是灌溉型，而是引导型，并非带着读者去展开论述，而是潜移默化地感染读者。因此，本教材的“论”主要强调一些比较成型和成熟的理论、既成事实和客观规律，把它们呈现出来，然后来思考历史当中的一些现象和典型案例，由这个角度来推动读者自主地学习。

（2）系统综合性　本教材系统地梳理了工业设计的历史发展脉络，涵盖了各个时期的重要设计事件、设计师和设计作品，使读者能够全面了解工业设计的演变过程；并且还涉及相关的科学、企业、社会等方面的知识，展现了工业设计的多元性和综合性，希望读者从更加全局、宏观的角度来理解工业设计的影响因素和意义。

（3）时效前沿性　本教材与时俱进，及时跟进工业设计领域的最新发展动态，纳入了现代工业设计的新理念、新技术和新趋势，使读者能够接触到前沿的设计思想。本教材包括了对新兴技术和趋势的关注，介绍了当前重要的设计方法、材料创新、数字化设计工具等，让读者了解到工业设计领域的最新成果和发展方向，掌握前沿知识。

本教材由蒋红斌副教授担任主编，独立完成正文部分的撰写及全部文字的审校。本教材扩展阅读部分及配套数字资源中的案例，由吴丹、秦宇、金志强、张龄予等清华大学硕士和博士研究生参与编写。

本教材在案例收集和编写过程中，参考了许多专家、学者和互联网上未署名者的相关研究成果，吸收了许多观点，在此致以诚挚的谢意。

本教材在策划、编写和出版过程中，得到了全国高等教育自学考试指导委员会艺术类专业委员会的大力支持和帮助，谨表深切谢意。

由于水平有限，书中难免有不妥之处，欢迎广大读者和考生批评指正。

编者

2023年12月

第1部分

# 总　论

## 第1章　设计与工业设计

**本章导读**

设计是人类为了实现某种特定的目的而进行的一项创造性活动，设计的起点就是人类文明的起点。从原始社会末期到工业革命前的漫长古代社会，人们在手工业生产中酝酿发展着丰富多彩的设计工艺与设计巧思，例如中国古代的青铜器、陶瓷、丝绸，古埃及的建筑、家具、金银器，古希腊古罗马的神殿建筑、欧洲中世纪与文艺复兴时期的工艺品、家具等。工业革命，也称产业革命，推动了生产方式从手工业向机器工业生产方式的转型，引发生产技术变革和经济发展的同时，带来的劳动分工让设计从手工业时期的制造环节中独立出来，形成了面向工业批量生产的设计，即工业设计。

工业设计史既是设计史的一部分，也是工业发展史的一部分。本章将介绍设计、工业设计以及工业设计史论的基本概念，带领同学们开启从工业化发展的“因”出发，清晰理解每一个历史时期工业设计发生、发展的历史脉络，及其在当时经济社会发展中的推动作用与价值创造。

**学习目标**

通过对本章的学习，了解和掌握设计、工业设计的基本概念、历次工业革命驱动工业设计产生和发展的基本因素等内容。

**关键概念**

设计（Design）

工业设计（Industrial Design）

工业设计史（History of Industrial Design）

工业设计师（Industrial Designer）

工业革命（Industrial Revolution）

社会分工（Social Division of Labor）

工业技术（Industrial Technology）

手工业（Handicraft）

# 1.1 设计概述

早期人类通过设计和制作工具器物来适应和改善生存条件，如石器、陶器、武器、农具等。古代的建筑设计，如寺庙、宫殿、城墙、民居等，展示了不同文明的技术和审美成就。18 世纪的工业革命将设计与工业生产相结合，推动了技术和生产方式的革新，进而促进了消费文化的兴起。设计在人类文明进程中的历史意义体现在它对于个体和社会的生活、文化、经济和技术的全方面影响，设计通过创造和改善物质和非物质的环境，推动了人类社会的发展和进步，提供了更好的生活方式和生活体验。

## 1.1.1 设计的源流

### 1. 设计的起源就是人类文明的起点，设计的历史就是人类文明的历史

从人类有意识地制造使用工具和装饰品，就开始有设计行为的发生，所以设计的起点就是人类文明的起点，设计的历史就是人类文明的历史。部分学者认为原始社会是设计的萌芽阶段，人们用石头、木头等自然材料进行加工制作，创造各种工具。在这个时期，人类生产力水平低下，可用的材料也受到很大限制，因此设计的技能和产物都相对较为原始，其核心是为了生存而设计。原始社会后期的新石器时代是人类设计的重要发展阶段，随着生产方式从渔猎采集进入畜牧耕种，人们开始使用更加先进的材料，如陶土和铜，创造出更加复杂精美的工具和装饰品。这一阶段的设计活动不仅展示了人类的智慧和创造力，也为后来的设计文明奠定了坚实的基础（见图 1-1）。

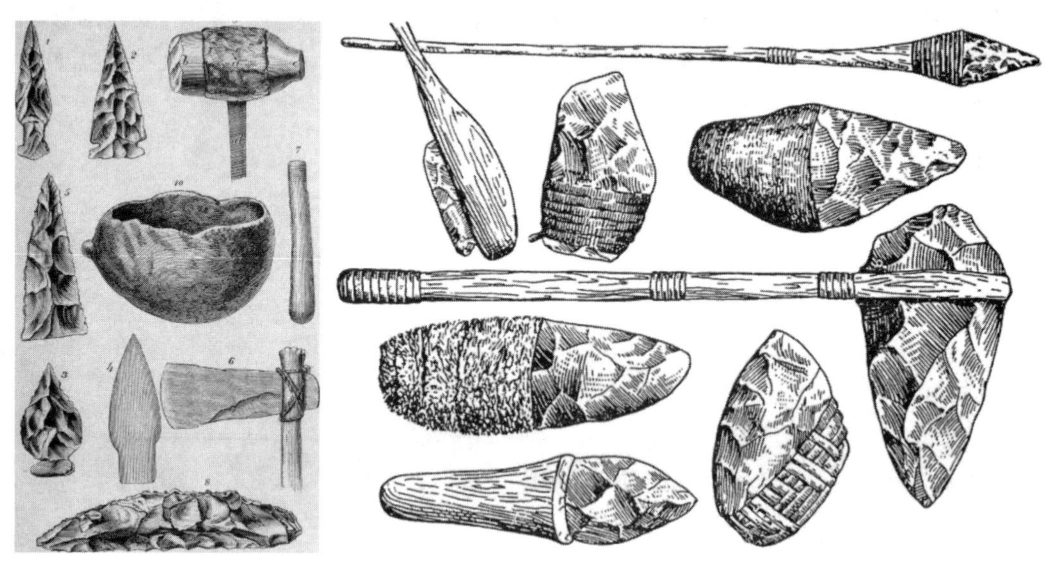

图 1-1　原始生产工具

### 2. 劳动对设计的产生、发展起着决定性的作用

设计是人类生存和发展的基本活动，产生于人类对外部世界的改造劳动中。首先，设计的想法和概念需要通过劳动来转化为实际的产品或服务，同时劳动者在设计的实施过程中发挥着重要的实践和

反馈作用。例如，在旧石器时代，为了渔猎劳动的需要，先民们会挑选天然的鹅卵石或棍棒作为最初的工具进行渔猎，但是天然的鹅卵石过于圆钝，实用效率低下，在劳动实践中人们逐渐积累经验，改进技艺，逐渐习得精细打制、研磨石刀和石斧的能力，设计制造了实用价值更高的石器（见图 1-2）。

a）双肩石刀

b）大汶口文化石斧

图 1-2　新石器时代双肩石刀和新石器时代大汶口文化石斧

### 3. 工业革命是手工业设计与工业设计的“分水岭”

手工艺设计阶段由原始社会后期开始，经过奴隶社会、封建社会一直延续到工业革命前。这个阶段的设计一般以个人、家庭或作坊作为生产单位，依靠劳动者的手工劳作生产满足生活所需的简单物品，如陶瓷、农具、服装、家具等。手工艺生产者和设计者往往是同一群人，设计与生产没有进行明确分工，产品也往往带有非标准化的特点，强调手工技艺、个体创造和独特性。

工业革命，也称产业革命，推动了生产方式从手工业向机器工业生产方式的转型，在引发生产技术变革和经济发展的同时，带来的劳动分工让设计从手工业时期的制造方式中独立出来，形成了面向工业批量生产的设计，即工业设计。所以说工业革命是手工业设计与工业设计的“分水岭”。

### 4. 设计推动社会经济发展

工业革命带来了生产力的提升和社会财富的积累，形成了社会中的消费者群体，促进了消费社会的形成。在 18 世纪，一个收入相当低的工人不仅能买得起各种各样的食物，而且可以买一些一个世纪之前被认为是奢侈品的东西，比如茶、咖啡、糖、巧克力、烟草和辣椒。生产力与收入水平的提升，使得这些所谓的奢侈品逐渐变成了普通商品可供大众消费。除此之外，设计成为商业竞争的有效手段，成为商品生产过程中一个重要的部分。例如，罗维在 20 世纪 30 年代设计了可口可乐标志及饮料瓶，采用白色作为字体的基本色，并采用飘逸、流畅的字形来体现软饮料的特色，深褐色的饮料瓶衬托出白色的字体，十分清爽宜人，加上颇具特点的新瓶造型，使得可口可乐焕然一新，成为当时全球畅销的饮料品牌，罗维的设计非常经典，可口可乐公司一直沿用至今（见图 1-3）。好的设计可以提升用户体验和满意

图 1-3　罗维设计的可口可乐标志及饮料瓶

度，进而促进消费需求和经济持续增长。iPhone（见图 1-4）的用户体验设计是苹果公司成功的重要因素之一，苹果公司致力于提供简单、直观和高品质的产品和服务，满足用户的需求，并建立了强大的品牌忠诚度和口碑。这种用户体验设计的成功为苹果公司在全球范围内赢得了大量忠实的用户，并推动了其在市场上的卓越表现。

5. 设计与技术的发展密切相关

设计的发展一直伴随技术的发展，和技术有着极其密切的关系。中国古代的陶瓷以其独特的造型、装饰和釉彩而享誉世界，陶瓷的成就需要技术和工艺的支撑，正因为高岭土的提纯、高温烧制的染料、窑炉工艺与釉彩技术的改进等材料技术创新和烧造工艺的进步，使得陶瓷具备成型成器的条件，不断发展出精美的器物。

图 1-4 iPhone

工业革命后，设计和技术的关系变得更加紧密。技术的进步为设计提供了更多的可能性和工具。工业革命带来了机械化生产的技术突破，这推动了产品设计和制造的大规模发展。电子技术和计算机科学的进步为数字化产品和交互设计提供了新的领域和机会。如今的人工智能、大数据、生物制药领域的技术创新，将会助力设计师利用技术的力量创造出更具创新性和功能性的产品服务。面向未来的设计需要密切关注科技的发展，利用先进的技术和创新的解决方案，以满足不断变化的需求和挑战。

6. 面向未来的设计需要考虑环境友好型和社会可持续性

随着全球环境问题的日益严重和资源能源的持续消耗，面向未来的设计必须考虑环境和社会的可持续性。设计应该追求减少资源消耗和对环境的影响，选择可再生材料、采用低能耗和低排放的生产工艺，以及设计可回收和可循环利用的产品等。设计应该注重能源效率，减少能源消耗并提高能源利用效率，通过采用节能技术、优化产品的能源性能，以及提供节能的服务和解决方案来实现。近年来全球变暖、海洋污染、捕鱼活动和水上运动等让中国近海海域的珊瑚礁受到了巨大伤害，海洋生态系统遭遇严重破坏。香港地区的海洋学家和设计师通过3D 打印陶土砖块来制作多孔的人工礁石，给珊瑚礁提供一个适宜的人造生长环境，让珊瑚礁逐渐恢复生长（见图 1-5）。

图 1-5 3D 打印的人工礁石

在社会可持续性方面，设计应该关注社会公正和包容性。考虑到不同群体的需求和权益，创造包容性的产品和服务。同时，设计可以致力于解决社会问题，促进社会公益和社会责任，为人们提供更好的生活品质。江苏无锡的“可益会公益设计实验室”便是一家致力于为智障人士赋能的社会创新机构，致力于发掘智障人士的潜能、促进共同生产与创造以及推动社会融合，成为无锡地区备受瞩目的公益组织。

## 扩展阅读

设计助农带动社会价值创新

更多数字资源获取方式见本书封底。

### 1.1.2　设计的概念

#### 1. 设计是人类的本质活动，其定义莫衷一是，内涵与外延也在不断变革

设计的本质是将人类的创造想法转化为实际可行的物品和方案，以满足人类的需求。广义的设计概指生产生活中一切“创造性”的活动。而狭义的设计主要指专业的设计活动。包豪斯学派重要成员之一的莫霍里·纳吉（Laszlo Moholy Nagy）曾这样描述设计：“设计不是一种职业，它是一种态度和观点，一种规划者的观点。”著名工业设计教育家、清华大学文科资深教授柳冠中先生，曾在美国设计学者约翰·赫斯科特的著作《牛津通识读本：设计，无处不在》的序言中说道：“设计应被认为是有关人类自身生存发展的本体论、认识论和方法论”，“设计是为了发现、分析、判断和解决人类生存发展中的问题”。约翰·赫斯科特在书中认为，“设计从本质上，可被定义为人类通过各种非自然方式塑造我们环境的能力，以满足人类需要，并赋予生活意义。”

除此之外，关于设计概念的探讨还有如下几种论述：

1）设计是人类基于生存本能，以进化所达成的智慧，通过思维与表达，以预先规划的进程，按照生活的目标和相应的价值观，以生存环境的制约和生产力水平形成的条件，通过人工器物发明制作，创造与之适应的生活方式。

2）所有设计都是从人的生活需求与精神欲望出发，以特定主观创造意识为原点，通过造型策划和物质生产过程，以审美与功能目标提升客观物质生活质量的综合系统工程。

3）设计作为人类把握外部世界、优化生存环境的创造方式，是最古老而又最具现代活力的人类文明。人类通过丰富多样的生产与生活方式的设计创造来调整人与自然、人与社会、人与人之间的关系，推动社会的文明体验、相互沟通与和谐进步。

可以看出，设计由于其起源久远、内涵和外延广大，因此关于设计的定义也一直是莫衷一是的。如今人类社会已经由工业社会向后工业社会、信息社会快速迈进，不断涌现的新兴实践领域中设计的内涵和外延也在快速变化与变革，设计的定义非但不会“越辩越明”，反而会不断更新迭代。

#### 2. 设计既是艺术，又是科学

设计中有艺术因素，这一点不言自明。设计中的艺术因素是指将艺术性、美感和表现力融入设计过程和设计作品的要素中的过程，使设计作品具备独特的艺术价值和视觉吸引力。但是，设计既是艺术，也是科学。早在19世纪，英国的博物学家赫胥黎曾说：“科学和艺术就是自然这块奖章的正面和反面，它的一面以情感来表达事物的永恒秩序；另一面则以思想的形式来表达事物的永恒秩序。”20世纪，华裔诺贝尔物理学奖获得者李政道先生也曾说：“艺术和科学是一枚硬币的两面，不可分割的。它们共同的基础是人类的创造力，它们追求的目标是真理的普遍性。”设计既是科学，又是艺术，因

为从人类发挥创造力的本源出发来看，艺术与科学是辩证统一的，设计作为人类的本质活动，也是科学与艺术的统一。

1961 年美国科学家赫伯特·A. 西蒙（Herbert A. Simon）在他的论文《关于人为事物的科学》中首次提出了“设计科学”的概念。他从人类的创造性思维和造物的合理结构之间的逻辑思辨出发，勾画出设计科学的基本蓝图，并认为设计同电子工程、商学、律师、临床医学等学科类似，属于应用学科，并且是独立于科学与技术之外的第三类知识体系。他认为科学研究的逻辑是“是什么（be）”，技术研究的范畴是“可以怎样（might be）”，而设计研究的范畴是“应该怎样（should be）”。

从我国近年来对设计学学科体系改革中，我们可以看出对设计学在艺术与科学中的位置与侧重。20 世纪 90 年代，我国设计教育蓬勃发展，国务院学位委员会于 1997 年颁布的《授予博士、硕士学位和培养研究生的学科、专业目录》中，将这门学科定名为“设计艺术学”，次年教育部颁布的《普通高等本科专业目录》中把这门学科定名为“艺术设计学”。由此，“设计”概念正式被引入学科建设中，实现了从“工艺美术”到“设计”的转型升级。2011 年，在国务院学位委员会、教育部新修订的《学位授予和人才培养学科目录（2011 年）》中，艺术学成为新的第 13 个学科门类，即艺术学门类。下设设计学为一级学科，可授艺术学、工学学位。2022 年，国务院学位委员会、教育部印发的《研究生教育学科专业目录（2022 年）》将交叉学科新增为第 14 个学科门类，并将设计学归属于交叉学科下的一级学科。

除此之外，现代设计无论从设计工具、设计方法还是设计效果的反馈验证，均体现出科学性的因素。企业中的设计管理也是科学管理的重要一环，无不体现着系统性和有组织的科学方法。一个科学的设计流程包括定义问题、研究和收集信息、制定假设并设计实验进行验证、数据分析与解释、结果验证与改进等重要环节，科学的设计方法强调数据驱动和实证研究的过程，追求客观、可重复和可验证的结果。它可以应用于各个领域，包括自然科学、工程、医学、社会科学等，帮助解决问题、推动创新和提供可靠的解决方案。

**扩展阅读**

设计事理学——设计需要从“设计物”转变到“设计事”

**推荐阅读**

柳冠中. 苹果集：设计文化论［M］. 南京：江苏凤凰美术出版社，2022.

更多数字资源获取方式见本书封底。

### 1.1.3 设计的价值

#### 1. 设计通过连接“生产领域”与“使用领域”实现价值创造

我国著名学者李德顺在《价值论》一书中是这样定义价值的，价值即客体的存在、属性、变化对主体产生的意义。价值本质上是一种“关系”，主客体之间的关系。主体的客体化程度是价值衡量的依据，而主体对客体的选择是价值得以兑现的基础。动态变化的“主客体一致性”是当今哲学领域关于价值的主流观点，从哲学的视角认识价值，是从价值的本体论视角审视事物的本质。

著名设计理论家约翰·赫斯科特在《设计与价值创造》这本书中，对设计价值产生进行了探讨，他认为设计的价值是在“生产领域”和“使用领域”中产生的。其中，“生产领域”的价值主要通过技术、体制制度、盈利三个方面产生，其中盈利是可以量化的指标，是定量的。而在“使用领域”价值是通过功能、系统、意义三个方面产生的，这三点都是质性指标不可定量，仅仅可以通过一些调研和测评来标定其程度，比如用户满意度、可用性测评等。约翰·赫斯科特还提出，在“生产领域”和“使用领域”之间存在一个“界面”，这个“界面”就是设计和创新，它可以将两个领域的价值进行桥接。假设没有设计和创新，这两个领域的价值是各自独立存在的，那么就会出现价值传递和兑现的混乱局面，比如产品滞销等问题，所以设计和创新是价值实现的桥梁。

### 2. 设计创造价值的边界在不断被扩展

设计造物，也创造了我们生存其中的“人造物”的世界。设计在社会生活中创造价值，并且随着人类实践活动和反思活动的深入，设计所创造价值的边界在逐渐被扩展。石器时代是人类设计活动的萌芽期，那时的原始人处于解决温饱和规避天敌的生存需要，利用自然界中最原始的石头和木材，制作了石斧、石锤等原始工具，体现了设计的生存价值。到了新石器时代晚期，生产力水平有所提升，人类掌握了火的使用，也学会了制作陶器、搭建房屋、缝制衣物的技能，这时的设计是面向更多使用功能的设计，体现了设计的使用价值。再之后，阶级社会出现了，人类社会有了分工，也出现了神庙的设计和祭祀活动，宗教建筑和祭祀器具的设计体现的是当时的社会价值。生产力水平提升之后，人们的精神需求也需要被满足，精美的陶瓷、华美的织锦和刺绣，是设计的艺术与文化价值的体现。

工业革命到来之后，生产力迎来了空前的提升，商业社会也随之到来。大量的机器、交通工具、消费商品被大规模制造出来，设计能够为企业和品牌创造竞争力从而创造价值，设计的经济价值和品牌价值得到了放大。1908 年美国福特公司设计生产的 T 型车，简洁流畅的外形设计和舒适的驾驶体验，让 T 型车畅销全球，1921 年其销量就达到了全世界的 50% 以上。苹果公司设计的 iPhone 彻底颠覆了手机的产品形态，极致的工业设计和交互体验，让 iPhone 成为划时代的杰作，也让苹果公司的品牌享誉全球。

### 3. 转型经济时代设计的价值观的转变

设计的价值不完全等于经济价值，因为经济价值不能代表人类的价值观。转型经济旨在将之前工业时代 GDP（国内生产总值）为导向的经济增长方式，转向以互利、包容、开放、平等、互惠为主旨的可持续发展模式。设计在经济活动中创造价值，也需要在经济增长进行转型的阶段做更有力的价值输出。在我国现今实际的产业发展的案例中，可以看出设计的价值已经开始多元发展。

同时，随着资源的开发、能源的利用，以及人们无止境的消费欲望，越来越多的社会和环境问题产生并暴露出来，带来了深重的环境灾难和教训。1962 年，蕾切尔·卡逊在著作《寂静的春天》中呼吁人类关注环境和资源，倡导可持续的发展观。1972 年，联合国斯德哥尔摩世界环境大会发表了《世界环境宣言》，更是在全球层面号召生态与可持续。维克多·帕帕纳克的《为真实世界的设计》这本书，更是首次在设计领域倡导绿色设计的理念。联合国的 17 个可持续发展目标，时刻提醒着人类，我们只有一个地球，和平、资源、繁荣、健康等议题才是人类永续生存的保障。

**推荐阅读**

赫斯科特，迪诺特，博兹泰佩．设计与价值创造［M］．尹航，张黎，译．南京：江苏凤凰美术出版社，2018.

# 1.2　工业设计概述

工业革命带来的工业化批量生产，使得手工业时代浑然一体的设计环节与制造环节出现了分工，工业设计于是萌芽，所以工业设计的历史几乎等于工业化到来的历史。如果从 18 世纪末至 19 世纪初的工业革命算起，至今则逾 200 年的历史了。工业设计作为一门完整的现代设计学科，可以追溯到 20 世纪初的包豪斯学院时期，形成了面向工业生产的系统的工业设计方法论。进入 20 世纪，社会经济快速发展，工业设计能够帮助企业提升产品的市场竞争力，刺激消费，所以成为社会经济运转中必不可少的要素之一，同时也因刺激过度消费、造成资源与能源浪费而被诟病。

## 1.2.1　工业设计的概念

### 1. 国际工业设计协会理事会（ICSID）对工业设计的定义

工业设计是在工业革命后，随着工业化大批量生产而发展起来的一种设计方法，其目的是生产高质量、高效率、符合人类需求的工业产品，其历史可追溯到 18 世纪工业革命时期。国际上对工业设计定义的修订也经历数次，1959 年，ICSID 首次为工业设计制定了官方定义，此后又进行了多次修订。

1959 年 9 月，第一届 ICSID 代表大会在瑞典斯德哥尔摩举行，会上对工业设计师做了如下定义："工业设计师是通过培训、技术知识、经验和视觉敏感性来确定通过工业过程大量复制的物体的材料、机制、形状、颜色、表面粗糙度和装饰的人。工业设计师可能在不同的时间关注工业生产对象的全部或部分方面。工业设计师也可能关注包装、广告、展览和营销问题，解决这些问题除了技术知识和经验外，还需要视觉感受力。以手工为基础的工业或其他行业的设计师，其中手工过程用于生产，当根据他的图样或模型生产的作品具有商业性质，分批或以其他方式批量制作，并且不是艺术家工匠的个人作品时，则被视为工业设计师。"

可以看出此时的定义强调设计的工业生产性质，以及与手工艺的区别，即批量生产的商业产品。并且强调工业设计师对产品多方面的把控作用，强调工业设计师的职责不仅关乎产品制作，还需考虑产品的营销、包装等市场问题。

1960 年，ICSID 修改了定义："工业设计师的职能是赋予物品和服务以某种形式，使它们能够让人类的生活变得高效而令人满意。目前，工业设计师的工作范围几乎涵盖了所有类型的人工制品，特别是那些大量生产和机械驱动的人工制品。"更改后的定义更加精简，强调设计的服务功能和对人类生活的正向作用，强调设计生产对象是批量化产品。

1969 年，托马斯·马尔多纳多（Tomas Maldonado）提出了工业设计的第三次定义："工业设计是一种创造性活动，其目的是确定工业生产对象的合规质量。这些合规质量不仅指外部特征，而且主要是那些结构和功能关系，从生产者和用户的角度来看，它们将系统转化为连贯的统一体。工业设计扩展到包括人类环境的所有方面，这些方面受到工业生产的制约。”可以看出，此时的定义主要强调设计的系统合理性，即设计不仅包括造型外观，也包括内部的结构功能设置，并且说明设计关乎人类环境，首次强调环境概念在设计中的角色作用。

2015年，在韩国光州举行的第29届ICSID大会上，专业实践委员会定义的拓展版本是这样阐述和解释工业设计的定义的：“工业设计是一种战略性的解决问题的过程，它通过创新的产品、系统、服务和体验推动创新、创造商业成功并带来更好的生活质量。工业设计弥合了现实与可能之间的差距。它是一个跨学科的职业，利用创造力来解决问题并共同创造解决方案，旨在使产品、系统、服务、体验或业务变得更好。从本质上讲，工业设计通过将问题重新定义为机遇，提供了一种更乐观的方式来看待未来。它连接创新、技术、研究、业务和客户，在经济、社会和环境领域提供新的价值和竞争优势。”可以看出，此时的定义开始强调设计的综合性，即不仅关乎产品本身，也关乎服务、商业、系统等多方面。强调设计的目的不再仅仅是解决问题，而是其提供了更多价值机会和商业优势。

总体上来说，20世纪初的工业设计强调工业生产和效率，追求功能主义和简洁性；20世纪中叶至20世纪70年代，工业设计逐渐注重人类因素和用户体验，强调人机交互和情感连接；20世纪80年代以后，工业设计开始关注可持续性、环境友好和社会责任；进入21世纪，工业设计与数字技术、智能化和互联网的发展密切相关，注重创新和个性化需求。人工智能的不断发展，为设计行业带来了前所未有的冲击，工业设计的定义和范围也会随之而变化。

2. 工业设计以产品设计为核心，但也随着时代的发展扩展至许多新领域

工业设计以产品设计为核心，通过规划与设计，使工业产品更加实用和美观，进而提高产品的市场竞争力和社会价值。随着历史的发展，人类社会已经进入了现代工业社会，工业设计已经不仅仅设计工业产品，还包括服务设计、系统设计、交互设计、人工智能设计等多个新领域、新方向。工业设计的目标也不仅是提高产品的质量和价值，更是通过设计来解决社会问题，关注人们的体验和情感需求，创造出更加符合人类心理和行为习惯的产品服务，设计以人为本。除此之外，工业设计还需要关注环保、资源、可持续性等重大命题，绿色设计和可持续设计是工业设计的重要理念和价值观。工业设计是一门既有历史渊源，又具有现代意义的学科，它不仅是产品设计，更是一种思维方式和方法论。随着科技和社会的不断发展，工业设计也在不断地演变和创新，为人类带来更加美好和高效的生活体验。

**扩展阅读**

世界设计组织（World Design Organization，WDO）

中国工业设计协会（China Industrial Design Association，CIDA）

更多数字资源获取方式见本书封底。

### 1.2.2　工业设计的流变

工业设计史是工业发展史的一部分，工业设计只有从工业发展的“因”出发，才能更清晰地理解每一个历史时期的“果”的意义和价值。在工业设计的发展历程中，经历了四个重要的时代：蒸汽时代、电气时代、信息时代和智能时代。这四个时代不仅展示了人类技术的进步，也反映了设计理念和方法的演变。工业设计具有其发生、发展的逻辑与脉络，在当时经济社会发展中越来越具备推动作用

与价值创造。

1. 蒸汽时代，工业设计的创造行为已经发生在工业生产领域之中

蒸汽时代起源于18世纪60年代英格兰中部地区，蒸汽机的发明和应用成为该时代的标志，历史学家称这个时代为“蒸汽时代”。随后，工业革命逐渐向整个英国和欧洲大陆扩散，19世纪传播到北美，进而拓展至全球，带动了生产力的发展。在蒸汽动力的助推下，纺织业、钢铁业、煤炭业等产业在该时期发展迅速。在这一时期，还没有形成明确的“工业设计”社会化分工，没有“工业设计师”这样的职业角色，但是工业设计的创造行为已经发生在工业生产领域之中。

2. 电气时代，职业化的工业设计也走上了历史舞台

电气时代开始于19世纪末，电力和化学工业的发展使得工业社会进入了“电气时代”的新阶段。这一时期，电力的应用使得工厂生产方式以及家庭的生活方式，均发生了巨大变化。1879年美国发明家爱迪生发明了电灯，它可以将电能转化为光能，为工厂、家庭和城市街道提供持续的照明。化学工业的进步则为人类提供了更多的化学品和合成材料，从而推动科技创新和产业升级。苯胺紫由英国化学家威廉·珀金于1856年发现，1870年左右开始大规模生产，是第一个合成染料，促进了纺织业的发展。也是在这一时期，内燃机的发明应用带来了汽车与飞机的设计制造业的技术进步，进而形成了现代化的交通运输方式。1908年美国的福特公司推出了T型车，该车以流水装配线大规模作业代替传统个体手工制作，从而降低了制造成本，以相对低廉的价格让轿车得到普及。

随着第二次工业革命的深化，工业设计逐渐成为一门独立的学科，有了明确的社会分工，职业化的工业设计也走上了历史舞台。一些著名的工业设计师和设计学院开始崭露头角，例如，德国的包豪斯学派、著名工业设计师彼得·贝伦斯、雷蒙德·罗维等，这些设计师注重产品的功能性和美学，将科技和艺术融合在一起，为现代工业设计奠定了基础。

3. 信息时代，工业设计发展了更多新领域

信息时代肇始于20世纪四五十年代，计算机、互联网和信息技术的快速发展改变了人们的生产和生活方式，推动了全球化和国际贸易的增长，也加速了社会和经济的转型。在这一时期，诞生了大量基于信息技术产业的创新企业，其影响力覆盖全球几十亿人，以微软、苹果、华为、腾讯等为代表。其中，苹果公司成立于1976年，由史蒂夫·乔布斯、史蒂夫·沃兹尼亚克和罗恩·韦恩共同创立。1984年，苹果公司推出了Macintosh计算机，这是世界上第一台使用鼠标和图形用户界面（GUI）的个人计算机。2007年，苹果公司发布了第一代iPhone，该产品具有革命性的触摸屏和简单易用的用户界面，以及内置iPod音乐播放器、互联网浏览器和邮件功能，一经发布就成为全球瞩目的焦点。如今的苹果公司，已经从最初的计算机硬件制造商成为全球科技巨头企业，在科技、设计和商业方面的创新和影响力一直在持续发展。

这一时期，随着计算机技术的发展和普及，人机交互成为工业设计的新发展方向。设计师们不仅关注硬件产品的功能设计，也开始注重软件产品的体验设计，使产品设计“软硬兼施”。此外，服务设计也成为一个重要的设计领域，旨在以用户为中心、以服务体验和服务过程为中心，提升企业和组织的竞争力。

4. 智能时代，工业设计将会结合高新技术领域，迸发出新的发展机遇

21世纪，人类社会迈入第四次工业革命的崭新阶段，也被称作“智能时代”。2010年至今，人工

智能技术继续发展并快速普及，并开始应用于自动驾驶、智能家居、医疗诊断等领域，出现了一些基于深度学习和强化学习的人工智能产品和服务。随着人工智能技术的不断发展，智能时代的工业设计正在发生深刻的变革。设计师可以通过收集和分析用户数据，了解用户需求和行为，从而设计出更符合用户需求的产品。除此之外，设计师还需要考虑人机之间信任关系的建立，通过透明度、可解释性、安全性等维度，规划和设计人工智能产品与服务。不仅如此，人工智能还成为设计师进行创意设计的有效工具，如包括 Dall-E、Midjourney、Stable Diffusion、Vizcom 等人工智能工具，可以激发设计灵感、降低设计成本，从而极大地提升工作效率。在智能时代，工业设计将会结合高新技术领域，创造出新的发展机遇。

### 1.2.3　中国工业设计发展

现代工业设计产生的基础是工业化所带来的劳动分工，而促进工业设计发展的动力来自市场经济中的竞争。中国现代工业的萌芽肇始于 19 世纪的洋务运动，后经历清末、民国，直到新中国成立。此间百年沉浮，路途虽多有坎坷，但也积累了宝贵的中国本土工业资本，成为新中国成立初期的原始工业资料。20 世纪 20 年代末 30 年代初，陈之佛、郑可、雷圭元等中国设计师前往欧洲的包豪斯学习，并将所学的思想带回中国，倡导和致力于实用美术和工商美术的教育和实践，他们被认为是中国工业设计的先驱者。到了 20 世纪 80 年代初，中国陆续派出访问者前往德国、日本等国家，将设计理念引进中国，推动了中国工业设计的迅速发展。

#### 1. 中国工业设计产业起步于 20 世纪 80 年代末

党的十一届三中全会做出全面实行改革开放的决策，开始建立物质生产体系，到 1979 年中国工业设计协会的前身“中国工业美术协会”成立，再到清华大学、湖南大学、无锡轻工学院（江南大学）、重庆大学等高校陆续设立“工业设计”专业。应该说，中国工业设计教育的职业化和改革开放驱动的物质生产体系建设需求直接相关。

在此之后，受国家政策引导、市场需求和生活美学传播的多重影响，许多工业设计公司和各类机构相继涌现，各地纷纷成立工业设计协会组织，为中国工业设计人才的成长和发展提供了平台和空间。越来越多来自艺术、工学、商学、管理学和信息技术等领域的人才选择专职从事工业设计。从那时起，工业设计产业开始迈向成长期。

#### 2. 中国工业设计产业发展可以总结为三个发展阶段

中国工业设计产业发展的第一阶段开始于 20 世纪 90 年代末，当时的中国经济已经从 20 世纪 80 年代初以仿制和引进为主的“无设计”状态中觉醒，开始认识到工业设计的重要性，并开始注重自主品牌的发展壮大，尤其是家电制造业的繁荣，见证了中国工业设计在那个时期的发展和变迁。深圳成为设计创新最活跃的地区，主要集中在家电、音频、数码等产品领域。工业设计企业通过设计为当时处于起步阶段的制造业众多品牌提供了有价值的服务，其中包括后来成长为行业领军和国际知名企业的华为、中兴，也有一些曾昙花一现的山寨产品。工业设计公司经历了从 OEM（原始设备制造商）向 ODM（原始设计制造商）和 OBM（原始品牌制造商）转型的趋势。

进入 21 世纪，中国工业设计产业发展进入第二阶段，随着中国加入 WTO（世界贸易组织）和全球化进程的加速，为了具备与具有优秀设计、技术和品质的外国产品竞争的能力，本土制造业企业开始将工业设计纳入中长期发展规划和战略，并纷纷设立设计中心，或将工业设计从原本的企业技术中心独立出来。与此同时，技术型企业在通过科技创新为产品注入竞争力的同时，也加强了工业设计在技术成果转化中的协助和衔接。国家对工业设计的重视以及政策上的引导和支持，促使深圳、无锡等地涌现出一批工业设计园区，加速了产业集聚，推动了“中国制造”向“中国设计”的转变。

2010 年至今，中国工业设计发展已进入第三阶段，即设计互联和设计文化蓬勃发展的时期，也是数字化技术推动商业模式创新和产业生态重构的重要历史时刻。在这一时期，工业设计成为推动制造业转型升级和高质量发展的核心动力。中国已经从全球最大的制造国转变为最大的消费国，工业设计的重心从产品转向消费者，强调产品的服务属性和用户体验，注重传递品牌价值，以及强调工业设计与智能化和软硬件结合的重要性。特别是在经济社会发展和公共服务领域，移动化场景的社区、旅游和医疗服务正在兴起，相关产品创新和模式创新充分展现了大数据与设计的结合。

### 扩展阅读

中国工业设计相关重要政策

更多数字资源获取方式见本书封底。

### 复习思考题

1. 对于设计的概念，为什么不存在唯一的定义？你对设计是怎样理解的？
2. 你是如何理解设计的科学性与艺术性的？
3. 举例说明设计在不同维度的价值创造能力。
4. 举例分析手工业时代的设计和工业时代的设计的区别与联系。
5. 结合历次工业革命背景，谈谈自己对工业设计定义的变迁的理解。
6. 工业设计发展的动力因素是什么？
7. 通过本章的学习，你是否清楚应如何学习本课程？

### 案例分析

#### 设计创造人文价值与经济价值

迈瑞医疗，1991 年成立于深圳，经过 30 余年的发展，已经成为国际、国内的顶级医疗器械服务商。其业务范围基本覆盖现代医院的全部科室，产品包括超声、监护、检验、骨科、手术等。这家企业被更多人认识，要从新冠的救治说起。2019 年年末新冠开始发生，迈瑞医疗第一时间参与了救治工作并提供了大批的医疗设备驰援前线，包括呼吸机、输液泵、监护仪等。其中，单体呼吸机成为救治过程中的明星产品，甚至一度出现一机难求的情况。

这款呼吸机的研发要远远早于新冠的发生时间，在 2015 年左右，那时迈瑞医疗通过设计洞察，发现市面上的呼吸机很难适应多场景的诊疗需求，如机型过大过于笨重、界面操作不便捷、功能冗余成本过高等。迈瑞医疗果断从用户需求出发，秉承以人为本的设计理念，创新性地设计研发了单体呼吸机（见图1-6）。新冠的意外到来，让这款机器帮助医护人员从病魔手中挽救了无数的生命。在迈瑞医疗的案例中，以人为本的设计理念，将关注生命健康的人文价值与企业价值有机地结合并统一了起来，既创造了经济价值，也成就了社会价值。

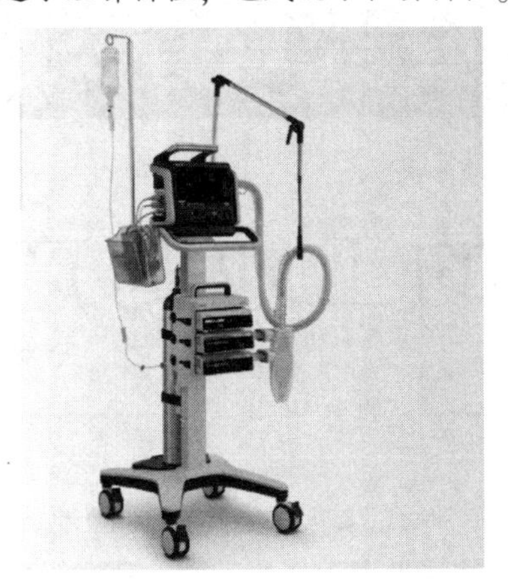

图1-6 迈瑞医疗TV80转运呼吸机（图片来源于迈瑞医疗官网）

**分析与思考：**

1. 结合迈瑞医疗的案例，分析设计在价值创造过程中的重要作用。
2. 如果你是迈瑞医疗的设计师，你将会从哪些角度思考呼吸机产品的设计？

# 第2部分
# 蒸汽时代（1760s—1860s）

# 第2章　蒸汽时代的工业与产业

**本章导读**

本章将探讨工业设计史上的一个重要时代——蒸汽时代。蒸汽时代始于18世纪末至19世纪初的工业革命，这一时期见证了工业与产业的快速发展和变革，对现代社会产生了深远的影响。在蒸汽时代，工业技术的进步是推动经济发展的关键因素，蒸汽机的发明和广泛应用，使得工厂化生产成为可能，生产率大幅提高，产品质量也得到了极大的提升。

蒸汽机驱动的纺织机使得纺织品的生产速度大幅提高，成本降低，推动了纺织品的大规模生产和消费。随着蒸汽机的广泛应用，对煤炭和铁矿石的需求急剧增加，这促进了煤炭开采和钢铁生产的发展，成为工业革命的重要支柱产业。蒸汽机车和蒸汽船的发明彻底改变了人们的出行方式和货物运输方式。铁路和航运的发展使得运输成本降低，加快了商品的流通和经济的发展。工厂采用大规模的机器设备和标准化的生产流程，实现了高效的生产，这使得商品的生产速度更快，成本更低，推动了工业化的进程。工业的发展吸引了大量人口从农村迁移到城市，加快了城市化进程，城市成为工业、商业和文化的中心。与之而来的机器制造、交通工具、家具制造、陶瓷制造以及日用五金等产业也得到了极大的发展。

蒸汽时代的工业与产业发展带来了生产方式、交通运输、城市发展等方面的巨大变革，对现代社会的形成产生了深远的影响。本章节将引导思考工业设计在蒸汽时代的作用和价值，以及它如何塑造了我们今天所熟知的世界。

**学习目标**

通过对本章的学习，能够描述第一次工业革命的产生及发展历程，了解该时期有哪些技术进步驱动了第一次工业革命的发生与发展。与此同时，还能够了解在工业化大规模批量生产的历史背景下，设计与制造出现了分工，出现了早期面向工业制造的设计萌芽。除此之外，还需要充分掌握该阶段产业发展的情况，结合案例领会技术与设计是如何共同促进工业产业发展的。

**关键概念**

蒸汽时代（Steam Age）

工业化（Industrialization）

机器制造（Machine Manufacturing）

工厂化生产（Factory Production）

蒸汽机（Steam Engine）

家具制造（Furniture Manufacturing）

韦奇伍德陶瓷公司（Wedgwood Ceramic Company）

骨瓷（Bone China）

日用五金（Daily Hardware）

## 2.1　工业与经济发展

### 2.1.1　工业技术进步

在工业革命之前，人类与自然界的平衡关系是十分脆弱的，为了维持生存，大部分人都不得不面对饥饿、疾病和衰老等威胁。在那些时代，所有的劳动都是依靠人力或畜力完成的，对于大多数人来说，生活就意味着与贫困和死亡不断的搏斗。

1640 年至 1688 年的英国资产阶级革命是英国历史上的一次重要事件，也是人类从封建社会向资本主义过渡的一次重要革命。在这个时期，英国国内爆发了权力斗争和宗教冲突，经此，英国建立了一个新的政治制度，即君主立宪制，权力从国王转移到议会，实现了政治上的民主化。这种制度为资本主义生产关系的发展提供了政治前提，推动了英国社会的现代化进程。第一次工业革命就是在英国这个政治背景下酝酿和发生的。

第一次工业革命奠定了一个新世界的基础，这个世界为人们提供了摆脱饥饿和物资短缺的机会。在这个新世界中，机器取代了人力，技术得以用来为人类提供更好的服务。第一次工业革命不是一夜之间就发生的，而是经历了漫长的、渐进的发展，以煤炭资源的利用、蒸汽机技术的应用、纺织工业的进步和钢铁技术的发展等为核心驱动力，极大地促进了经济社会发展。

#### 1. 煤炭资源利用

中世纪和近代早期的欧洲，土壤肥沃，拥有大面积的林木资源，这些树木为房屋、船只、机械、家具、车辆和工具提供原材料。同时，由木材制成的木炭是一种清洁的热能，被广泛应用于冶炼、烘烤和酿造过程中。但是，伴随手工业的发展和人口增长带来的刚需，木材供应变得日趋紧张，森林已经无法再生循环，木材变得稀有而昂贵，因此英国开始转向用煤作为替代能源。由于储量丰富，到了 17 世纪，英国开始采用煤作为工业和生活燃料以解决能源问题。当时煤炭产量的增长十分可观：1560 年英国的煤产量大约 25 万 t，到 1750 年产量已经达到 470 万 t。从 1700 年起，英国的煤产量占整个欧洲煤产量的 80%。

随着对煤炭的开采和利用，在不同行业中煤炭的消耗量逐年攀升。17 世纪中期，建筑用砖已经在英国的大部分地区普及，砖的生产就会使用到大量的燃料，价格低廉的煤炭就是最好的选择。同样，煮盐业也是一个煤炭消耗量巨大的行业，18 世纪早期，盐业消耗了英国煤产量的 7% ~10% 。不断发展的化学工业也是煤炭的重要消费者，例如明矾、玻璃、铜、铅和其他金属的冶炼都需要消耗大量的煤炭。

总结而言，煤炭在工业化进程中发挥了多重作用。首先，煤炭作为一种廉价的能源源源不断地提供了动力。煤炭被广泛用于燃烧，产生蒸汽以驱动蒸汽机和蒸汽动力机械，如纺织机、织布机、煤矿抽水机等。这些机械的出现和运行靠煤炭供应的动力，使生产率大幅提高，工业生产变得规模化和高效。其次，煤炭也是铁矿石冶炼的主要燃料。煤炭中的焦炭通过炼焦过程，为铁矿石冶炼提供高温和还原剂，这项技术被广泛应用于铁路建设、桥梁建设和机械制造等领域。煤炭的大规模采掘和铁矿石的冶炼相互促进，形成了一个相互依存的工业链条。此外，煤炭还为工业提供了原材料。煤矿中存在的各种化学元素和化合物，如煤焦油、煤气和煤焦灰等，被用于生产化学品、染料、肥料和建筑材料，这些副产品的开发利用进一步丰富了工业的产品种类，并推动了新兴产业的发展。煤炭的广泛应用和大规模采掘对社会经济产生了深远影响。它促进了城市化进程，吸引了大量农村人口涌入城市，寻求工业工作机会，同时，煤炭产业也带动了相关产业的发展，如交通运输业、铁路建设、机械制造和化学工业等。

于是，经济实用、储量巨大的廉价煤炭，进一步降低了生产与生活成本，提升了工业产品的产量和效率，从能源的角度，推动和催生了工业革命的发生。紧接着煤炭经济引发了蒸汽机的技术创新，其作为能源和机械的动力发生了突破性进展，在工业生产领域拉开了第一次工业革命的序幕。

### 2. 蒸汽机技术的应用

工业化生产中机器代替了人工，但机器也需要动力驱动。工业革命早期，机器的动力来源是水力，那时大量的机器、作坊和工厂都依赖水力作为动力来源。工业化对动力的需求使河流沿岸水车的数量不断增长，因为适合搭建水车的天然河道资源日趋匮乏，且水力天然带有不稳定性，在一定程度上阻碍了工业化的进一步发展。农业时代就有依赖水力的磨坊，但是磨坊仅需在收获季节运行即可，不需要全年满负荷运转。现代工业兴起之后，例如纺织业，则需要终年稳定的能源供应，而水力本质上是一种自然资源，受到河道数量、气候、降水等自然因素限制，无法为工业提供充足的且持续稳定的动力输出，所以工业化在迫使工厂主们寻找新的驱动力来代替水力推动机器。

1664 年生于英国达特茅斯市（Dartmouth）的炼铁工人托马斯·纽科门（Thomas Newcomen，1663—1729），成功发明了一台以蒸汽为动力的单活塞发动机，把水从矿井里打出来。根据历史学家的推测，托马斯·纽科门生活的地方距离康沃尔郡的铜矿和德文郡的锡矿非常近，矿上的排水一直是个大问题，而萨维利水泵也许曾经在附近的矿上被用于抽水，所以托马斯·纽科门有可能是因为某些机缘巧合接触了萨维利水泵，从而对蒸汽机产生了兴趣。世界上第一台能持续工作的蒸汽发动机于 1712 年被安装在达德利（Dudley），这是人类历史上具有标志性意义的一个事件（见图 2-1a）。

到了 1760 年代，蒸汽动力已经以纽科门发动机的形式存在了半个多世纪，但依旧主要被用于矿井抽水，并未在其他工业领域提供动力。詹姆斯·瓦特（James Watt，1736—1819）发现纽科门的蒸汽机的主汽缸在每一次的循环当中都要加热和冷却，对燃料的利用率不高，于是对纽科门蒸汽机进行了改进，大幅提高了蒸汽机的工作效率（见图 2-1b）。除此之外，他还利用机械原理制造了第一台轮转蒸汽机，这种蒸汽机不仅可以给矿井抽水，还能安装进工厂给各种工业机器提供运转所需的动力。瓦特带来的一系列改进，使得蒸汽动力进入了每一家工厂和作坊。虽然瓦特不是第一个发明蒸汽机的人，但经他改造的蒸汽机却成为打开英国工业化大门的一把钥匙。

a）单活塞发动机

b）改良的蒸汽机图样

图 2-1　托马斯·纽科门的以蒸汽为动力的单活塞发动机和瓦特改良的蒸汽机图样

### 3. 纺织工业的进步

1733 年，来自贝里（Bury）的织布工约翰·凯伊申请了飞梭的专利。飞梭是灵感的产物，是通过机械力“掷出”梭子，梭子带着纬纱穿过织机，这节省了织工每次停下手来整理设备的时间，也消除了对布宽度的限制。在飞梭发明之前，这项工作通常需要一两个人来处理，他们手拿梭子前后移动。飞梭的“飞”字带有一定的迷惑性，梭子实际上是沿着一个木质的轨道在跑，“飞”字是用来形容梭子滑行的速度很快。飞梭的应用，大大提高了织布速度，导致对织布用的棉纱的需求激增，进而引发了效率和质量更高的纺纱机的出现。

1779 年左右，兰开夏郡的纺纱工、织布工兼发明家萨缪尔·克隆普顿（Samuel Crompton）完善了他的骡机（走锭细纱机）。骡机是一种生产高质量的棉纱的新型机器，不仅产量很大，可以在一台设备上运转 1000 个纱锭，而且品质很高，可以生产质量最好的棉纱。在后来的 150 年里，骡机成为纺织业最主要的纺纱设备。有趣的是，骡机之所以这么叫，有一种说法是因为它综合了之前几款纺纱机的优点，好比骡子综合了马和驴的优点一样。

蒸汽机提供了驱动工业革命的动能，而由蒸汽动力驱动的动力纺织机，则是工业现代化的里程碑。第一台动力织布机由英国发明家埃德蒙·卡特赖特（Edmund Cartwright）于 1785 年设计并首次制造（见图 2-2）。在接下来的 47 年里，动力织布机得到了改进。到 1850 年，英国已有 26 万台动力织布机投入使用。

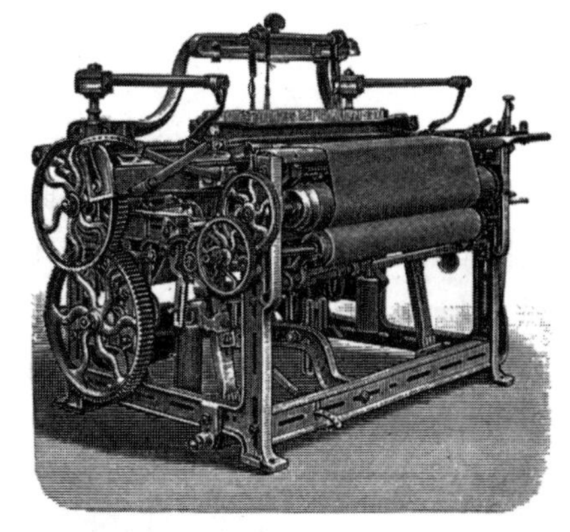

图 2-2　动力纺织机

### 4. 钢铁技术发展

工业革命期间冶铁和炼钢技术也迎来了新的发展。1783 年来自汉普郡（Hampshire）法尔汉姆（Farnham）的亨利·科特（Henry Cort）用搅炼和翻滚的方法，使工人们可以使用焦炭冶铁，最终使铁的生产摆脱了对木炭的依赖。铁产量的急剧增长，可以满足为工业生产服务的需要。

在铁的基础上，1856年，贝塞麦发明了转炉冶炼法。1864年，平炉冶炼法也随之问世。这两种冶炼法让所有钢和铁矿石都能够被熔融，去除杂质。钢的生产对于工业经济十分重要，钢的可加工性、强度和耐磨性使之成为一种非常重要的原料，这不仅对工业炼钢是一次革命，也为后续的铁路、桥梁、汽车、重型机械、飞机、船舶、精密制造业等无数现代工业提供了最为核心的材料。

铁桥（Iron Bridge）是世界上首座由铸铁建造的拱桥，位于英格兰施罗普郡塞文河上，于1779年在英国施洛普郡建成，是当地工业开展的纪念碑。开通于1781年，全长约60m。1934年，被列入古代纪念建筑，现在被列入世界文化遗产和英国一级登录建筑（见图2-3）。

图2-3　铁桥，世界上首座由铸铁建造的拱桥

这些核心驱动力的相互作用和相互促进，推动了第一次工业革命的爆发和持续发展，带来了巨大的经济、社会和技术变革。工业化的进程使生产方式发生巨大转变，从传统的手工生产转向机械化和大规模生产，极大地改变了人类社会的面貌。

### 2.1.2　社会经济发展

#### 1. 大众消费逐渐形成

工业革命带来了社会财富的积累，整个18世纪后期，不断提高的生产率使产品的价格持续下降，人们由此可以购买更多的东西。对工人阶级来说，参与工业生产的人获得了更多的可支配收入用于改善生活。据记载，在18世纪一个收入相当低的工人不仅能买得起各种各样的食物，而且可以买一些一个世纪之前被认为是奢侈品的东西，比如茶、咖啡、糖、巧克力、烟草和辣椒。生产力与收入水平的提升，使得这些所谓的奢侈品逐渐变成了普通商品可供大众消费。

除了食品，在18世纪，人们对家居用品和时装的购买力也从中产阶级扩展到了除最贫困的人之外的社会大众：商店店员、小商人、小工厂主和工人都有能力购买除基本生活品之外的其他产品，很多人还有书籍、钟表、眼镜、窗帘、瓷器以及饮茶和煮茶的茶具。对中产阶级来说，高质量的产品会提高家庭生活的舒适和优雅程度，同时也是一种社会地位的标志。

#### 2. 消费促进早期工业设计的出现

在照明、取暖、家具、陶瓷器皿、玻璃制品和餐具方面对更加舒适便捷的生活的渴望是社会的一种催化剂。购买钟表既说明了人们的富裕，也说明了人们花钱方式的变化。摆钟是1657年惠更斯（Huygens）发明的，到1749年，肯特郡54%的家庭财产清单当中都列有摆钟，可以看出摆钟普及的速度非常快。后来怀表开始流行，到1775年，英国每年生产超过15万只怀表。怀表尽管很贵，但是劳动阶层将它看作身份的象征。海员航海或者捕鱼回来、农民收获的时候、继承人继承了一笔遗产，都会购买怀表并传给自己的孩子。

18世纪末至19世纪初，机器成了工业中的新成员，许多技术性的工作由大量未受过传统手工艺训练的工人来承担。由于机器重复生产的准确性，这些工人不可能在产品生产过程中对产品设计产生个人的影响，只能按照预先制定的设计进行大批量的重复生产，这就使得在机械化的工业中，产品的设计与生产进一步分开，产品的设计与投产之间的时间延长，生产过程也标准化了，从而导致了对产品进行仔细规划的风气，商品生产中的劳动分工也促使了设计的专业化。例如，陶瓷业中样品和制模的设计，以及花布印刷中的花样制板设计都逐渐由专业的设计师提前完成。

在这个背景下，工业革命早期的设计开始出现。设计成为商业竞争的有效手段，成为商品生产过程中一个重要的部分。在消费品生产领域，新颖的设计成为一种主要的市场促销方式。为了刺激消费，需要不断地推陈出新，引领时尚潮流。工业设计的发展是与资本主义经济增长紧密联系的，工业革命后，新材料、新技术和新的功能要求不断出现。更重要的是，随着社会的进步，商业得到很大发展，设计成了工业过程劳动分工中的一个重要专业，并成了社会日常生活中的一项重要内容。1750—1860 年这一段时期是现代工业设计的酝酿与萌芽阶段。

关于这一现象，在《国富论》一书中有所体现，《国富论》是英国经济学家亚当・斯密于 1776 年出版的经济学著作，全名为《国民财富的性质和原因的研究》，这部经济学著作历时六年写作、三年修改，它的出版，标志着古典自由主义经济学的正式诞生。在这本书中，亚当・斯密提出了许多关于经济和社会发展的理论，其中就包括社会分工的思想。亚当・斯密认为，社会分工是提高劳动生产率、增加国民财富的重要途径。他指出，通过分工，每个劳动者可以专注于自己擅长的工作，从而提高生产率和质量。随着分工的不断细化，各个行业都需要专业的设计师来满足其特定的需求，根据产品的功能、使用场景、材料和制造工艺等因素，进行设计和创新，以提高产品的竞争力。社会分工的发展还促进了设计的标准化和模块化，降低生产成本、提高生产率，并方便产品的维修和更换。

3. 缺乏适应工业化生产的设计风格

18 世纪的设计风格是非常矛盾的，各种流行的风格此起彼伏，从巴洛克、洛可可、中国风、哥特式直到新古典，表明了日益扩展的市场对于新奇的不断追求。伴随新的材料、技术和新的生产方式不断出现，由于传统的风格和形式是在长期的手工业中形成的，当人们改用机器和新材料进行商品生产时，就会遇到混乱和困难，这就在旧形式和风格与新的材料和技术之间产生了矛盾。这种矛盾从 18 世纪下半叶一直延续到 19 世纪末。

18 世纪的设计师们在处理产品的功能与设计的关系上是模糊的。他们一方面对产品的坚固性和实用性很关心，另一方面又对装饰有浓厚的兴趣。这既是为了用装饰来体现设计者和生产者的水平，以提高产品的身价，也是为了满足当时人们对于装饰的需要。由于流行趣味的影响，不少产品，特别是家用产品都必须附加一定的装饰才有市场，如果产品是为达官显贵制作的，或以贵重材料制作的，装饰就更加华丽。一些日用小产品甚至不惜选用珍贵的木料，和奢华的装饰，那时在功能和装饰之间，还没有一个清晰的界限。

## 2.2　产业发展典型案例

### 2.2.1　机器制造

在 19 世纪，一些机器和产品的设计展现出朴实无华和几何性的特点，这种形式主要源于其结构和机器功能的需求。举例来说，伦敦科学博物馆所收藏的一台 19 世纪初的瓦特蒸汽机便展示了这种特点。整个机器的设计简洁而朴素，没有任何额外的装饰，其结构形态真实地反映了各个部分的实际功能（见图 2-4）。

19 世纪机床设计的演变对于研究技术革新与设计之间的关系以及早期功能主义的发展具有重要意义。在工业革命之后，最早出现的大型机器几乎完全由木材制造，尤其是机器的框架。当时的发明家们专注于实现机器的机械功能，而对机器的外观顾虑甚少。因此，机器的厚实木梁和粗大的连接螺栓给人一种简陋、粗糙的印象，缺乏美感（见图 2-5）。

图 2-4　19 世纪初的瓦特蒸汽机

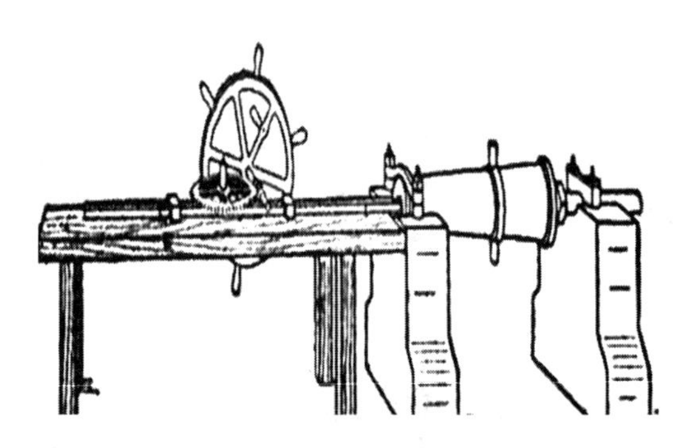

图 2-5　威尔金森于 1774 年发明的炮筒镗床

这种机器设计的朴素外观反映了当时工程师们对机器功能的追求，而非注重外观的装饰。然而，这种简陋的外观也反映了当时工业化进程的初期阶段，机器制造技术和美学设计尚未充分发展。随着时间的推移，工业技术的进步和设计理念的演变，机床的设计开始注重更加精细的外观和工艺，逐渐实现了技术与美学的有机结合。

这种演变过程不仅见证了技术和设计之间的相互影响，也展示了早期功能主义的发展。功能主义强调设计应该以实现功能为中心，追求简洁、实用和效率。19 世纪机床设计的朴素外观正是这种功能主义思想的体现，它们注重机器的实际功能，而不是追求外表的装饰和华丽。这种思想为后来现代设计的发展奠定了基础，强调功能与美学的平衡，影响了工业设计的进一步演变和创新。

在 19 世纪初，马克·伊桑巴德·布鲁勒（Marc Isambard Brunel）为普茨茅斯皇家船厂设计了一系列滑轮机床，这是机床设计的重要里程碑。在此之前，大部分滑轮都是手工制作的，然而英国皇家海军每年需要大约 10 万套滑轮，供需矛盾十分突出，因此，布鲁勒设计的这套滑轮机床很快被当局采用。这些机床全部采用金属制造，结构坚固，加工精度高，成为后来机床生产的典范（见图 2-6）。

图 2-6　布鲁勒为普茨茅斯皇家船厂设计的一系列滑轮机床

这套机床于 1807 年制成，由 10 名未经训练的工人操作，但其效率超过了 110 名熟练的手工艺人。由于设计和制造水平的卓越，其中一些机床甚至在 20 世纪中叶仍在使用。为了满足当时流行的审美趣味，布鲁勒在机床中采用了一种最简洁的柱式设计，即塔斯干（Tuscan）柱式。这既是传统审美观念的遗留影响，也体现了 19 世纪追求功能与形式和谐的理念，将朴素的功能形式与浪漫的艺术形式融合在一起。在 19 世纪，将建筑形式应用于机床的框架设计并不罕见，但对于布鲁勒的机床而言，塔斯干柱式只是过去传统的“余波”。虽然它在设计中并没有起到主导作用，但也没有成为一种装饰性的玩物，反而融合得恰如其分，张弛有度。

19 世纪以来，随着工业技术的进步与层出不穷的工程技术发明，机床设计中逐渐消失了传统装饰形式的残留，取而代之的是越来越多的新功能所带来的新的设计形式。在这一进程中，约瑟夫·怀特沃斯（Joseph Whitworth，1803—1887）是一个值得一提的重要人物。作为一位机床制造商，他对生产工艺的精确性和机床质量非常关注。为此，他发明了一种新的工艺来确保工件的平整度，并改进了测量方法。在 1856 年，他展示了一种精度达到百万分之一英寸的测量工具。

怀特沃斯在机床床身的设计中完全摒弃了建筑风格的影响。他发展了一种整体式的机床设计，采用中空的箱式床身，并增加了金属的重量以确保其稳定性。过去，人们普遍认为使用建筑元素和曲线样式等艺术形式是唯一可行的方式，可以使机器具备美感。然而，后来的工程师们尝试通过将重量最小化，使每个部件恰好能够完成其功能，从而获得一种功能性美感。而怀特沃斯的设计通过采用整体而稳重的箱式底座，实现了精确加工的目的，同时也改变了机床的外观和各部分之间的比例关系（见图 2-7）。他采用了标准化的制造方法来生产机床，达到了非常高的质量水平，并成为世界范围内的通用标准。现代机床具有稳重、朴素和严格的功能性等特点，这些特点正是源自怀特沃斯的设计。

图 2-7　怀特沃斯于 1850 年设计的具有高精度测量装置的机床

从蒸汽时代机器制造产业的发展来看，技术发展是设计产生的重要推手。随着冶金技术的进步，钢铁等新材料开始广泛应用于机器制造，这些新材料的出现为制造提供了更多的选择，能够设计创造出更坚固、更耐用的机器设备。蒸汽机的发明和应用推动了大规模生产的发展，标准化的生产方式使机器制造的效率大幅提高，同时也降低了生产成本，这种生产工艺的改进促使设计更加注重产品的功能实用性，以满足大规模生产的需求。在蒸汽时代，工程学作为一门独立的学科得到了快速发展，工程师们优化机器设计，提高机器的性能和效率，设计更加科学化和合理化。蒸汽机的发明使得机床得以广泛应用，从而提高了零件的加工精度，为精细的机器设计提供了可能。绘图工具、测量仪器等设计工具的不断创新，使设计能够更精确地表达意图。不仅是蒸汽时代，在任何一个时期，技术都在为设计提供着创造的源泉，对设计的进步发展发挥着重要的推动作用，同时设计的需求也促进了技术的革新。

### 2.2.2　交通工具

自行车的发明可以追溯到 18 世纪末期。1790 年，法国人西夫拉克发明了一种被称为“木马轮”的装置，这是自行车的前身（见图 2-8a）。随后，许多其他发明家和工匠也开始设计和制造自行车，包括德国的卡尔·冯·德莱斯和英国的约翰·斯塔利等。之后自行车的设计经历了一系列的改进，其中，最重要的改进是引入了驱动轮和转向轮。驱动轮的引入使得自行车可以更加高效地行驶，而转向轮的引入则使得自行车的操控更加灵活。此外，自行车的座椅、把手和轮子等部件也得到了改进，使得自行车的舒适性和稳定性得到了提高（见图 2-8b）。在这个时期，自行车的制造工艺也得到了不断的改进。早期的自行车通常是由手工制造的，但随着工业化的发展，自行车的制造逐渐采用了机器制造的方式。这使得自行车的生产率得到了提高，也降低了生产成本，自行车逐渐流行起来，成为一种受欢迎的交通工具。在欧洲和美国，自行车很快成为人们出行的方式之一，同时也成为一种娱乐和运动的工具。

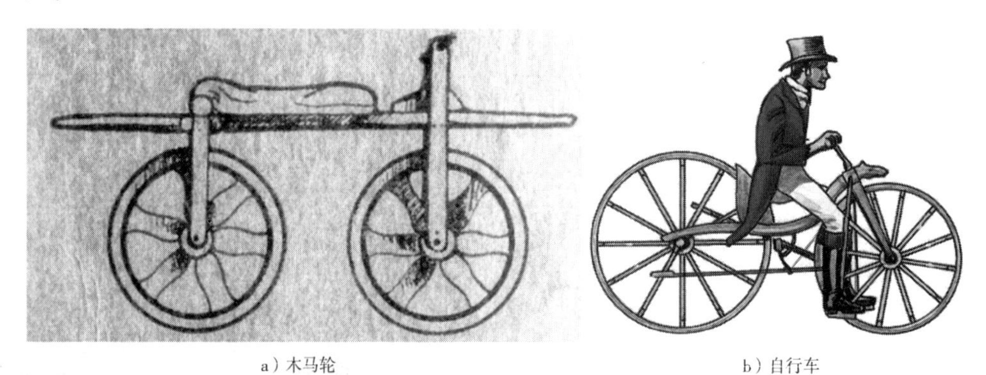

a）木马轮　　b）自行车

图 2-8　西夫拉克发明的木马轮和 1840 年英格兰铁匠麦克米伦发明的第一辆用脚起动-杠杆驱动的自行车

如前所述，蒸汽机的发明与改进并不是为了解决交通问题。纽卡门的蒸汽机，最早是在纽卡斯尔的产煤区被用于从矿井中抽水，而瓦特式蒸汽机，在效率提高后则主要用于工厂制造。工业革命早期的蒸汽机庞大笨重，主要目标是满足工矿的大功率需求，这样的蒸汽机是无法用于运输的。真正让蒸汽动力作用于交通的是奥利弗·伊文思（Oliver Evans），他在 19 世纪初制成了高压蒸汽机。这种蒸汽机体积小巧轻便，热效率高，从而能够被应用于移动的交通环境中，为火车、船舶工业的蒸汽动力改造拉开了序幕。

最早的机车多少具有原始的试验性质，主要的目的是开发一种有效的机械化运输工具，它们的制造技术局限于当地木匠和铁匠的能力，外形则反映了它们的真实特点。1813 年，布莱克特（Christopher Blackett）建造了迈拉姆·迪里号机车，看上去就像放置在轮子上的一台卧式蒸汽机，其外形直接反映了机器的功能。1829 年，为了挑选定期运行于利物浦和曼彻斯特之间的世界上第一列旅客列车，举行了一次设计竞赛。乔治·斯蒂芬森（George Stephenson，1781—1848）的火箭号机车获奖，这台机车体现了对于有效运行和外观两方面的重视，为后来的机车设计奠定了基础（见图 2-9）。

图 2-9　斯蒂芬森发明的“火箭号”机车

尽管它与别的设计相比，具有与众不同的简洁性，但在美学方面的处理仍然不够。1847 年，由大卫·乔易（David Joy）设计的杰尼·林德号机车则完全不同。其上地方性的手工生产和木框架的结构已成为历史陈迹，而工程制造已作为一种技术行业脱颖而出，这之中一个重要的进展就是对于外观的重视。水平延伸的金属框架与锅炉上的水平线条相呼应，从而增加了整体感，安全阀和蒸汽包上的古典柱式和穹顶则纯粹出于美学上的考虑，许多细部都是经过仔细推敲的，而不少运动部件都被覆盖于框架之内，这一方面有其技术上的合理性，另一方面也是为了获得整洁的线条（见图2-10）。

图2-10　1847年乔易设计的机车

19世纪英国铁路同行间的激烈竞争，增强了他们对于外观的重视。每家公司都发展了一种特别的设计风格，以创造一种全然不同的视觉特征。这些特征不仅体现于机车和车厢的形式上，还扩展到了色彩计划、工作人员的制服、出版物以及各种附属设备和装修之上，这实际上是现代公司企业形象计划的初期形式。

蒸汽船的发明人罗伯特·富尔顿（Robert Fulton，1765—1815）是一位充满传奇的人物。1786年，这位年仅20岁的美国画家来到英国伦敦试图以绘画谋生。但意想不到的是，在那里，富尔顿和瓦特结识，并成为好友。受到瓦特的影响，富尔顿从此迷上了蒸汽机和各种机械。

富尔顿了解到一些发明家试图利用蒸汽机制造能够自动划桨的船只，包括发明家詹姆斯·拉姆齐（James Ramsey，1743—1792）和他的竞争对手约翰·菲奇（John Fitch，1743—1798）。但是这样设计的蒸汽船效率很低，并没有什么实用价值，却给了富尔顿启发，即利用机械可以推动轮船行驶。他在1798年发明了利用螺旋桨驱动的蒸汽船，并且向美国和英国申请了专利。1806年富尔顿回到美国后，经莱文斯顿资助，富尔顿得以在美国继续研制蒸汽船。

1807年，富尔顿发明的使用机械动力的蒸汽船克莱蒙特号成功地行驶在了哈德逊河上，从此揭开了蒸汽轮船时代的帷幕（见图2-11）。不久，富尔顿在莱文斯顿家族的帮助下，取得了在哈德逊河航行的独享权，并开办了船运公司。1812年，富尔顿制造出了全世界第一艘蒸汽驱动的战舰，这艘战舰参加了美国对英国的战争。30年后，蒸汽船完全取代了大帆船。

图2-11　富尔顿设计的克莱蒙特号蒸汽船（复制品）航行照片

从此，运输业开始迈进蒸汽动力时代，同时，也为全球自由贸易时代的到来做好了准备。克莱蒙特号蒸汽船又名北河汽船，船身中央高耸的烟囱是工业革命标志性的视觉符号，由于采用蒸汽动力，所以无需风帆、没有人划桨，也让船身看上去更加简洁轻便，具有功能主义和理性主义的设计风采。

## 2.2.3　家具制造

在消费品生产领域，18世纪下半叶，英国的工业革命使纺织、金属和陶瓷工业中出现了现代化、工业化的组织和生产方式，与此同时，随着社会财富的积累，工人阶级愈发富裕、中产阶级崛起，催生了对新的商品的巨大要求。新颖的设计成了一种主要的市场促销方式，商家为刺激消费，需要不断的花样翻新，推出新的时尚。围绕人们日常起居的家具、陶瓷、小五金等生活产品，是当时颇具代表性的。

18 世纪家具制造业最重要的一个方面是劳动的不断专业化，这推进了在生产前进行产品规划的思想，使设计、绘图员成了家具公司的雇员。这些公司越来越重视在全国范围内积极推销产品，而不限于满足当地的需要。大多数公司都在伦敦繁华区设立了产品展销厅，以扩大影响。托马斯·切普代尔（Thomas Chippendale，1718—1779）的公司是有先驱性的，它集合了许多专业化的工种在 18 世纪下半叶从事家具和室内装修业务。切普代尔出身木匠世家，他于1753 年在伦敦开设了自己的产品展厅，就此开创了自己的事业。1754 年，他出版了样本图集《绅士与家具指南》，作为公司的广告宣传。这本书中家具插图包括了从古典式、洛可可式、中国式直到哥特式的各种风格。切普代尔有名的风格之一是“中国风”，这种风格是随着东方贸易的开展而发展起来的，在 1750—1760 年间成了极为时髦的式样。1760 年后，新古典成了占统治地位的风格，十分讲究合适的比例以及严格的视觉效果。切普代尔的家具有自己的一贯手法，16 把切普代尔生产的椅子所有的靠背均不同，但腿则都遵循一种基本形式，前腿是直的，后腿略为向外弯曲，其中有 5 把支持椅腿的木撑也是按同样的方式布置的，其余的变化也很小。这些椅子中，人们可以看到一种肯定的结构逻辑和设计推演的意识（见图 2-12）。

图 2-12　切普代尔设计的中式椅子

切普代尔的“中国风”椅子是由东西方贸易的发展而出现的，经济贸易可以促进不同文化之间的交流学习，为文化的多元发展提供契机。同时，经济贸易的发展也带来了技术和材料的交流，进一步推动了设计的创新发展。18 世纪英国与中国之间的贸易往来频繁，切普代尔的椅子设计融合的中国元素显示了对中国文化的借鉴和吸收，反映了设计领域中的文化融合趋势，这种跨文化的设计交流能够不断丰富设计的表达形式。

西学东渐和东物西渐是中西方文化交流的两个方面。在西学东渐的过程中，西方的科学、技术、哲学等知识逐渐传入中国，对中国的现代化进程产生了重要影响。而东物西渐则是中国的文化产品和艺术形式逐渐传播到西方，对西方的文化和艺术产生了一定的影响。这两种现象反映了文化交流的双向性和相互影响的特点。在当今经济全球化的背景下，经济贸易对设计的推动作用越来越显著。经济贸易活动促进了不同国家和地区之间的人员往来和物资交换，从而带动了文化的交流和传播，不同文化之间的艺术、音乐、文学、电影等文化产品得以相互流通，促进了文化之间的相互融合和借鉴，带来了不同设计风格之间的启发。随着国际贸易的发展，不同国家和地区的商品和服务进入彼此的市场，对人们的文化价值观产生影响，导致消费习惯和价值观的改变，国际时尚潮流的传播、设计中消费文化的兴起等都与经济贸易密切相关。

米切尔·托勒（Michael Thonet，1796—1871）生于德国，他从 1836 年左右就开始进行弯木家具试验，1853 年在维也纳开设了自己的工厂。不同于切普代尔，托勒的技术是革命性的，他的家具中采用蒸汽压力弯曲成型的部件，并用螺钉进行装配，完全不用榫卯联结。托勒家具的秘密不仅在于其创造性的成型方式，也在于逻辑地组织整个生产过程，不少产品中的部件是可以互换的，因此生产工艺和形式较简单，能大批量、低成本地生产椅子等，并很快就占领了世界市场，其产品的原型被广为复制，并至今仍以同样的工艺进行生产。他所设计和生产的批量产品无疑具有极高的美学价值，同时又是真正的大众产品。他的公司将新技术与新的美学统一起来，生产出了价廉物美而能为大多数人所用的家具，托勒的椅子少见于富人的沙龙，通常为咖啡馆、餐厅等公众场合及朴素人家所使用。托勒最有名的产品是维也纳咖啡馆椅，或称第 14 号椅。这一产品首先于 1859 年推出，迄今已生产了 5000 万把以上，这把椅子十分简洁，每一个构件都毫不夸张，椅子的构造反映了结构的逻辑性，成了一件超越时代和地域的永恒之作（见图 2-13）。

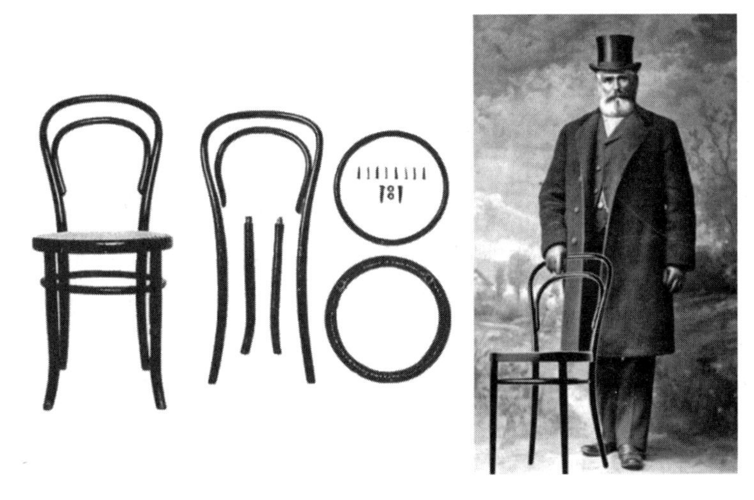

图 2-13　第 14 号椅及米切尔・托勒

## 2.2.4　陶瓷制造

18 世纪是欧洲陶瓷发展的重要时期，其中德国迈森瓷厂、丹麦皇家哥本哈根陶瓷厂、英国韦奇伍德陶瓷厂是这一时期欧洲陶瓷业的代表。迈森瓷厂成立于 1710 年，是欧洲最早的陶瓷厂之一，在 18 世纪，迈森瓷厂以其精湛的技艺和创新设计而闻名，生产了许多精美的餐具、花瓶和装饰品等（见图 2-14）。丹麦皇家哥本哈根陶瓷厂成立于 1775 年，是丹麦最著名的陶瓷品牌之一，该陶瓷厂的主要特点是精致的瓷器和独特的设计风格，其产品包括餐具、花瓶、雕塑和装饰品等。除了这两家著名的陶瓷厂，18 世纪的欧洲还有许多其他的陶瓷厂，如法国的塞夫尔陶瓷厂、英国的切尔西陶瓷厂等，在当时都取得了很大的发展，推动了欧洲陶瓷业的繁荣。

图 2-14　德国迈森瓷厂生产的座钟

18 世纪的陶瓷工业与家具行业有很大的不同，其组织化程度要先进得多。这一方面影响了陶瓷工业的商业结构，另一方面也影响了它的生产，使陶瓷工业在 18 世纪下半叶迅速扩展。生产的发展是由于需要的增加，即当时越来越多的人习惯了饮茶或咖啡，另一个社会原因也促进了陶瓷生产，就是越来越多的英国人开始喜欢吃热菜。

首先对这些变化做出反应的人是乔舒亚·韦奇伍德（Josiah Wedgwood，1730—1795）。韦奇伍德1730年出身于一个陶匠家庭，他在将以家庭手工生产为基础、产品十分粗糙的陶业转变成大规模工厂化生产的巨大转变中，起着关键性的作用。韦奇伍德于1796年建立了新工厂，他的成功首先取决于他的商业眼光，他有意识地将生产分为两个部分，以适应不同市场的需要。一部分是为上流阶层生产的极富艺术性的装饰产品，另一部分是大量生产的实用品。前者在艺术上的巨大成功，使韦奇伍德作为当时陶瓷生产领域的杰出人物而获得国际声誉；后者，则为他大批量产品生产提供了人力、技术和财力基础。

从1773年起，韦奇伍德印制了产品目录广为散发，后来还加上了英文原版的法、荷、德文译本，他还建立了长期的展销场所，以方便顾客选择订货。由于这些积极主动的市场战略，韦奇伍德的瓷器很快就风行欧美，影响至今。对于韦奇伍德来说，设计是一种自觉的手段，通过设计所具有的“价值”使不同的产品能适应不同的市场口味。到了1775年，韦奇伍德已有7名专职设计师，此外，他还委托不少著名的艺术家进行产品设计，以使产品能适合当时流行的艺术趣味，从而提高产品的身价。当时著名的新古典雕塑家弗拉克斯曼（John Flaxman，1755—1826）、画家莱特（Joseph Wright）和斯多比斯（George Stubbs）都应邀为韦奇伍德设计过产品。如果没有他的努力，这些艺术家就不会成为最早的工业设计师。

韦奇伍德不仅是一位有远见的企业家，也是一位实验科学家，他在陶瓷工艺上进行了多种技术革新，还被皇家学会接纳为会员，以表彰他在测高温技术方面的成就。为了扩大生产规模，他在工厂中使用了机械化的设备，并实行了劳动分工。这些革新对设计过程产生了重大影响。重复浇模的准确性，使产品的形态不再由操作工人负责，生产的质量完全取决于原型的设计，因此熟练的模型师和设计师很受重视。

批量生产实用陶器需要一种比手工更快的装饰方法，韦奇伍德使用了花边图集来表明标准的花边图案，使得熟练的工匠能依样复制，但这种装饰方法仍很费时。1752年，利物浦一家公司发明了一种将印刷图案转印到陶器上的技术，韦奇伍德马上采用，以生产适合自己需要的花形。转印技术的使用，使手工艺设计的因素完全从日用陶器生产中消失了。

韦奇伍德陶瓷公司的骨瓷（“Bone China”）是其著名产品，工艺精湛，设计风格独特，受到广泛推崇。骨瓷是一种高质量的瓷器，它的主要原料是牛骨粉和瓷土，经过高温烧制而成。骨瓷具有高透明度、高硬度、高白度、低吸水率等特点，是一种非常优质的瓷器材料。该公司的骨瓷产品包括餐具、花瓶、茶具、装饰品等，其产品风格多样，包括古典、现代、简约等多种风格。韦奇伍德陶瓷公司的骨瓷产品在世界范围内享有很高的声誉，不仅具有实用价值，还具有很高的艺术价值，是许多收藏家的珍爱之物。

韦奇伍德最大的成就之一是1763年开始生产的一种乳白色日用陶器，后来被赐予“女王”牌陶器的称号。这个系列的产品，设计形式大部分变得非常朴素，反映了材料自身及其生产工艺的特点，达到了韦奇伍德“优美而简洁”的理想。这种陶器是革命性的，开辟了现代陶瓷生产的新纪元，迄今仍是韦奇伍德陶瓷公司的重要产品。“女王”陶器把高质量与低廉的价格结合起来，并由于容易翻模成型，使大规模的工厂化生产成为可能（见图2-15）。

图 2-15　韦奇伍德“女王”牌陶器

18 世纪陶瓷工业的发展原因之一是由于饮茶、咖啡、吃热菜等生活需求的变化，引发了对陶瓷这一工具的更大需求，陶瓷餐具逐渐成为一种更为耐用、卫生且美观的选择，可以看出，设计的本质推手是人的需求。设计的目的是满足人们的各种需求，包括功能需求、审美需求、情感需求等，而人们的生活需求是不断变化和发展的，设计也随之相应改进。设计通过创新的设计理念和技术手段，将人们的需求转化为实际的产品或服务。可以说，生活需求是设计的基础和动力，设计是满足生活需求的手段。生活需求和设计相互影响，人们对生活需求的变化发展推动着设计的创新和改进，同时，设计的创新也会反过来影响人们的生活需求，促进人们对生活品质的追求。

## 2.2.5　日用五金

五金指金、银、铜、铁、锡五种金属，经人工加工可以制成刀、剑等艺术品或金属器件，例如五金工具、五金零部件、日用五金、建筑五金以及安防用品等。工业革命后，随着消费需求的增长，各种五金日用品的生产迅速扩大，特别是以伯明翰为中心的日用小五金产品增长很快。早在 17 世纪末，以生产各种金属小饰物为特色的小五金行业就已发展起来，以满足越来越多的人对于奢华和时尚物品的消费需求。到了 1786 年，鞋带开始流行，于是鞋扣成了当时极为时髦的物品，鞋扣的设计多迎合贵族的趣味，以适应新兴的市场对于时尚的需求。伯明翰的小五金产品种类很多，主要有金属纽扣、扣环、表链、墨水台、别针、牙签盒、烛台等，这些产品是伯明翰的大宗贸易商品。18 世纪中叶，尽管在不同的生产阶段存在着高度的专业化，但制造业仍以传统的方法和小型作坊的网络为基础。

马修·保尔顿（Matthew Boulton，1728—1809）于 1759 年继承父业后，决心面对市场的激烈竞争，生产出比对手质量更高、更便宜的产品，而当时其他生产者应付市场膨胀的方法仅是价廉但质次。为此，保尔顿引进了以机械化为主的大规模生产，他于 1761 年购置了适于建造大型车间的场地，这里临近河流，以便利用水力机械。该厂以水作为机械动力也有一个麻烦，因为河水时而枯竭，尚需畜力作补充。为了解决这一难题，保尔顿结识了一直在研究蒸汽动力的詹姆斯·瓦特，并决定投资于蒸汽机。保尔顿 1773 年在索活安装了一台试验性蒸汽机，瓦特为此在那里进行了两年的调试工作。从 1776 年起，瓦特和保尔顿将蒸汽机应用到了许多工业生产之中。这一革新的作用是十分重大的，使得新的批量生产方式迅速发展起来。

保尔顿的设计方法是迎合市场的流行趣味。他写道：“时尚与这些产品有极大关系，目前时尚的特点是采用流行的优雅装饰而不是擅自创造新的装饰”，时尚性和价格便宜成了商业成功的信条。崇尚时髦的市场需要有广泛的选择，保尔顿的产品也在国际市场上销售，他特别注意不同市场上的不同需要和不同爱好。

保尔顿生产的最好的作品都受到新古典风格的影响。商业上的机遇和新古典时尚的结合是特别幸运的，因为新古典崇尚几何的简洁性，古典花纹图案的重复使用，有助于大批量的生产，如老谢菲尔德铜镀银冷酒器（见图2-16），保尔顿在这方面进行了探索。他的策略是建立一支技术高超的手工艺人队伍，他们既能在批量生产部门保持产品的高标准，也能将他们的天赋应用到要求更高、但富于个性的产品生产之中。两类产品的基本设计和部件能够通用，模具可以适应不同的金属，尽管这种方法是工业化的，但个人的技艺仍然十分重要。花费在较精致产品上的大量手工艺劳动使得这类产品出类拔萃，这些豪华产品并不特别有利可图，但为保尔顿带来了质量上的声誉，并结交了大批艺术界和社会上的名流，从这些交往中不断获得新的构思和设计，反过来又滋养了利润较丰的批量生产部门。

图2-16　保尔顿制作的老谢菲尔德铜镀银冷酒器

面对激烈的市场竞争，保尔顿迎合市场趣味，不断调整，生产出众多高质量产品，可以说，商业竞争对设计萌芽的正向影响是显著的。工业革命后，设计逐渐发展成为商品生产过程中的一个重要部分，在商业竞争中，设计可以提高产品的竞争力，成为商业竞争的有效手段，这反过来又促进了设计的发展。商业竞争促使企业不断寻求新的设计理念和方法，以满足市场需求并脱颖而出，企业往往会在设计方面投入更多的资源来提高产品或服务的质量。与此同时，正向的商业竞争是设计发展的重要动力，但过度的商业竞争则可能导致退化，例如有计划废止制度的流行是为了刺激消费扩大生产，但过于追求形式的变化和商业利益，便使得设计浮于表面，从而引发对资源的浪费。

## 复习思考题

1. 煤炭资源相较木材有哪些优势？煤炭第一次工业革命的贡献主要是什么？

2. 如何看待蒸汽机的发明和应用对工业革命的作用和意义？

3. 结合自己的理解，谈谈工业生产是如何促进早期设计分工出现的，是如何孕育工业设计萌芽的。

4. 结合19世纪机器制造的案例，谈谈设计与装饰的关系。

5. 结合历史案例，谈谈工业革命给家具制造业带来了哪些改变？

## 案例分析

### 托马斯·纽科门之前，蒸汽机发明简史

烧水壶的水烧开了壶盖就会被顶起，这是一个常识现象。但是，蒸汽动力被应用于工业生产领域则要到17世纪。1603年，大卫·拉姆齐（David Ramsey）随着来英国继承王位的苏格兰国王詹姆士

六世来到伦敦，被任命为詹姆士的继承人亨利王子的寝宫侍从官。与此同时，拉姆齐是一个钟表匠，也是多项专利的拥有者。其中，包括1631年的第50号专利，其发明思路为：可以用火将水从低洼处抬升到高处。无须借助风力、水力或者马力，可以将任何作坊建立在河流之上，可以让船舶或者马车在强风或者潮汐中逆行。除专利之外，拉姆齐在蒸汽动力的应用上没有实质性的突破，但是专利的申请本身就是一个里程碑，表明当时的人们已经开始思考蒸汽在工业领域中的实际应用。

拉姆齐之后的一个世纪里，有很多人通过各种方法，尝试有效应用蒸汽动力。其中，最有进步意义的一次尝试是由丹尼斯·帕潘（Denis Papin）发起的，1690—1695年，他在汽缸的底部放少量的水，在上部放置一个活塞。他把水加热，蒸汽顶起了活塞。当把火移开的时候，蒸汽冷却成水，活塞在形成的真空和空气的压力下又回到了原处，帕潘观察并记录了这次试验。

随后，托马斯·萨维利（Thomas Savery）上尉也对蒸汽机的发明做出了贡献。萨维利是一位来自英国德文郡的富有绅士，他对机械设备十分痴迷。1698年7月25日，萨维利使用蒸汽原理制造了一个水泵，这是已知的第一个被大量使用的蒸汽设备。但是萨维利的水泵工作效率低下，还不是一台完善的蒸汽发动机。不过值得注意的是，这个泵最初的用途，是用于抽出煤矿矿井里的水，这是煤炭和其他矿藏开采过程中的一项技术难题。矿井在开凿过程中，经常会遇到地表和地下水的倒灌，如果不抽出水，就无法进行采矿作业。所以矿井的抽水与排水问题，是煤炭经济发展的瓶颈之一。萨维利利用蒸汽原理制造的泵，恰恰是为了解决这一技术问题，并且泵内的蒸汽也是用煤炭作为燃料加热水产生的。萨维利水泵是最原始的蒸汽机原型，蒸汽机的发明和改进，是煤炭引发的。

再之后，1664年生于英国达特茅斯市的炼铁工人托马斯·纽科门成功发明了一台以蒸汽为动力的单活塞发动机，以便把水从矿井里打出来。

**分析与思考：**

1. 你认为大卫·拉姆齐、丹尼斯·帕潘、托马斯·萨维利各自的发明思路有何异同与创新？
2. 在托马斯·纽科门之前，历史上关于蒸汽机的发明迭代的故事，给了你哪些启示和思考？

# 第3章 蒸汽时代的设计变革

**本章导读**

工业革命后，由于设计、制造工艺以及材料等诸多原因，批量生产的工业制品的质量难以与手工制品相媲美，特别是那些机器仿制的手工艺品更是无法与原作匹敌。同时，另一个更为直接和严峻的问题是风格上的折衷主义。所谓折衷主义就是任意模仿历史上的各种风格，或自由组合各种式样而不拘泥于某种特定风格，例如将希腊、罗马、拜占庭、中世纪、文艺复兴的风格不做处理和区分，反复叠加在产品的装饰上。

弗兰西斯·D. 克林根德（Francis D. Klingender）在《艺术与工业革命》一书中写道："实际上，由工业先驱们所带来的审美观念上的革命，与他们在生产组织和技术方面带来的革命一样深刻"。近代设计的发展一方面有赖于诸如生产方式、社会特点、经济与政治结构以及科学技术一类抽象力量的变革，另一方面也在于一批有识之士为近代设计运动奠定了理论基础。19世纪初，有一大批设计改革人士，如建筑师、美术家们，发现了设计的问题，试图以美学方式来影响工业的发展。这一时期致力于设计改革的人士有一个共同的感受，即随着生产的发展和新的消费阶层的出现，作为一个整体的国家的审美情趣处于一种衰败状态，古典的标准失落了，代之以风格上的折衷主义。这激起了他们强烈的改革热情，以图改变现状，并在设计和现代社会之间建立一种更为和谐的关系。

这一时期还涌现了许多杰出的设计师和设计思想，如威廉·莫里斯（William Morris）、约翰·拉斯金（John Ruskin）、维克多·霍塔（Victor Horata）、亨利·凡·德·威尔德（Henry Van De Velde）、赫克托·吉马德（Hector Guimard）、安东尼·高迪（Antoni Gaudi）等。他们的设计思想和设计作品不仅反映着当时的艺术和文化，对后来的工业设计发展也有着深远的影响，同时为后来的设计师提供了宝贵的经验和启示。

**学习目标**

通过对本章的学习，了解工业革命之前中国和西方手工艺设计的概况、"水晶宫"国际工业博览会的背景和历史意义、工艺美术运动的基本概念、新艺术运动的基本概念等课程内容。

**关键概念**

手工业设计（Handicraft design）

"水晶宫"国际工业博览会（"Crystal Palace" International Industrial Exhibition）

工艺美术运动（Arts and Crafts Movement）

新艺术运动（Art Nouveau）

## 3.1 工业革命前的设计

工业设计是工业革命后，以大规模批量化工业生产为前提条件建立起来的新兴设计领域，但是工业设计与之前的手工业时代的设计制造有着千丝万缕的联系。在工业革命发生之前的漫长悠久的古代社会，世界各地不同时期的匠人、艺术家创造出的种类繁多、技艺精湛的手工艺产品，是设计文明及其重要的组成部分，现代的工业设计也是古代手工艺文明的延续、继承与创新。

分工、批量是工业设计的重要特征，在中国古代，手工艺品制造已经存在分工和批量化生产。中国古代建筑建造是分工的，但不是批量的，例如《营造法式》中的斗拱模式，是标准化的基石。古代长城的建造，是分工的、批量的，有大批量生产制造墙砖的分工，有运输的分工，有小批量分段建造的分工，分工与批量之间往往并没有明显的关系。但此时，设计与制造并未有明显的分开，设计没有作为独立的角色从制造业中分化出来。

### 3.1.1 中国古代手工艺设计

中国的手工艺设计历史源远流长，古代劳动人民用勤劳和智慧创造了璀璨夺目的工艺文明。中国的手工艺设计反映了古代中国人民的智慧和创造力，还为后世的艺术设计提供了宝贵的启示。这些传统的技艺和制作理念在现代依然有着广泛的影响，不仅在艺术领域，也在时尚、建筑和工业设计等领域中得到了应用和发展，丰富了世界文化的多样性。

1. 陶瓷

提起陶瓷，想必大家不会陌生。陶瓷与火药、造纸术、指南针、活字印刷术等古代发明一起，推动了中国古代技术和文明的伟大进步。例如，人们日常生活会使用的瓷碗、瓷盘，还有许多精美的陶瓷历史文物都属于传统陶瓷。其实，传统陶瓷是陶器和瓷器的合称，陶和瓷有关联，但并不完全相同。

古人首先发明了陶器的制作方法，原因是制作陶器的原料陶土对原材料的组成要求不是很高，并且陶器的烧成温度更低，在技术方面要求也更低。陶土矿物成分复杂，主要由高岭土、云母、蒙脱土、石英和长石等组成，这些矿物都是硅、铝、氧、镁、钠等元素形成的不同晶体结构的矿物。由于地域的影响，不同地方的陶土成分会有较大的差别。人们将陶土与水混合形成泥团并制成不同的形状，然后将陶器的湿坯放入窑炉中烧制，最终形成陶器。

原始时代的陶器就有了比较多彩的工艺，具有代表性的有捏塑、泥条盘筑、轮制三种工艺。捏塑是用手将黏土捏成所需形状并进行简单的装饰来制成，这种方法不需要使用工具，在原始社会中很常见。泥条盘筑是指将黏土搓成泥条，然后将泥条按照一定的顺序和方向盘绕在一起，形成所需的形状。在盘绕的过程中，可以通过改变泥条的长度、宽度和厚度来调整陶器的形状和大小，泥条盘筑的陶器通常表面粗糙，形状不规则。轮制是一种较为先进的陶器制作工艺，它需要使用轮盘，将黏土放在轮盘上，在转动的过程中用手或工具将其塑形。轮盘的转动可以使黏土变得更加均匀和细腻，轮制的陶器通常形状规整，表面光滑，同时也可以提高生产率。比如，蛋壳陶是一种制作精致、造型小巧、外表漆黑黝亮、陶胎薄如鸡蛋壳的黑陶，就是采用轮制法才得以成型，其以高超的制作工艺和优美的造型，被誉为“中国古代陶器的巅峰之作”，部分器壁隐约可见快轮旋转时形成的细密细弦纹，器壁极薄，最薄处仅0.3mm（见图3-1）。

图3-1　蛋壳陶

中国在新石器时代晚期时，制陶技术就已经发展到了很高的水平，能够制造出精美实用的彩陶。所谓“彩陶”是指绘有红色、棕色或黑色装饰花纹的陶器，反映了先民们极高的工艺技巧。1955年，陕西省西安市半坡遗址出土了一件绘着人面和鱼纹混合图案的彩陶盆，得名为“半坡人面鱼纹陶盆”。经过考古学家的认定，这只陶盆制作于新石器时代，距今有6000多年的历史。但是让人惊叹的是红棕色陶盆完整如初，精美的黑色彩绘鲜艳牢固，这不禁让人疑惑，为什么历史如此久远的彩陶制品，看上去和新的一样？这是因为，陶瓷坯体的原料和表面彩绘的原料都是自然矿物，通过烧制的方式形成致密的结构。同时陶瓷不怕紫外线和化学腐蚀，又比其他材质耐磨耐刮擦，这些特性让陶瓷历经千年的自然风化，依然能保持完好的面貌和显著的色彩。

除此之外，中国新石器时期出土的彩陶造型，很多是为了满足日常起居烹饪用途而设计的。例如，陶鬲（lì）是陶器中最常见的煮食容器，它的三条肥大且中空的支脚既能稳定地起到支撑作用，还能够增加在火上受热的表面积，缩短烹饪时间；陶甗（yǎn）是一种能够煮熟下方食物、同时蒸煮上方食物的容器，其器型真实地反映了这种器物的使用特点；陶簋（guǐ）是陶碗上加上一个方形底座，在使用上更加稳定。

从掌握了制陶技术开始，人们对于陶瓷的研究就从未停歇。东汉时期，陶匠为了改善陶的性能，开始尝试不同的配方和烧制方法。在经历了无数次的失败之后，白色的高岭土让陶匠如获至宝。加入高岭土的黏土，烧制出的白陶不但光滑洁白，强度和硬度也远超同时代的其他陶器，这就是最早的“瓷”。瓷器之所以呈现光洁明亮的表面，除了烧制温度较高使得表面较为致密以外，瓷器表面还有一层特殊的物质——釉。釉也是矿物原料经过高温烧制而形成的，只是釉的烧制温度较低，使得瓷器在烧制过程中，会将表面的釉质原料熔融，从而形成均匀、光滑、透明的玻璃质薄层。釉不但赋予了瓷器光滑、致密的表面，同时赋予了瓷器五彩斑斓的色彩。釉料的色彩来源于金属离子，例如红釉一般含有铁离子或亚铜离子、蓝釉含有钴离子、青釉含有亚铁离子、紫釉含有锰离子、绿釉含有铜离子等。

中国古代各朝代的瓷器发展是一个漫长而复杂的过程，可以追溯到公元前16世纪的商朝。在商朝时期，中国已经开始制作原始瓷器，但直到东汉时期，真正的瓷器才开始出现。随着时间的推移，中国古代的瓷器制作技术不断提高，瓷器的质量和艺术价值也不断提高。宋瓷是中国古代瓷器的艺术高峰，它以其精湛的制作技术、优雅的造型和精美的装饰而闻名于世。宋瓷的窑厂主要有汝窑、官窑、钧窑、哥窑等。汝窑以生产天青釉瓷器而著名，胎质细腻，釉色晶莹，造型优美，似玉非玉而胜玉；官窑是宋代宫廷瓷器窑厂，以生产粉青釉瓷器而著名，瓷器造型简约，釉色晶莹，纹饰精美，是皇家瓷器（见图3-2a）；钧窑瓷器釉色鲜艳，光彩夺目，造型多样；哥窑以生产开片釉瓷器而著名，开片本是瓷器烧制过程中的瑕疵，却因独特的效果而成为美妙的装饰。

青花瓷的大名享誉内外，“青花瓷”这个叫法可能会对大家了解它产生一些误导，青花瓷的釉料颜色并不是青色，而是蓝色，釉料中的金属离子不是亚铁离子，而是钴离子，故而青花瓷的颜色应该称为钴蓝。作为名字，“青花瓷”比“蓝花瓷”更加具有中国古典的韵味。明清时期，青花瓷的发展达到了顶峰。15世纪初郑和下西洋，让青花瓷在世界范围内广泛传播。现藏于中国国家博物馆的明代“青花海水白龙纹扁瓶”，是明代永乐年间青花瓷的典型代表作品，瓶身用青花绘制海水，巧妙地用留白刻画白龙，独具匠心。这个瓶子的造型源于中亚伊斯兰文化的玻璃扁壶，反映出中西方文化在瓷器上的交流与融合（见图3-2b）。

a）青瓷贯耳壶

b）青花海水白龙纹扁瓶

图3-2　官窑——青瓷贯耳壶和青花海水白龙纹扁瓶（图片来源于中国国家博物馆）

在古代，中国的瓷器是最受西方欢迎的东方贸易产品之一，从汉朝开始就沿着“丝绸之路”运输到亚欧各国。在陆上丝绸之路发展的同时，“海上丝绸之路”也从中国沿海港口出发，穿过南海，抵达更广阔的世界。对于易碎的瓷器来说，水运更加便捷和安全，于是陶瓷成为航路上最主要的商品之一，“海上丝绸之路”也被称为“陶瓷之路”。随着宋瓷远销海外，宋瓷的使用也成为外国上流社会阶级和身份的象征，甚至还影响了他们的生活习俗，如今在印尼国家博物馆，还依然摆放有许多产自宋代德化的“喇叭口”大瓷碗。在当时的欧洲，只有贵族和富人的家中，才用得起上等的中国瓷器，并以此作为身份和地位的象征。欧洲直到十八世纪初，才掌握了制造瓷器的生产技术。所以久而久之，西方人就用china（瓷器）的单词来代表瓷器的产地——中国（China）。

### 2. 金属

中国古代的金属工艺主要包括青铜器、铁器、金银器等。人类从石器时代继续发展，随着生产力提升的需要，作为工具的石器已经不能满足人类逐渐增长的生产率的要求。接替石器继续推动人类进步的重任落在了青铜器的身上。铜作为人类最早冶炼和使用的金属，不光可以作为铸造工具、器皿的原料，更是古代货币的主要材质，不断推动古代中国文明向前发展。

铜冶炼的起源距今非常久远，已经无据可考，但是专家们根据考古发掘，对铜冶炼的起源做了诸多有根据的推测。其中一种说法认为铜发现于原始陶器制作的窑炉中。铜币是铜的一个重要制造品种，铜币在历史演变的过程中有过很多外观，例如刀币、铲币、贝币、戈币等。当秦始皇统一中国之后，根据中国人最相信的天地自然模型——天圆地方，最终将铜币的形状定为圆形轮廓，内含方孔的铜钱，并一直沿用到近代。为什么人们选择铸造铜钱，而不是铁钱？或者是别的金属呢？首先，铜储量较大；其次，铜的熔点（1083℃）比铁的熔点（1538℃）低，容易铸造；最重要的是，铜化学稳定不易生锈，即使生锈，铜锈也会阻止铜身的进一步锈蚀，而铁太容易生锈，如果做成钱币，铁钱的寿命实在是太短。由此，在古老的东方，金属铜承担了两千多年的货币角色，并伴随着中国历史的进程，一起沉浮。

纯铜是一种紫红色金属，很柔软而且没有硬度，直接使用性能很差。但是当铜中添加一定比例的金属锡（Sn），情况便有了很大的变化。首先，由于金属锡的熔点只有200多摄氏度，掺入铜后可以很大程度地降低铜的熔点，从而使得铜锡合金便于熔化和铸造成型；然后，锡的加入大幅提升了铜的硬度，使得铜锡合金可以应用于工具、器皿、武器等物品的制造，从而完全替代了人类的石器工具，极大地推动了生产力的进步，从而将人类的文明带入了一个全新的阶段。这种铜锡合金就被称为青铜。

青铜的性能会随着铜、锡两种金属的掺混比例的变化而变化，一般来说，随着锡含量的不断提升，青铜的硬度不断增大。在我国东周时期，齐国出版了一部记录齐国各类手工业规范的技术文献——《周礼·考工记》。书中详细阐述了不同用途的青铜器所采用的不同铜锡比例，例如“六分其金，锡居其一，谓之钟、鼎之齐”，在古代由于铜是货币，所以在汉代以前将铜都称为金。这句话的意思是说，铸造青铜钟、鼎等礼器，所需要的锡相当于铜的1/6，也就是铜锡比为6:1；而“四分其金，锡居其一，谓之戈戟之齐”，铸造戈、戟等武器，铜锡比则变为4:1，这是由于作为武器的青铜需要具有更大的硬度和强度，这时就要掺入更高比例的锡。

中国青铜器时代的顶峰是商周时期。青铜被用来制作成礼器、乐器、兵器，以体现“国之大事，在祀与戎”的思想观念（见图3-3）。青铜礼器以鼎为核心，鼎在发明之初是用来烹煮肉食的炊具，但是它的外表庄严肃穆，象征着权力，故而逐渐成为祭祀用的礼器。西周中晚期有着严格的列鼎制度，即用鼎的花纹、大小和数量来代表贵族的身份。《春秋公羊传》中记载，天子用九鼎、诸侯用七鼎、卿大夫用五鼎、士用三鼎或一鼎。现在有一个成语叫“一言九鼎”，意思是说一句话抵得上九个鼎重，比喻说话很有分量。夏商周时期的青铜器风格经历了从简陋到繁丽再到单纯的转变，最初的简陋风格是工艺水平的限制，繁丽则是工艺水平进步的显著表现，之后呈现出来的单纯风格则说明脱离了对炫技的追求，而更加注重实用。到了春秋战国时期，青铜器逐渐被漆器和陶瓷取代，制作技术和装饰工艺开始逐渐衰落。

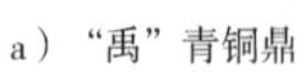

a）“禹”青铜鼎　　b）“逑”青铜钟

图3-3　西周晚期“禹”青铜鼎和西周晚期“逑”青铜钟（图片来源于中国国家博物馆）

青铜在商周时代还有一个重要用途——制造武器，如戈、钺、矛、刀、剑、戟等。青铜的硬度相当于纯铜硬度的4.7倍，其威力在钢铁出现之前的冷兵器时代，威力了得。战国时期著名的越王勾践剑，就是这一时期的巅峰之作，被誉为“天下第一剑”。据说越王勾践剑出土时依然锋利，而且寒光凛冽，历时两千余年，竟然毫无锈蚀的痕迹。这除了与古人高超的青铜锻造技艺有关，还有宝剑的表面有一层金属铬（Cr）涂层，使得宝剑跨越千年而不朽。这个发现震惊了世界，因为这种镀铬技术德国在1937年、美国在1950年才先后发明并使用，而中国在2000多年前的春秋时代就已经熟练运用，中国古人的铸造水平之高，真是匪夷所思，只可惜这个令人赞叹的铸造技术早已失传于中国漫长的历史长河之中。

随着冶铁技术的不断发展，铁器在中国古代手工艺中也占有重要地位。铁器的制作工艺主要包括冶铁、锻造、铸造等。冶铁是将铁矿石经过高温冶炼，得到生铁或熟铁的过程。冶铁的关键在于掌握火候和温度，以及选择合适的铁矿石。在冶铁过程中，还需要进行脱硫、脱磷等处理，以提高铁的纯度和质量。锻造是将铁块加热后，用锤子等工具进行锻打，使其成为所需形状，锻造可以改变铁的组织结构，提高其强度和韧性。在锻造过程中，通过把握合适的温度和力度，来保证铁器的质量和形状。铸造是将铁块加热后，倒入模具中，冷却后得到所需形状的过程，铸造可以制作出形状复杂的铁器，如铁锅、铁鼎等。铁器的制作还包括淬火、回火、磨砺等工艺，可以进一步提高铁器的性能和质量，使其更加耐用和实用。铁器的种类也比较丰富，兵器如刀、剑、戟、戈等，工具如斧、锯、锤、錾等，生活用品如锅、瓢、碗、盏等。铁器主要是作为生产工具和生活用品而存在的，其造型通常以实用性为首要考虑因素，比较简洁大方，造型线条也比较流畅。

中国古代铁器的装饰工艺也丰富多样。例如，错金银是在铁器表面刻画出图案或文字，然后将金丝或银丝嵌入刻痕中，再进行打磨，使其表面呈现出金色或银色的图案或文字；鎏金是将金箔或金粉涂在铁器表面，经过高温烘烤，使金箔或金粉与铁器表面融合，形成金色的装饰效果；镶嵌是将金玉、宝石等珍贵材料镶嵌在铁器表面。这些工艺增加了铁器的装饰效果，在实用价值的基础上使得铁器更具审美价值。

中国的金银器工艺有着悠久的历史，其制作工艺精湛，具有很高的艺术价值。金银的延展性强，易于铸造，可以制作成各种复杂华美的款式。在隋唐时期，金银器的制作达到了一个高峰，出现了许多精美的金银器，如唐代的葡萄花鸟纹银香囊，小巧精致，展现出极高的工艺水平（见图3-4）。金银器的造型种类繁多，包括盘、碗、杯、壶、盒、罐、钗、簪、镯、戒指等，其中盘、碗、杯、壶等容器类金银器造型最为丰富，常常采用动植物、人物、几何图形等元素进行设计，造型精美，注重细节和比例的协调，具有强烈的形式美感。生动形象、富有动感，注重整体的和谐与统一，如汉代的长信宫灯、西汉的金兽（见图3-5）。金银器在中国文化中具有重要的地位，它不仅是一种实用器具，还承载着丰富的文化内涵。常被用于宫廷、寺庙、文人雅士等场合，反映了当时的社会等级、宗教信仰、审美观念等。金银器不仅体现了中国古代人民的智慧和创造力，还对世界金银器工艺的发展产生了深远影响，古代中西方的风格相互交融影响，西方风格传入中国后，

图3-4　唐代葡萄花鸟纹银香囊

不断适应中国风格，经过本土化的改变和发展，形成了独特风格。

a）汉代长信宫灯

b）西汉金兽

图3-5　汉代长信宫灯和南京博物院镇院之宝——全国出土的当时最重金器西汉金兽（图片来源于南京博物院）

**扩展阅读**

失蜡法工艺的过程

更多数字资源获取方式见本书封底。

### 3. 玉器

玉，也称玉石，从名字就可以看出，玉和石头有着千丝万缕的联系。玉本身就是石头，只不过是具有观赏价值的特殊石头，正所谓“石美者为玉”。玉石为什么比普通的石头更美呢？最根本的原因就是玉石的晶体结构更加致密也更加规整。无论是玉石还是普通石头都是由许多细小晶体组合而成的，但是玉石的细小晶体排列更加紧密规整，使得光线在照射时可小部分透过，使得玉石具有一定的通透性。同时大部分的光线则被细小晶体散射掉，散射的过程便赋予玉石温润的视觉体验，从而极大地提升了玉石的观赏性。

当然规整致密的晶体结构还赋予了玉石更多普通石头所不具备的特征，例如玉石质地更加细腻，外表更加光滑，而普通石头表面往往粗糙干涩；玉石还具有较高的硬度，如果用刀划过玉石表面是不会出现划痕的，而普通石头表面就较易留下划痕。可以说，玉石的形成是长久以来地壳运动过程中诸多巧合因素集聚的结果，所以玉石总量稀少，价格不菲。

早在新石器时代，东方人就开始开采和使用玉石了。玉石是远古人们在利用选择石料制造工具的漫长过程中，筛选出的一种美丽特殊矿石。辽宁省阜新市查海遗址出土的距今约八千年的玉玦，是全世界到目前为止所知道的最早的玉器。中国最著名的玉石是新疆和田玉、辽宁岫岩玉、河南独山玉和陕西蓝田玉，它们并称为中国“四大名玉”。玉的主要成分依旧是钙、镁、硅酸盐类物质，只不过不同种类的玉石形成的晶型不同，并且含有氟（F）、硒（Se）、钴（Co）、锰（Mn）、铝（Al）、镍（Ni）、铜（Cu）、铬（Cr）等其他种类的元素，故而形成了不同风格、不同触感、不同气质的玉石，让玉成为古人气质、身份、财富的象征。

在距今5000余年的东北红山文化遗址中出土了一件珍贵玉器——玉卷龙，这件文物使考古学家认定“中国龙”的形象就是从红山文化诞生的。红山文化的玉龙头部较大，躯体卷曲，身姿与甲骨文中的象形文字“龙”字一致（见图3-6）。自玉卷龙的形象诞生之后，经过历朝历代的更迭并没有发生较大的改变，“龙”的形象逐渐成为整个中华民族的图腾。故而，中国人也被称作“龙的传人”。

图3-6　红山文化玉卷龙（图片来源于中国国家博物馆）

4. 丝绸、棉、麻

丝绸最早只是中国贵族才能使用的高贵纺织品，也曾经是中国最畅销的外贸商品，以至于中国古代通往西域、中东直到欧洲的通商道路都被命名为“丝绸之路”。中国古代对养蚕技术和丝绸织造技术是严格保密的，使得中国对于丝绸的生产实现了1000年左右的垄断，后来朝鲜、日本、印度、中东和欧洲陆续学会并发展了丝绸制造技术，也使得丝绸制品风靡全球。

在5000多年前的新石器时代仰韶文化遗址中出土的人类历史上最早的丝绸制品，就说明是中国的先民最先发现并使用了天然蛋白质纤维——蚕丝。蚕丝是蚕幼虫分泌出的丝状蛋白质凝胶，再经过凝固干燥后形成的蛋白质纤维，蛋白质含量高达97%以上。其实，吐丝这件事情并不是蚕的专利，很多蝶类昆虫、蛾类昆虫还有蜘蛛都会吐丝，只是经过长期的人工选择和改造，蚕丝已经非常适合人类的制衣要求。中国人通常会用“绫罗绸缎”来代指丝绸制品，其实“绫”“罗”“绸”“缎”四个字都是丝绸的称谓，它们只是由不同的编织方法而得到的四个不同的丝绸品种而已，丝绸承载了古老的华夏文明。其实，蚕吐丝的过程也从客观上给工业革命后人造纤维的生产技术研发提供了重要灵感。

丝绸的制作工艺也比较多样，其中最为盛名的是缂丝。缂丝是一种古老的丝织工艺，又称“刻丝”，主要盛行于中国的宋代。它是以生丝为经线，彩色熟丝为纬线，纬线在经线之间穿梭交织，形成不同的色彩层次和图案，具有独特装饰效果，即“通经断纬”。缂丝制品具有色彩丰富、图案精美、质地柔软、光泽柔和等特点，常被用于制作高档的服装、披肩、屏风、书画等（见图3-7）。由于制作工艺复杂，缂丝制品的价格相对较高，是一种非常珍贵的丝织品。除此之外，刺绣、织锦等也是非常重要的中国古代丝绸制作手法。

图3-7　2006年，马惠娟复缂的《莲塘乳鸭图》

绞缬、夹缬、蜡缬都是中国古代传统的染色工艺。绞缬又称扎染，是一种通过结扎布料来防染的技术，将布料用线、绳或夹子等工具进行结扎，然后放入染液中浸染，由于结扎的部分无法染色，从而形成独特的图案和纹理；夹缬是用两块雕版夹住坯料进行防染印花，先将设计好的图案雕刻在木板上，然后将坯料夹在两块木板之间，用绳索或夹子固定，再将染料涂在木板上，通过挤压浸染的方式将颜色染到丝绸上；蜡缬又称蜡染，是一种用蜡进行防染的技术，将蜡涂在布料上，形成防染的图案，然后将布料放入染液中浸染，未涂蜡的部分会染上颜色，而涂蜡的部分则保持原样，最后用热水或熨斗将蜡融化，从而显现出蜡染的图案。这些印花染色工艺各有特色，形成非常美妙的多样效果，为中国古代丝绸增添了丰富的色彩。

棉纤维被誉为最纯净的天然纤维，纤维素含量可以高达90%以上，这种优质的天然植物纤维让人们找到了进一步改进服装的可能性。大约在5000年前，古印度人就首先发现了棉花这种植物，并尝试利用棉花纤维来制作衣物。虽然棉花传入我国较早，但直到13世纪的元代，随着我国重新进入了大一统王朝，棉花的种植才在我国大面积的普及与发展。而现在，中国已经成为世界最大的棉花生产国之一，产自于我国新疆地区的长绒棉更是棉花中的精品。

其实棉花并不是花。棉花是长在棉属植物种子表面的绒毛，这些绒毛可以帮助种子在有风的条件下随风飞行，从而实现棉属植物种子的传播，就像人们熟悉的蒲公英种子表面带有的白色绒毛一样，棉花这种“绒毛”只是更加旺盛而已。由于棉纤维相较麻纤维细得多，制作成的衣服也就会更加细腻舒适。较细的棉纤维会在布料内部形成错综排列的纤维网络，网络中充满了静止的空气，纤维网络较为致密就使得空气流动缓慢，进而赋予了棉制衣服优异的保温性能。俗话说“冬穿棉，夏穿麻”，这种中国古人的穿衣习惯的形成很大程度上就是因为棉纤维和麻纤维的粗细不同，进而导致制成的衣服具有不同的保温透气效果。

谁也没有想到，棉花这个本来只是帮助植物种子随风起舞的附属结构竟然完全改变了人类社会的发展进程。由于制衣用的棉布是人类生存的刚需，随着第一次工业革命的到来，西方国家通过发明蒸汽机、轧棉机（用于棉花脱籽）、纺纱机和织布机将棉布的生产成本降低到了极限，使棉布成为人类最早的可以大规模生产的工业制品。工业化棉布制品迅速占领了全球市场，也让英美这些资本主义国家依靠棉纺织业赚得盆满钵满并完成了最初的资本积累，一跃成为世界强国并引领了全球近300年的发展。

麻是一种草本植物，它种类繁多且分布广泛。在大约一万年前的古埃及，人们便开始种植亚麻，在我国约6500年前的河姆渡文明也发现了人们种植苎麻的证据，苎麻的种植起源于中国，所以苎麻也被称作“中国草”。麻纤维主要从麻类植物茎秆的韧皮部分获得，麻纤维的主要成分是纤维素，一种类似于淀粉的天然多糖高分子材料，它也是赋予麻纤维优异性能的关键成分。由于纯净的纤维素呈现白色粉末状，因此麻纤维并不是由纯纤维素直接构成的，而是由细长的纤维细胞组成的，纤维素则分布于纤维细胞的细胞壁上，进而赋予了纤维细胞优良的强度和韧性。事实上，纤维素不仅在麻纤维中广泛分布，它也同时存在于各类植物的茎秆和叶片中。食草动物之所以食用植物的茎叶，主要目的是摄取纤维素从而给自身提供能量。但与麻纤维不同的是，普通树皮细胞的细胞壁以及很多植物的茎秆纤维细胞的细胞壁不光含有纤维素，同时还存在一定量的木质素，这种现象被称为细胞壁木质化，木质化的纤维细胞壁变得硬而脆，从而失去了韧性。当然，植物细胞壁还会出现木栓化、角质化、矿质化等其他类型的性质变化，这些变化都会改变纤维细胞的柔韧性，也就让大多数植物纤维失去了作为制衣纤维材料的资格。而麻纤维细胞壁则基本不含木质素，也没有发生其他类型的性质变化，因此成为不可多得的优良制衣材料。

从上面的讲述中可以知道，纤维素是麻纤维优异性能的来源，但是麻纤维中的纤维素含量却仅有60%左右，其余的成分是果胶、蜡质等胶质，这些胶质会影响纤维的纺纱和编织，故而在制作服装前要进行去除。勤劳聪慧的中国古人早已掌握了麻纤维脱胶的方法，在《诗经》中就有记载“东门之池，可以沤麻”，“沤麻”就是中国古人总结的麻纤维脱胶的方法。本质上沤麻的道理非常简单，就是让麻纤维发酵腐败，利用细菌将纤维中的胶质分解掉，从而实现脱胶的目的，这个过程其实和我国农村家中利用人畜粪便、厨余垃圾、腐烂植物沤制农家肥的过程相似。

麻纤维帮助人类第一次通过编织的方法得到了合身的衣物，开启了人类文明社会的大幕，麻也被称为“国纺源头，万年衣祖”。但是，古代社会的麻布纤维较粗，制作的衣服不够精致，随着丝绸的出现，麻布衣物逐渐成为只有平民百姓才会穿的衣服，也渐渐衍生出了中国古代对于平民百姓的一个称谓——“布衣”（见图3-8）。

图3-8　素纱禅衣，长沙马王堆汉墓出土（图片来源于湖南博物院）

**扩展阅读**

麻，其实是一类古老的全能型农作物

更多数字资源获取方式见本书封底。

5. 漆器

漆器是指用漆涂在器皿的表面上所制成的器具。漆器工艺历史悠久，源远流长，虽然漆器的英文名叫“japan”，但它起源于中国，中国是世界上最早使用漆器的国家之一。中国的漆器工艺最早可以追溯到新石器时代，当时人们已经开始使用漆树的汁液来制作漆器，先民们偶然间发现，用漆树上割取的天然汁液涂在木制器物表面，能给器物带来一层经久不朽的保护膜，防腐便是漆器诞生的原因。割取漆树的汁液即生漆，又名大漆、土漆、老漆、国漆。生漆是直接从漆树上割取而来的，就像采集橡胶一样，是目前所知唯一靠生物催化干燥的漆。生漆被誉为“涂料之王”，其可称道的特性表现为硬度、耐候性、耐久性等，在没有现代化工合成漆之前，几千年来都是用的生漆。

在浙江余姚河姆渡文化遗址中，就出土了一件漆碗，这是中国目前已知最早的漆器。历经商周直至明清，中国的漆器工艺不断发展，达到了相当高的水平。中国的炝金、描金等工艺品，对日本等地的漆器业都有深远影响。漆器不仅具有实用价值，还具有丰富的文化内涵，漆器上的装饰图案和文字反映了当时的社会生活、文化传统和审美观念。

中国古代漆器的制作主要包括制胎、涂漆以及其他装饰工艺。其制作过程烦琐，需要经过多道工序，制作出的漆器具有耐酸碱、耐高温、耐腐蚀等特点，非常实用，春秋战国时期逐渐代替青铜器成为重要的日用品。漆胎是漆器的胎体，它是漆器的基础，决定了漆器的形状和质地。根据制作材料的不同，漆胎有好几种，木胎、竹胎、陶胎及金属胎均可作为底胎，目前国内多用木胎、金属胎和陶胎。木胎是最常见的漆胎之一，质地轻盈，易于雕刻和加工，但也存在容易变形、开裂等问题。古代会将麻布裱糊在器物的表面再涂漆，麻布具有良好的透气性，可以使漆液更好地渗透到胎体中，从而增强漆器的耐久性和稳定性。麻布也具有一定的柔韧性，可以使漆器更加耐用，不易变形和开裂，并且麻布胎相对较轻，便于携带和运输。涂漆是漆器制作的关键环节，经过多道工序进行涂抹、晾干，形成一定厚度的漆层，然后再进行表面装饰，以增加其立体感和效果。宋元时期的代表装饰工艺是雕漆，雕漆是先把天然漆料在胎上涂抹出一定厚度，再用刀在堆起的平面漆胎上雕刻花纹的技法，根据色彩的不同，也有“剔红”“剔黑”“剔彩”及“剔犀”（见图3-9a）。制作完成的漆器需要经过多次涂漆和晾干，还需要进行打磨和抛光，使其表面光滑、光亮。

a）明代剔红花鸟纹长方盒

b）戗金彩漆九贡图圆盒

图3-9　明代剔红花鸟纹长方盒和戗金彩漆九贡图圆盒（图片来源于中国国家博物馆、故宫博物院）

春秋战国和秦汉时期是中国漆器发展的重要时期，这一时期的漆器工艺取得了长足的发展。随着青铜器的繁荣走向尾声，绚丽的漆器迎来了快速发展的高峰期。先秦时期，漆器一定程度上取代了青铜器，应用于生活、乐器、丧葬用具、兵器等，发挥了极其重要的作用。湖北曾侯乙墓出土的漆器有220多件，这些漆器是楚墓中年代最早也是最为精彩的，而且种类全、器型大、风格古朴，体现了楚文化的神韵，这个时期的漆器多为髹朱饰黑或髹黑饰朱。汉代，漆器进入其历史的鼎盛时期，品类开始丰富细化，工艺技法丰富，马王堆汉墓出土的漆器就是这一时期宝贵的财富，其中出土的漆案、云纹漆鼎、耳杯（见图3-10）等现在也成为重要的仿古对象。当时漆器的发展状况可谓是“万物皆可漆”，从杯盘茶盏的小型生活用具到几案屏风的大型家具，从弓箭甲胄等军需用品到棺椁等丧葬用具，全部都有漆器制品。可以说，此时漆器已经被应用到了社会各阶层，从达官贵人、士兵到平民百姓，人们生活中都离不开漆器。随之而来的是漆器制作工艺的革新。不仅品种增加了盒、盘、匣案、耳环、碟碗、筐、箱、尺、唾壶、面罩、棋盘、凳子、几等，同时人们还开创了新的工艺技法，如雕漆、针刻、铜扣、贴金片、玳瑁片、镶嵌等多种装饰手法（见图3-9b）。战国和两汉时期可以说是中国漆器发展的最高峰，今天能看到的国宝级漆

图3-10　战国漆耳杯

器，基本上都来自于这一时期，人们现在还在应用的工艺，绝大多数也都起源于这一时期。

6. 其他门类

除了前面列举的陶瓷、金属、玉器、丝织、漆器，中国古代手工艺还有其他门类，例如竹子、象牙、动物角、玻璃等，这里主要列举它们的重要应用——文房四宝。文房四宝，文房指书房，四宝分别指笔、墨、纸、砚。

文字，是人类记录知识、传播文化的方式和媒介。从石器时代涂写于岩石和兽骨上的象形文字和甲骨文到春秋战国写于竹简上的文书，从唐宋大家在宣纸上挥洒的笔墨到信息时代计算机屏幕上的字节，与文明的进步相伴随的是书写方式与工具的演进。谈到书写工具，融汇中华文明数千年智慧的文房四宝是我们首先必须了解的。

毛笔，是中国古人的一项伟大发明，相传是在战国时期由秦国大将蒙恬发明的。人们利用动物毛发进行书写，通过选用不同动物的毛发制成软硬不同的毛笔，从而满足不同途径的使用。其实，在新石器时代的陶片上便已经能看到手绘的花纹，很像是类似于毛笔的工具绘制的。毛笔最核心的部分就是笔头处的笔毛，传统的毛笔最常使用的是兔毫、羊毫、狼毫等动物毛发，羊毫较软，狼毫和兔毫则较硬。这里所说的狼毫并不是狼的毛，狼数量较少，狼毫指的是黄鼠狼的尾毛。当然一些特殊的毛笔也会使用鼠毛、马毛、獾毛、狸毛等。动物毛发的主要成分为角蛋白，角蛋白是蛋白质的一种，它是构成动物头发、指甲、皮肤、角、蹄、喙等坚硬组织器官的主要成分。相比于其他种类的蛋白质，角蛋白具有坚硬且有韧性的物理性能，被誉为蛋白质世界的“钢筋”。普通蛋白质很容易溶于水，所以如果用普通蛋白质做毛笔笔头，写字的过程中笔头就会逐渐消失。而角蛋白既保持了作为蛋白质的亲水特性，又由于高度的交联结构而不溶于水、稀酸或稀碱，从而保证了毛笔在蘸墨汁书写过程中的稳定性。坚韧的角蛋白还能够提供毛笔笔头良好的回弹性能、抗摩擦能力，从而大大提升了毛笔书写的流畅性和使用寿命。现今社会，毛笔的书写功能已经渐渐退去，而逐渐成为艺术品，承载和发扬着中华传统文化。

笔和墨相伴相生，古人首先将墨制成块体，需要使用的时候再将墨放入水中研磨，形成墨汁，最后用毛笔蘸墨汁书写和绘画。墨是将炭粉黏合形成的块体，这种炭粉称之为炭黑。炭黑在当今社会最广泛的应用就是作为轮胎橡胶的填充材料使用，所以汽车轮胎都是黑色的。炭黑是一种无定形炭，烧烤时用的木炭、焦炭都是无定形炭。古人主要是通过燃烧的方法得到炭黑墨粉。三国时期的文学家曹植就曾在所做的《乐府》中写到“墨出青松烟”。虽然墨是用来写字的，但是随着古人对于墨的质量和外观追求的不断提升，墨本身也成了艺术品。

纸是文房四宝中发明最晚的一个，但也是意义最深远的一个。纸的出现让知识的记录与广泛传播成为可能，纸张可以大规模、低成本地生产，知识的记录不再因为媒介的约束而仅限于口口相传。造纸是中国人的发明，中国东汉时期的蔡伦提出了完整的造纸工艺，并在唐朝逐步向西方传播，从而造福了全人类。造纸的原料是树干、竹子、树皮、秸秆等植物纤维物质，通俗来讲就是植物中很硬的部分。之所以硬，是因为植物的这些部分含有大量的纤维素。当然天然木材中除了含有纤维素还含有其他成分，例如木质素。木质素可以将纤维素进行黏合，让纤维形成强韧的树干，类似于纤维素的“胶水”。但是，在造纸过程中则需要去除木质素，否则会严重降低纸张的韧性。去除了木质素后的植物纤维通过打浆的方式与水混合形成纸浆，然后使用纸帘将纸浆平铺并晾干，就得到了纸。晾干的纸张中，纤维素相互交织，在纤维素的交点上会通过氢键作用来加强纤维之间的交联强度，从而进一步提升纸张综合性能。

砚也称为研。砚的作用是给墨和水提供一个平整研磨、相互混合的空间。当墨和水经过研磨形成浓厚的墨汁后，就可以使用毛笔蘸墨进行书写。原始的砚只是一块较为平整的石头，随着工艺和技术的进步，逐渐发展成今天集功能和艺术为一体的形态（见图3-11）。砚的选材极其讲究，有石砚、陶瓷砚、木砚、泥砚、水晶砚、化石砚，可以说是极尽了古人的想象力，甚至宋代还出现了研究砚的专著——米芾的《砚史》。

图3-11　砚台藏品（图片来源于中国地质博物馆）

如今，人类发明了计算机和遍布全球的移动互联网。至此，文字早已脱离纸质媒介，成为光纤和移动网络中的字节，以极低的成本和极高的速度实现了全球的互联互通，文房四宝只剩下了眼前的键盘和屏幕。但是，传统的笔、墨、纸、砚依然是一座连通古今的桥梁，让我们能够与古人进行思想的交流与碰撞。

**扩展阅读**

制墨的巧思

**推荐阅读**

［1］田自秉．中国工艺美术史［M］.2版．上海：东方出版中心，2010.

［2］尚刚．中国工艺美术史新编［M］.2版．北京：高等教育出版社，2015.

更多数字资源获取方式见本书封底。

总体来说，中国古代手工艺设计是中国古代文化的重要组成部分，它体现了中国古代人民的智慧和创造力。

首先，在造型、装饰、工艺方面，中国古代手工艺设计非常注重工艺的精湛程度，许多手工艺品，如陶瓷、丝绸、青铜器等，都达到了极高的工艺水平，原始时期的蛋壳陶甚至平均厚度为0.3～0.5mm，最薄处仅0.1mm，质量则不超过70g。装饰也是非常重要的部分，常常采用各种图案、纹理和色彩，不仅美观，而且具有象征意义。中国古代手工艺设计虽然强调装饰性，但也非常注重实用性，家具、餐具、文具等，都是为了满足人们的日常生活需要而设计的，也具备艺术的欣赏性，可以说是实用性与美观性的统一。中国古代手工艺设计强调与自然的和谐，除采用自然材料之外，造型和装饰也往往借鉴自然形态，如西周时期青铜器的兽面纹、金银器的花形。在气韵和精神境界上，器物往往渴求达到一种“天人合一”的境界，这种设计理念反映了中国古代人民对自然的敬畏和尊重。

除此之外，中国古代手工艺设计体现出了适用性的原则。适用性是指设计的产品或物品应该符合人们的实际需求和使用习惯，能够满足人们的生活和工作需要。在原始时期，陶器的制作已经考虑到相应尺寸，碗的尺寸已与当今相差无几，盛满汤水时的容量也方便端持，盆、罐、壶等的造型也大都是圆的变体，相比方形等其他形状，圆可使其容积最大，节省材料。在汉代，多子妆奁的模块化设计已经非常成熟，多子妆奁的设计和制作是为了满足女性的化妆需求，如储存化妆品、梳子、镜子等。多子妆奁通常由盖子、盒子、抽屉等部分组成，内部有多个小格子或抽屉，这些部分可以根据需要自由组合，以满足不同的使用需求。明式家具已经考虑到人体工程学了。例如，椅子的靠背设计成弯曲的，坐起来更加舒适；桌子的腿部设计成榫卯结构，方便拆卸和组装。

中国古代手工艺设计是技术和艺术的统一。唐代葡萄花鸟纹银香囊无论如何佩戴，内部香料始终保持水平，这是因为香囊呈圆球形，整体镂空，以中部水平线为界均分形成两个半球形，上下球体间一侧以钩链相勾合，另一侧以活轴相套合，下部球体内又设两层银制双轴相连的同心圆机环，燃放固体香料。其平衡构造原理与现代陀螺仪相同，展示出极高的设计水平。除此之外，例如汉代的长信宫灯，也体现出了设计者的巧思，灯盘可以活动，随意调节光照的方向，灯盘上的挡板也可以活动，使用的时候能够随意调节光照的亮度。宫灯内部是中空的，里面还盛有清水，当燃灯时油烟就会通过袖管进入灯体内部然后融入清水，这样一来就完美地解决了油烟的问题，体现出了古代对环境保护的重视。

中国古代手工艺设计是中国传统文化的重要组成部分，它不仅代表了中国古代的工艺水平和审美观念，也反映了中国古代的社会文化和生活方式。在当下，传承中国古代手工艺设计具有重要的意义和价值，独特的审美观念和工艺技巧可以为现代设计提供新的灵感和借鉴，促进文化交流和文化产业的发展。同样，传承中国古代手工艺设计也需要与时俱进，不断创新，设计师作为重要一环，可发挥出重要作用。

### 3.1.2　欧洲古代手工艺设计

#### 1. 古希腊、古罗马手工艺

古希腊是一个由城邦组成的文明，涵盖了从大约公元前8世纪到公元前6世纪的历史时期，在历史上是一个重要的贸易地区。雅典是古希腊最重要的城邦之一，以其民主政治制度而闻名。在公元前5世纪的全盛时期，雅典成为艺术、文化和哲学的中心，许多伟大的思想家和学者如苏格拉底、柏拉图和亚里士多德都在那里活动。古希腊的文化遗产也是非常重要的，在建筑、雕塑、戏剧和文学等领域做出了伟大的贡献。

古希腊建筑是古希腊文明的杰作之一，其设计特点简洁、对称、优雅。古希腊最具代表性的建筑类型是神庙建筑，神庙通常是用于供奉众神的场所，具有独特的设计和比例。典型的希腊神庙通常由柱廊、正殿和神龛组成。最著名的神庙包括雅典卫城的帕台农神庙（见图3-12a）和宙斯神庙。除此之外，古希腊剧场是古代戏剧表演的重要场所。它们通常建在山坡上，具有半圆形的观众席和舞台，古希腊剧场的设计注重声学和视觉效果，以确保观众能够听到和看到演员的表演，例如埃皮达鲁斯剧场。

古希腊建筑最著名的特征之一是柱式建筑，它以直立的柱子和横梁构成，形成了希腊古典建筑的基本结构。常见的柱式包括多立克柱式、伊奥尼亚柱式和科林斯柱式。多立克柱式最为庄重和简洁，伊奥尼亚柱式则更为优雅和细致，科林斯柱式则较为注重华丽和装饰性。了解“柱式”结构对于学习工业设计史至关重要。古希腊柱式不仅在各种建筑物中广泛应用，而且成为后世古典文化的象征。它们不仅用于建筑，还用于家具、室内装饰和日常用品。在工业革命早期，一些机器甚至采用了希腊柱式作为立柱。除此之外，古希腊建筑中常常搭配雕塑进行装饰。雕塑作品通常以神话人物、英雄和神祇为主题，用于装饰神庙、建筑立面和公共广场。古希腊雕塑以其精湛的工艺和栩栩如生的表现力而闻名，代表作品包括现藏于法国巴黎卢浮宫的《米洛的维纳斯》和《萨莫色雷斯胜利女神》。

古希腊时期留存下来的手工艺制品中，最为瞩目的当属陶器，如图 3-12b 所示的阿喀琉斯与埃阿斯玩骰子。古希腊陶器工艺的发展，按其装饰风格的不同和演变的过程，大致分为几何纹样期（公元前 9 世纪—公元前 8 世纪）、东方纹样时期（公元前 7 世纪）、黑色纹样期（公元前 6 世纪）、红色纹样期（公元前 5 世纪）、白地彩绘纹样期（公元前 5 世纪后期）。几何纹样期陶器的器形多样，大小不一，既有双耳瓶和敞口钵、把手杯等饮食器和日常用器，又有骨灰罐和祭神随葬品。这一时期的陶器装饰以几何图案为主，如线条、几何图形、螺旋线等，它们的排列和组合非常有规律，给人以简洁、明快的感觉。东方纹样时期的陶器装饰受到了东方文化的影响，出现了大量的动物和植物图案，如狮子、豹子、莲花、棕榈叶等。这些图案通常具有浓郁的东方风格，表现出对东方文化的借鉴和融合。黑纹样式就是在赤色或黄褐色的陶壁上，用黑色作剪影式的描绘，而物体的内部结构则以刻线手法表现。红纹样式就是在赤褐色或黄褐色的陶壁上用黑色或深褐色作勾勒和装饰，然后再在形象以外的部分涂上黑色色料。白地彩绘，就是先在陶器器壁上刷一层含铁成分较少的石灰水，然后上面再用黑褐红绿蓝等加以绘饰。黑纹式陶器、红纹式陶器、彩绘式陶器并称为古典时期。

a）帕台农神庙

b）阿喀琉斯与埃阿斯玩骰子

图 3-12　帕台农神庙和阿喀琉斯与埃阿斯玩骰子

古罗马，是指从公元前 9 世纪初在意大利半岛中部兴起的文明，它直接继承了古希腊文明的卓越成就，并将其发扬光大。其中，设计的繁荣主要有两个原因。首先，古罗马统一了地中海沿岸最先进和富饶的地区，这促进了文化的交流和融合，进而推动了设计的创新；其次，从公元前 2 世纪到公元 2 世纪，古罗马奴隶制度达到鼎盛时期，生产力达到了古代世界的最高水平，经济繁荣，技术取得了前所未有的进步。

古罗马建筑以其宏伟和实用性而著名。罗马人发展了许多建筑技术，如拱形、穹顶、拱廊和圆形剧场。其中，最著名的建筑为斗兽场，如罗马斗兽场。古罗马斗兽场是一座令人惊叹的建筑奇迹，其规模庞大，设计巧妙，是世界上最大的古代圆形露天剧场，用于举办角斗赛和其他公众娱乐活动。它的长度约为 189m，宽度约为 156m，高度约为 50m。建筑物包括多层观众席、地下室和复杂的走廊和通道系统。整个斗兽场采用混凝土和石材建造，最多可以容纳 5 万到 8 万名观众。古罗马斗兽场是古罗马辉煌和权力的象征，体现了古罗马人对规模、比例和工程技术的精确追求，也是古罗马帝国先进的建筑和工程能力的证明（见图 3-13a）。

古罗马文明广泛运用青铜。青铜是由铜和锡的合金组成，具有优良的强度和耐久性，在古罗马的艺术、建筑和日常用品中得到广泛应用。古罗马文明留下了许多著名的青铜艺术品，卡匹托尔的母狼是一座青铜雕塑，描绘了一只母狼哺育罗穆鲁斯和雷穆斯两位古罗马城市创始人的传说故事。该雕塑尺寸较大，高约 75cm、长 114cm，栩栩如生地将母狼描绘成一种紧张、警惕的姿势，竖起来的耳朵和瞪着的眼睛，时刻警觉着潜在的危险。相比之下，人类双胞胎则对周围的环境浑然不觉，全神贯注于吸吮乳汁。这座雕塑现在藏于罗马的卡匹托利尼博物馆，是古罗马文明最具象征性的艺术品之一（见图 3-13b）。

a）古罗马斗兽场

b）卡匹托尔的母狼

图 3-13　古罗马斗兽场和卡匹托尔的母狼

2. 欧洲中世纪的手工艺设计

在公元 4 世纪至公元 5 世纪期间，罗马帝国逐渐走向衰落。东北方的野蛮民族入侵给罗马文化带来了前所未有的灾难。最终，于公元 476 年，西罗马最后一位皇帝被推翻，欧洲历史进入了中世纪，一直到文艺复兴前。在这段时期，欧洲社会的组织结构发生了重大变化。罗马帝国的解体导致了政治权力的分散和封建制度的兴起。封建制度是以封建领主及其领地上的农民之间的关系为基础的社会和经济系统。在这一时期，自然经济的农业占主导地位。在这段漫长的历史时期和宗教政治的演变中，艺术和设计风格也发生了根本性的变化。其中，宗教在中世纪的社会生活中扮演了极其重要的角色。基督教成为欧洲主要的宗教，教会在社会、文化和政治方面都具有巨大影响力。天主教会成为统一的宗教组织，并在整个欧洲建立了自己的教权。虽然中世纪欧洲文化主要受到基督教的影响，却也是一个具有丰富而多样化的文化艺术成就的时期，手工艺设计也取得了举世瞩目的成就。

中世纪的欧洲建筑成就在世界建筑史上具有重要地位，这段时期见证了哥特式和罗马式建筑风格的兴起和发展，为后世的建筑艺术奠定了基础。其中，哥特式建筑是中世纪欧洲最具代表性的建筑风格之一，它以其高耸的尖塔、飞扶壁、雕花窗户和拱形结构作为主要特征。哥特式教堂如巴黎圣母院（见图 3-14a）和科隆大教堂（见图 3-14b）展示了巨大的空间感和轻盈的外观，通过尖拱和尖顶的使用，创造了垂直上升的效果。这种风格追求在建筑中体现神圣和超自然的元素，强调光线和垂直线条的重要性。

罗马式建筑也在中世纪欧洲得到广泛应用，它以其坚固的石头结构、拱门和厚重的墙壁作为主要

a）巴黎圣母院

b）科隆大教堂

图 3-14　巴黎圣母院和科隆大教堂

特征，如圣索菲亚大教堂（见图 3-15）展现了稳固耐久的外观和庄重的氛围。罗马式建筑注重对称和平衡，具有简洁而古朴的外观，这些建筑成就在结构和技术方面都有重要突破。中世纪建筑师采用了新的建筑技术，如支撑拱、飞扶壁和窗户玻璃等。他们通过巧妙地运用几何原理和结构力学，实现了大跨度的拱形结构和高耸的尖塔。这些创新使得教堂内部空间更加开阔，同时保持了建筑的稳定性。

图 3-15　圣索菲亚大教堂

欧洲中世纪的玻璃工艺在建筑和艺术领域都有重要的发展和应用。彩色玻璃窗是中世纪欧洲最具代表性的玻璃艺术之一，它们在教堂的窗户上安装，通过使用不同颜色的玻璃片、铅条和支撑结构，创造出丰富多彩的图案。这些窗户不仅起到了阻挡风雨和保护内部的作用，更重要的是它们被视为一种宗教教育的工具，通过图像和色彩来诠释圣经故事和宗教主题（见图 3-16）。

图 3-16　中世纪的彩色玻璃窗

制作彩色玻璃窗的过程相当复杂。首先，玻璃制造师会把玻璃熔化成透明的块，然后将其切割成所需的形状，接下来，玻璃片会被上色，通常使用金属氧化物来获得不同的颜色。上色的玻璃片会被排列在铅条的网格中，然后用铅条连接在一起，形成整个窗户的图案。最后，窗户会被安装在教堂的窗洞中，并用胶水或胶水和胶结剂固定。彩色玻璃窗的设计和图案多种多样，通常包括圣经故事、圣徒的生平和宗教象征等，这些图案通过玻璃的色彩和透明度来传达不同的情感和意义。在阳光的照射下，彩色玻璃窗会产生独特的光影效果，创造出神秘而庄严的氛围，展示了玻璃制造师的技艺和创造力。

除此之外，中世纪的金属工艺涉及铁、铜、锡和黄金等材料的加工制作。锻造技术得到改进，制作出精美的武器、盔甲、装饰品和家居用品。银器和黄金首饰在贵族和教堂中得到广泛应用，展现了精湛的金属加工技术和华丽的设计。手工织布技术得到了发展和改进，丝绸、毛织品和麻织品等成为重要的商品。一些欧洲城市成为纺织品产业的中心，纺织工艺的繁荣也带动了城市经济的发展。

中世纪商业的蓬勃发展成为专业化演进的重要里程碑，在欧洲发达的城市如佛罗伦萨、威尼斯、纽伦堡等地，大型工场兴起，以满足宫廷、教堂和富有商人对高档产品的需求。尽管传统技巧和手工艺仍然占主导地位，但它们已经趋向更加专业化。这些城市的手工艺人制作的作品往往具有卓越水平，艺术家与手工艺人之间的界限变得模糊，他们之间的区别仅在于发展程度的不同，而训练和技艺的基础则是相同的，所有这些为即将到来的文艺复兴运动奠定了基础。

### 3. 文艺复兴时期的欧洲手工业设计

意大利的城市在中世纪时期经济蓬勃发展，成为商业和贸易中心。城市的繁荣促进了货币的流通和商业活动的增长，一些富有的商业家和商人阶级逐渐崭露头角，他们通过贸易和商业活动积累了财富，并开始投资于生产和企业。意大利的一些城市，如佛罗伦萨、威尼斯，成为制造业中心，能生产出高质量的纺织品、陶瓷、玻璃等商品。这些产品在欧洲和东方的贸易中起到了重要的角色，也为资本积累提供了机会，在大约14世纪的中世纪后期，资本主义萌芽开始在意大利出现，并很快蔓延至欧洲各地。

而文艺复兴是欧洲在14世纪至16世纪期间发生的一场文化运动。它最初起源于意大利半岛，随后传播至整个欧洲，标志着中世纪的结束和欧洲近代时期的开始。这一时期的人们受到人文主义思想的影响，他们相信个体的价值比宗教的重要性更为突出。他们对古希腊和古罗马的艺术和学问产生了浓厚的兴趣，开始欣赏周围的美景，注重理性思维和提出不合常理的问题，挑战旧有观念和教会的教导。

文艺复兴和资本主义萌芽之间存在相互影响和紧密联系。文艺复兴时期的人们对个体能力和创造力的重视为资本主义的精神奠定了基础，个体的追求和创新精神推动了经济活动和商业发展。同时，资本主义的兴起为文艺复兴提供了资金支持和市场需求，激励了艺术、科学和文化的创作和创新。

文艺复兴时期涌现了许多杰出的手工艺设计典型案例。例如，马约利卡（Majolica）陶瓷是文艺复兴时期意大利最具代表性的陶瓷之一，它起源于意大利中部的乌尔比诺（Urbino）和佩鲁贾（Perugia）等城市，并在整个意大利半岛以及其他欧洲地区流行起来。马约利卡陶瓷的主要特点是鲜艳多彩的装饰和精细的手工艺，它通常由白色陶瓷胎制成，然后在表面上施以釉料，再进行绘画和装饰。其装饰主题广泛，包括宗教、神话、历史、古希腊和古罗马文化等。绘画以明亮的颜色、精细的线条和细节为特点，常常描绘人物、动物、植物和景观（见图3-17）。

马约利卡陶瓷制作过程复杂，需要经过多道工序。首先，制作陶瓷胎并进行初步烧制，随后在胎体表面上施以白色釉料，并进行第二次高温烧制，使陶瓷胎与釉料融合；然后，使用颜料和细毛笔进行绘画和装饰，再次进行烧制，使颜料定着在釉面上；最后，进行一些装饰性的金属或彩色釉料的添加，进行最终的烧制，使陶瓷达到完美的光泽和质地。马约利卡陶瓷在文艺复兴时期的欧洲非常流行，被贵族、教堂和富裕的市民广泛收藏和使用。它不仅作为实用的餐具和容器，还被视为艺术品和奢侈品，用于装饰和展示社会地位。马约利卡陶瓷的影响扩散至其他地区，如荷兰的德尔夫特（Delft），已经形成了独特的陶瓷风格和传统。今天，马约利卡陶瓷仍然被视为文艺复兴时期艺术和工艺的杰作，许多珍贵的作品收藏在博物馆和私人收藏中，展示了当时的独特风格和技艺水平。

图 3-17　马约利卡陶瓷

文艺复兴时期的威尼斯玻璃工艺以其独特的技艺和美丽的作品而闻名，对欧洲的玻璃制造业产生了深远的影响。威尼斯在文艺复兴时期成为玻璃工艺的中心，这主要得益于它的地理位置和专门的工艺技术。在那个时期，威尼斯是一个繁荣的港口城市，与世界各地的贸易联系密切，能够获取来自东方地区和地中海地区的珍贵材料和技术。威尼斯玻璃工匠们在此基础上发展出了许多独特的技术，透明玻璃的制作使用了特殊的配方和熔炉技术，在透明度和纯净度方面超越了当时其他地区。彩色玻璃则通过添加金属氧化物和颜料来实现，经过不断的试验和创新，创造出了各种亮丽多彩的作品（见图 3-18）。

威尼斯玻璃制品在文艺复兴时期非常受欢迎，成为贵族和富裕市民的珍贵收藏品，展示了当时威尼斯艺术家们的创造水平。它们被广泛制作成各种产品，如灯饰、镜子、饰品、花瓶和餐具等。威尼斯玻璃工艺的影响也扩散到其他地区，引领了欧洲其他地方的玻璃制造业的发展，传统一直延续至今，成为世界上著名的玻璃制造中心之一，吸引着许多游客和艺术爱好者前来欣赏购买。

图 3-18　巴尔威家族玻璃工艺品

商业和贸易的不断发展引起了生产单位规模的扩大，并带来了竞争的压力，这进一步促使了对革新的需求，以使产品更具特色，更吸引消费者的兴趣，从而刺激了对设计的需求。在 16 世纪初期，这种需求首先在意大利和德国催生了一批新兴设计师，他们开始使用图案书籍来满足市场需求。这些书籍采用了新的机器印刷方法来大量出版发行，其中包括装饰方法、图案和花纹等插图，主要用于染织和家具行业。这些图案书籍中的装饰设计可以在不同场合中重复应用，它们在工业设计史上的重要性在于，通过出版的形式，设计师与其设计的应用得以分离。

### 4. 浪漫主义时期

随着 17 世纪的来临，文艺复兴运动渐渐衰落，欧洲的设计进入了一个新的历史时期，被称为浪漫时期。浪漫时期的设计风格主要包括巴洛克式和洛可可式（见图 3-19），这两种风格的流行时间和地域有所不同。

a）巴洛克建筑内部

b）洛可可建筑内部

图 3-19　巴洛克建筑内部和洛可可建筑内部

巴洛克式设计风格在 17 世纪后期至 18 世纪初期盛行于欧洲大陆，尤其在意大利、法国和德国等地。巴洛克（Baroque）一词最初指的是珠宝上不规则的凹凸感，后来被广泛用来描述一种设计风格，这种风格与文艺复兴时期艺术的庄重、内敛和平衡相反，表现为追求奢华、夸张和表面效果的矫揉造作。巴洛克式设计的主要特点是豪华、壮观和繁复，其建筑和室内设计强调宏伟的比例、夸张的曲线和丰富的装饰，追求宏大的效果，运用雕塑、壁画和黄金装饰等元素，来创造壮观而富有戏剧性的视觉效果。巴洛克设计风格在天主教教堂中得到了广泛的应用，教堂的外观常常采用曲线、凹凸和复杂的装饰，内部则注重运用光线、雕塑和绘画等元素，创造出宏伟、宗教感和虔诚的氛围。巴洛克设计风格还对家具和室内设计产生了影响，其特点包括华丽的曲线、丰富的装饰和精致的细节，营造出一种豪华的富丽堂皇的环境。

洛可可（Rococo）一词最初指的是岩石和贝壳，后来特指 18 世纪法国路易十五时代盛行的一种艺术风格，主要体现在建筑的室内装饰和家具设计等领域。洛可可风格的基本特征包括纤细、轻盈的女性身姿造型，华丽、繁复的装饰，以及有意强调不对称的构图。装饰题材倾向于自然主义，最常见的是千变万化的盘绕、纠缠的草叶，此外还包括蚌壳、蔷薇和棕榈等元素。色彩通常非常娇艳，如嫩绿、粉红、猩红等，金色线条被广泛运用。洛可可风格的设计体现了一种优雅、浪漫奢华的氛围，追求精致的细节装饰，它适应了当时上流社会对豪华的追求，具有一种轻松、愉悦的感觉，呈现出一种优雅而多姿多彩的视觉效果。洛可可风格的兴起代表了欧洲艺术的一段重要历史，它在 18 世纪的法国文化中扮演了重要角色，并对后来的艺术和设计产生了深远的影响，展示了艺术家们对于美的追求，创造出了一种充满诗意和优雅的艺术表达方式。

巴洛克式和洛可可式设计风格分别在不同的时间和地点流行，但它们都代表了浪漫时期的特征，反映了当时社会文化的变化。这两种设计风格都对后来的艺术和设计产生了深远的影响，留下了许多精美的建筑、家具和艺术作品，成为欧洲设计史上的重要篇章。但是，由于巴洛克式风格和洛可可式风格的过度修饰，逐渐使它们陷入了虚饰主义的泥潭。随后，欧洲和美洲的设计风格只能不断重复历代设计的陈旧模式，进入了一个混乱的过渡时期，从传统历史式样逐渐转向近代工业设计的阶段。

5. 新古典主义时期

新古典主义时期是指18世纪末至19世纪初的一个艺术设计时期，它是对浪漫风格过度装饰和虚饰主义的反映，新古典主义风格对后来的建筑、艺术和设计产生了深远的影响，成为现代设计的重要基石之一。1750年，当罗马庞贝遗址被发掘后，整个欧洲掀起了对古典艺术的研究热潮，人们开始意识到古典艺术的卓越品质远远超过巴洛克式和洛可可式的风格。并且由于工业时代的冲击，一部分人对工业化带来的新生变革感到恐慌，于是在传统中寻找栖息之地。新古典主义的兴起与法国大革命和美国独立运动等历史事件密切相关，是新生的资产阶级为了宣传他们不同于以往贵族的政治宣言，他们的资产阶级民主与古希腊时期的民主理念相同，所以在设计上学习模仿这一时期的风格，引发了大量对古典风格的追求。这一时期的设计理念强调理性、秩序和民主，视古典艺术为一种精神上的纽带，代表了一种对古代文明的崇敬和追求。

图3-20　新古典主义时期建造的勃兰登堡门

新古典主义追求回归风格上的纯粹与简约，强调对称、比例和几何形态，将古典元素重新引入建筑、室内设计和家具中。建筑方面，新古典主义注重清晰的几何形式、大型柱廊、尖顶和对称布局，体现了庄重、稳重和均衡的美学观念（见图3-20）。室内设计方面，新古典主义注重简洁的线条、优雅的曲线和经典的装饰元素，强调对称和比例的和谐。新古典主义时期的色彩和材质也呈现出一种简约而高雅的风格，常见的颜色包括白色、浅灰色和浅蓝色，材质则偏向于大理石、石膏、铜和铁等质朴而坚固的材料。

18世纪的英国家具大师谢拉顿（George Sheraton，1751—1806）在新古典主义时期扮演着重要角色。他的椅子设计注重在靠背上进行精心装饰，呈现出多样的变化，而椅腿则很少采用曲线装饰，展现出简洁的结构感。谢拉顿1791年出版的《家具制造师与包衬师图集》以及1802年出版的《家具辞典》被誉为家具设计领域的百科全书，这些作品为家具制造者和装饰师提供了宝贵的参考和指导，深入探讨了各种家具的设计和制作技术。谢拉顿对家具行业的贡献不仅在于他的作品本身，更在于他对于家具行业知识的系统整理和传承，为行业的发展做出了重要贡献。

## 3.2　“水晶宫”国际工业博览会

1851年，英国在伦敦海德公园举行了世界上第一次国际工业博览会，由于博览会是在“水晶宫”展览馆中举行的，故称之为“水晶宫”国际工业博览会。这次博览会在工业设计史中具有重要的意义，它一方面较全面地展示了欧洲和美国工业发展的成就，另一方面也暴露了工业制品中的各种问题，从反面刺激了设计的改革。

### 1. “水晶宫”国际工业博览会展示了工业发展的成就

18 世纪中期至 19 世纪中期，英国率先完成第一次工业革命，从以农业和手工业为主的社会进入工业社会。为了进一步促进工业经济的发展，英国率先发起了举办国际工业博览会的号召，邀请本国的工业企业和其他国家地区参展。据记载，当时有 25 个国家和 15 个英国殖民地参展，规模空前，于是 1851 年的“水晶宫”国际工业博览会也被称为“万国工业博览会”。

“水晶宫”国际工业博览会的展览主要分为六个部分，包括原材料、机器、纺织品、金属玻璃、陶瓷制品和美术作品。19 世纪中期，进行工业革命的国家正经历着从手工业时代向工业时代过渡的关键时期，参观者们对于展出的各种多样化的物品感到惊讶和兴奋，特别是对代表着第一次工业革命成就的蒸汽机、火车和机械设备赞叹不已。这些产品设计朴实，制造技术高超，真实地展示了机器生产的特点和既定功能。

### 2. “水晶宫”是世界上第一座用金属和玻璃建造起来的大型现代建筑

举办这次博览会既是为了炫耀英国工业革命后的伟大成就，也是试图改善公众的审美情趣，以制止对于旧有风格无节制的模仿。由于时间紧迫，无法以传统的方式建造博览会建筑，组委会采用了著名园艺家约瑟夫・帕克斯顿（Joseph Paxton，1801—1865）的“水晶宫”设计方案。约瑟夫・帕克斯顿以在温室中培养和繁殖维多利亚王莲而出名，并擅长用钢铁和玻璃来建造温室，他采用装配温室的方法建成了水晶宫玻璃铁架结构的庞大外壳。水晶宫总面积为 7.4 万 $m^2$，建筑物总长度达到 563m（1851ft，1ft = 0.3048m），用以象征 1851 年建造，宽度为 124.4m，共有 5 跨，以 2.44m 为一单位（因为当时玻璃长度为 1.22m，用此尺寸作为模数）。其外形为一简单的阶梯形长方体，并有一个垂直的拱顶，各面只显出铁架与玻璃，没有任何多余的装饰，完全体现了工业生产的机械特色（见图 3-21）。在整座建筑中，只用了钢铁、木材、玻璃三种材料，施工从 1850 年 8 月开始，到 1851 年 5 月 1 日结束，总共花了不到 9 个月时间，便全部装配完毕。水晶宫的出现曾轰动一时，人们惊奇地认为这是建筑工程的奇迹，博览会结束后，水晶宫被移至异地重新装配，1936 年毁于大火。

图 3-21　约瑟夫・帕克斯顿设计的“水晶宫”

水晶宫的建造采用了工业化的生产工艺和装配方式，是现代建筑设计的先驱之一。它采用了模数化的设计方法，将建筑分解为一系列标准化的零件，这些零件可以在工厂中进行加工和制造，然后在现场进行装配，大大提高了施工效率和建筑的质量精度，减少了施工时间和人力成本，也降低了建筑成本。同时，水晶宫的设计和建造是为了举办 1851 年的伦敦国际工业博览会，炫耀英国国力，除工期和成本之外，商业竞争也是考虑的因素。可以说，水晶宫的设计和建造是工业化和现代化的重要标志，它展示了设计与零件加工、现场装配之间的紧密关系，同时也考虑了工期、成本、商业竞争和创新等因素，对现代建筑设计和工业化生产方式产生了深远的影响。

#### 3. 亨利·科尔、阿尔伯特亲王、维多利亚和阿尔伯特（V&A）博物馆

亨利·科尔（Henry Cole，1808—1882）是19世纪英国一名行政人员与发明家，也是1851年“水晶宫”国际工业博览会的最主要策划者与推动者之一。早在19世纪30年代，英国政府就开始关注工业社会的设计改革问题，主要通过兴办各种类型的设计院校，培养艺术家和设计师，进而使他们能更好地胜任工业产品的设计工作。亨利·科尔积极投身于这场设计改革运动中，并曾指出：“作为一名行政人员，我相信纯艺术和生产商之间的联盟会提升大众品位。”同时，科尔本人对设计也非常感兴趣，积极参与到设计实践中，曾设计了一系列儿童读物《家庭宝藏》（*Home Treasury*），以及一些茶壶等其他作品。1849年，科尔创办了《设计杂志》，并通过这本杂志倡导志同道合的设计改革者们的思想，他们认为，通过将艺术价值与实用性、商业性生产结合起来，就可能进行实际上的改革。他们还曾在《设计杂志》中提出，设计具有两重性，首先所设计的东西应该严格满足其使用性，其次是美化或装饰这种实用性。还提到，只有当装饰的处理与生产的科学理论严格一致，也就是说，当材料的物理条件、制造过程的经济性限定和支配了设计师想象力驰骋的天地时，设计中的美才可能获得。除此之外，设计杂志上还会刊登反映科尔设计观点的产品设计，旨在协调和探讨当时产品设计中实用性与装饰性之间的关系。

1851年的“水晶宫”国际工业博览会以及后来的维多利亚和阿尔伯特博物馆也是亨利·科尔阐述与推行其设计思想的手段途径，他看到了博览会对英国社会发展的重要作用，并亲自起草了举办国际博览会的计划书与阿尔伯特亲王探讨。阿尔伯特亲王是英国维多利亚女王的丈夫，他也是1851年“水晶宫”国际工业博览会的关键推动人物之一。由于阿尔伯特亲王对艺术与科学在工业中的应用颇感兴趣，于是和科尔成为志同道合的朋友，共同策划了1851年的“水晶宫”国际工业博览会以及后来的维多利亚和阿尔伯特博物馆。

“水晶宫”国际工业博览会的盈利非常可观，达到了18.6万英镑。之后在英国王室、政府与议会的共同筹资下，在英国的南肯辛顿修建了一座博物馆，用来陈列“水晶宫”国际工业博览会中展商赠予英国的展品，1909年，南肯辛顿博物馆更名为“维多利亚和阿尔伯特博物馆”。后来，英国科学博物馆、自然历史博物馆、英国科学与艺术署、帝国理工学院均在此成立。博物馆还附属有一所设计学校，也就是南肯辛顿设计学校，这所学校的资金部分来自于“水晶宫”国际工业博览会的收入，办学的目标是培养面向工业化生产的设计师，科尔曾担任这所设计学校的校长一职。后来，这所学校发展成为英国乃至世界顶尖的设计学院，即英国皇家艺术学院。

#### 4. “水晶宫”国际工业博览会开启了举办大型展会的传统

由于“水晶宫”国际工业博览会空前的盛况，其他国家也纷纷效仿，于是在国际上掀起了举办世界博览会的热潮。从1855年到第一次世界大战期间，全世界共举办了60余次大型的博览会，其中包括1853年纽约世博会、1855年巴黎世博会、1862年伦敦世博会等。除了英国，法国为了推动国内的艺术与工业的发展，也在世博会的举办上充满热忱，巴黎的埃菲尔铁塔就是为1889年巴黎世界博览会建造的。

2010年，中国在上海举办了上海世界博览会（Expo 2010 Shanghai China），这是第41届世界博览会。自1851年英国伦敦举办第一届展览会以来，世博会因其发展迅速而享有“经济、科技、文化领域内的奥林匹克盛会”的美誉，并已先后举办过40届。上海世博会刷新了世博会历史上观光人次的纪录，共有246个国家和国际组织参加上海世博会，接待旅客达7308.5万人次。如今，中国已经成为

世界上经济发展最快和增长潜力最大的国家之一，上海世博会以“城市，让生活更美好（Better City, Better Life）”的主题，向全世界生动立体地展示了中国灿烂的文化历史与充满希望与活力的未来图景。

5. 引发对工业文明的积极促进与反思

这次博览会中，各国送展的展品大多数是机器生产的产品，其中不少是为参展而特制的。展品中有各种各样的历史式样，反映出一种普遍的为装饰而装饰的热情，漠视任何基本的设计原则。生产厂家试图通过这次隆重的博览会，向公众展示其通过应用“艺术”来提高产品身价的妙方，这显然与组织者的原意相去甚远。有些参展的日用品的设计，竟然借鉴了纪念碑等恢宏的建筑风格，例如法国送展的一盏油灯，灯罩由一个用金、银制成的极为繁复的基座来支承。从总体上来说，这次展览在美学上是失败的，激发了各界尖锐的批评。因为展出的批量生产的产品被粗俗和不适当的装饰破坏了，许多展品过于夸张而掩盖了其真正的目的。于是，博览会的一个结果就是在致力于设计改革的人士中兴起了分析新的美学原则的活动，以指导设计。

但是，“水晶宫”国际工业博览会是对第一次工业革命成果的一次检验，是一次重大的历史事件。当时和之后的人们，对于它的感知、反思、评价理应是多元思辨的，即使是今天，回望历史，依然可以从很多个侧面重新审视它的历史意义和价值。

其中，以亨利·科尔与阿尔伯特亲王为代表的“水晶宫”国际博览会的筹措者们，拥有进步且积极的思想观念，不仅看到了工业化进程是未来的方向，还看到了面向工业化设计改革的重要意义。V&A博物馆以1851年博览会的展品为基础，逐渐扩展为“反映艺术应用于制造”的博物馆，成为工业革命成果与工业文化展示的永久橱窗与课堂。除此之外，作为V&A博物馆第一任馆长的亨利·科尔还提出了“商业化的设计亦是艺术”的观点，这样的观点放在当今21世纪的商业社会来审视，依然会有许多人表示赞同与支持的。

然而，当时西方的文化界主流思想仍然集中在恢复中世纪的典雅和美感上，而“水晶宫”国际工业博览会上展示的工业化产品，的确存在设计和美学上的弊端。所以在这次博览会中，工艺美术运动的领导人拉斯金和莫里斯等艺术家参观了展览，意识到大部分展品在外形上的丑陋是由于缺乏良好的设计所致，看到了英国工业产品在艺术设计方面的缺失，几乎异口同声地反对工业化生产，并将产品的丑陋归咎于机械生产，进而引发了后来英国的工艺美术运动的兴起。

**扩展阅读**

世博会与博物馆

更多数字资源获取方式见本书封底。

## 3.3　工艺美术运动

工艺美术运动（Arts and Crafts Movement）是19世纪末到20世纪初在欧洲和北美兴起的一场艺术运动，主张将艺术与生活融为一体，追求实用性、美学和工艺的统一。它强调手工艺的独特性和个性化，鼓励艺术家和工匠合作，创造出具有艺术性美感的实用品。代表人物有约翰·拉斯金、威廉·莫里斯、马克穆多、阿什比等。

19 世纪，工业技术的快速发展带来了许多社会变化，城市成为经济和文化的中心，大量人口从农村迁移到城市，城市规模不断扩大，城市生活方式和文化也逐渐形成。劳动力结构也发生了相应的变化，工业技术的发展需要大量的劳动力，农民和手工艺人逐渐被工厂工人所取代，工人阶级逐渐形成。同时，工业的发展导致了社会阶层的分化，资产阶级成为经济和社会的主导力量。工业发展需要大量的技术人才，因此教育逐渐普及，学校和大学的数量增加，教育水平也不断提高。随之也带来了文化变革，新的文化形式和艺术形式出现，如电影、音乐、绘画等，传统文化受到冲击。工业技术以不可逆的态势改变着人类社会的面貌，正如英国作家查尔斯·狄更斯的小说《双城记》开头所写："这是一个最美的时代，这是一个最坏的时代；这是一个智慧的年代，这是一个愚蠢的年代；这是一个信任的时期，这是一个怀疑的时期；这是一个光明的季节，这是一个黑暗的季节；这是希望之春，这是失望之冬；人们面前应有尽有，人们面前一无所有；人们正踏上天堂之路，人们正走向地狱之门。"

工艺美术运动于 19 世纪下半叶兴起于英国，标志着整个欧洲在工业革命后对装饰艺术新风格的探索。当时工业化的快速发展导致了技术与艺术的分离，艺术为技术服务，其结果是艺术与技术相脱节，导致产品的外观粗陋、质量低劣。1851 年随着"水晶宫"国际工业博览会的举办，一些艺术家、评论家对工业革命及其通过大规模生产制造出来的产品杂糅的装饰风格和低下的设计品位感到深深不安。最有影响力的批评之一来自英国的艺术与社会评论家拉斯金（John Ruskin，1819—1900）及英国的改革者、诗人和设计师莫里斯（William Morris，1834—1896）。他们对中世纪的社会和艺术非常崇拜，对于博览会中过度设计的无节制表达了强烈的反感。然而，他们将粗制滥造的原因归咎于机械化批量生产，因此极力指责工业及其产品。他们的思想主要基于对手工艺文化的怀旧和对机器生产的否定，具有一定的历史局限性。

### 3.3.1 拉斯金的设计思想

拉斯金是一位作家、艺术与社会评论家，他从未实际从事过建筑和产品设计的工作，主要通过雄辩和有影响力的演讲来传播自己的思想。参观了博览会后，他对"水晶宫"及其展品表达了极大的不满，在接下来的几年里，他通过著作和演讲来表达自己的设计美学思想。尽管他承认在目睹蒸汽机车高速奔驰时，会感到一种敬畏和自己的渺小，也承认机器的精准和巧妙，但在他的美学思想中，机器及其产品并没有地位。他坚称："这些喧嚣的东西（指机器）无论制作得多么精良，只能粗暴地完成一些粗活。"拉斯金认为，只有幸福和道德高尚的人才能创造出真正美丽的事物，而工业化生产和劳动分工剥夺了人们的创造力，因此无法产生优秀的作品，还会带来许多社会问题。他认为唯一的出路是回归到中世纪的社会和手工艺劳动。

在这一时期，拉斯金为建筑和产品设计提出了若干设计准则，这成了后来工艺美术运动的重要理论基础。这些准则主要是：

1）师承自然，从大自然中汲取营养，而不是盲目地抄袭旧有的样式。

2）使用传统的自然材料，反对使用钢铁、玻璃等工业材料。

3）忠实于材料本身的特点，反映材料的真实质感。

拉斯金彻底否定了工业产品可能具有美学价值的观点，他的观点概括了英国社会和知识分子僵化而刻板的特点，这种僵化导致他们无法正视正在发生的奇迹及其意义。当时的问题是明确的，但英国艺术生活和美学观念被固有的保守主义所主导，使人们难以真正认识到工业的成就和潜力，反而退回到怀旧的泥潭中。在同一时期，工业及其产品在不同层面上改变了国民的视觉环境和生活方式，诋毁工业及其产品可能会带来暂时的满足，但它们是不可能长期被忽视的。

### 3.3.2　莫里斯的设计实践

莫里斯被誉为19世纪英国最著名的设计师，是工艺美术运动的关键人物。他的设计作品涉及各个领域，包括家具、壁纸、织物和书籍装帧等。他的设计风格注重自然元素和高质量的手工艺制作，强调艺术与实用性的结合。虽然他倡导的手工制作原则与维多利亚时代对工业“进步”的关注并不相符，却因其作品被赞赏为精美而富有艺术性，对后来的设计师和艺术家有着深远的影响。在他的影响下，英国产生了一个轰轰烈烈的设计运动，即工艺美术运动。

莫里斯于1834年出生于英国伦敦东部沃尔瑟姆斯托的一个富裕家庭，从小就对风景、建筑、艺术产生了浓厚的兴趣。1851年，16岁的莫里斯随同全家去伦敦旅行，其间曾随母亲一道去参观1851年的“水晶宫”国际工业博览会，他对于当时展出的展品很反感，这件事与他日后投身于反抗粗制滥造的工业制品有密切关系。青年时代的莫里斯阅读了拉斯金等改革家的作品，激发了他对于艺术与设计改革的兴趣。

莫里斯继承了拉斯金的思想，身体力行地用自己的作品来宣传设计改革，他忠于自然原则，并在美学和精神上以中世纪为典范。他的设计中融合了程式化的自然图案、手工艺制作、中世纪的道德与社会观念，这种工艺美术运动对后来在欧洲风靡的新艺术运动产生了一定的影响。

1859年，在牛津工作的莫里斯与简·伯登结婚，并委托建筑师菲利普·韦伯为自己和妻子在肯特郡乡村设计并建造了一座住宅，这座住宅叫作“红屋”，是一栋具有中世纪建筑风格的乡村住宅，因外墙采用红砖而得名。红屋是具有创造性的建筑，强调功能性、实用性和舒适性，是英国哥特式建筑和传统乡村建筑的完美结合，自然、简朴、实用。红屋的平面布局根据需要布置为L形，使用不对称的形状，外墙处理不加装饰材料，直接使用当地红砖。同时采用了不少哥特式建筑的细节特点，比如塔楼、尖拱入口等，具有民间建筑和中世纪建筑的典雅、美观以及反对追逐时髦的维多利亚风格的设计特点（见图3-22）。

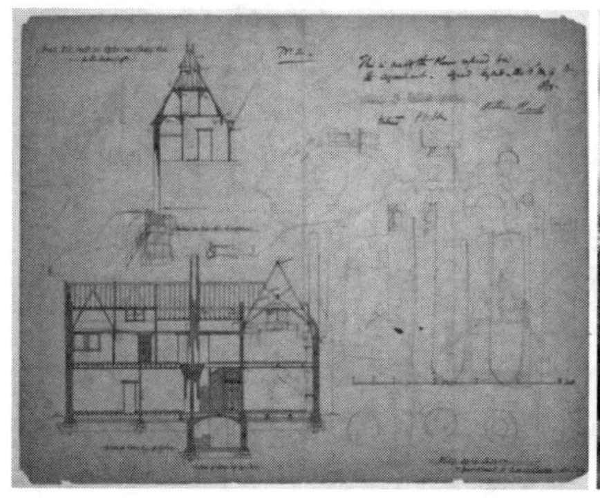

图3-22　红屋的设计图样及实体（图片来源于伦敦维多利亚和阿尔伯特博物馆）

莫里斯夫妇于1860年搬进了红屋居住，但是他们对当时市场上的家具和日用品都不满意，于是决定自己着手并借助朋友帮忙来设计制作。在接下来的两年里，莫里斯和他的朋友们一起对红屋内部的装饰和陈设进行了设计与布置，并在墙壁上装饰了巨大的壁画和手工刺绣的织物，营造出古典庄园的感觉。通过红屋的设计实践，莫里斯和他的朋友们于1861年决定成立自己的室内装饰公司：莫里斯、马歇尔、福克纳公司（Morris，Marshall，Faulkner & Co.）。最初，莫里斯、马歇尔、福克纳公司专门生产壁画和手工刺绣的织物，尽管在最初的几年里，该公司并没有赚到多少钱，但它确实赢得了一系列装饰新建教堂的委托，并因彩色玻璃的设计而小有名气。1865年，由于一些原因，莫里斯卖掉了红屋，全家搬回了伦敦。

直到1860年代末，莫里斯公司承接的设计项目帮助莫里斯的公司建立了很高的社会声誉：一个是南肯辛顿博物馆（后来的V&A）的新餐厅（见图3-23）。当亨利·科尔聘请他设计餐厅时，莫里斯还是设计界的一位新人，当时只有31岁，他的公司相对来说还不太出名，在设计的过程中，莫里斯得到了他的朋友建筑师菲利普·韦伯和画家爱德华·伯恩·琼斯的帮助。韦伯从中世纪和教会的素材中汲取灵感，而琼斯则使用黄道十二宫的符号和中世纪妇女做家务时的图像来设计。莫里斯和韦伯在天花板上进行了合作，天花板上覆盖着几何图案，花卉蔓藤花纹直接刺入湿石膏中，房间周围环绕着橄榄枝的石膏浮雕和猎犬追逐野兔的饰带。

图3-23　南肯辛顿博物馆的新餐厅（图片来源于伦敦维多利亚和阿尔伯特博物馆）

除此之外，莫里斯公司在1866年为圣詹姆斯宫两个房间设计的装饰方案，也让莫里斯公司声名鹊起。莫里斯为圣詹姆斯宫设计的壁纸样本，是由树叶和花朵交织而成的图案，底色为淡蓝色，花朵与树叶分别是淡黄和淡绿色的，图案虽繁复华丽，但线条优美设色素雅，体现了很高的设计品位（见图3-24a）。

1875年，莫里斯成立了新的设计公司，并成为该公司的唯一董事。在接下来的十年里，他继续以高速率的产出速度进行设计，在公司的产品系列中添加了至少32种印花织物、23种机织织物和21种壁纸，以及更多地毯、刺绣和挂毯的设计（见图3-24b）。所有这些商品均在莫里斯于1877年在牛津街开设的商店中出售，该商店的时尚空间提供了一种全新的“一站式”零售体验。到 1881 年，莫里斯已经积累了足够的资本来收购伦敦南部的默顿修道院磨坊的一家纺织厂，这使他能够将公司所有的车间集中在一个地方，并对生产进行更严格的控制。

a）圣詹姆斯壁纸

b）草莓小偷壁纸

图 3-24　圣詹姆斯壁纸和草莓小偷壁纸

莫里斯晚年开始专注于他的写作，出版了许多散文作品，最著名的是《乌有乡消息》（1890）。这本书融入了他的社会主义思想和浪漫的乌托邦主义，体现了莫里斯对一个简单世界的愿景，在这个世界中，所有人都需要并享受艺术或“工作乐趣”。1891 年，莫里斯成立了凯尔斯科特出版社，该出版社最终出版了 66 本书，均采用中世纪风格的印刷和装订，其字体、首字母和边框由莫里斯设计。其中，最著名的是《乔叟作品集》，该书出版于 1896 年，即莫里斯去世前的几个月。

由于目睹了当时装饰、形式和功能之间的鸿沟以及历史主义的泛滥，莫里斯决意另辟蹊径，通过设计实践来表达美学主张。尽管莫里斯在对待机械化及大工业生产方面有他落后的一面，但在某种意义上来说，他作为现代设计的伟大先驱是当之无愧的。莫里斯不但使先前设计改革理论家的理想变成了现实，更重要的是他不局限于审美情趣问题，而把设计看成是更加广泛的社会问题的一个部分。

### 3.3.3　工艺美术运动及其影响

莫里斯的理论与实践对英国产生了巨大的影响，许多年轻的艺术家和建筑师纷纷效仿他，进行设计上的创新，从而在 1880—1910 年间形成了一场设计革命的高潮，这就是被称为“工艺美术运动”的运动。这场运动以英国为中心，影响了许多欧美国家，并对未来的现代设计运动产生了深远的影响。在设计方面，工艺美术运动从手工艺品中获得灵感，强调“忠实于材料”和“合适于目的性”的价值观，并以源自自然界的简洁和忠实的装饰作为其活动的基础。工艺美术运动并非固守一种特定风格，而是多种风格并存，从本质上来说，它试图通过艺术和设计来改造社会，并尝试建立以手工艺为主导的生产模式。

“行会”最初是中世纪手工艺人的行业组织，而莫里斯及其追随者则借用了行会这种组织形式，以对抗工业化商业组织的影响，并成为该运动的活动中心。最具有影响力的设计行会包括 1882 年由马克穆多组建的“世纪行会”和1888年由阿什比组建的“手工艺行会”等。1885年，一群技师和艺术家组成了英国工艺美术展览协会，并开始定期举办国际展览会，这吸引了大量外国艺术家和建筑师前来英国参观，对传播英国工艺美术运动的精神起到了重要作用。

马克穆多（Arthur Mackmurdo，1851—1942）是一位建筑师，他的“世纪行会”集结了一批设计师、装饰匠人和雕塑家，其目的是打破艺术与手工艺之间的界限。为了拯救设计领域免遭商业化的泥沼，以他自己的话来说，“必须将各行各业的手工艺人纳入艺术家的殿堂”。世纪行会是当时最成功的手工艺行会之一，它提供完整的住宅和建筑陈设，并鼓励艺术家参与生产和设计。主要设计生产品质上乘的家具和家居装饰产品，包括纺织品、挂毯、壁纸以及金属制品等，这些制品通常以旋转的植物形式作为设计特征，形式优美流畅。

阿什比（Charles R. Ashbee，1863—1942）是一名建筑师，也是工艺美术运动的主要推动者之一。他于1888年创立了“手工艺行会”，生产的作品有银制空心器皿、珠宝和家具。该协会在20世纪初期蓬勃发展，尽管于1908年解散，但在现代设计中留下了永久的印记。阿什比设计的银器很有特点，这些器皿通常是通过榔头锻打的方式来塑造，然后用宝石进行装饰，从而展现出手工艺金属制品的共同特征。在他的设计中，通常会使用各种细腻而起伏的线条，这也被视为后来的新艺术运动的前奏。阿什比于1900年前后设计制造了一个银质餐具，典雅流畅的线条搭配简约却华贵的装饰，体现出极强的设计美感和工艺造诣（见图3-25）。

图3-25　阿什比设计的银质餐具

查尔斯·F. A. 沃赛（Charles F. A. Voysey，1857—1941）虽不属于任何设计行会，却也是工艺美术运动的中心人物之一。他是一位英国建筑师、家具和纺织品设计师，涉足设计领域很广，包括家具、壁纸、织物、地毯、瓷砖、金属制品、陶瓷和平面设计等。他与莫里斯、马克穆多等人交往甚密，在设计风格上，也偏爱卷草线条的自然图案。沃赛在家具设计中常常选择更为经济的英国橡木，而不是像桃花芯木等珍贵的传统材料。他的作品以简洁、坚固和优雅的造型为特点，同时还略带哥特式的风格，这种设计风格突显了对实用性和耐久性的重视，同时注重形式的美感。自1893年起，沃赛将大量精力投入到出版《工作室》杂志中，这本杂志成为了英国工艺美术运动的代表性媒体，传递着该运动的理念和声音。沃赛的作品不仅继承了拉斯金和莫里斯所倡导的将美术与技术相结合、从哥特式和自然中汲取灵感的精神，而且更加强调简洁和大方，成为英国工艺美术运动设计的典范，例如其设计的果园住宅（见图3-26）。

图3-26　沃赛设计的果园住宅

随着展览和杂志的介绍，英国的工艺美术运

动迅速传播到海外，并最先在美国引起了反响，因此，美国的工艺美术运动在时间上与英国大致同步。在英国的影响下，19世纪末美国成立了许多工艺美术协会，其中包括1897年成立的波士顿工艺美术协会等。这些协会的成立促进了工艺美术的发展，并为美国的设计界提供了一个交流和合作的平台。

随着时间的推移，“手工艺”一词越来越多地与以手工艺方式为基础的美学联系起来，而不再仅仅局限于“手工劳作”本身。换句话说，产品设计应该反映出手工艺的特点，而无论产品本身是否真正是手工制作的。大多数设计行业都认同机器是无法避免的存在。阿什比曾经说过：“现代文明依赖于机器，如果不认识到这一点，那么任何关于艺术教育体系的热情都是徒劳的。”

工艺美术运动对设计改革的贡献是非常重要的。首先，它提出了“美与技术结合”的原则，主张美术家参与设计工作，反对“纯艺术”的观念。此外，工艺美术运动的设计强调“师承自然”，忠实于材料的特性，并注重适应使用目的，从而创造出一些朴素而实用的作品。然而，工艺美术运动也存在着一些固有的局限性。它将手工艺与工业化对立起来，这显然违背了历史发展的潮流，导致英国设计走上了一条弯路。工艺美术运动的主张本质上是目光短浅的，它没有洞察到新技术对设计的影响，设计师们试图通过复兴传统手工艺来解决工业革命带来的问题，没有意识到机器生产和工业化的发展已经不可逆转，传统手工艺已经无法满足现代社会的需求。实际上，设计与技术、文化、社会和经济之间存在着复杂的关系，新技术的出现不仅改变了设计的方式和手段，也影响着设计的理念和风格。英国是最早实现工业化并最早意识到设计重要性的国家之一，但却未能最先建立起现代工业设计体系，其中原因就在于工艺美术运动的影响。

## 3.4 新艺术运动

### 3.4.1 基本概念

新艺术运动（Art Nouveau）是19世纪末到20世纪初在欧洲兴起的一个艺术风格运动，也被称为“新式艺术”“新艺术风格”。它涉及了多个艺术领域，包括建筑、室内设计、家具、绘画、雕塑、珠宝和工艺品等。新艺术运动的主张是摆脱历史传统，追求新颖、独特和自由的艺术表达，它强调艺术与生活的融合，将艺术的美感融入日常生活的方方面面。20世纪初新艺术运动在欧洲各国迅速传播，并在不同地区产生了独特的风格和表现形式。代表人物有维克多·霍塔、吉马德、高迪等。

就像哥特式、巴洛克式和洛可可式的风格一样，新艺术一时风靡欧洲大陆，同时也表明了各种思潮的不断演化与相互融汇。新艺术在时间上发生于新旧世纪交替之际，在设计发展史上也标志着由古典传统走向现代运动的一个必不可少的转折与过渡，其影响十分深远。

促成新艺术运动发生和发展的因素是多方面的，首先是社会的因素。自普法战争之后，欧洲得到了一个较长时期的和平，政治和经济形势稳定。在文化上，所谓“整体艺术”的哲学思想在艺术家中甚为流行，他们致力于将视觉艺术的各个方面，包括绘画、雕塑、建筑、平面设计及手工艺等与自然形式融为一体。在技术上，设计师对于探索铸铁等新的结构材料有很高的热情，对于艺术家自身而言，新艺术反映了他们对于历史主义的厌恶和新世纪需要一种新风格与之为伍的心态。对于新艺术发展影响最深的还是英国的工艺美术运动，莫里斯就十分强调装饰与结构因素的一致和协调，极力主张采用自然主题的装饰，开创了从自然形式、流畅的线形花纹和植物形态中进行提炼的过程，新艺术的设计师们则把这一过程推向了极端。新艺术最典型的纹样都是从自然草木中抽象出来的，多是流动的形态和蜿蜒交织的线条，充满了内在活力。

新艺术运动十分强调整体艺术环境，即人类视觉环境中的任何人为因素都应精心设计，以获得和谐一致的总体艺术效果。在如何对待工业的问题上，新艺术的态度有些似是而非。从根本上来说，新艺术并不反对工业化。新艺术的理想是为尽可能广泛地公众提供一种充满现代感的优雅，因此，工业化是不可避免的。但是，新艺术不喜欢过分地简洁，主张保留某种具有生命活力的装饰性因素，而这常常是在批量生产中难以做到的。实际上，由于新艺术作品的实验性和复杂性，它不适合机器生产，只能手工制作，因而价格昂贵，只有少数富有的消费者才能光顾。

新艺术风格的变化是很广泛的，在不同国家、不同学派具有不同的特点。使用不同的技巧和材料也会有不同的表现方式，既有非常朴素的直线或方格网的平面构图，也有极富装饰性的三度空间的优美造型。但新艺术运动的实际作品很少能完全实现其理想，有时甚至陷于猎奇的手法主义。新艺术风格把主要重点放在动、植物的生命形态上，一幢建筑或一件产品都应是一件和谐完整的杰作，但设计师却不可能抛弃结构原则，其结果常常是表面上的装饰，流于肤浅的“为艺术而艺术。”新艺术在本质上仍是一场装饰运动，但它用抽象的自然花纹与曲线，脱掉了守旧、折衷的外衣，是现代设计简化和净化过程中的重要步骤之一。

### 3.4.2 代表人物/流派及作品

#### 1. 维克多·霍塔

比利时是欧洲大陆工业化最早的国家之一，工业制品的艺术质量问题在那里比较尖锐，19 世纪初以来，布鲁塞尔就已是欧洲文化和艺术的一个中心，并在那里产生了一些典型的新艺术作品。比利时新艺术运动最富有代表性的人物有两位，即维克多·霍塔（Victor Horta，1861—1947）和亨利·凡·德·威尔德（Henry Van De Velde，1863—1957）。霍塔的建筑作品遍布布鲁塞尔，他的建筑风格范围从低调到前卫，大部分都是为比利时精英建造的私人住宅。

霍塔在建筑与室内设计中喜用葡萄蔓般相互缠绕和螺旋扭曲的线条，这种起伏有力的线条成了比利时新艺术的代表性特征，被称为“比利时线条”。这些线条的起伏，常常是与结构或构造相联系的。霍塔于 1893 年设计的布鲁塞尔的塔塞尔住宅成了新艺术风格的经典作品（见图 3-27），他不仅将他创造的独特而优美的线条用于上流社会，也毫不犹豫地将其应用到广大民众所使用的建筑上，并且不牺牲其优美与雅致的特点。

#### 2. 赫克特·吉马德

新艺术运动的发源地是法国，这场运动最初在首都巴黎和南锡这两个中心地区尤为活跃，之后逐渐蔓延到荷兰、比利时、意大利、西班牙、德国、奥地利等欧洲其他国家，甚至跨越大洋影响到美国。巴黎的设计范围广泛，包括家具、建筑、室内装饰、公共设施、海报及其他平面设计等，而南锡则主要集中在家具设计上，其发展与艾米尔·盖勒有很大关系。

法国是学院派艺术的中心，因此，法国在建筑与设计传统上是历史主义的，崇尚古典风格。但从

19世纪末起，法国产生了一些杰出的新艺术作品。法国新艺术受到唯美主义与象征主义的影响，追求华丽、典雅的装饰效果，所采用的动植物纹样大都是弯曲而流畅的线条，具有鲜明的新艺术风格特色。新艺术运动在法国的代表人物和作品丰富多样，在组织上有新艺术之家（La Maison Art Nouveau）、现代之家（La Maison Moderne）、六人集团（les six）。桥梁工程师居斯塔夫·埃菲尔（Guistave Eiffel，1832—1923）设计的埃菲尔铁塔（the Eiffel Tower），堪称法国新艺术运动的经典之作，此外还有平面设计师朱里斯·谢列特（Jules Cheret，1836—1933）和尤金·格拉谢特（Eugene Grasset，1841—1917）等。

图3-27　霍塔设计的塔塞尔住宅

赫克特·吉马德（Hector Guimard，1867—1942）是法国新艺术运动的代表人物，在19世纪90年代末至1905年期间，他是新艺术运动的重要成员。吉马德最具影响力的作品是他为巴黎地铁所设计的建筑。这些设计赋予了新艺术运动最著名的别名——“地铁风格”。“地铁风格”与“比利时线条”有着相似之处，所有地铁入口的栏杆、灯柱和护柱都采用了铸铁制成的起伏曲线的植物纹样，这些设计元素不仅增添了建筑的装饰性，还与周围环境和自然形态相协调。吉马德的设计在巴黎地铁站点中成为标志性的艺术品，为城市增添了独特的风貌（见图3-28a）。

吉马德在1908年设计的咖啡几也是典型的新艺术设计作品。这件作品展现了他对曲线和有机形态的热爱，以及对细节的精心关注。咖啡几的造型优雅，线条流畅，采用了起伏的曲线，呈现出新艺术运动独特的审美特征（见图3-28b）。吉马德的设计作品不仅在法国新艺术运动中具有重要地位，也对整个艺术界产生了深远的影响。他的创作突破了传统的装饰风格，注重形式与功能的融合，追求艺术与生活的统一，体现了对美的追求和对艺术与工艺的结合，为新艺术运动的发展做出了杰出贡献。

a）巴黎地铁入口

b）咖啡几

图3-28　吉马德设计的巴黎地铁入口和咖啡几

### 3. 安东尼·高迪

整个新艺术运动中最引人注目、最复杂、最富天才和创新精神的人物为西班牙的建筑师安东尼·高迪（Antoni Gaudi，1852—1926）。他以浪漫主义的幻想，极力使塑性艺术渗透到三度空间的建筑之中去，他吸取了东方的风格与哥特式建筑的结构特点，并结合自然形式，精心研究着他独创的塑性建筑。

早期，高迪的设计以“阿拉伯摩尔风格”为主，这一阶段的设计不单纯复古，而是采用折中处理，把各种材料混合利用，典型的设计为文森公寓。从中年开始，他的设计风格逐渐糅合哥特式风格的特征，并将新艺术运动中的有机形态、曲线风格发展到极致，同时又赋予神秘、传奇的色彩，最富创造性的设计是巴特洛公寓，之后的米拉公寓进一步发挥了巴特洛公寓的形态特点。到了晚年，高迪的设计风格更加成熟，并逐渐摆脱了单纯的哥特风格影响，开始走出自己的风格道路。这一时期的他，新风格具有有机的特征，同时又带有神秘的、传统的色彩，不少装饰图案都有很强的象征性。其代表作包括居里公园、圣家族大教堂和米拉公寓等。

米拉公寓的建造始于1906年，是为巴塞罗那的米拉家族建造的一座住宅楼，整座建筑采用了高迪独特的设计理念。外立面由自然石材和铁艺构成，形成了流畅曲线和有机形态的外观，建筑上方呈现出波浪状的屋顶，给人一种海浪的感觉。米拉公寓的内部同样令人惊叹。它包含了多层住宅单元和商业空间以及一个庭院，内部空间充满了高迪独特的设计元素，包括曲线墙壁、螺旋楼梯、艺术装饰和精美的细节。每个房间都被设计得独一无二，呈现出高迪对自然和形式的独特解读。米拉公寓展示了高迪对建筑的独特理解和创造力，他将建筑与自然融为一体，创造出独特而富有个性的空间（见图3-29）。米拉公寓成为游客和建筑爱好者的热门景点，吸引着他们来欣赏高迪的杰作。

图3-29　米拉公寓

坐落于巴塞罗那的圣家族大教堂是高迪的代表作品。这座教堂的建造始于1882年，是高迪投入43年之久，至今尚未完成的作品，目前仍在建设中，预计于2026年竣工，是跨越三个世纪的伟大作品。圣家族大教堂的设计展现出独特的曲线和复杂的结构，该教堂的塔楼高耸，建筑物的表面装饰着绚丽多彩的图案和雕刻，非常具有视觉冲击力。教堂的尖塔虽保留着哥特式的韵味，但结构已简练得多，教堂浑身上下看不到一条直线，弥漫着向世界的工业化风格挑战的气息。它的设计非常注重细节，每一个构件都精心设计和制作，每一个元素都有其独特的意义和象征。此外，教堂内部的灯光和彩色玻璃窗户也是该教堂的一大特色（见图3-30）。

图 3-30　圣家族大教堂

### 4. 格拉斯哥四人集团

格拉斯哥四人集团（The Glasgow Four）是英国新艺术运动的代表，他们分别是查尔斯·雷尼·麦金托什（Charles Rennie Mackintosh）、赫伯特·麦克内尔（Herbert Mcnair）、弗朗西斯·麦克唐纳（Francis Macdonald）和马格蕾特·麦克唐纳（Margaret Macdonald）。他们的作品体现了新艺术运动的风格特点，对当时的艺术设计产生了深远的影响，尤其是在建筑和家具设计方面。

查尔斯·麦金托什是格拉斯哥四人集团中最重要的代表人物，他是 19 世纪末和 20 世纪初英国最重要的建筑师、设计师和艺术家之一。麦金托什出生于苏格兰格拉斯哥，曾在格拉斯哥艺术学院学习。麦金托什的设计风格深受新艺术运动的影响，他提倡从自然中汲取灵感，强调装饰和形式的美感，注重线条和几何形状的运用，并致力于打破传统建筑和设计的束缚。麦金托什的作品在建筑和家具设计领域都取得了显著成就，他的设计风格简朴明快，注重适应机械化大批量生产的要求，以适应广大劳动者家庭的购买能力。他为格拉斯哥艺术学院设计的主楼和图书馆是其建筑风格的代表作。在家具设计方面，麦金托什为克兰斯顿夫人家的茶室设计的高背餐椅是他最著名的家具作品之一，也是新艺术运动时期的代表作之一。背椅通常采用黑色或深色木材制作，椅背高耸，呈抛物线形状，椅腿则采用直线形式，整体造型简洁而富有线条感。椅子的设计注重细节和装饰，例如椅背和扶手的线条处理、椅背和椅腿的连接处等，都体现了麦金托什对细节的关注和对装饰的追求（见图 3-31）。

图 3-31　麦金托什设计的高背餐椅

### 5. 奥地利分离派

奥地利分离派（Austrian Separatists）是 19 世纪末至 20 世纪初在奥地利维也纳形成的一个艺术流派，也是新艺术运动的一个分支，由维也纳的一批艺术家、建筑家和设计师于 1897 年组成。这些艺术家们声称要与传统的美学观决裂，与正统的学院派艺术分道扬镳，因此自称分离派。他们的口号是“为时代的艺术，为艺术的自由”，追求艺术的创新和个性的解放。在设计方面，他们重视功能的思想，注重几何形式与有机形式相结合的造型与装饰，表现出与欧洲各国的新艺术运动相一致的时代特征而又独具特色。奥地利分离派的代表人物包括古斯塔夫·克里姆特（Gustav Klimt）、约瑟夫·霍夫曼（Josef Hoffmann）和奥托·瓦格纳（Otto Wagner）等，他们的作品涵盖了建筑、绘画、雕塑、家具和装饰艺术等领域。

瓦格纳是分离派运动之父，他的作品如卡尔斯帕拉兹车站，展示了简洁的方形造型和新艺术运动风格的装饰细节，成为分离派的早期佳作。画家克里姆特则是分离派组织的第一任主席，他的方格网装饰特征成为象征分离派设计风格的鲜明符号。奥地利分离派的艺术家们注重装饰艺术的表现，追求装饰性与功能性的统一。他们运用大量的装饰元素，创造出强烈的装饰效果，并且追求简洁的形式，强调线条和几何形状的运用，作品通常采用简洁的构图和强烈的色彩对比，体现出一种简洁明快的美感。几何外形与自然形态的温和是功能主义与有机形态的有机结合，与新艺术运动所追求的自然主义有机形态相去甚远。这些特征对当时的艺术和设计产生了深远的影响，同时也为现代主义设计的发展奠定了基础。

6. 德国青年风格

德国青年风格（Jugendstil）是指19世纪末至20世纪初在德国兴起的一种艺术和设计风格，是新艺术运动在德国的分支。这场运动主要以《青年》杂志为中心，希望通过恢复手工艺的传统来挽救颓败的当代设计，思想上也受拉斯金等人的影响。初始带有明显的自然主义色彩，但于1897年后逐步摆脱以曲线装饰为中心的法国等新艺术运动主流，开始了和格拉斯哥四人集团相似的探索，从简单的几何造型和直线的运用上找寻新的形式发展方向。其特点在于反对机械化和工业化，重视自然主义的装饰特点，表现为使用曲线、流畅的有机形态，但在后期有了几何造型和注重功能的倾向。

德国青年风格的代表人物众多，包括彼得·贝伦斯（Peter Behrens）、奥托·艾克曼（Otto Eckmann）、奥古斯特·恩德尔（August Endell）等。其中，艾克曼模仿草木、花卉、藤蔓的形状，凭主观印象抽象地描绘自然飘逸的细长线条，形成平面图形，这种风格在德国的建筑、美术、手工艺及室内装潢等方面都有广泛应用。贝伦斯是德国青年风格的代表人物，是德国现代设计的奠基人，早期受新艺术运动影响，也有类似于分离派的探索。他以慕尼黑为中心进行设计试验，其功能主义和采用简单几何形状的倾向都表明他开始有意识地摆脱新艺术风格，朝现代主义的功能主义方向发展，对后来的德国现代工业设计发展产生了深远的影响。

新艺术运动和工艺美术运动都是19世纪末至20世纪初的重要艺术设计运动，它们存在很多方面的异同。两者都反对当时过度装饰、矫揉造作的维多利亚风格，提倡更为简洁、明快的设计风格；都反对机械化生产的冷漠，强调手工艺的重要性；都受到莫里斯的思想理念和设计实践的影响，强调艺术的社会功能和实用性；都强调从大自然中汲取设计的灵感和动机，重视从自然形态中抽象出设计元素。在差异性上，工艺美术运动推崇哥特风格，强调对称和秩序的美感，其装饰元素以自然元素为主，如花卉、树叶、动物等。而新艺术运动则完全放弃任何一种传统装饰风格，强调自然中不存在直线和完全的平面，更注重自然形态的抽象表达，其装饰元素包括曲线、波浪、漩涡等抽象形态，以及几何图形和抽象图案等。虽然两者都强调手工艺的重要性，但工艺美术运动更为坚决地反对机械化生产，而新艺术运动则不完全反对机械制造。工艺美术运动主要在英国和美国产生和发展，对后来的现代主义设计产生了重要影响。而新艺术运动则主要在欧洲大陆，特别是法国、比利时、西班牙等地盛行，对后来的建筑和室内设计领域产生了深远的影响。

## 扩展阅读

新艺术之家、现代之家、六人集团

更多数字资源获取方式见本书封底。

## 复习思考题

1. 传统手工艺制造和现代工业制造在设计上存在哪些差异？

2. 选取中国古代手工艺设计中的一个经典作品，提取它的创作巧思，设计一款现代工业产品，并绘制草图、效果图、模型。

3. 商品经济对产品设计和制造有哪些积极影响与消极影响？

4. “水晶宫”国际工业博览会的历史意义有哪些？

5. 谈谈自己对“工艺美术运动”的先进性和局限性的理解。

6. 结合案例，评析新艺术运动中安东尼·高迪的设计风格。

7. 新艺术运动与工艺美术运动有哪些区别与联系？

8. 需要用发展的眼光看问题，顺应历史潮流，推动设计的发展；要警惕文化保守思想对设计发展的阻碍。从这个角度，如何看待今天的新技术对设计发展的影响？

## 案例分析

### 19世纪的工业设计师克里斯多夫·德莱赛

在19世纪下半叶工艺美术运动的影响下，许多设计师投身于反抗工业化的活动中，专注于手工艺品的创作。然而，也有一些设计师选择从事为工业进行设计的工作，他们通过绘制设计图样，并利用机器进行生产，成为最早意识到自己扮演工业设计师角色的先驱者之一。其中，英国的德莱赛（Christopher Dresser，1834—1904）是最著名的代表。德莱赛是一位多才多艺的设计师，他在工业设计领域取得了重要的成就，他深刻理解机器生产的潜力，并将其与艺术和美学相结合。德莱赛创作了大量的设计图样，其中包括家具、金属制品、陶瓷和纺织品等各种产品。他的设计注重实用性和功能性，同时融入了独特的装饰性元素。

德莱赛在1847—1854年期间就读于伦敦的政府设计学院，是该学院少数杰出的毕业生之一。在学习的过程中，他开始接触到以科尔为首的19世纪中期的设计改革者，同时也经历了1851年国际工业博览会及其后的内心反思阶段。除此之外，德莱赛在学术背景中还有其他重要方面，他对科学表现出浓厚的兴趣，并且作为一名植物学家进行了研究工作，撰写了与植物学相关的专著和论文。在装饰问题上，德莱赛反对直接模仿自然，对他而言，植物的形态必须经过规范化才能对设计师有所帮助，体现了他对艺术和设计的独特见解。

德莱赛致力于设计出价格实惠、功能齐全且设计精良的家居用品。然而，与莫里斯不同的是，德莱赛认识到工业革命的益处，并专门为不断增长的消费市场进行设计。在致力于为工业生产创建出优秀设计的过程中，德莱赛以自由商业设计师的身份工作，并有时担任艺术总监，为许多不同的制造商提供设计服务。他为英国、爱尔兰、法国和美国的三十多家公司设计了壁纸、纺织品和地毯，还为至少七家不同的陶瓷公司，包括明顿和韦奇伍德，提供了设计，此外还为各种公司设计了铸铁家具和金属制品。

德莱赛的多样化设计项目展示了他的广泛才华和对不同制造行业的适应能力，他在不同领域的设计作品为他赢得声誉，使他成为当时备受推崇的设计师之一。他的设计不仅在本土市场上受到赞誉，还在国际上产生了深远的影响。德莱赛的工作推动了工业设计的发展，为各个行业注入了创新和艺术的元素。

德莱赛设计的带有镀金雕刻装饰的乌木椅子反映了 19 世纪下半叶家具装饰和结构的变化，那时的设计改革者呼吁减少雕刻繁复的家具。中世纪家具典型的过度渲染的自然主义或建筑衍生装饰被认为是不道德的、错误的和华而不实的。他所设计的乌木椅子也很难清洁，因为它会积聚灰尘和污垢，浅的、雕刻的装饰被认为更合适。德莱塞在其 1873 年的出版物中将这把椅子描述为“以埃及椅子的方式”，他强调了结构的重要性，并评论说，设计合理的椅子可以让使用者自信地坐着（见图 3-32a）。

德莱赛还有一款具有标志性的盖碗和长柄勺的代表设计，外观简约优雅，注重所用材料的性质以及造型线条，强烈的水平带状与扁平的盖子和笔直的象牙手柄相呼应。由银板和象牙的对比材料制成的几何形状的勺子进一步强调了整体的线性度，盖碗的美在于它的整体造型和简洁性（见图 3-32b）。

a）乌木椅子

b）餐具

图 3-32　德莱赛设计的乌木椅子和餐具

**分析与思考：**

里斯多夫・德莱赛的设计作品以及设计理念和工艺美术运动有哪些不同？

# 第3部分

# 电气时代（1860s—1960s）

## 第4章　电气时代的工业与产业

**本章导读**

在19世纪末20世纪初，第二次工业革命掀起了全球范围内的浪潮，并且后起资本主义国家如美国和德国成为这次工业革命的主要中心。这个时期的技术进步和产业发展对于社会的变革和人们的生活方式产生了深远的影响。

石油和电力的广泛应用是第二次工业革命的重要标志之一。石油作为一种高效能源的发现和开发，为工业化进程提供了强大的动力，石油在交通、制造业和化学工业等领域的广泛应用改变了生产技术和产业结构，促进了工业化的快速发展。石油的开采、加工和运输技术的进步，使得石油产业成为重要的经济支柱，并推动了相关产业链的发展。电力的广泛应用也是第二次工业革命的重要特征。电力作为一种高效、便捷的能源形式，取代了传统的蒸汽动力，并促进了工厂的电气化。电力的运输和分配系统的建设，使得电力能够远距离传输，为工业生产提供了可靠的能源供应。电力的应用不仅提高了生产率，也改变了人们的生活方式，如电灯的普及使得夜间的活动变得更加方便。

这些技术进步和产业变革推动了社会生产关系的重塑。工业化进程带来了新的生产方式和组织形式，大规模工厂的兴起改变了传统的手工业生产模式。随着工业化的推进，资本主义经济体系在这些后起国家得到了巩固和发展。美国和德国等国家通过充分利用石油和电力的优势，迅速崛起为工业强国，并在全球范围内竞争和扩张。此外，第二次工业革命还对人们的生活方式产生了深远的影响。新的技术和产品改变了人们的生活方式和消费习惯。例如，汽车的发明和普及改变了交通方式，电器家电的普及使得家庭生活更加便利舒适。这些变革影响了社会结构和文化，推动了现代城市化和消费社会的形成。

**学习目标**

通过对本章的学习，能够描述第二次工业革命的产生及发展历程，了解该时期有哪些技术进步驱动了第二次工业革命的发生与发展。第二次工业革命是指从19世纪末到20世纪初期，在工业化进程中出现了一系列重要的技术创新和进步的时期。这个时期的技术进步对于工业产业的发展和经济的增长产生了深远的影响。除此之外，还需要充分掌握该阶段产业发展的情况，结合产业案例领会技术与设计是如何共同促进工业产业发展的。

**关键概念**

第二次工业革命（The Second Industrial Revolution）

石油工业（Petroleum Industry）

电力照明（Electric Lighting）

无线通信（Wireless Communication）

化学工业（Chemical Industry）

汽车制造（Automobile Manufacturing）

# 4.1 工业与经济发展

## 4.1.1 工业技术进步

### 1. 石油工业的发展也是第二次工业革命的重要驱动因素之一

人类发现石油的历史可以追溯到公元10世纪之前，古埃及人、古代两河流域美索不达米亚人、古印度人都有关于天然石油采集与使用的记载。中国的古籍《水经注》《梦溪笔谈》中也记载了石油的提炼和使用方法，不过古代的石油多用作建材、药材，甚至用作战争武器，并没有作为能源被高效利用。

现代石油开发的历史始于19世纪40年代，那时生活在加拿大大西洋省区的一位医生亚布拉罕·季斯纳发明了从石油中提取煤油的方法。煤油是一种无色、透明或微黄色的液体，具有挥发性和易燃性，主要成分是碳氢化合物，在现代工业中主要用于燃料、溶剂、化工合成等诸多领域。亚布拉罕·季斯纳的发明，让人们认识到石油是生产煤油的原材料，是一种能源资源。随后，波兰的一位药剂师伊格纳齐·武卡谢维奇利用石油原油中不同成分有不同沸点的原理，对原油中不同成分进行加热提炼。

1846年，世界上第一座大型油田在中亚地区的巴库被发现并建成，当时这里出产世界上90%的石油。1861年，人类建造了世界上第一座炼油厂，到了19世纪末全世界许多地方都相继发现了大型油田。从石油中提炼的煤油很快取代蜡烛成为西方主要照明材料，从而形成了一个庞大的市场。正是在这个时期，约翰·洛克菲勒成为世界石油大王，控制了美国的炼油产业，间接掌控了原油的开采、原油和成品油的运输以及成品油的定价。

石油成为世界主要的能源来源之一，这得益于内燃机的发明。相比于使用蒸汽机和煤，内燃机和汽油（或柴油）的结合更加便捷、高效和环保。因此，从19世纪末开始，全球石油的使用量迅速增加。19世纪中期（1859年），美国的石油年产量仅有2000桶，但到了1906年，该数字已经飙升至1.26亿桶，增加了6万多倍。石油也因此成为继煤炭之后另一种重要的化石燃料，被称作“工业的血液”。

石油为什么是工业的血液，相较于煤炭又有哪些优势呢？19世纪中叶之前，煤炭是工业生产中最重要的能源。但是煤炭作为一种固态天然矿石，天然含有多种杂质成分，所以燃烧的过程中会释放大量的有害气体污染环境。除此之外，煤炭的体积庞大，导致使用煤炭的蒸汽机也非常笨重，只适合为大型机械和交通工具提供动力，比如纺织机、火车，却无法为汽车、飞机等需要轻便发动机的交通工具提供动力。但是石油与煤不同，石油具有液体的明显优势，容易泵送到地面并通过管道运输到炼油厂。更重要的是每克石油比每克煤多释放出40% ~60%的能量，所以能源的利用效率更高。除此之外，石油是由数千种不同化合物组成的混合物，石油的提炼使得现代社会可以充分利用石油资源生产出各种高质量的石油产品，如汽油、柴油、石蜡、沥青等。据相关研究机构统计，一桶原油中约有83%被用作能源燃料，另有2.3% ~4.7%的成分会被用作生产塑料、药物、纺织品以及其他产品。所以石油工业几乎赋能于工业生产与社会生活的方方面面，是当之无愧的工业的血液。

**2. 电力的广泛应用推动了工厂的电气化，提高了生产率，也带来了新的发明和创新**

第二次工业革命首先以自然科学的发展为先导，是从发电机的制造和应用开始的。在19世纪初，电磁学、电化学和热力学的基础研究取得了重大突破。其中，约瑟夫·亨利（Joseph Henry，1797—1878）是一位著名的美国物理学家和电学家，被誉为“美国电学之父”，在19世纪初就开始研究电学。1827年，他独自发明了强电磁铁，这个发明对电学的发展和应用产生了深远的影响，强电磁铁也成为发电机和电动机中核心的部件之一。1830年，约瑟夫·亨利首先发现了电磁感应现象，这为后来的发电机和电动机的发明提供了基本原理支撑。电磁感应现象，是通过将一个导体线圈放置在磁铁附近并移动磁铁来观察到的，当磁铁靠近或远离线圈时，导体中的电荷就会产生电动势，从而产生电流。电磁感应效应揭示了电和磁的相互作用的本质，通过电磁感应效应，人们首次实现了机械能与电能转化的过程，对发电、电动机、变压器等电器设备的发明和应用产生了深远的影响。同时，电磁感应效应也是电磁波的产生原因，为电磁通信的发展也提供了理论基础，深刻地改变了人类的通信方式。

（1）电能的利用　在第二次工业革命之前，工业的动力主要由蒸汽机运转来提供。蒸汽机是一种将热能转化为机械能的装置，其工作原理是利用煤炭燃烧产生的热能将水加热并蒸发，产生蒸汽，然后将蒸汽压力作用于活塞或涡轮叶片上，产生机械能。而发电机则是一种将机械能转化为电能的装置，其工作原理是利用运动的导体在磁场中发生电磁感应现象，通过电路和电磁场将机械能转化为电能。发电机发电是需要机械能的输入的，而由煤炭燃烧驱动的蒸汽机恰恰能够为发电机提供充足的机械能，这就是火力发电机的基本原理。电能作为一种能量的形式，也可以通过电动机再转化成机械能用于工业生产。电动机内部有电磁铁和转子，当电流通过电磁铁时，会产生磁场，磁场会将转子带动转动，从而将电能转化为机械能。所以从本质上讲，火力发电机产生的电能来源于化石燃料的燃烧，电能再转化为机械能驱动工业生产。

（2）为什么要发明发电机，直接使用蒸汽机提供动力不就已经满足工厂的动力需求了吗　要回答这个问题，就需要理解电能与电力为现代工业带来了什么新的便利。首先，电能是可以通过输电网络进行远距离传输的能源形式，这样工厂只需要接入输电网络，就可以便捷地使用电动机对电能进行转化从而进行工业生产，不再需要购置蒸汽机并储存大量的煤炭燃料了，这大大降低了参与工业生产的门槛，促进了工业的发展。同时，由于电能可以被传输，所以电能的生产环节与使用环节就可以被“分工”，即工厂只使用电能，不需要生产电能，而发电站则负责集中生产电能，并修建输电线路为工厂和城市供应电能。这样的分工同时促进二者规模的发展壮大，使得工业生产在电能的供给侧和需求侧都更加规模化、集中化和高效化。

除此之外，电能还可以通过电灯这一发明有效地转化为光能，进而为城市和工业生产提供持续稳定的照明。在电灯发明之前，西方工业城市的夜间照明主要使用煤气灯，这是一种利用煤气燃烧产生的火焰进行照明的灯具，其工作原理是将煤气通过煤气管输送至喷嘴，然后通过喷嘴将煤气喷出，在点火器的作用下点燃煤气，产生明亮的火焰。煤气灯存在安全隐患问题，由于其直接使用燃气作为燃料，如果燃气泄漏或者灯具使用不当，可能会引发火灾和爆炸等安全事故。煤气灯的燃烧会释放出废气和废烟，污染环境，对人体健康也有一定的影响。煤气灯的火焰比较小，容易受到风力等外界因素的影响，导致火焰熄灭，不够稳定，照明效率低下。随着电力技术的发展与普及，煤气灯很快被电灯所取代，照明的安全、效率、成本均大幅降低，充足的照明赋能工业生产提效，促进了工业化和城市化的进一步发展。

电力除了是一种能源，还能承载信息。电力还可以转化为各种控制信号，如电压、电流、频率等，这些信号可以作为自动控制的反馈信号、控制信号和调节信号，实现对工业生产过程的精准控制和精准调节。相较于传统的机械传动和人工控制来说，电信号的控制极大地提升了工业生产的精度、效率，成本和误差也更小，还可以实现对远程设备的控制和调节。远程控制的方式可以提高生产率，降低人力成本，也有助于保障生产安全。在此之后，电能几乎改造了当时工业领域中的所有领域，也彻底改变了人们的生活。

**扩展阅读**

发电机的发明

更多数字资源获取方式见本书封底。

### 4.1.2 社会经济发展

第二次工业革命在为人类物质生产领域带来深刻变革的同时，也引发了人类生活方式、社会结构和精神文化领域的重大变革，改变了人类社会的面貌，促进现代工业设计在这一阶段的诞生、发展并趋于成熟。

#### 1. 工业化国家经济快速增长，工业化国家城市化进程与人口增长

在第二次工业革命期间，工业化国家的经济快速增长。新的技术和生产方式的出现使得生产率大幅提高，成本降低，产品质量提高，市场需求增加，这些因素共同促进了工业化国家的经济增长。1870—1913 年，美国工业生产增加了 8.1 倍，德国工业生产增加了 4.55 倍，英、法同期的工业生产也分别增长了 1.27 倍和 1.94 倍。工业化国家的经济增长带动了全球的经济增长，据统计，1870—1913 年全球经济的年平均增长率为 2.1%，远远高于 1820—1870 年的 1.0%。

第二次工业革命带来了生产力的大幅提高和经济的快速增长，同时也加速了城市化进程和人口增长。随着工业革命的深入，劳动力从农业转向工业和服务业，促进了工业和服务业的发展，同时为城市化提供了强有力的推动因素。改善的交通运输条件也为城乡之间和城市之间的人口流动提供了必要的条件。此外，农业技术的进步、农产品的商品化以及新兴工业的兴起，为日益增长的城市人口提供了物质保障，为城市化的进一步发展创造了条件。城市逐渐成为工业生产的中心，吸引了大量人口从

农村迁移到城市，城市的发展也带来了更多的就业机会、更好的教育和医疗资源，进一步吸引了人口的流入。

2. 社会消费能力极大提升，原型创新、电器产品、新材料等为工业设计提供了广阔空间

在经济增长和城市化程度加剧的时期，工业品的制造成本大幅下降，这推动了社会消费能力的极大提升。更多的人可以买得起产品，可以购买更多的产品，尤其是工薪阶层这一群体，成为西方社会中产阶级的主要组成部分。第一次世界大战之后，消费力量在西方世界带来了空前的繁荣，形成了消费主义社会。在20世纪20年代末期，许多致力于生产消费者产品的行业也开始雇用设计顾问来提升产品的竞争优势，探索如何将设计嵌入新兴产业中，以激起消费者的兴趣。

社会消费能力得到了极大提升，同时也为工业设计提供了广阔的空间。在第二次工业革命期间，原型创新、电器产品和新材料等领域的发展为工业设计提供了新的可能性。伴随技术进步，在照明、通信、交通运输等领域不断有新的产品原型出现，如电灯灯具、电话机、家用汽车等，成功的原型创新最终都发展成了新兴的产业，如照明业、通信业、汽车制造业等。产业中的企业要竞争、要发展，工业设计就是其提升竞争力的有效方法，所以伴随第二次工业革命的原型创新浪潮，工业设计的社会需求剧增。除此之外，在日常生活领域，电气化时代的到来，带来了家用电器的发展。这些新发明的家用电器，如电视、冰箱、吹风机、吸尘器、电动剃须刀等，源源不断地涌入市场，进入千家万户的日常生活中，重新塑造了人们的生活方式。到了20世纪20—30年代时，欧美主要城市的家庭都基本实现了电器化，每个家庭都拥有一定数量的家用电器产品，这也为设计师带来了新的设计领域和空间。新材料，如塑料、橡胶、尼龙的发明，也重新定义了许多传统行业的制造逻辑，许多曾经由金属、木材等材料制造的产品可以使用更为轻便耐用的塑料、橡胶材质，曾经依赖天然纤维的棉纺织业，可以从石油中获取原料进行人工化学纤维的纺织，质优价廉。而这背后，都需要“再设计”的工作，以适应新的材质、新的工艺、新的市场。可以说，第二次工业革命带来了电气化，推动了经济增长和产业结构调整，促进了服务业的兴起，加快了城市化进程，同时城市化进程又推动了电器的消费、竞争，工业设计在其中发挥着重大的价值。

## 4.2　产业发展典型案例

### 4.2.1　电力照明

在地球上光明与黑暗交替出现，但自人类诞生以来，黑暗一直是人们通向幸福之路的障碍，在夜幕降临后，黑暗中往往暗藏来自野兽、敌人等充满不确定性的潜在危机。到了19世纪，随着工业化的发展，人们对光亮的渴望似乎比以往任何时候都更加强烈。在新兴的工业时代，无论是在工厂还是办公室，许多工种需要更加注重细节，对照明的要求也大幅提高，夜间的工作更是离不开照明的帮助。与此同时，城市却变得越来越黑暗，高楼大厦的室内阳光无法触达，楼宇外部投下的巨型阴影更是让城市的街道在白天都接触不到阳光。除此之外，城市中工厂不规范的燃煤作业喷出致命的雾霾遮天蔽日，更加重了人们对照明的需求。

1817年，第一盏煤气路灯在巴尔的摩竖起，煤气作为一项惊人而又有争议的科技奇迹，才刚刚出

现了几十年。然而，电力的出现却让煤气用品陷入了早期的危机。汉弗莱·戴维（Humphry Davy，1778—1829）是一位英国化学家和物理学家，也是19世纪早期电力照明技术的先驱之一，他在受到伏特电学试验工作成果的启发后，进入了这个他称之为“未探索的领域”。早在19世纪早期，他就展示了两种将电力转化为光的方法，为未来几十年的研究指明了方向。他向英国皇家学会的观众展示了电流在两根炭棒之间的狭窄缝隙中穿过时发出的闪光，当电流通过缝隙时，每根炭棒的尖端就会烧得发白，只要这两根炭棒之间维持适当的距离，就能保持光亮，炭棒之间形成了一个弧形的、直径为4in（1in = 0.0254m）的光环，之后他将其简称为“弧光灯”。在同一时期，戴维还阐明了白炽灯的原理，即让电流通过铂丝，使其热到足以发光。戴维的贡献为电力照明技术的发展奠定了基础，这就是后来爱迪生的灯泡和之后每一枚白炽灯的始祖。

托马斯·阿尔瓦·爱迪生（Thomas Alva Edison，1847—1931）是一位美国发明家和企业家，他被认为是现代电气工业的创始人之一。爱迪生发明了许多重要的产品，最著名的就是电灯泡（见图4-1）。但是在发明电灯泡之前，他就已经成功改良了电报技术，然后又发明了留声机，这些成功的经历为他赢得了“门洛帕克的巫师”的传奇称号。门洛帕克（Menlo Park）是位于美国新泽西州的一个小镇，也是爱迪生在1876年创建的发明实验室所在地。在实验室里，爱迪生拥有最新的设备、丰富的原材料和一群助手，这些助手具备爱迪生所没有的专业技能和科学教育背景。爱迪生创造了一种新的发明模式，将科学研究和产品开发结合起来，通过集思广益，利用他的助手们的创意和才华，扩大了他个人天才的发挥范围，并加快了发挥个人才能的速度。这种集体的创新模式在当时是非常前卫的，也为爱迪生在创新领域中取得巨大成功奠定了基础。

图4-1　爱迪生发明的电灯泡

在爱迪生之前，人们已经知道当电流通过电阻时会发热，当电阻的温度超过1000℃后就会发光。然而，由于大部分金属在这个温度下已经熔化或者迅速氧化，因此之前研究中的电灯不仅价格昂贵，而且很容易烧毁。爱迪生很快意识到了在实验室里白炽灯面临的最大问题在于是否能找到合适的灯丝材料，这种材料可以承受被加热到超过1000℃的高温而不被烧断。因此，爱迪生和助手们尝试了1600多种耐热材料，包括较早试验过的炭丝和贵重金属铂金。虽然铂金几乎不会氧化，但是非常昂贵，因此无法商业化。在试验的过程中，他们发现将灯泡抽成真空后，可以防止灯丝的氧化。当灯丝工作环境改变之后，爱迪生又重新梳理他过去所放弃的各种灯丝材料，最终发现竹子纤维在高温下炭化形成的炭丝适合作灯丝材料，这才发明出可以工作几十个小时的电灯。

但是炭丝依旧太脆弱易损，所以为了延长白炽灯泡的使用寿命，爱迪生和同时代的许多科学家、工程师一样，不断寻找在高温环境中不易升华的导体物质。最终，人们将目光聚焦在了金属钨。金属钨的熔点为3410℃，是熔点最高的金属，钨最大的优点是升华的速率较低，可以加热到比炭丝更高的温度，因此钨丝灯比炭丝灯更加明亮，才有了如今电灯泡的雏形。之后，围绕电灯而来的照明产业，蓬勃发展了起来。在1881年的巴黎世博会上，爱迪生的公司在展览中集中展示了他的电灯产品和电力照明系统，并赢得了博览会上唯一一枚电灯荣誉金质奖章。1882年9月4日，爱迪生在纽约珍珠街建立起第一座火力发电站，使用6台“巨象”发电机向85个单位、2300盏电灯提供电力，这开创了美国第一个电力照明系统。

### 4.2.2　无线通信

通信史可以追溯到人类出现之前的早期动物社会，那时动物已经开始使用声音、姿态和化学信号等方式进行交流。随着人类的演化和智力的发展，人类也开始了更加高级的通信方式，比如语言、书写、信件等。长距离信息传递的速度和效率问题，一直是人们面临的重大挑战。中国古代的烽火台、航海中指引航道的信号旗和灯塔，都可以认为是通信的方法。在第二次工业革命期间，电报、电话、无线电通信等一系列发明的出现，推动了现代信息传输系统的革命。

1. 电报

电报是由美国发明家塞缪尔·莫尔斯（Samuel Morse，1791—1872）于 1837 年发明的。莫尔斯发明了一种通过电磁信号传输文字信息的系统，这个系统被称为莫尔斯电码。莫尔斯电码使用短点和长划的组合来表示字母、数字和标点符号，这种编码方式使得电报可以通过长距离的电线进行传输，从而大大加速了信息传递的速度（见图 4-2）。

图 4-2　塞缪尔·莫尔斯发明的电报

1837 年，打字电报的发明开启了电报在工业上的真正发展。在此之后，电报逐渐从试验阶段走向实用阶段。1844 年，一条长达 64km 的试验电线从华盛顿到巴尔的摩被建成，这标志着电报技术的实用化进程。随着无缝橡胶绝缘包线的发明，各国纷纷成立电报公司和电报局。1866 年 7 月 13 日，美国企业家赛勒斯·韦斯特·菲尔德历经 12 年的努力后，终于成功地铺设完成了一条跨越大西洋的海底电缆。这条电缆将欧洲旧大陆和美洲新大陆连接在了一起，开启了一个全新的通信时代，这项伟大的工程为人们提供了一种更加快速、可靠的通信方式，也为后来的电信技术发展奠定了基础。

2. 电话

电报是通过电信号传递经过编码的文字，发电报是需要学习复杂的电报编写方法的，所以人们通常都是到电报所委托发报员来代为发电报。这烦琐的发电报程序不禁引发人们的遐想，要是能使用电来传递人声，该多么便捷高效啊。于是电话的研发，逐渐成为发明家们热衷的新方向。如今，科技史学家将电话的发明归功于在苏格兰出生的美国发明家亚历山大·格拉汉姆·贝尔（Alexander Graham Bell，1847—1922）。1876 年，贝尔发明了第一部实用电话，这个电话使用了一种称为电磁感应的技术，将声音转化为电信号，并通过电线传输到远处的接收器，然后再将电信号转化为声音。贝尔的电话一经发明，便引起了轰动，它可以实现实时、双向的语音通信，这使得人们可以更加方便快捷地进行交流（见图 4-3）。1880 年，美国的城市之间已经建立了长途电话，距离达到了 80km。到了 20 世纪初，电话通信网络基本覆盖全球各大洲。

图 4-3　贝尔发明的电话

### 3. 无线电通信

电报是单向一对一的通信方式，没有办法双向实时沟通。电话则是在电报的基础上更进一步，是双向一对一的即时交流方式，却很难做到一对多。而广播、电视所代表的无线通信系统，则是单向一对多的通信方式。1893 年，一位塞尔维亚裔美国发明家、物理学家和电气工程师尼古拉斯・特斯拉（Nikola Tesla，1856—1943）在圣路易斯首次公开展示了无线电通信，并于 1897 年向美国专利局申请了无线电技术的专利，在 1900 年被授予专利。1906 年，加拿大发明家范信达（Reginald Fessenden，1866—1932）在美国马萨诸塞州实现了史上第一次无线电广播，他演奏了《平安夜》的小提琴曲目并朗诵了《圣经》的片段。同年，美国人李・德・福雷斯特（Lee de Forest，1873—1961）发明了真空电子管，这使得电子管收音机得以诞生。在无线电技术的基础上，苏格兰发明家约翰・洛吉・贝尔德（John Logie Baird）于 1924 年成功地利用电信号在屏幕上显示出图像。1884 年，德国工程师保罗・尼普科夫（Paul Nipkow）发明了旋转式扫描盘，使得电视信号的传输更加稳定和清晰。1939 年，通用电气的子公司 RCA 推出了世界上第一台黑白电视机。随着技术的不断进步，1954 年，RCA 推出了世界上第一台彩色电视机。此后，电视机得到了广泛的普及和应用，成为现代家庭娱乐的重要组成部分。

电报、电话、无线通信所代表的现代通信技术的进步，引发了通信工业的诞生。通信工业的作用不仅在于推动相关器材的生产，更在于推动了整个世界的信息交流的效率，直接的结果就是促进了全球市场经济的发展。因为在通信工业的赋能下，信息的便捷性极大地促进了人类的生产活动，使得人们可以更快、更准确地传递信息，这对于商业、科学、医疗等领域的发展起到了重要的作用。同时，通信技术的普及也使得人们之间的交流更加方便，促进了不同文化之间的交流和理解，推动了全球化进程。

## 4.2.3 汽车制造

汽车工业是在石油工业和内燃机技术的基础上逐步发展而来的，汽车工业开创了人类生产和生活的新时代，并成为第二次工业革命中的重要组成部分。从 19 世纪 60 年代开始，人们进行了各种尝试。1885 年，一种封闭式发动机问世，它奠定了现代汽车发动机的基本形式，不久之后，第一台摩托车、第一辆四轮汽车以及第一艘摩托船相继问世。美国的汽车工业采用新的生产方式实现了大批量生产和零件标准化，这些进步促进了汽车工业长期的繁荣，并让汽车成为“工业中的工业”“改变世界的机器”。

除此之外，汽车工业的上游产业如钢铁、有色金属、机械、橡胶、玻璃和石油在其带动下也开始迅速发展，而汽车工业的下游领域则更为广泛，包括城市建设、公路网建设、商业、销售服务、汽车修理和保险等各个领域。然而，由于汽车工业对资源的掠夺和环境破坏的作用巨大，不仅带动了相关产业的资源掠夺和环境破坏，而且自身也是重要的污染源。事实上，地球上三分之二的烟雾污染都来自汽车排放的尾气。

### 1. 内燃机

内燃机是一种能够将燃料燃烧产生的能量转化为机械能的发动机。内燃机的发明可以追溯到 19 世纪，最早的内燃机是由法国工程师尼古拉斯・奥托（Nikolaus Otto，1832—1891）发明的。1862—1876 年，奥托设计发明了压缩冲程发动机，当时被称为“新奥托发动机”。这种发动机最初是两冲程的，后来改进为四冲程。据测算，奥托内燃机的能量转化效率（大于 10%）高于当时效率最高的蒸汽机（约 8%），因此奥托的内燃机在随后的 17 年里卖出了 5 万多台，非常畅销。奥托于 1867 年获得了专利，他设计的内燃机由气缸、活塞和一对点火器组成，燃料在气缸内燃烧，推动活塞运动，并产生机械能。这种内燃机主要用于工业和农业领域的机械化生产中，也是后来汽车、飞机发动机的原型。如今人们所提到的“奥托式发动机”并不是某一款具体型号和功能的发动机，而是泛指所有符合奥托发明的压缩冲程发动机原理的内燃机。奥托在内燃机领域的贡献举世瞩目，影响了人类工业社会的历史进程。奥托的儿子古斯塔夫·奥托（Gustav Otto，1883—1926）也继承了父亲的发动机事业，是德国著名的飞机发动机设计师，并创办了德国最早的飞机制造公司，而这家飞机制造公司就是今天德国宝马汽车公司的前身。

尼古拉斯·奥托的两位合伙人，戈特利布·威廉·戴姆勒（Gottlieb Wilhelm Daimler，1834—1900）和威廉·迈巴赫（Wilhelm Maybach，1846—1929）在关于内燃机设计的思路上出现了分歧，奥托倾向于继续设计制造大型的内燃机，给工厂中的工业生产提供动力。而戴姆勒和迈巴赫则认为应该设计制造更为便捷小巧的内燃机，这种内燃机可以使用的领域更广，比如可以用在交通工具上。于是戴姆勒和迈巴赫离开了奥托的公司，沿着自己的思路继续工作，于1883年发明了使用汽油作为燃料的小型发动机，并获得了专利。1886年，戴姆勒成功设计制造了全世界第一辆使用汽油内燃机的四轮汽车（见图4-4）。

图4-4 全世界第一辆使用汽油内燃机的四轮汽车

几乎同时期的德国工程师卡尔·弗里德里希·本茨（Karl Friedrich Benz，1844—1929）也在从事着改进内燃机和发明汽车的工作。采用自行车的原型，将后轮变成两个，在两个后轮中间加上奥托发动机，并于1885年首次造出三轮汽车。这个汽车不太容易操纵，经常在围观的人们哄笑中撞到墙上，但他妻子全力支持他并自己学习开着这辆三轮汽车上街，所以现在认为本茨的妻子是世界上第一位驾驶汽车的人。本茨也于1886年取得了“用汽油作为燃料的车子”的专利权，开始制造和出售自己品牌的汽车。本茨的三轮汽车虽然颇具创新性，但由于发动机性能的原因销售惨淡，于是同年7月他采用了戴姆勒发明的内燃机，同时由于专利使用权的问题被戴姆勒告上了法庭，两家公司的竞争也持续了很多年。1926年，两家公司在经历了40年的竞争后决定合并，成立了如今全球知名的戴姆勒-奔驰公司，引领了20世纪汽车行业的发展。

### 2. 流水线上的汽车

美国的奥兹莫比尔（Oldsmobile）汽车公司，是由美国发明家、企业家兰塞姆·E. 奥兹（Ransom E. Olds，1864—1950）创立的。1901年该公司首次采用标准化部件和静态流水线来组装制造汽车——奥兹莫比尔Curved Dash车型（见图4-5），现代化的工业装配线及其基本概念归功于奥兹。他的这一创造有效地提高了汽车的生产率，降低了制造成本，Curved Dash的售价为650美元，相当于今天的22864美元。1901年售出约600辆、1902年售出约3000辆、1904年至少售出4000辆，这也是第一款大规模生产的低价美国汽车。

受奥兹莫比尔汽车公司静态流水线装配的启发，同在美国的亨利·福特（Henry Ford，1863—

1947）对流水线进行了进一步改进，即将静态的流水线改成动态，让汽车在装配线上面移动到工人的位置，这种工人不动而汽车移动的动态流水线，让每一个工人的工作更加专注且连续，进一步提升了工作效率。1908 年，福特公司推出了名为“Tin Lizzie”的汽车，也就是“福特 T 型车”。福特希望汽车能够成为普通大众也消费得起的交通工具，这辆车的目标人群和那时其他的欧美汽车不同，是使用马匹和手推车的农村人口，T 型车的轮辐暴露在外，轮子结实，体现出其是基于农村推车改造而来的，更适应于乡村泥泞坎坷的碎石路面。这是世界上第一款大规模生产的汽车，也是第一款真正的大众汽车（见图 4-6）。

图 4-5　奥兹莫比尔 Curved Dash 车型

图 4-6　福特 T 型车

1913 年，福特在密歇根州的海兰帕克工厂引入了一种先进的批量生产模式，这种模式通过使用流水线将分工、产品标准化、可互换零件和机械化等工艺结合在一起。这种装配线生产方式的好处是立竿见影的，在 1913 年至 1914 年之间的一年中，制造一辆 T 型轿车所需的时间从 12. 5h 降至 1. 5h。入门级轿车的价格也因此下降，从 1909 年的 1200 美元降至 1914 年的 690 美元。尽管如此，工人们并不喜欢这种新的工厂环境，为了鼓励员工留下来，福特推出了 5 美元日薪的新政策，这不仅展现了他的聪明才智，也促进了员工购买他的产品。

奥兹莫比尔和福特公司带来的工业流水线生产方式，在第二次工业革命期间对现代工业化的发展影响是巨大且深远的。从 20 世纪开始，流水线作业从汽车制造领域迅速“溢出”，几乎进入到所有工业制造领域中，极大地提高了工业生产率和社会经济水平。1914 年第一次世界大战爆发后，流水线生产进入了一个新的、更加紧急和致命的阶段，即生产战争所需的车辆和武器，包括军用救护车、货车、飞机、军用运输车辆以及炮弹和武器。雪铁龙是除美国以外的第一家大规模汽车生产商。在战争期间，雪铁龙在巴黎生产弹药，并经营着一条流水线。随着战争的结束，纯量产模式开始发生转变，到 1927 年，购买第二辆车的人口比购买第一辆车的人口还要多，而这些人想要更多的选择和更好的配置。到 20 世纪 20 年代末，通用汽车凭借其“不同的钱包、不同的目标、不同的车型”的市场导向战略，抢占了市场先机。这种以市场为导向的方法将造型设计和设计师置于汽车行业的核心地位，汽车设计也为了迎合新兴市场的变化，出现了丰富的车型和风格流派。

### 4.2.4　飞机制造

飞机的发明是一个漫长而复杂的历史过程，涉及许多人的贡献和创新。现代飞机的出现，最重要的原因依然是内燃机的发明，是内燃机让高能量密度的石油充分燃烧，提供足够的动力将人类送上蓝天。

尽管有很多人对飞行的理论和技术做出了贡献，但莱特兄弟被认为是第一位成功地制造和驾驶飞机的人。莱特兄弟是美国俄亥俄州的两个机械师，他们对飞行的理论和技术非常感兴趣，并开始进行充分的试验。他们为了试验飞机的控制系统和升力，甚至自己搭建了一个风洞。1903 年 12 月 17 日，莱特兄弟在北卡罗来纳州的基蒂霍克进行了一次历史性的飞行，他们的飞机成功地在空中飞行了 12 秒，飞行距离为 120ft（约 36.6 米）。这次飞行虽然时间很短，但它证明了人类可以操纵飞行器在空中飞行，这是一个重大的突破。

随着第一次世界大战的爆发，战争中空中作战的需要又进一步促进了飞机研发与制造的发展。战后，伴随着技术的成熟，以及大量退役的飞行员、机械师的加入，民用航空领域迎来了新的发展时期。1927 年，美国飞行员林德伯格成功飞越大西洋，这是人类历史上第一次单独横跨大西洋的飞行，标志着跨洲际飞行的开始。1939 年，第二次世界大战爆发，各国的飞机被广泛用于军事行动，推动了飞机技术的快速发展和应用，包括喷气式飞机的出现。1949 年，德・哈维兰公司设计制造出了“彗星”客机，这是全世界首架喷气式民航客机（见图 4-7）。波音 707 是一种商用喷气式客机，波音 707 的首次商业飞行是在 1958 年 10 月 26 日，由美国航空公司（Pan Am）从纽约飞往巴黎，这次飞行标志着跨大西洋的喷气式客机时代的开始。它是波音公司第一个成功的喷气式客机，也是世界上最早的商用大型喷气式客机之一。波音 707 的设计和制造标志着美国在喷气式客机领域的重大突破，也奠定了波音公司在航空工业中的领先地位。

图 4-7　“彗星”客机

## 4.2.5　化学工业

石油是由几千种化合物组成的混合物，炼油厂通常会通过蒸馏、催化裂化、重整、焦化等过程加工原油，从而对原油中的成分进行分离提纯，可以得到许多化工产品的原材料，如甲烷、煤油、柴油、石蜡等。石油工业的迅猛发展进而带动了化学工业的发展。

1856 年，18 岁的英国皇家化学学院助教威廉・亨利・珀金（William Henry Perkin，1838—1907）在提取治疗疟疾的特效药奎宁时，无意中发现煤焦油中的苯胺可以用来生产紫色染料，他申请并获得了苯胺紫制造的专利。当时染料价格昂贵，各国化学家都想利用煤焦油研制染料，很快发明了各种颜色的合成染料，从而形成了一个新的庞大的产业——有机化学工业。

### 1. 塑料

利用石油来合成塑料的方法也是在这样的背景下发明出来的。在 19 世纪末 20 世纪初，俄罗斯和美国的工程师相继发明了从石油中裂解提取乙烯的技术。20 世纪 20 年代，标准石油公司开始使用这种技术来生产乙烯。1933 年，英国帝国化学公司意外地发现了一种从乙烯制造聚乙烯的方法。由于乙烯原料供应充足，聚乙烯材料得以广泛应用，此后，人类在以石油为原材料的基础上发明了各种新材料。塑料是目前全球使用最广泛的材料之一（见图4-8a），每年的使用量约为3亿t，人均使用量大约为40kg。塑料的种类非常多，常见的种类就有十几种。

a）塑料

b）橡胶

c）合成纤维

图4-8　塑料、橡胶、合成纤维

2. 橡胶

随着石油工业的发展，人们开始探索通过化学工业来人工制造天然材料的替代品，比如橡胶，天然橡胶通常是从橡胶树中提取的。它柔软有弹性，可用于制造轮胎、密封件、管道、鞋子、手套等（见图4-8b）。汽车的出现使得橡胶成为一种大量需求的材料，汽车轮胎与大量的零部件都需要橡胶。德国的马牌、意大利的倍耐力、法国的米其林和美国的固特异等著名橡胶公司都是在19世纪末随着汽车工业的兴起而成立的，一直到今天都是全球性的轮胎品牌。然而，由于天然橡胶只能在温暖湿润的地区生长，世界上大多数国家并不适合种植，因此天然橡胶的产量非常有限。

1860年，英国人格雷维尔·威廉斯（CharlesGreville Williams，1829—1910）经由分解蒸馏法试验，发现了天然橡胶的成分，这为后来合成橡胶提供了依据。1940年，美国的百路驰（BFGoodrich）公司和固特异公司分别研制出了高性能、低成本的合成橡胶，这对于保证二战期间橡胶供应提供了巨大的帮助。在20世纪60年代，壳牌石化公司（Shell Chemical Company）发明了人工合成的聚异戊二烯橡胶，这是首次采用人工方法合成的结构与天然橡胶基本相同的合成天然橡胶，从此之后，人造橡胶可以完全替代天然橡胶。如今，全球每年生产的2500万t橡胶中，有70%是合成橡胶。

3. 合成纤维

无论是棉麻、羊毛还是丝绸，天然纤维的生产不但会占用大量的资源而且效率低下，例如种植棉麻需要大量耕地，饲养绵羊也需要牧场或者羊圈，棉花一年只能收获一季，绵羊一年顶多剪两次羊毛，600个蚕茧才只能产出区区0.5kg的丝绸。生产率低下意味着供不应求，伴随着工业革命的到来，全球人口数量开始呈现大幅攀升，天然纤维有限的产量已经无法满足人类的需求。随着石油工业的发展，人们在面对无法制造出足够衣服的窘境时，想到了尝试利用化学的方法来人工合成纤维（见图4-8c）。想要成功实现纤维的人工合成需要解决两个现实问题：第一个是合成适宜制造纤维的原材料，第二个是找到制造纤维的工艺方法。

1930年，美国杜邦公司的工程师卡罗瑟斯（Wallace Carothers，1896—1937）博士合成出了聚酯纤维，但由于性能不够理想，因此改变了研发策略。1935年，卡罗瑟斯将聚酯纤维聚合时所用到的醇类单体改为了胺类单体，利用己二胺和己二酸进行酰胺化缩聚反应，最终得到了一种新的高分子材料——聚酰胺。随后在1939年，杜邦公司完成了聚酰胺纤维的工业化生产，并取名为尼龙（Nylon），尼龙成为人类历史上第一个产业化的合成纤维。

杜邦公司在发明尼龙纤维后，首先是将其应用于牙刷刷毛，但市场的反馈却是不温不火。直到1939年，杜邦公司在纽约世界博览会上首次展出了女士尼龙丝袜，这种丝袜"像蛛丝一样精细，像钢丝一样牢固"，既有绝佳的弹性，耐磨性又是羊毛的20倍，因此受得了广大女性的青睐。在随后的1940年，巅峰时期的杜邦公司一天就可以销售400万双尼龙丝袜，瞬间风靡全球，取得了巨大的成功。随着第二次世界大战的进行，尼龙逐渐转向了军用，尼龙丝袜也一度停产，但是穿着丝袜的流行趋势已经形成，在美国社会甚至出现了给女性腿上画丝袜的特殊服务，足以见得尼龙丝袜在女性生活中的重要地位。

尼龙作为一种性能优异的工程塑料，不光可以用于纤维制造，它较高的强度、优异的韧性、较低的密度以及实惠的价格完全可以取代一部分金属材料，从而实现很多工程机械的低成本、轻量化制造，汽车制造就是尼龙材料大展身手的地方。如今，在追求"碳达峰，碳中和"的当代中国，越来越多的汽车厂商将轻量化作为汽车设计的重要指标之一，汽车每减重100kg，百公里的油耗将降低约0.5L。据统计，目前发达国家平均每辆轿车的工程塑料（尼龙是最重要的汽车用工程塑料）用量占比约为20%，而我国则不到15%，还具有较大的差距。目前，汽车上的散热器箱、发动机盖、泵叶轮、进气导管、尾灯罩、仪表外壳、安全气囊甚至部分机械齿轮都已经使用了尼龙材料进行制作。随着3D打印技术的不断成熟，结构更复杂的组件也将可以利用尼龙材料实现更高效、更精确地制造，尼龙材料也必将在机械制造领域得到更广泛的应用。

## 复习思考题

1. 石油资源相较煤炭有哪些优势，石油在第二次工业革命的主要贡献是什么？

2. 如何看待电力的发明和应用对工业化的作用和意义？

3. 结合自己的理解，谈谈社会消费能力提升、新发明与新材料是如何进一步促进工业设计发展的。

4. 结合历史案例，谈谈电力革命给20世纪初的现代社会带来了哪些生活方式的改变？

5. 在当下的中国，在产业转型和社会转型中，工业设计应如何发挥自身价值？

## 案例分析

### 是谁第一个发明汽车的？

至今科技史学家对于汽车的发明人依然没有一致的看法。尽管本茨的三轮车先行被他的妻子开上路，但这并不能被视作现代汽车的直接前身。相反，戴姆勒和迈巴赫则是四轮汽车的发明人。此外，戴姆勒和迈巴赫也是最早将内燃机应用于交通工具上的人，因为他们发明了两轮机动车。如果三轮车被认为是汽车的话，那么为什么两轮的车就不能算呢？

世界上的许多科学发现、工程技术、发明创造，往往都发源于其所在的时代，可以称之为时代的产物。所以纵观科技史和设计史，人们经常会看到一些发明家、设计师几乎同时完成相似的发明与设计，汽车的发明也不例外。所以究竟是谁第一个发明汽车的也许并不那么重要，可以交给史学家和感兴趣的朋友们继续考证评说。工业设计师更需要关注的是人们对高效便捷交通工具的需求，在第二次工业革命期间，随着工程技术水平的进步，此需求得到了非常合理的解决，诞生了汽车这种工业产品，它迎合了市场需求，进而创造了全球的汽车产业及其一系列上下游相关行业的持续发展，直到今天。

**分析与思考：**

1. 结合课内外资料，谈谈你认为是谁第一个发明了汽车。

2. 有哪些技术因素促成了汽车的发明？

# 第 5 章　电气时代的设计变革

**本章导读**

第二次工业革命在给人类物质生产领域带来深刻变革的同时，也引发了人类生活方式、社会结构和精神文化领域的重大变革，改变了人类社会的面貌，而现代工业设计的发展在这一阶段趋于成熟。随着工业与科学技术的发展，传统手工业时代的设计思想受到前所未有的挑战，新市场、新产品、新消费者，让设计活动覆盖的范畴前所未有地扩展了。在这样的时代背景下，现代主义思潮开始汇流成型。但不同于工艺美术运动、新艺术运动这样的设计运动，现代主义没有明确的发起成员，也没有成套的设计宣言和确切的运动发起时间，它是在 19 世纪末至 20 世纪初，由一群来自世界各地，有共同的美学观念、价值观念的设计师、思想家、建筑师自发组织形成的设计现象、设计趋势。现代主义设计并不是一种简单的设计风格，而是一种面向工业化时代，且具有民主、理性的意识形态浪潮在设计范畴内的体现。

从社会大众的视角看，第二次工业革命到来后，工业化程度加深，大众消费市场成熟，现代钢筋混凝土城市拔地而起，工业化批量生产的新产品进入千家万户，这些在形成新的生活方式的同时，也潜移默化地影响着人们对工业化的看法和设计审美，“机械化时代的美学”中象征理性、效率的逻辑逐渐被接纳。从设计理论家、建筑师、设计师的视角看，他们面对新的问题，的确进行了多方探索实践，也形成了众多的设计流派、设计风格、设计组织。如德意志制造联盟、包豪斯学院、装饰艺术运动、消费主义与流线型风格等。

中国近代的百年间，无论从政治、经济、文化等层面均面临前所未有的重大变革。1840 年鸦片战争之后，西方资本主义列强对晚清进行殖民入侵，传统封建社会系统被打破，沦为半殖民地半封建社会。1911 年 10 月 10 日，武昌起义推翻了晚清王朝的统治，随后建立了“中华民国”。第二次世界大战中中国抵抗日本侵略的抗日战争，从 1931 年持续到 1945 年。由于历史原因和外部压力，中国的工业发展较晚且阻碍重重，但依然凭借努力，在军工、造船、民用等工业领域采用引进→仿制→创新的发展路径取得了一定的成就，工业设计的思想也在这一阶段随着工业化的到来开始萌芽。

**学习目标**

通过本章的学习，了解第二次工业革命后的设计思潮与设计变革。特别是在现代大工业化生产和消费社会的背景下，设计思潮发生了哪些重要的变化，并形成了哪几个关键的流派和风格运动。其中，包括俄国构成主义、荷兰风格派运动、德意志制造联盟、包豪斯学院、装饰艺术运动、北欧早期现代设计、美国工业设计与职业化以及中国近代工业肇始与工业设计萌芽等。

通过学习与熟悉这些设计思潮和运动，了解诞生于这些时期的经典设计作品和重要历史人物，同时也能够理解各个设计思潮之间的差异和联系。最重要的是，通过学习工业设计史，将能够深入了解自身专业发展的历史演变过程，进而提升自己的工业设计核心素养。

**关键概念**

俄国构成主义（Constructivism）

荷兰风格派（Neoplasticism）

德意志制造联盟（Deutscher Werkbund）

包豪斯（Bauhaus）

装饰艺术（Art Deco）

北欧设计（Nordic Design）

流线型风格（Streamline Style）

工业设计师（Industrial Designer）

洋务运动（Self-Strengthening Movement）

## 5.1 俄国构成主义、荷兰风格派

现代主义设计运动发轫于三个国家，即俄国、荷兰、德国，后影响到美国和世界各地。其中，俄国构成主义运动在意识形态层面旗帜鲜明地提出设计为无产阶级服务，荷兰风格派运动是一场关于新美学设计原则的探讨。

俄国构成主义又称为结构主义（Constructivism）或生产主义学派（Productivist School），起源于1917年的俄国革命，是由当时的俄国前卫艺术家、知识分子所发起的一场艺术运动。其产生的社会背景是在1917年俄国的社会政治秩序的变革，俄国构成主义艺术家们开始寻求一种全新的艺术表达形式，积极探索工业时代的新的艺术语言，认为艺术和设计应该融入工业生产中，创造出具有“生产性”的艺术品和建筑作品，以此来推动艺术的发展和创新。

马列维奇（Kasimir Malevich，1878—1935）是俄国构成主义时期颇具代表性和影响力的艺术家，被认为是抽象艺术的先驱之一。他常在作品中使用长方形、圆形、三角形等抽象的几何图形进行构图创作，追求形式上的极简和纯粹。这些几何形状由于其简单性和纯粹性使得它们可以被广泛应用于工业产品、建筑、家具、平面设计等多个领域，带有简洁、流畅的现代审美风格，为现代主义设计注入了新的思路和美学价值（见图5-1a）。

弗拉基米尔·塔特林（Vladimir Tatlin，1885—1953）于1920年设计的“第三国际”纪念塔建筑方案是俄国构成主义运动的代表作品之一，原计划选址建造于圣彼得堡，作为共产国际的总部及纪念碑，后因故未曾建造完工，停留在方案阶段。该塔按规划将会采用钢铁和玻璃进行搭建，规模体量庞大，要比法国巴黎的埃菲尔铁塔高出一半。其中，还包含国际会议中心、无线电台、通信中心等功能设施，是一座融合功能和象征意义的现代主义建筑（见图5-1b）。如今，全世界许多地方有多种比例的第三国际纪念塔的模型，如瑞典斯德哥尔摩当代美术馆、俄罗斯莫斯科特列季亚科夫画廊、法国巴黎蓬皮杜艺术中心现代艺术博物馆等。

a）马列维奇的抽象几何图形创作

b）"第三国际"纪念塔模型

图5-1　马列维奇的抽象几何图形创作和塔特林设计的"第三国际"纪念塔模型（图片来源于俄罗斯博物馆）

俄国构成主义运动在俄国本土的发展时间并不长，约自1917年至1925年前后，不足10年。1925年由于遭到当时的苏联政府扼杀，转而去欧洲其他国家发展，荷兰风格派、包豪斯学院均受到了俄国构成主义的巨大影响。

荷兰风格派运动又称新造型主义（Neoplasticism）或要素主义（Elementarism），是1917年由一小群建筑师、设计师、艺术家、思想家和诗人在荷兰发起的艺术运动。其取名是以当时的一本艺术期刊《风格派》（De Stijl）为名，其绝对抽象的艺术风格对20世纪的现代艺术、现代设计产生了深远影响。荷兰风格派运动以画家、建筑师特奥·凡·杜斯伯格（Theo van Doesburg，1883—1931）为首，成员包括蒙德里安（Piet Mondrian，1872—1944）和里特维尔德（Gerrit Thomas Rietveld，1888—1964）等知名艺术家。其目标是通过艺术作品来表达一种简约化的美学理念，强调使用最基本的几何形状和不同颜色的组合来表达艺术的本质。除了视觉艺术，风格派运动还影响了建筑、家具和时装设计等领域，成为20世纪设计史上最重要的艺术运动之一。

荷兰风格派因其几件广为流传的作品而影响了世界，其中包括蒙德里安在20世纪20年代创作的非对称绘画、里特维尔德设计的"红蓝椅"等。其中，蒙德里安的风格派绘画作品中，黑、白、红、黄和蓝等基本颜色以及矩形、正方形、直线和圆形等基本几何形状组合形成了简单而又丰富的构图，展现了一种抽象的、纯粹的美学风格（见图5-2a）。里特维尔德将风格派艺术由二维平面推广到了三维空间，通过简洁的基本形状和三原色创造出了优美而具有功能性的建筑与家具，设计的红蓝椅采用了与风格派运动的画作一样的基本几何形状和颜色，成为现代家居设计的经典之作（见图5-2b）。

除此之外，里特维尔德的施罗德住宅（Schröder House）是一座现代主义建筑的代表作品之一，位于荷兰乌得勒支市。这座住宅的设计充满了现代主义的特征，如简洁的几何形状、大面积的玻璃幕墙和功能性的室内布局，使其成为一座既美观又实用的建筑，保存至今并已开放为对外参观的博物馆，2000 年登上了联合国教科文组织的世界遗产名录（见图 5-3）。

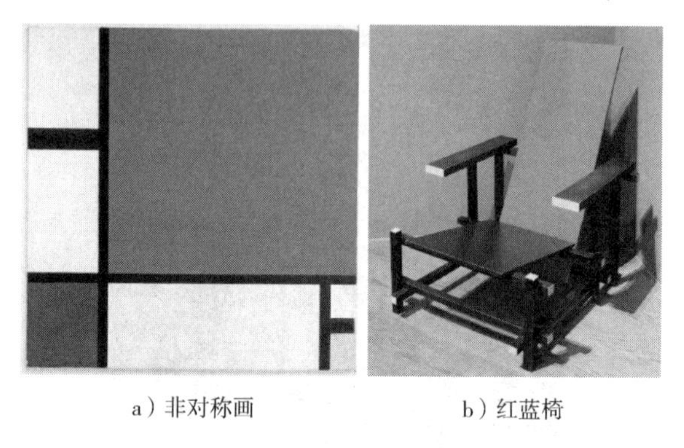

a）非对称画　　b）红蓝椅

图 5-2　蒙德里安的非对称绘画和里特维尔德设计的红蓝椅

图 5-3　里特维尔德的施罗德住宅

## 5.2　德意志制造联盟

1907 年，德意志制造联盟（Deutscher Werkbund）成立，这是德国最早的设计组织之一，是德国现代主义设计运动的开端。联盟的宗旨是呼吁德国的设计人员与德国的工厂企业建立合作关系，促进德国制造业的现代化，通过提高工业设计的质量和标准，以达到国际水平，来改善德国工业产品的竞争力。德意志制造联盟的成员都是应邀加入的，他们的组成非常复杂，组织也非常庞大。1908 年，该联盟的成员数量为 492 人，他们来自不同地区和社会阶层，背景和经验也各不相同，包括建筑师、设计师、工业从业人员、艺术家和科学家等各个领域的专业人士。随着时间的推移，德意志制造联盟的成员数量不断增加，到 1929 年，该组织的成员已经达到 3000 人之多。德意志制造联盟的设计师们为各种工业领域进行了广泛的设计，其中包括建筑、餐具、家具以及轮船的内部设计等。他们的设计理念强调实用功能，致力于将艺术和工业相结合，创造出美观又实用的产品。

建筑师霍尔曼·穆特休斯（Herman Muthesius，1861—1927）是对德意志制造联盟设计理念影响最大的人物之一，也是联盟的创始成员之一。建筑设计师出身的他早年对英国的实用主义建筑大加赞赏，曾写道："英国住宅最有创造性和决定价值的特点，是它绝对的实用性。"穆特休斯曾经组织大量的研讨会和讲座，探讨设计的问题，并提出了许多新的设计理念和思路。他反对过度强调艺术风格，认为设计应该注重实用性和功能性，强调设计应该服务于人们的生活和工作需要。他将工业生产方式视为社会进步的一部分，将艺术家与工业之间的合作作为德意志制造联盟的创始理念。

亨利·凡·德·威尔德（Henry Van De Velde，1863—1957）是一位比利时建筑师、设计师、艺术家和艺术理论家，被认为是现代主义运动的重要人物之一，也是德意志制造联盟创始成员之一。实际上威尔德和穆特休斯在设计理念上存在差异，威尔德认为设计应该是艺术家和设计师不受任何拘束地自由发挥创造力的过程，反对穆特休斯倡导的实用主义与理性主义。两人的理念冲突逐渐发展成了德意志制造联盟内部的理念分歧，其中格罗皮乌斯、密斯、贝伦斯等人都支持穆特休斯的理念。1914 年，在科隆召开了德意志制造联盟博览会的联盟大会，由以穆特休斯和威尔德为代表的两个阵营针锋相对地激烈争论，史称“科隆论战”。两个阵营争论的实质就是现代主义设计思想与传统手工艺思想之争，结果穆特休斯以雄辩的论证和一大批优秀的标准化产品设计的成果驳倒了对方，从而奠定了德国现代设计的基础，为德国现代设计教育体系——包豪斯的建立提供了理论和实践前提。

联盟的设计师中，最著名的是德国设计师彼得·贝伦斯（Peter Behrens，1868—1940），他在1907年受聘担任德国通用电器公司AEG的艺术顾问，开始了他作为工业设计师的职业生涯。AEG（Allgemeine Elektricitäts-Gesellschaft）是德国一家历史悠久的电气设备制造公司，成立于1883年，该公司的创始人是Emil Rathenau。1881年Rathenau在巴黎国际电力博览会上获得了爱迪生电气照明系统的专利许可，到19世纪末，AEG已发展成为拥有约3000名员工的国际集团公司，建造了248座发电站，为照明、电车轨道和家用设备提供总计210000马力（1马力=735.499W）的电力。

20世纪初的AEG已经成为世界上最大的电气产品制造商之一，彼得·贝伦斯作为AEG的艺术顾问与设计师，在企业内部对整个企业的设计发挥着巨大作用，进而在当时的工业界产生了巨大的影响。彼得·贝伦斯的设计理念强调实用性和功能性，注重材料和工艺的选择，以及产品的人机工程学设计，他为AEG制作了一系列的家用电器，不仅外观美观，而且功能齐全，为当时的电器行业带来了革命性的变化。此外，他还全面负责公司的视觉传达设计和产品设计，为这家庞杂的大公司树立了一个统一完整的、鲜明的企业形象，并开创了现代公司形象识别系统的先河，对现代工业设计的发展产生了深远的影响，图5-4所示为其设计的AEG公司品牌及水壶作品。彼得·贝伦斯不仅是一位杰出的设计师，还是一位重要的设计教育家，他的设计事务所培养了许多优秀的学生，其中包括格罗皮乌斯、密斯·凡·德·罗、勒·柯布西耶等。这些学生在受到彼得·贝伦斯的启发和指导后，很多都成为了20世纪伟大的现代建筑师和设计师、设计教育家。

德意志制造联盟成为了现代主义运动的重要组织之一，对德国的设计和建筑产生了直接的、巨大的促进作用，也在欧洲其他国家推动了现代工业设计和建筑的发展。1912年，奥地利的“工作同盟”（Österreichischer Werkbund）成立；1913年，瑞士的“工作同盟”（Schweizerischer Werkbund）成立；1915年英国也成立了“设计与工业协会”（Design and Industries Association，DIA），DIA今天仍然作为一个独立机构继续开展工作，组织竞赛、活动并提供助学金。

图5-4　彼得·贝伦斯设计的AEG公司品牌及水壶作品

并且，德意志制造联盟对影响深远的包豪斯设计学院的建立具有重要的意义，它为包豪斯的思想和人员准备提供了重要的支持，奠定了坚实的基础。德意志制造联盟强调技术与美学的结合，主张将设计与艺术相融合，倡导功能主义设计，这种思想为包豪斯的教育理念奠定了基础。德意志制造联盟的成员中有许多杰出的设计师、建筑师和艺术家，他们中的一些人后来成了包豪斯的教师或学生，为包豪斯的发展提供了重要的人才支持。

# 5.3 包豪斯

包豪斯（Bauhaus）全称为包豪斯设计学院（Staatliches Bauhaus），是一所德国的艺术和设计学校，该学院于1919年由建筑师瓦尔特·格罗皮乌斯（Walter Gropius，1883—1969）创立。包豪斯是与现代主义关系最密切的设计运动之一，其成立与发展对现代设计产生了深远的影响。

第一次世界大战后，德国面临着社会和政治的动荡，战争带来了巨大的破坏和人员伤亡，社会秩序混乱，人们对传统价值观和社会结构产生了质疑。工业的发展和城市化进程导致社会阶层的变化，工人阶级逐渐壮大，对传统的艺术设计形式提出了新的需求。1918年，德国建立了魏玛共和国，这是一个政治上相对自由和民主的时期，魏玛共和国为艺术和设计的创新提供了一定的政治环境。社会主义思潮在德国兴起，强调社会公平和工人阶级的利益，因此包豪斯受到社会主义思想的影响，关注设计与社会的关系。德国在20世纪初成为工业化强国，工业的快速发展推动了对设计和创新的需求，工业化生产需要简洁、实用和标准化的设计，以满足大规模生产的需求。此时现代主义运动在欧洲兴起，强调简洁、功能性和形式的创新，包豪斯成为现代主义运动的重要组成部分。

包豪斯主张将艺术与技术相结合，培养学生的创造力和实践能力，这种结合的理念反映了当时社会对艺术和工业的需求。包豪斯诞生的根本原因和伟大意义在于，它适应了当时德国社会、政治、经济和文化的需求，为现代主义设计奠定了基础。包豪斯的设计理念和教学方法对全球的艺术和设计教育产生了深远的影响，被视为现代设计的重要里程碑。

## 5.3.1 包豪斯的基本理念

包豪斯的宗旨是要训练工业生产所需要的艺术家，以一种全新的方式连接技术和艺术，将艺术家、设计师、工程师合在一起，强调设计的实用功能。包豪斯的教育理念和教学方法都非常前卫，提倡实践和实验，注重学生的创造性和独立思考能力，鼓励多学科交叉合作。在设计的基本理念上，包豪斯主张设计以人为中心，谋求技术与艺术的新统一，遵循自然法则。并且，包豪斯的设计关注的是生活在战后贫困中的人民的需求，能够为整个社会而不是少数权贵设计建筑，真正达到为社会服务的目的。

包豪斯的设计风格强调几何形式、对称性、简洁和功能性，注重材料和工艺的选择，强调设计的实用性和美感，作品涵盖了建筑、家具、陶瓷、玻璃制品、图形设计等多个领域，例如图5-5所示的马歇·布鲁尔设计的瓦西里椅子。包豪斯的教学方法独具特色，学习时间为三年半，学生入学后需要进行半年的基础课程培训，然后进入各种车间学习实际技能。在车间中，取消了“老师”和“学生”等正

图5-5　马歇·布鲁尔设计的瓦西里椅子

式称呼，代之以中世纪手工行会的称呼，如“师傅”“工匠”和“学徒”。这种称呼方式强调了包豪斯学院注重实践和技能培养的教学理念，也反映了包豪斯学院希望将艺术与工业相结合的宗旨。

### 5.3.2　包豪斯学院发展的三个时期与主要人物

**1. 魏玛时期**（1919—1925）

瓦尔特・格罗皮乌斯（Walter Gropius，1883—1969）是一位著名的德国建筑师和设计师，也是包豪斯学派的创始人之一。1907—1910 年间，格罗皮乌斯曾在彼得・贝伦斯的设计事务所工作，那时，贝伦斯被聘为德国通用电气公司 AEG 的艺术顾问，对于格罗皮乌斯来说，这份工作经历给他带来了许多新的设计理念和机遇。1919 年，格罗皮乌斯就任工艺美术学校与魏玛艺术学院的校长，并将两所学校合并更名为“国立建筑学院”，即包豪斯，并于 1919 年 4 月 1 日正式开学，任期一直延续到 1928 年。值得一提的是，“包豪斯”一词是格罗皮乌斯造出来的，由德语的“建造”和“房屋”两个词的德语词根构成。

格罗皮乌斯就任期间，提出“艺术与技术新统一”的思想，采用双轨制教学模式，即理论导师和形式导师共同指导学生。在包豪斯成立之初，欧洲一些最激进的艺术家加入了包豪斯学院的教师队伍，当时流行的艺术思潮，特别是表现主义，也对包豪斯产生了影响。表现主义（Expressionism）是 20 世纪初首先出现于德国和奥地利的一种艺术流派，主张艺术的任务在于表现个人的主观感受和体验，强调用艺术来改造世界，用奇特、夸张的形式来表现时代精神，这种理想主义的思想与包豪斯创造新社会的目标是一致的。

**2. 德绍时期**（1925—1932）

1925 年 4 月 1 日，由于受到魏玛反动政府的迫害，包豪斯在魏玛的校园被迫关闭，学校迁往工业已相当发达的小城德绍。1926 年，包豪斯学校搬进了位于德绍的新大楼，这座建筑是由格罗皮乌斯亲自设计的。所有的室内装饰、家具和摆设都是由学校的学生和教师一手完成的，校舍的设计风格突显了包豪斯学院的新方向——工业功能主义，是 20 世纪建筑史上最著名的建筑之一。整个建筑呈现高低错落分布的非对称结构，没有任何装饰，各功能部分之间以天桥联系，并且运用了玻璃幕墙的现代化材料，以及预制件拼装的现代化的加工方法。迁校的同时，学校获得了来自美国的资助金，由当时负责监督德国战后赔款与重建的道威斯计划提拔，前提是学校必须生产和销售自己设计的产品，自行筹募部分资金。1925 年，学校成立包豪斯有限公司（Bauhaus Gmbh）负责销售学校的产品，并设计了产品目录。虽然包豪斯学院的设计风格偏向机械美学，但大多数产品并不适合工业化批量化生产，因此销售业绩不佳，未带来预期的收益，导致格罗皮乌斯辞职，建筑师汉斯・迈耶（Hannes Meyer，1889—1954）接替他成为校长。

迈耶更加强调产品与消费者、设计与社会之间的密切关系，加强了设计与工业之间的联系。在他的领导下，包豪斯学校各个工作室都大量接受企业的设计委托，更加注重实际应用和实用性。但是迈耶是一位坚定的马克思主义者、德国共产党党员，在德绍时期，他将包豪斯的艺术激进扩大到政治激进，使包豪斯面临着越来越大的政治压力，被称为“泛政治时期”，由于迈耶的政治立场，特别是与当时德绍政府的政治立场不同，为避免对包豪斯学校带来负面影响，迈耶于 1930 年 6 月辞去包豪斯校长一职。经过这一时期，包豪斯元气大伤，已经很难恢复到从前。

### 3. 柏林时期（1932—1933）

1930年，密斯·凡·德·罗（Ludwig Mies Van Der Rohe，1886—1969）继任包豪斯学院校长一职，并试图去除学校的政治色彩。他上任后不久就在1930年9月宣布关闭学校，所有的学生必须在下一个学期开学前重新申请入学。在这段关闭期间，他规划了新的课程，将原来的必修课程改为非必修，并将建筑提升为主要课程。在应用艺术课程方面，只设计可工业化生产的产品。密斯·凡·德·罗是著名的建筑师，于1928年提出了“少就是多”的名言。1929年，他主持设计了坐落于西班牙巴塞罗那举办的世界博览会德国馆，这座建筑物本身和他专门为这座建筑设计的巴塞罗那椅（见图5-6）成了现代建筑和工业设计的经典作品与里程碑。1932年10月，纳粹党徒控制了德绍并关闭了包豪斯学校。密斯·凡·德·罗和师生只好将学校迁至柏林以图再起，但由于希特勒的国家社会党上台，1933年8月包豪斯被迫正式解散，结束了14年的办学历程。

图5-6　密斯·凡·德·罗设计的巴塞罗那椅

## 5.3.3　包豪斯的教育体系

包豪斯的教学体系的建立分为魏玛时期和德绍时期。在魏玛时期，教学上采用双轨制教学制度，每一门课程都有一位造型导师和技术导师共同教授，使学生共同接受艺术与技术的双重性影响。现代设计教学体系受包豪斯的影响，也采取了包豪斯的艺术与技术相结合、教学与实践相结合的教育制度。

1925年后，包豪斯在德绍重建，原来的双轨制教学宣告结束，并进行课程改革，实行了设计与制作教学一体化的教学方法，逐渐形成了教学与实践相结合的模式，取得了优异成果，这个时期是高峰时期。在格罗皮乌斯的指导下，包豪斯形成了一套成熟完整的艺术设计教育思想。设计中强调自由创造，反对模仿因袭、墨守成规，并将手工艺技术同机械生产结合，强调各类艺术之间的交流融合。在教学中主张理论和实践相结合，培养既有动手能力、又有理论素养的人才，将教学同社会生产结合起来，使教学成果付诸实践（见图5-7）。这些教学体系的课程完全从现代工业设计这一新概念的要求出发，组成了新的基础课模式，包括今天设计院校设置的平面构成、立体构成、色彩构成、材料学、工艺学等。包豪斯奠定了现代设计艺术教育的基础，初步形成了现代设计艺术教育的科学体系。

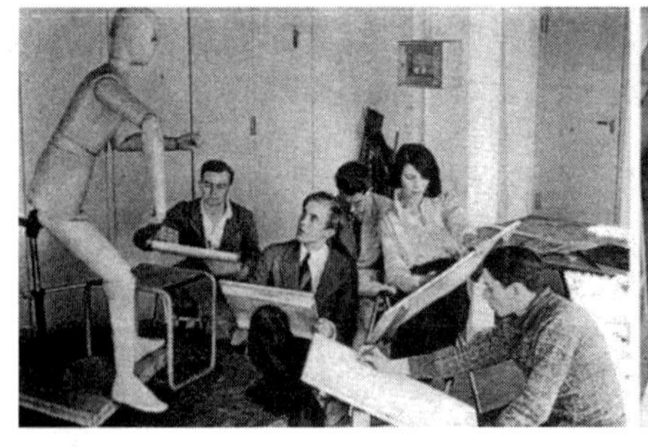

图5-7　包豪斯的课堂

### 5.3.4　包豪斯的教员

#### 1. 约翰·伊顿

约翰·伊顿（JohannesItten，1888—1967）是瑞士表现主义画家，他为包豪斯的第一阶段教学带来许多积极的因素，成为第一个创造现代基础课的人，也是最早把“门塞尔”的色彩理论引入现代色彩体系的教育家之一。1919—1922 年间，伊顿任教于包豪斯，负责形态课程，指导学生素材特性、组成与色彩等基础课程的学习。伊顿的教学方法注重于“直觉与方法”和“主观的经验和客观的认知”，提倡“从干中学”，即在理论研究的基础上，通过实际工作来探讨形式、色彩、材料和质感，并将这些要素结合起来。

伊顿在基础课教学中，要求学生必须通过严格的视觉训练，对平面、立体形式、色彩和肌理有全面的掌握。他是最早引入现代色彩体系的教育家之一，他坚信色彩是理性的，只有科学的方法能够揭示色彩的本来面貌，学生必须首先了解色彩的科学构成，然后才谈得上色彩的自由表现。在教学方法上，伊顿的基础课其实是一个“洗脑”的过程，通过理性的视觉训练洗去学生在入学前形成的视觉习惯，代之以崭新的、理性的甚至是宗教式理性的视觉规律。利用这种新的基础，来启发学生的潜在才能和想象力。伊顿的基础课把色彩、平面与立体形式、肌理、对传统绘画的理性分析混为一体，具有强烈的达达主义特点，也具有德国表现主义绘画创作方法的特点。这种方法的核心依然是理性的分析，并不是艺术家的任意的、自由的个人表现。

伊顿对包豪斯的贡献很大，但是，他又是一个思想和行为十分特殊的人，由于伊顿的信仰和教学理念受到他笃信的波斯教马斯达斯南派（Mazdaznan）的影响，他试图将这种信仰导入到艺术与设计中，他的一些行为也给学校带来了一些困扰，这并未得到包豪斯学院校长格罗皮乌斯的认可。因此，伊顿在 1922 年 12 月辞职，这标志着包豪斯的表现主义时期的结束。

#### 2. 莫霍里·纳吉

伊顿离开包豪斯学院之后，匈牙利艺术家莫霍里·纳吉（LaszloMoholy-Nagy，1895—1946）接替他负责基础课程的教学。纳吉是一位自学成才的匈牙利设计师和艺术家，是包豪斯的重要教员之一。纳吉是构成派的追随者，他将构成主义的要素引入到基础训练中，强调形式和色彩的客观分析，注重点、线、面的关系。通过实践，学生们能够客观地分析二维空间的构成，进而将这种方法推广到三维空间的构成上，这为工业设计教育奠定了三大构成的基础，同时也标志着包豪斯开始从表现主义转向理性主义。除此之外，纳吉还更加注重工业生产，安排学生参观工厂，推动了包豪斯学院向工业设计的转型。

莫霍里·纳吉在包豪斯期间，推动了基础课程的改革，将摄影、印刷、平面设计等课程引入基础课程体系，并将绘画与设计、理论、实践相结合，强调设计的实用性和功能性。他还倡导采用新的材料和技术，推动了包豪斯的现代化进程。

#### 3. 瓦西里·康定斯基

瓦西里·康定斯基（Wassily Kandinsky，1866—1944）是一位俄罗斯裔德国画家和艺术理论家，是现代艺术的伟大人物之一，同时也是现代抽象艺术在理论和实践上的奠基人。他在 1911 年所写的《论艺术的精神》、1912 年的《关于形式问题》、1923 年的《点、线到面》、1938 年的《论具体艺术》等，都是抽象艺术的经典著作，被公认为是现代抽象绘画的创始人。

康定斯基提出了形式主义理论，认为艺术的本质是形式，而不是内容。他还提出了非客观主义理论，认为艺术应该表现艺术家的内心世界，而不是客观世界。康定斯基作为一位伟大的艺术家和抽象艺术的先驱，为包豪斯带来了全新的视角和灵感，他通过非具象的形式、色彩和线条来表达内在的情感观念，打破了传统绘画的界限，这种创新的艺术风格对包豪斯的设计理念产生了深远的影响。教学方法上，康定斯基在包豪斯基础课程中引入了抽象艺术的教学，他开设了“自然的分析与研究”“分析绘图”等课程，其教学完全是从抽象的色彩与形体开始的，然后把这些抽象的内容与具体的设计结合起来，让学生通过抽象的形式和色彩来表达自己的情感与思想。他还强调了艺术与自然、科学、技术等领域的联系，鼓励学生进行跨学科的研究创作。这些教学方法培养了学生的抽象思维能力和创造力，为包豪斯的设计教育奠定了坚实的基础。

4. 马歇·布鲁尔

马歇·布鲁尔（Marcel Breuer，1902—1981）出生于匈牙利，他曾在维也纳艺术学院学习，后成为包豪斯的第一代学生，也是包豪斯培养出的第二代大师。他对新材料的创新应用和对居室空间的全新诠释，是家具设计史上一笔宝贵的思想财富，具有划时代的意义。他设计的钢管家具和嵌入式家具系列直至今日仍然是现代建筑和室内家具中的宠儿。

布鲁尔的设计生涯中最引人注目的成就之一是他在1925年设计的世界上第一把钢管皮革椅，即著名的“瓦西里椅”（Wassily Chair）。这把椅子的设计灵感来源于自行车把手，其骨架采用镀镍管钢（后来改为镀铬钢管），而背靠与座面则采用皮革、帆布材料。整体尺寸为79cm×79cm×79cm，座面最大高度为42cm。这把椅子充分利用材料的特性，简洁、轻巧、功能化并适于批量生产，不仅造型优雅，而且结构简单，是现代家具设计的典范（见图5-8）。值得一提的是，这把椅子之所以命名为瓦西里椅，是为了纪念布鲁尔在包豪斯期间的导师兼同事、艺术家瓦西里·康定斯基，这也显示出布鲁尔对康定斯基的尊敬和感激。瓦西里椅的诞生标志着家具制作方式进入了一个新的阶段，从传统的榫卯、螺钉连接结构转变为钢管皮革的物理组合，为家具设计带来了新的创新和突破。在他之后，钢管家具几乎成为现代家具的同义词，许多设计师都受到了他的影响和启发。

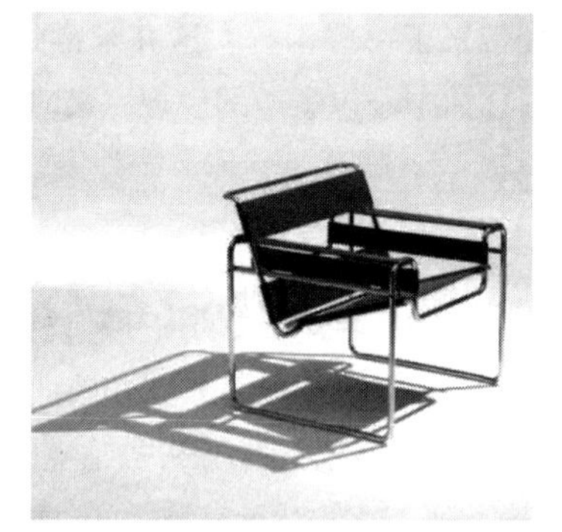
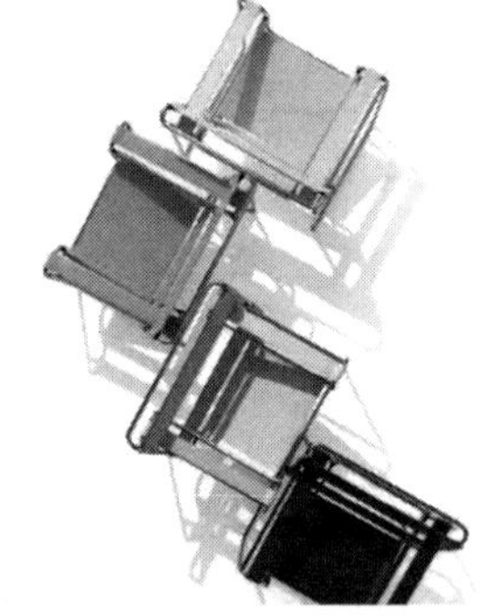

图5-8　瓦西里椅

## 5.3.5　包豪斯的历史意义

虽然包豪斯只存在了短短的14年，但其对现代设计教育的影响是深远的。在这期间，共有1250名学生和35名全日制教师在包豪斯学校学习和工作。

从设计理论角度，包豪斯学派提出了三个基本观点：艺术与技术的新统一、设计的目的是服务于人而不是产品、设计必须遵循自然与客观的法则。这些观点奠定了现代工业产品设计的基本面貌，以现代材料的研究运用为基础，以产品批量化生产为目标，具有现代主义特征，对于工业设计的发展起到了积极的作用，促进了现代设计从理想主义向现实主义的转变。

从社会角度来看，包豪斯提倡为社会大众服务，改造社会，体现出设计的社会价值和深远意义。设计不仅仅是为了满足少数富裕阶层的需求，更应该关注广大民众的生活需求。包豪斯致力于创造实用、美观且经济实惠的设计作品，以改善人们的生活质量，这种关注社会大众的设计理念使包豪斯的作品具有广泛的适用性和社会影响力。

从设计教育角度来看，包豪斯奠定了现代设计教育的结构基础，首创基础课模式，实现了设计教育的理性转变。并且采用工作室制或作坊制，让学生参与动手制作，强调教学与制造结合，对工业化和标准化持积极态度，真正实现了技术与艺术的统一，建立起了一套以解决问题为中心的欧洲科学设计体系。第二次世界大战爆发后，迫于战争和政治原因，包豪斯大部分成员离散在欧洲各地，其中有许多人前往美国，在美国开启了现代设计运动的新篇章。1937 年，莫霍里・纳吉在美国芝加哥创立“新包豪斯”，之后发展成为芝加哥艺术学院，而格罗皮乌斯则在哈佛大学组建了哈佛大学设计学院，密斯・凡・德・罗成为伊利诺伊理工学院建筑系主任。这些事件在 20 世纪中期的美国设计界引起了广泛的影响，促进了现代主义的发展和传播。

但是，包豪斯也存在相应的局限性。为了追求工业时代的创新表现形式，包豪斯过度强调抽象几何图形，有时会牺牲产品的实用性。严格的几何造型和对工业材料的过度追求有时会导致产品显得冷漠，未能考虑到人的心理需求，过于强调理性和功能，显得机械、呆板、缺乏人情味和历史感，受到了后现代主义的批判。并且，由于教员关系组成复杂，特别是先锋派艺术家占主导地位，教学中的工艺成分超过技术成分，所关注的领域还是传统产品设计，对现代化产品少有问津，对工业化与传统工业之间的关系，仍然带有乌托邦色彩，对时代条件、机械化生产方式和经济概念趋向一种抽象的美学追求，而很少与实际生活需要进行考察。此外，包豪斯的许多思想、主张、设计活动大多停留在实验室里面，与现实生活需求结合得不够紧密，其设计的产品种类和数量并不显著，未能在当时的德国工业界发挥显著作用，只是在第二次世界大战后经过其停留在美国的发展和传播，才真正完成了其历史使命。

## 扩展阅读

包豪斯对中国现代设计的影响（见图 5-9）

图 5-9　同济大学文远楼（图片来源于何雨姣，张静雨，冯路婷．浅析包豪斯对中国现代设计的影响[J]．鞋类工艺与设计，2023，3(23)：70－72．）

更多数字资源获取方式见本书封底。

## 5.4 装饰艺术运动

在 20 世纪初，一些艺术家和设计师意识到工业化为代表的新时代的必然性，他们不再回避机械形式和新材料（如钢铁、玻璃等），相反，他们认为英国的工艺美术运动和法国的新艺术运动对现代化和工业化的坚决否定是有致命缺陷的。时代已经发生了变化，现代化和工业化已经势不可挡，他们主张与其回避，不如适应它们。这种观点逐渐在法国、美国和英国等地的一些设计师之间普遍流行，尤其是在 20 世纪 20 年代的西方社会，经济繁荣与社会高速发展创造了新的市场，为新的设计和艺术风格提供了生存发展的机会。这样的历史条件推动了新的尝试，即“装饰艺术”运动的产生。

装饰艺术（Art Deco）是在 20 世纪 20—30 年代在法国、美国和英国等国家兴起的一种视觉艺术、建筑和设计风格，它以几何形式、大胆的色彩和奢华的装饰作为主要特征。装饰艺术受到当时各种艺术运动和文化的影响，并不是一种单一的风格，而是指涵盖了两次世界大战之间统治装饰艺术潮流的总称。

### 1. 装饰艺术运动是新艺术运动的一种演变和延续， 但其服务对象仍然是社会上层

装饰艺术运动的起源可以追溯到新艺术运动时期,可以说装饰艺术运动是新艺术运动的一种演变和延续。1910 年，法国装饰艺术家协会成立，旨在将艺术与设计相融合。一些新艺术的艺术家采取了不同的方式，以更简洁的方法从事装饰艺术，并强调室内设计的整体性，涵盖从家具、墙纸到装饰品的一致性。这些室内设计师在法国装饰艺术界享有崇高地位，他们主要为富裕阶层提供服务，设计作品非常奢华，直到 20 世纪 20 年代，巴黎仍然是法国上层社会集聚之地。得益于上流社会的赞助，设计师们能够使用昂贵稀有的材料，创造出独具异国风情的风格，满足富裕阶层对新奇事物的追求。另外，设计师们也希望利用人们对虚荣的追求，借助富人的财富来引导大众的审美趣味，将新的风格推广开来。

装饰艺术运动虽然与欧洲的现代主义运动几乎同时发展，但就思想背景和意识形态而言，与现代主义运动相比，装饰艺术运动缺乏现代主义的民主色彩和社会主义背景。尤其是法国的装饰艺术运动，它在很大程度上仍然是传统的设计运动，虽然在造型、色彩和装饰动机上呈现出新的现代内容，但其服务对象仍然是社会上层的少数资产阶级权贵，这与强调设计民主化和设计的社会效应的现代主义立场存在明显差异。

### 2. 装饰艺术运动的风格受多方面影响，并形成了自己独特的设计风格

首先，装饰艺术从古代埃及的华丽装饰特征中汲取灵感。1922 年，英国考古学家霍华德·卡特在埃及发现了一座完好无损的古代帝王图坦卡蒙墓，出土的大量文物展示了一个绚丽的古典艺术世界，震撼了欧洲的新兴设计师们。尤其是图坦卡蒙的金面具，采用简洁的几何图案、金属色系和黑白色系，却达到了高度装饰的效果，给设计师们带来了有力的启示。其次，自 20 世纪初以来，原始艺术对欧洲前卫艺术界的影响尤为显著，特别是来自非洲和南美洲原始部落艺术的影响。还有，舞台艺术对装饰艺术运动也产生了重要影响，这其中包括俄国的芭蕾舞艺术中舞台与服装设计，以及美国黑人的爵士乐。

在受到前述各种因素的影响下，装饰艺术形成了自己独特的色彩风格，与以往强调典雅的设计风

格的色彩截然不同。这种艺术流派的色彩具有鲜明且强烈的特征，特别注重使用鲜红、鲜黄、鲜蓝、橘红和金属色系列等色彩。金属色系列包括古铜、金色、银色等，以突出装饰艺术作品的华丽感和视觉冲击力。

法国设计师艾米尔-贾奎斯·鲁尔曼（Emile-Jacques Ruhlmann，1879—1933）是装饰艺术运动中最重要的人物之一。他的家具以时尚的设计、昂贵而奇特的材料和极其精细的工艺为特色，成为装饰艺术奢华和现代的象征。他在20世纪20年代设计了许多家具和室内项目，其中包括柜子、餐桌、床边小桌、躺椅等。他使用精细的表面处理来突出传统图案，喜欢使用昂贵的材质进行镶嵌，如扶手和把柄等。在产品造型方面，他倾向于简单的几何外形，简洁明快的几何形状与精致克制的表面装饰形成鲜明对比，风格颇具现代性却不失华贵（见图5-10和图5-11）。

图5-10 艾米尔-贾奎斯·鲁尔曼设计的桌、柜

图5-11 艾米尔-贾奎斯·鲁尔曼设计的桌、椅

与新艺术运动类似，法国装饰艺术运动时期的设计师也对玻璃器皿的设计充满热情，沉迷于复杂丰富的玻璃表现效果。在20世纪20—30年代，他们开始运用玻璃设计首饰，并取得了显著的成就（见图5-12）。法国玻璃设计大师、珠宝商玻璃设计师雷内·拉里克（Rene Lalique，1860—1945）是其中最杰出的代表之一。拉里克将玻璃视为一种艺术媒介，他的作品融合了自然元素、流线型形态和

精细的工艺技巧。在装饰艺术运动的影响下，拉里克的设计注重形式的优雅和装饰的精细。他经常使用植物、动物和女性形象作为主题，并通过雕刻、浮雕和透雕等，在玻璃上创造出独特纹理和立体效果。他还善于运用色彩，常常使用透明或有色玻璃来增强作品的视觉效果。拉里克的作品涵盖了各种玻璃器皿，如花瓶、餐具、香水瓶和灯具等。他的设计追求平衡和谐，同时展现了独特的艺术表达，他的玻璃作品不仅在当时备受赞赏，而且对后来的玻璃设计产生了深远的影响。拉里克于1888年创立了Lalique公司（音译：莱俪），生产和销售不同领域的产品，包括装饰物品、室内设计、珠宝、香水和艺术品等，至今仍在运营，备受奢侈艺术品爱好者的喜爱。

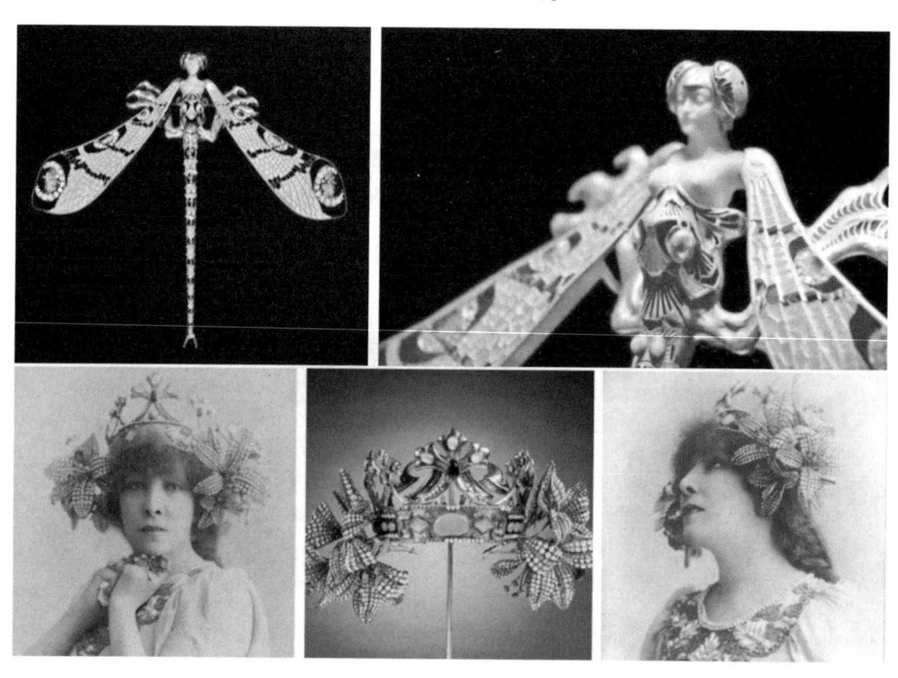

图5-12　法国装饰艺术运动时期的玻璃首饰设计

帝国大厦（Empire State Building）是纽约市的一座著名摩天大楼，也是装饰艺术运动的重要代表之一（见图5-13）。帝国大厦的建筑设计由建筑师威廉·F.兰姆（William F. Lamb）负责，建于20世纪30年代初期，展现了当时流行的现代主义和艺术装饰风格的结合。帝国大厦的外观设计充满了装饰艺术的元素，包括雕塑、浮雕、彩色瓷砖和金属装饰等，大楼顶部的尖塔和观景台区域展现也装饰华丽，同时保持了整体建筑的流线型外观。帝国大厦在其建造时期被视为现代技术和建筑创新的杰作，是当时世界上最高的建筑物之一。尽管帝国大厦的设计受到装饰艺术运动的影响，但它也颇具现代主义建筑

图5-13　帝国大厦

的特征，大楼的简洁线条、玻璃幕墙和功能主义的设计原则展示了当时现代主义建筑的趋势。

### 3. 国际现代装饰与工业艺术博览会对装饰艺术的概念确立和推广起到了重要的作用

1925年，举办了一场重要的国际盛会，即国际现代装饰与工业艺术博览会（法语：Exposition Internationale des Arts Décoratifs et Industriels Modernes）。这次博览会在法国巴黎举行，主办方是法国政府，旨在展示欧洲和世界各地的建筑、室内装饰、家具、玻璃、珠宝和其他装饰艺术的现代化新风格，对装饰和工业艺术产生了深远影响。

这次博览会标志着装饰艺术运动进入了巅峰时期，也成为装饰艺术风格的国际推广平台。众多的参展作品展示了装饰艺术的独特风格，比如流线型的几何形式、鲜明色彩和奢华的材料，许多国际先锋建筑和应用艺术领域的理念首次在博览会上被呈现。活动场地设在荣军院广场和大皇宫以及小皇宫入口之间，还有塞纳河两岸的展示，来自20个不同国家的15000家参展商参与其中，为期七个月的运营期间，吸引了1600万人次的参观。在这次博览会上展示的现代风格后来被称为装饰艺术，以博览会的名称命名。这场盛会为装饰艺术的概念确立和推广起到了重要的作用，并成为该艺术风格的里程碑事件（见图5-14）。

图5-14　国际现代装饰与工业艺术博览会

### 4. 装饰艺术运动与现代主义有着紧密联系

从思想和意识形态的角度来看，可以将装饰艺术运动看作是对矫饰的新艺术运动的一种反动。新艺术注重自然风格，强调手工艺美，并否定机械化时代特征。而装饰艺术运动则恰恰相反，反对古典主义、自然（尤其是有机形态）以及纯手工艺的趋势，主张机械化的美。因此，装饰艺术风格具有更积极的时代意义。

此外，在装饰艺术运动兴起的同时，现代主义也开始发展，装饰艺术运动已经具备了很多现代主义的因素。无论是在材料运用、设计主题选择，还是设计本身的特点上，这两种设计运动都存在内在的联系。以往常将装饰艺术视为与现代主义对立的设计运动，但现在的研究表明，它们之间存在着千丝万缕的联系，尤其是美国的工业设计与装饰艺术运动，有时难以明确区分。设计师雷蒙·罗维于1937年为纽约世界博览会设计的工业设计师办公室，其设计风格是介于现代主义和装饰艺术风格之间的。法国现代主义大师勒·科布西耶在20世纪20年代中期设计的家具也融合了两种风格。这些例子表明装饰艺术与现代主义之间并非完全矛盾，它们在形式特征上存在着密切联系。

两者的区别主要在于它们产生的动机和代表的意识形态。装饰艺术继承了以法国为中心的欧美国家长期以来的设计传统，为富裕的上层阶级提供服务，因此仍然是权贵的设计，其对象是资产阶级。而现代主义运动强调设计为大众服务，特别是为低收入的无产阶级服务，因此它更加倾向于左翼、小知识分子的理想主义和乌托邦式的思想。

5. 勒·柯布西耶的新精神馆表达的现代主义的设计理念

勒·柯布西耶（Le Corbusier，1887—1965）在1925年的国际现代装饰与工业艺术博览会上展示了他设计的“新精神馆”（法语：Pavillon de l′Esprit Nouveau），在一派奢华的装饰之风中独树一帜。新精神馆是柯布西耶表达其现代主义理念的重要建筑作品之一，呈现了当时最新的建筑设计概念，旨在展示现代生活方式的理想形态。这座展馆的建筑主体几乎隐蔽在大皇宫两翼之间，它采用混凝土、钢铁和玻璃构建，没有过多的装饰（见图5-15）。室内墙壁呈现白色，展示了一些立体派绘画作品，同时强调了空间和光线的重要性，内部空间开放流畅，突破了传统的空间分隔方式，营造出一种宽敞、舒适的居住环境。此外，他还运用了当时的新材料和工艺，家具极其简洁，采用机器制造，批量生产，展示了现代工业生产对于家具和装饰品的影响。考虑到场地上的树木不能砍伐，柯布西耶将一棵树融入建筑内部，从屋顶的一个洞中伸出来。世博会的组织者对这座建筑的外观感到震惊，试图通过建造围栏来掩盖它，幸运的是，柯布西耶向赞助展览的美术部提出上诉，最终围栏被拆除。

图5-15　柯布西耶的新精神馆

通过新精神馆，柯布西耶强调了他的现代主义的核心原则，即功能、简洁和实用，这座建筑成为现代建筑史上的重要里程碑。柯布西耶曾写道：“装饰艺术与机器现象相反，是旧手工模式的最后抽搐，是一种垂死的东西。我们的展馆将只包含工业在工厂和大规模生产的标准物品，真正的今天的对象。”

## 5.5　北欧早期的现代设计

北欧五国，即丹麦、瑞典、芬兰、挪威、冰岛，也常称为斯堪的纳维亚地区。这一地区的现代设计与其传统手工艺有着密切联系，在第一次世界大战之前，北欧国家多为农业国，向工业化转型的速度相对南欧国家要缓慢很多。在这样的背景下，北欧国家设计中的手工艺传统相对浓厚，自1935年以来，北欧国家的工业化开始迅猛发展，工业设计的发展速度也显著提升，其中以瑞典、丹麦、芬兰最为卓著。

从地理位置上看，斯堪的纳维亚地区环境特殊，自然环境因素对设计产生了重要影响。气候条件极端，森林和海岸线广阔，长时间在寒冷的条件之下，人很容易处于低能量的心理状态，因此斯堪的纳维亚的设计格外关注人文关怀，体现出简洁实用，兼顾功能性和人情味的有机现代主义设计风格。并且该地区自然资源丰富，如木材、铁矿石和水力等，在设计中得到了广泛应用，体现出自然特征。斯堪的纳维亚地区的社会福利体系非常发达，注重生活质量和环境保护，设计也很注重人体工程学和用户需求。文化传统也强调简洁、实用和自然，这些价值观在设计中得到了体现，丹麦的设计简洁、实用和优雅，而瑞典的设计更注重功能性和人体工程学。

如今，斯堪的纳维亚地区在工业设计方面拥有先进的技术和创新能力，经济高度发达，拥有许多知名的跨国公司，如宜家、沃尔沃、爱立信等，瑞典的宜家公司就是以其家具设计而闻名。

### 5.5.1　瑞典早期现代设计

瑞典是北欧五国中最早出现自己的设计运动的国家之一。1900 年瑞典就成立了一个全国性组织，即瑞典设计协会（Svenska Sjlodforeningen）以促进设计水平的提升。该组织的功能类似于德国的工业同盟，旨在促进设计界与企业界的交流合作，以提高瑞典产品设计的水平。最早响应瑞典设计学会号召、参与设计活动的是瑞典的两家大型陶瓷企业：古斯塔夫斯贝格（Gustavsberg）和罗斯特朗（Rorstrand），以及玻璃产品生产企业奥列福斯（Orrefors）。它们的设计师在 20 世纪二三十年代积极参与瑞典设计协会的活动，不断交流研究，提高设计水平，并且在 20 世纪 40 年代逐步形成了自己的新陶瓷和玻璃器皿设计风格，这个风格后来被称为“瑞典现代”风格（Swedish Modern）。这种新风格的特点是器皿设计造型简单朴实，功能良好，具有便于大批量生产的亲民特色，体现了瑞典一些设计先驱的思想。1939 年纽约的世界博览会上，瑞典第一次向世界展示了自己的产品设计，引起了世界各国的浓烈兴趣和对北欧设计的热潮。

古斯塔夫斯贝格是一家成立于 1826 年的瑞典瓷器公司，不过这家公司的历史最早可以追溯到 17 世纪开设于法斯塔湾的一家砖厂。到了 19 世纪，经营了 200 年的砖厂关闭，后经瑞典国家贸易委员会的授权，该企业重新建立经营了一家陶瓷厂，并在之后的 100 多年中专注于制造家用瓷器。20 世纪初，古斯塔夫斯贝格公司成为瑞典最大的陶瓷企业之一，期间生产的日用陶瓷，造型与装饰追求一种简约、轻松、淡雅的设计品位，既保留了北欧手工业时期民间流行的审美风格，还透露着来自东方传统瓷器的优雅美感（见图 5-16）。

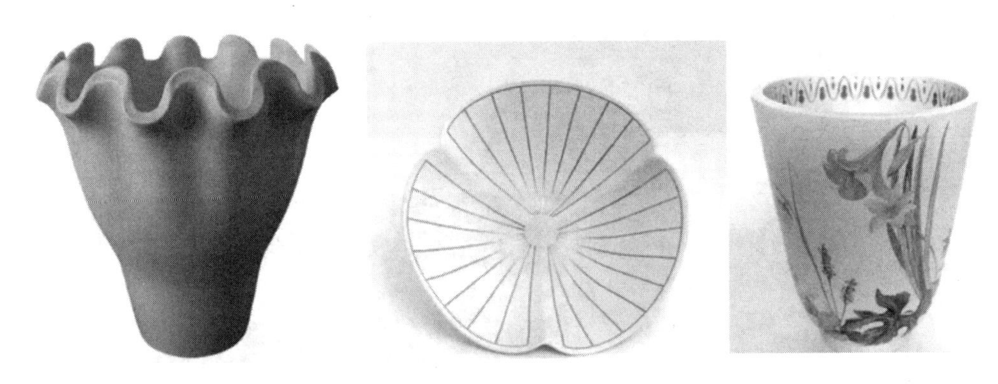

图 5-16　古斯塔夫斯贝格公司设计的瓷器

陶瓷设计领域中一个非常重要的人物是威廉·盖茨（William Kage，1889—1960），他长期为古斯塔夫斯贝格公司设计陶瓷产品。在 1939 年，他设计了一套餐具，采用了白色底色，并添加了浅灰色的波浪纹装饰，既现代又典雅，成为瑞典现代主义的典型之作（见图 5-17a）。第二次世界大战后，斯提格·林博格（Stig Lindberg）接过了他的设计工作，继续在古斯塔夫斯贝格公司负责陶瓷设计，他与同事们一起延续了瑞典现代主义的特色，使瑞典的陶瓷设计得到了进一步的发展，成为第二次世界大战后世界日用陶瓷设计的杰出代表（见图 5-17b）。

a）餐具　　b）茶具

图 5-17　威廉·盖茨设计的餐具和斯提格·林博格设计的茶具

罗斯特朗（Rörstrand，音译又为“罗毅”）也是瑞典一家历史悠久的陶瓷企业，全球最著名的陶瓷制造商之一，最早的陶瓷生产可以追溯到 18 世纪，1770 年罗斯特朗开始生产陶瓷产品，这比成立于 1826 年的古斯塔夫斯贝格公司还要早半个多世纪。罗斯特朗生产的陶瓷餐具非常畅销，其中“Green Anna”（瑞典语：Gröna Anna）从 1926 年开始，至今仍在售卖。

在过去的近 300 年中，罗斯特朗的古典装饰瓷器餐具系列深受人们的喜爱和收藏，其高品质的骨瓷与白瓷工艺备受赞赏，在许多高级宴会上，人们常常使用罗斯特朗的瓷器餐具来款待贵宾。以瑞典为例，备受世人尊敬的诺贝尔奖颁奖晚宴就指定使用罗斯特朗瓷器餐具，招待与会的所有皇室成员和贵宾，展现国家对高标准礼遇的表达（见图 5-18）。

图 5-18　罗斯特朗生产的餐具

在家居设计领域，20 世纪 30 年代的瑞典设计师已经开始探索充满现代功能主义的家具设计了，其中，设计师布鲁诺·马斯森、约瑟夫·弗兰克非常著名。他们既强调现代主义的功能主义原则，又不摒弃图案装饰性，沿袭传统与自然形态的重要性。他们认为现代主义在功能和装饰这两个方面不是矛盾的，而应该是统一的，通过采用自然材料，如木料、皮革，加上高度重视人体工程学因素的设计细节，注意舒适性、安全性，为瑞典乃至北欧的现代主义设计奠定了坚实的基础。

图 5-19　布鲁诺・马斯森及其设计的曲木椅子

布鲁诺・马斯森（Bruno Mathsson，1907—1988）是一位瑞典家具设计师和建筑师，其思想与功能主义、现代主义以及古老的瑞典工艺传统相一致。他在建筑领域的成就非常瞩目，在 20 世纪 40—50 年代完成了大约 100 座建筑的设计工作，是瑞典第一位建造带有加热地板的全玻璃结构的建筑师。除此之外，他的家具设计作品也非常经典，这源于他在青年时代就对家具，尤其是椅子及其功能和设计产生了浓厚的兴趣。在 20 世纪 20 年代和 30 年代，他开发了一种用软质材料编织技术制作的曲木椅子，第一个模型名为 Grasshopper，于 1931 年在瓦尔纳莫医院使用。这把椅子后来演化成系列，有座椅、躺椅、休闲椅等类型，其设计在今天看来都是非常现代和人性化的。后来逐渐成为 20 世纪的经典设计作品，被全世界多家美术馆、博物馆以及著名收藏家收藏（见图 5-19）。

约瑟夫・弗兰克（Josef Frank，1885—1967）是一位出生于奥地利的建筑师、设计师，后半生加入了瑞典国籍，成为瑞典 20 世纪上半叶现代主义设计的重要人物之一。1919—1925 年，他在维也纳工艺美术学院任教，是维也纳工艺联盟的创始成员之一，也是斯德哥尔摩的设计公司 Svenskt Tenn 最负盛名的设计师。除了建筑作品外，他还设计开发了许多家具、陈设、织物、壁纸和地毯，与柯布西耶和格罗皮乌斯等同时代人一起成为现代主义原则的早期倡导者。然而，到了 20 世纪 20 年代初，他开始质疑现代主义日益增长的纲领性倾向，认为机器时代生活的最大特征是多元化，而不是单一性。1933 年，他逃离纳粹政权，永久移居瑞典。在那里，弗兰克的现代设计的柔和版本受到了热烈的欢迎。之后的三十多年来，弗兰克在斯德哥尔摩的设计公司 Svenskt Tenn 担任首席设计师。他负责各种产品设计，包括家具、照明、壁纸和纺织品，以及专门为世界各地私人室内装饰定制的作品。在他漫长的职业生涯中，弗兰克不断地平衡现代主义形式的简单性与优质材料和丰富装饰细节的愉悦舒适。

a）CHAIR 1179　　b）Chair 930

图 5-20　CHAIR 1179 和 Chair 930

CHAIR 1179 是由弗兰克于 1947 年设计的，此时他刚从美国回来，开始与斯德哥尔摩的 Larsson Korgmakare 公司合作。该椅子的设计语言灵感源自历史悠久的埃及设计，采用皮革、桃花心木和藤条手工制作。其设计风格融合了传统手工艺的编织手法与现代家居简洁凝练的形式。在舒适性上，后背和座面的软质材质能够更好地贴合人体的弧度，突显其人性化的设计关怀（见图 5-20a）。他曾说过“一把好的椅子应该舒适、小、轻、便携”，可见其现代主义的设计理念。

弗兰克在20世纪40年代设计了Chair 930，其想法是创造一款与卧室梳妆台搭配的家具。这款椅子的上半部分采用柔软的植物搭配他自己设计的印花，营造出一种温馨活泼的氛围。椅子的骨架部分没有任何装饰与雕刻，使用坚实的原木制成，颇具现代主义风采。如今Chair 930仍然在生产与售卖，其设计依然受现代人的喜爱（见图5-20b）。

## 5.5.2 丹麦早期现代设计

丹麦的设计风格兼具现代主义的简单明快与传统手工艺的质朴温柔。在早期的现代设计中，丹麦现代主义设计追求简洁、纯粹的形式，摒弃多余的装饰，注重线条的流畅和比例的平衡，产品优雅而精致。强调产品的功能实用性，注重解决使用者的需求，具有便利性和人体工程学的舒适感。同时，更偏爱使用天然材料，如木材、皮革和天然纤维等，注重材料的质感，喜爱自然的色彩，展现出自然美与温暖感。丹麦的设计虽然强调现代性和工业化生产，但设计师们对传统手工艺的传承也非常重视，将传统工艺与现代设计相结合，表现出工艺的精湛和品质的保证，这对于当下人们传承传统文化是非常具有启发性的。

### 1. 丹麦的家具

丹麦的家具设计不但造型典雅，同时非常轻巧，造价低廉，具有适应社会广泛需求的民主化特点。卡雷·克林特（Kaare Klint，1888—1954）是一位丹麦建筑师和家具设计师，被誉为丹麦现代家具设计之父，他的设计干净、线条纯粹。今天，克林特被视为一位设计改革者，他在20世纪初，就作为最早将功能主义和建筑家具设计原则的实践研究置于统一风格之上的设计师之一，并总结出了相应的方法论用于设计教学实践中。克林特还意识到设计与其环境的关系，坚持认为他的作品从不主宰空间，而是将形式和功能统一为一个更大的整体。在他的所有作品中，他坚持清晰、合乎逻辑的设计、简洁的线条、最好的材料和精湛的工艺。克林特赢得了许多荣誉，包括1928年的埃克斯伯格奖章和1954年的CF汉森奖章。1949年，他成为伦敦工业荣誉皇家设计师。他设计的标志性作品包括1914年的Faaborg椅子和1933年的Safari椅子，以及1929年巴塞罗那国际博览会丹麦馆接待室的设计。

Faaborg椅子由克林特为Carl Hanson品牌打造，首次亮相于1914年，至今仍在售卖。这把椅子最初的设计目的是为法博格博物馆的参观者提供一个欣赏艺术作品的座位，希望能营造一个放松、思考、聊天和享受室内空间的理想场所。它将优美的形式和实用的功能完美地结合在一起，拥有典雅的拱形背部与扶手的一体化设计。座位的框架环绕着坐者，温和地向边缘弯曲。椅子提供了桃花心木和橡木两种版本，无论哪种都展现了天然木材的丰富纹理和质感。在底部，后腿微微凹陷，前腿则笔直，形成了一种引人注目的形态碰撞。它至今仍然是丹麦设计史上最优秀的作品之一（见图5-21a）。

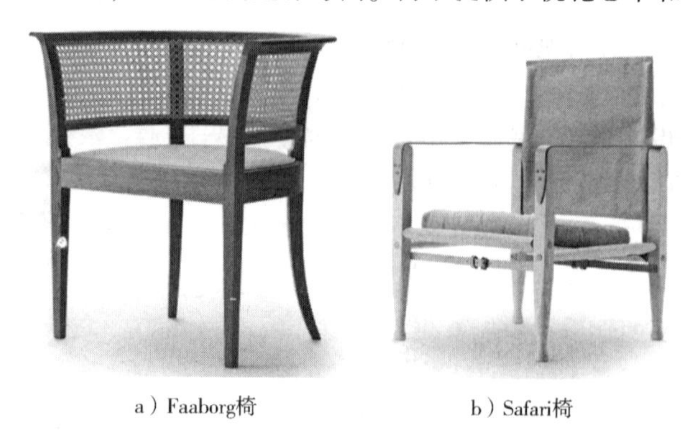

a）Faaborg椅　　b）Safari椅

图5-21　卡雷·克林特设计的Faaborg椅和Safari椅

Safari椅子于1933年首次亮相于哥本哈根家具制造商行会展览会。Safari椅子的框架设计非常特别，采用了白蜡木材质以及简单的穿插榫卯结构，当人们坐在椅子上时，椅子的部件由于受力，相互之间的衔接会变得更加牢固。座椅的扶手非常别致，使用了皮革，既轻便又舒适。除此之外，亚麻布的座面和靠背也是通过皮质的组件与座椅的木质框架进行捆绑的，精巧的同时，还增添了野外探险的露营感（见图5-21b）。

第一次世界大战结束后，丹麦的家具设计取得了巨大的成就，在国际上享有盛誉，当时，汉斯·瓦格纳（Hans Wegner，1914—2007）成为丹麦最重要的设计师之一。他出生于安徒生的故乡欧登塞，在很小的时候就对手工艺表现出了兴趣，在学会走路之前就能画和创作剪纸，并在哥本哈根工艺美术学校完成了学业。与其他丹麦家具设计师一样，瓦格纳本身就是一位精湛的木工，因此对家居用品的材料、质感、结构和工艺有着深入的了解，这也是他成功的基础。瓦格纳曾被称为“椅子之王”，在他的一生中总共设计了500多种不同的椅子，其中有100多种被投入大规模生产。

瓦格纳的设计几乎没有生硬的棱角，大多数转角处都被处理成光滑的曲线，给人一种亲近感。他于1949年设计的椅子，被称为扶手椅（The Chair），它使得瓦格纳的设计走向了世界，成为丹麦家具的经典之作。扶手椅最初是为腰部有疾病的人设计的，坐上去非常舒适。它展现出抒情而流畅的曲线，精细的细节处理以及高雅、朴素的造型，使其具有雕塑般的品质。椅子的靠背和扶手由一个连续的半圆围合而成，并配有实心软垫座面或编织座面两种配置。这款椅子最能代表瓦格纳的设计理念，将最简单的元素减少到四条腿、一个座位、一个顶部栏杆和扶手的组合。这款椅子至今仍由丹麦制造商制造并销售，备受欢迎，成为20世纪最经典的现代主义家具设计之一（见图5-22a）。

瓦格纳设计的“中国椅”系列吸收了中国明代椅子的一些重要特征。来自遥远东方的设计启发在他个人风格的设计中显而易见，从1945年开始，他设计的“中国椅”系列就融入了明式家具的一些设计特点（见图5-22b）。孔雀椅是他在1947年设计的作品，其灵感来源于传统的温莎椅。瓦格纳夸张了椅子拱形的背部，创造了一个高靠背，为了保障舒适度，背部的杆子在靠近人的肩胛骨的区域是扁平的。其视觉效果使人联想到孔雀开屏时的尾部羽毛，孔雀椅如今被摆放在联合国大厦中（见图5-22c）。

a）扶手椅　　b）中国椅　　c）孔雀椅

图5-22　汉斯·瓦格纳设计的扶手椅（The Chair）、中国椅（Chinese Chair）及孔雀椅（Peacock Chair）

### 2. 丹麦的灯具和金属制品设计

丹麦在20世纪上半叶的灯具和金属制品设计方面也取得了重要的成就。在灯具设计方面，丹麦设计注重简洁、功能性和美学的结合，线条纯净，形态优雅，同时注重灯光的照明效果和舒适性。当时的丹麦设计最明显、最主要的特色之一，就是能够创造出历久弥新、永不过时的作品。

丹麦的灯具设计常常采用高质量的材料，如黄铜、铝合金和玻璃，精致的工艺和细节处理也是其特点之一。丹麦设计师波尔·汉宁森（Poul Henningsen，1894—1967）的PH灯具系列就是丹麦灯具设计的代表作品之一，其最主要的特点是独特的光学原理和柔和的光线，已成为现代设计的经典之作。

1920年，汉宁森设计了Slotsholm灯并安装在哥本哈根市中心的街道上，从这款路灯的原型草图可以看出，灯包括一个灯笼与一个大的顶板（见图5-23a），与当时普遍使用的传统的煤气灯大为不同，这是一款电灯。不过这款路灯很快就被拆除了，原因是它没有遮光罩，在夜晚照明的时候过于刺眼，容易造成眩光。汉宁森于是在后来的灯具作品中解决了眩光的问题，这也让无眩光成为他后来作品的标志性特征。他于1919年建立了自己独立的工作室，并与丹麦的照明公司Louis Poulsen合作。1925年，汉宁森设计制造了一款名为The Paris Lamp的电灯，这款灯具在巴黎国际现代装饰和工业艺术展上展出并获得了金奖，这只灯具由6个同心的灯罩组成，光线经过灯罩形成漫反射将光线柔和地散射出来，所以人们从灯具的外侧不会直接看到光源（见图5-23b）。

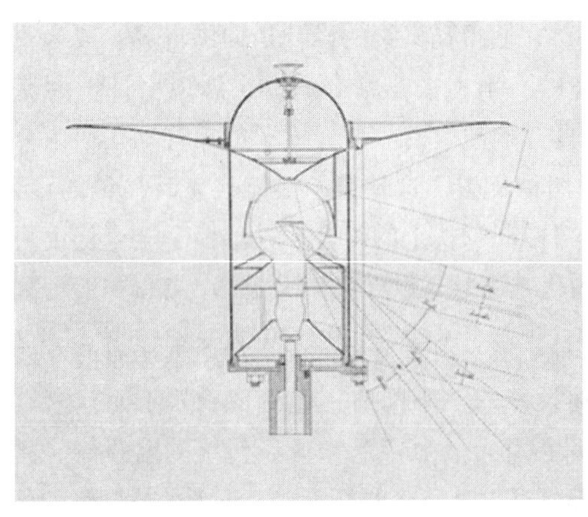

a）Slotsholm灯的草图

b）The Paris Lamp电灯

图5-23　波尔·汉宁森设计的Slotsholm灯的草图和The Paris Lamp电灯

在巴黎展览会之后，汉宁森获得了为哥本哈根新建的Forum大楼提供照明的合同，该建筑计划用于举办一场国际汽车展览。汉宁森不采用射灯照明，因为这样会照亮汽车的车顶和发动机盖，但车辆的侧面仍然会显得黑暗。相反，他在The Paris Lamp的设计基础上进行了改进，创造出一款能够将光线引导成斜线路径的灯具，当时叫作Forum灯具。这款灯有三个灯罩，灯罩的直径比例遵循4:2:1，这个比例使得上层灯罩反射50%的光线，中层和底层灯罩各反射25%的光线。汉宁森为Forum设计的灯具成为三层灯罩系统的基础（见图5-24）。

图5-24　Forum大楼的照明灯系统

随后，这个设计被进一步发展成了一套包括不同尺寸、颜色、材料和类型（落地灯、台灯和吊灯）的全面灯具系统。于是在接下来的40年里，汉宁森制作了一系列的灯，这些灯使用了一系列组合灯罩，材质包括金属、玻璃等，将光以一个角度向下或向外反射在更广泛的区域中。灯罩的颜色还可以改变光的色调，灯罩的形状可以改变光的投影，形成柔和多变的光影效果。PH 5最早由丹麦的照明品牌 Louis Poulsen 于 1958 年生产，是一种大型灯具，有五个金属灯罩，高为 267mm，总直径为 500mm，在丹麦非常受欢迎，据说每个丹麦家庭都至少有一个 PH 5 灯（见图 5-25）。

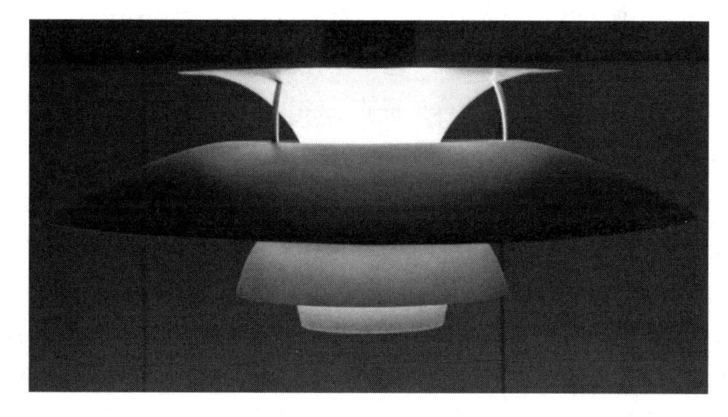

图 5-25　波尔·汉宁森设计的 PH 5 灯

PH 洋蓟吊灯的设计灵感源自洋蓟花，其分层和叶状结构恰如其分地展现出来。光线透过这些层次进行扩散和反射，创造出柔和而具有氛围感的照明效果，消除了眩光，营造出温暖而诱人的氛围。该吊灯由多个相互重叠的金属叶片组成，呈螺旋状排列。这些叶片经过精心布置，以优化光线的分布并打造出迷人的视觉效果。叶片的独特排列方式使得光线能够向下和向上发射，产生美丽的光影交织效果。该灯具提供 100% 无眩光的光线。72 个精确定位的叶子形成 12 排，每排有 6 个叶子，它们照亮灯具并发出具有独特图案的漫射光。PH 洋蓟吊灯已成为标志性的设计之一，也是丹麦设计卓越性的象征。它经常被用作各种场合，包括住宅空间、酒店、餐厅和其他建筑项目（见图 5-26）。

图 5-26　PH 洋蓟吊灯

在金属制品设计方面，丹麦的设计师们也才华卓越。他们选择有质感的材料，运用精细的工艺，追求简约又精致的设计风格，常常运用现代主义的理念，强调功能性和实用性。

乔治·詹森（Georg Jensen）是一位丹麦著名的银器设计师、制造商，1886 年出生在丹麦的哥本哈根。詹森在哥本哈根北部的森林和湖泊附近长大，大自然是他灵感的核心来源，自然世界的象征在他的设计中编织了一条共同的主线：水果、花朵、叶子和有机形状。37 岁的乔治·詹森既有金匠也有雕塑师的学徒经历，于 1904 年在哥本哈根建立了自己的银器工坊，他对材料工艺具有高度的理解和艺术美学的素养，设计制造的银器卓尔不凡，非常受大众欢迎。1909 年，詹森在柏林开设了他的第一家商店，第二年，他在布鲁塞尔国际展览会上展出的作品获得了金奖。1912 年，他在哥本哈根开了一家更大的作坊和一家更大的零售店，追求优雅简约而富有艺术感的设计，将传统工艺与现代风格相结合，成为世界各地收藏家和设计爱好者的珍品。乔治·詹森的设计元素通常有流线型的曲线和自然元素，具有优雅而现代的美感。他的银器和珠宝设计融合了丹麦传统工艺和创新的设计理念，细节精致，个性独特。乔治·詹森的品牌至今仍然活跃，并且在全球范围内享有盛誉。

乔治·詹森于1905 年设计的椭圆形糖果盒汲取了大量自然界的元素，并将它们融合成一种新的有机形式。这个低矮而结实的糖果盒，顶部设计有玉兰花盛开，底部有蟾蜍脚，这些元素的融合是乔治·詹森在处理植物和动物主题作品时的典型手法。他将自然界中令他着迷的元素从其本来的背景中提取出来，并将它们融入设计中，以富有想象力和奇特的方式让它们栩栩如生。这朵花蕾的灵感来自日本艺术，日本将玉兰花蕾视为五月的象征。蟾蜍在日本也有知名度，并被视为幸运的象征。糖果盒的表面覆盖着精细的锤痕，这是乔治·詹森独特的风格，它可使反射光线变得柔和，营造出其月光般的灰色闪光（见图5-27a）。

银质咖啡壶系列产品是乔治·詹森的首个茶具和咖啡具套设计之一，同椭圆糖果盒一样的设计语言，也汲取了日本元素。这套茶具和咖啡具套装是乔治·詹森所有作品中最具代表性的新艺术运动风格之一，因为它的基本形状是根据自然界的事物设计而成的，而不仅仅是事后用自然元素进行装饰的。作为乔治·詹森作品的典型特点，装饰应用于器具的顶部和底部（见图5-27b）。最初，这个壶的手柄是用象牙制作的，但由于对象牙贸易的禁令，为了保护大象，改使用乌木制作。乌木是一种非常坚硬的木材。木雕师会为每个壶特别制作对应的手柄，因此可能在壶与壶之间略有不同。

a）银质椭圆形糖果盒　　b）银质咖啡壶

图5-27　乔治·詹森设计的银质椭圆形糖果盒和银质咖啡壶

Bernadotte保温壶是将经典斯堪的纳维亚设计之美与当代实用性相结合的绝佳例子。这只壶属于乔治·詹森的品牌，但是设计师不是乔治·詹森本人，而是西格瓦尔德·贝纳多特（Sigvard Bernadotte）先生。他于1938年构思为一个美丽但简单的水壶，该设计已被改造成一个现代真空热水瓶。西格瓦尔德·贝纳多特先生是瑞典国王的儿子，也是乔治·詹森最早的合作者之一，他的作品深受当时流行的功能主义运动影响，风格简单、优雅，但最重要的是实用性，柔和流畅的线条与简洁凝练的轮廓，透露出北欧现代主义设计的风采。值得一提的是，这款壶的材质已经不是奢华的银质材质，而是镜面不锈钢，其容量为1升。盖子上有一个按钮，可以防止水壶滴水，并使饮料保持温暖或寒冷长达6h，非常实用。如今这款设计已经成为乔治·詹森品牌的经典设计款式，并被后来的设计师进一步设计拓展出了不同的材质和配色。Bernadotte保温壶经过重新设计，已成为经典设计的现代版本。它保留了原设计中壶身的凹槽设计，而外表面的材质从镜面不锈钢拓展成了陶质，内胆依然使用不锈钢进行保温。水壶的不锈钢盖子带有一个方便的按钮，在倒饮料时不需要拧开盖子（见图5-28）。

除此之外，阿尔涅·雅各布森（Arne Jacobsen）也是著名的丹麦设计师，他的作品也代表了简约、优雅的北欧风格，包括各种金属制品，如钟表、银器、餐具和家居装饰品。丹麦的灯具和金属制品设计在20世纪上半叶享有盛誉，其注重功能性、美学和工艺的结合，以及简约而精致的设计风格，使丹麦的设计作品成为世界范围内的经典之一。

图 5-28　Bernadotte 保温壶

### 5. 5. 3　芬兰早期现代设计

芬兰相较于丹麦和瑞典，在现代设计领域的起步较晚，主要原因是该国直到 1917 年俄国十月革命之后才真正实现了稳定地发展。在十月革命后，原属沙皇统治的部分领土归还给了芬兰，并且俄国承认了芬兰的独立，这为芬兰的发展提供了必要的政治稳定前提。在第二次世界大战之前，芬兰曾涌现出一些重要的现代主义设计大师，如建筑大师阿尔瓦・阿尔托。

阿尔瓦・阿尔托（Alvar Aalto，1898—1976）是 20 世纪芬兰最为著名的建筑师和设计师。他的设计作品包括建筑、家具、布料、玻璃器皿，以及雕塑和绘画。通过对形式和材料的非传统处理，既理性又直觉，反映了一种深刻的人性化建筑的愿望。受到所谓的国际风格现代主义（或在芬兰被称为功能主义）以及与欧洲主要现代主义者接触的影响，包括瑞典建筑师埃里克・冈纳尔・阿斯普隆德和与包豪斯有关的许多艺术家和建筑师，阿尔托创造了一种对现代主义的发展轨迹产生深远影响的设计。

阿尔托在家具设计方面的试验可以追溯到 20 世纪 30 年代初，当时他为派米奥疗养院提供家具设计。其中，最著名的标准设计派米奥躺椅（1931—1932），也被称为螺旋椅，其座位由一块波浪状弯曲的胶合板制成，在框架中仿佛漂浮，既具有结构功能，又具有美学效果（见图 5-29）。阿尔托开辟了家具设计的新道路，在 20 世纪 30 年代创立了“可弯曲木材”技术，将桦树巧妙地模压成流畅的曲线，他将多层单板胶合起来，然后模压成胶合板，这些试验创造了当时最具创新性的椅子。1935 年，阿尔托和工业家兼艺术收藏家哈里・古利克森的妻子迈尔・古利克森共同创立了 Artek 公司，以生产和销售他的家具。阿尔托设计的马伊雷亚别墅体现了一种休闲温暖的室内氛围，这座别墅是他为古利克森夫妇在芬兰努尔马尔库附近建造的。

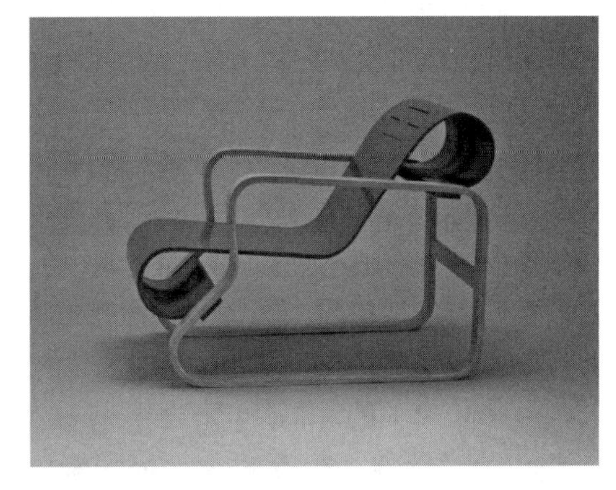

图 5-29　阿尔瓦・阿尔托设计的派米奥躺椅（型号 41）1931—1932

阿尔托为巴黎国际博览会（1937 年）和纽约世界博览会（1939 年）设计的芬兰展馆取得了非凡的成功，这些展馆受到芬兰森林的启发，运用显著的木材元素，唤起了前工业时代的精神和自由感，使他赢得了国际认可。他的建筑、弯曲木家具以及他色彩斑斓的弯曲玻璃花瓶（由 Karhula - Iittala 生产）展示出一种新鲜、有机的质感，更多地受自然而非历史先例或机械工业的影响。

阿尔托在 1936 年设计的萨沃伊（Savoy）花瓶是其最著名的产品之一。对于许多人来说，这个玻璃花瓶以其不对称的形状和自由弯曲的逐渐收窄的壁面代表了芬兰设计的核心特质：独创性、直接性和审美性（见图 5-30）。这个引人注目的花瓶在命名时取名为“萨沃伊餐厅”，这是一家位于赫尔辛基的新豪华餐厅，于 1937 年开业，阿尔托和他的妻子 Aino 为这家餐厅设计了定制家具和装饰品。该餐厅位于新的工业宫大楼的顶层，拥有一位身着制服的黑人门房和一个俯瞰公园的用餐露台。花瓶被放置在每张桌子上，它们独特的半圆形状使得花朵能够以非常独特和个性化的方式进行摆放。由于其多变的外形，可在不同的角度展示不同的面貌，这些花瓶是餐厅最引人注目的特色之一。

然而，这个花瓶并不是专门为餐厅定制的。它是阿尔托设计的一系列花瓶和餐具中的一部分，他以这些设计参加并赢得了芬兰知名玻璃制品公司 Karhula 和 Iittala 于 1936 年组织的比赛，该比赛的主要目的是选取适合 1937 年在巴黎世界博览会展出的设计。根据阿尔托的草图，这个系列约有十个物件，从一个浅盘到一个高约一米的花瓶。这一系列的玻璃产品在 1937 年巴黎世界博览会上展出，展位位于芬兰馆。同年，萨沃伊餐厅选择了一些来自该系列的花瓶和餐具，随后最受欢迎的几款被称为“萨沃伊花瓶”。

图 5-30　阿尔瓦·阿尔托设计的萨沃伊玻璃花瓶

萨沃伊花瓶的形状特殊，不像传统的中心对称的玻璃花瓶一样可以通过吹塑制造，需要一些特殊的工艺和方法。于是，阿尔托亲自参与了生产尝试，采用木质模具进行铸造，这项技术一直延续到 1954 年，当时木质模具被铸铁模具所取代。萨沃伊花瓶最初的高度为 140mm，自 1937 年以来，它以透明、棕色、天蓝色、绿色和烟熏色等版本进行生产。在 20 世纪 50 年代及以后，除了透明版本外，还引入了乳白色、钴蓝色和红宝石色等颜色，并且自 20 世纪 60 年代以来，推出了更大和更小的花瓶版本。

这些花瓶和餐具中的波浪般的曲线被经常解读为代表芬兰景观的特征形状，象征着无数湖泊的形态。有人提到，树根分支出的树干基部的截面线条也可能是灵感的来源，其他人则认为，在花瓶的自由形态中，阿尔托意图回忆起其中装载液体的无形本质。据说，阿尔托自己声称，这个花瓶的线条是受到一滩水坑迷人的形状启发的。

20 世纪上半叶，芬兰在陶瓷设计领域迎来了一些重要的发展和突破。芬兰的 Arabia 陶瓷公司是芬兰最著名和历史最悠久的陶瓷制造商之一，Arabia 陶瓷公司的历史可以追溯到 19 世纪。1809 年，瑞典失去了东部芬兰，成为俄罗斯帝国的一部分，19 世纪末，欧洲经济繁荣，俄罗斯对餐具的需求不断上升，瑞典 Rörstrand（罗斯特朗）瓷器厂的经营者们开始对进入广阔的俄罗斯市场感兴趣，他们决定在芬兰建一家陶瓷厂，因为芬兰对俄罗斯的贸易关税明显低于瑞典。1873 年，Rörstrand 获得许可，在赫尔辛基北部的阿拉伯地区建造一家陶瓷工厂，在那里生产瓷器、彩瓷和其他陶器，于是诞生了 Arabia。在 19 世纪，Arabia 陶瓷公司的管理人员和工人基本都来自瑞典。1893 年，古斯塔夫·赫尔利茨被任命为首席执行官，开始了一项现代化进程，他们开发了新的窑炉、黏土和瓷砖铸造厂，还建立了一个专门的装饰部门，并聘请了著名艺术家如图雷·厄贝里和雅克·阿伦贝里。Arabia 参加了 1900 年的巴黎世界博览会，并因厄贝里的努力而获得了金牌。

第一次世界大战给 Rörstrand 带来了严重的经济问题。他们出售了在 Arabia 的最后一部分股份，使其成为一家独立的芬兰公司。工厂从零开始进行了现代化改造，并很快扩大了生产规模。1932 年，陶艺家库尔特·埃克霍尔姆（Kurt Ekholm，1907—1975）被任命为 Arabia 的艺术负责人，他开创了该工厂著名的艺术部门，很快就在全球范围内享有盛誉。有了埃克霍尔姆，Arabia 迎来了一个新时代，他以功能主义精神影响了家居用品的设计，采用严谨的形状和简洁的装饰，例如 Pekka 系列和 Sinivalko 系列（见图 5－31）。Pekka 系列的特点是采用釉下装饰，未经烧制的生坯上绘有钴蓝色条纹，这种颜色通常会被多孔的陶瓷物质吸收，甚至透过物体的背面，这是这一系列的装饰特点。

a）Pekka系列餐具

b）Sinivalko系列餐具

图 5-31　库尔特·埃克霍尔姆设计的 Pekka 系列餐具和 Sinivalko 系列餐具

埃克霍尔姆具有发掘年轻人才的能力，他聘请了一些芬兰的顶尖艺术家，其中就包括著名的凯·弗兰克（Kay Franck，1911—1989）。弗兰克是芬兰设计的领军人物之一，20 世纪 50 年代弗兰克设计了一系列陶瓷餐具，朴实大方，这套称为“基塔”（Kilta service）的餐具从此成为芬兰现代设计的经典作品，并且迄今还在生产销售（见图 5-32）。

图 5-32　凯·弗兰克设计的 Kilta service 厨房餐具系列

弗兰克一直致力于追求他所谓的“最佳物体”，他的设计目标是增强功能、降低成本和追求匿名性，将形式简化为最基本的形态。其中，Kilta 厨房和餐具是他最为著名的设计之一，这个系列采用单色（白色、黑色、绿色、蓝色和黄色），每件作品都具备多种功能，既可用于食物的准备、盛放，也可用于储存。弗兰克通过去除不必要的手柄、重新设计水口，以及设计适应多个器皿的盖子，打破了传统设计的思维方式。这款餐具引起了国际关注，并成为制造商 Arabia 在二十多年间最受欢迎的型号。

**扩展阅读**

阿恩·雅各布森（Ame Jacobsen）（见图 5-33 和图 5-34）

a）七系列椅子　　b）蛋椅

图 5-33　蚂蚁椅

图 5-34　七系列椅子和蛋椅

更多数字资源获取方式见本书封底。

# 5.6　美国工业设计

1865 年，南北战争结束之后，美国经济经历了一系列的变化和发展，从传统的农业经济向现代化的工业经济转型。这一时期被称为“重建时期”，持续了大约十年，直到 1877 年。在重建时期，美国政府采取了一系列措施来促进工业化和城市化，包括通过建立铁路网和发展石油、钢铁、电力等新兴工业来增加国内生产总值（GDP）。1894 年，美国的工业生产已跃居世界首位。其中，钢铁、电器器材、汽车、石油工业等新兴产业的发展尤为迅速。1870—1913 年，工业生产增加了 8.1 倍。1919—1929 年，汽车产量增加了 2.55 倍、化学工业增长了 94%、橡胶工业增长了 86%、印刷出版增长了 85%、钢铁工业增长了 70%。同期，家用电器获得大发展，电熨斗、洗衣机、吸尘器、电冰箱纷纷问世。从劳动生产率来看，由于技术革命和管理革命，美国劳动生产率在 10 年之内提高了 40%。在产业工人略有减少的情况下，制造业产量增加了 64%。

第一次世界大战又一次刺激了美国的生产力，战争期间武器与军需物资的生产促进了美国工业化的发展，在 1918 年战争结束后，战时工业与人员转入民用领域，迅速提高了美国工业生产的整体水平，拉动经济增长并形成了消费高潮。但是 1929 年的华尔街股票市场崩盘和随之而来的经济大萧条对美国经济和社会造成了巨大的冲击。在这个时期，许多企业陷入了困境，面临着巨大的竞争压力和市场萎缩的挑战。为了应对这些挑战，许多企业开始重视工业设计，并将其视为提高产品竞争力和创新能力的重要商业策略，开始聘请工业设计师来设计他们的产品和品牌形象。设计的概念被广泛地应用于产品的外观、功能等方面，以吸引消费者的注意力，提高产品的价值。

## 5.6.1　消费主义与有计划的商品废止制度

在前工业化时代，真正的消费者是社会中极小部分的贵族群体。而在第一次工业革命时期，伴随工业化分工和城市化的到来，社会中消费阶层已初具规模。到了19世纪末20世纪初，第二次工业革命带来的社会财富剧增更强化了消费主义的势头。消费在人们的日常生活中变得越来越重要，购买行为也不再仅仅是基于需求，更多的是基于个人的偏好和渴望，消费成为人们日常生活和社交地位的象征之一。企业也开始将消费者的心理需求和情感需求纳入产品设计和营销策略中，以满足消费者的愿望和期望，进一步提高产品的附加价值和品牌价值。消费主义成为一种社会文化现象。

在商品经济规律支配下，路易斯·沙利文提出的“形式追随功能”的现代主义设计宗旨被“有计划的商品废止制度（Planned Obsolescence）”所取代，即企业在设计和生产产品时，有意将产品的寿命和使用效果降低，以促进产品的更新换代，提高销售量和利润。为达到此目的，企业通常会采用一些技术手段和设计方法，使产品在使用一段时间后失去功能或者成为过时的产品。那时产品废止的做法大体分为三类：一是“功能型废止”，即通过持续推出功能更多、更完善的新产品，让先前的产品在比较下显得功能滞后、“老化”；二是“质量型废止”，例如在电子产品中使用一些不耐用的零部件或者采用一些不兼容的技术标准，以使得产品在使用一段时间后不能再使用；三是“合意型废止”，例如在时尚产品中，企业会持续推出新款式和新设计，使得旧款式的产品在市场上失去竞争力，变得不再时髦。

有计划的商品废止制度是市场经济发展到一定阶段而产生的畸变，自诞生起就引起了持续的争议和批评。有些观点认为，它是拉动经济增长的有效手段，而更多的人则看到了它的负面作用，即对资源和能源造成严重浪费，并造成环境污染。除此之外，这种做法对消费者权益也产生了伤害，消费者被迫频繁购买新产品，无形中增加了巨大的生活成本。

其中，影响最深远的是由通用汽车公司的总裁斯隆和设计师哈利·厄尔提出并实践的有计划废止制度。这一种汽车设计策略，其目的是通过定期更新汽车的外观和功能，促使消费者不断购买新车，从而促进汽车市场的发展。通过这些手段，通用汽车公司可以不断推出新车型，吸引消费者购买，从而保持市场竞争力。但它鼓励消费者频繁更换汽车，导致大量的废旧汽车被淘汰和处理，也被批评为浪费资源和环境污染。

### 5.6.2　流线型风格

流线型（Streamlined）最初是空气动力学领域的一个概念，用来描述物体表面圆润、流畅的线条，以减少物体在高速运动时的风阻。20世纪初期，流线型概念被广泛应用于汽车和火车等交通工具的设计中，以提高速度和降低油耗（见图5-35）。为了提升飞机的飞行速度，第一架采用流线型样式的飞机于1933年由波音公司设计制造完成，型号是波音247。同一年，道格拉斯公司的DC-1型流线型飞机正式试飞，它采用全金属外壳搭配流线型机身，机翼与机身也通过顺滑的曲面连接在一起。

在DC-1型飞机的基础上，道格拉斯公司在1934年推出了DC-2型这样一款14座双发动机客机，取得了市场的认可。于是在1935年推出了DC-3型螺旋桨驱动客机。与以前的飞机相比，DC-3型螺旋桨驱动客机依然保有流畅的流线外形和充满未来感的金属机身。除此之外，它在性能上还具有许多卓越的品质，如它速度更快、航程更远、更安全可靠、载客更舒适。在第二次世界大战前，还开创了许多航空旅行路线，例如它能够在18小时内从纽约穿越美国大陆到达洛杉矶，途中仅经停三个站点，这在当时是巨大的突破。DC-3型螺旋桨驱动客机除了用于民航，还用于军事中，其型号是C-47，总产量超过16000架，是飞机生产史中单一型产量最高的型号之一。道格拉斯公司生产的DC-3型飞机的成功对于流线型风格的流行也起到了巨大的催动作用。

图 5-35　流线型飞机

在汽车设计领域，流线型风格也吸引了工程师和设计师的兴趣。美国的建筑师、发明家、设计师理查德·B. 富勒（Richard B. Fuller，1895—1983）设计的“戴马克松”（Dymaxion）小汽车是一个非常有趣的流线型设计案例。该汽车于 1933—1934 年之间设计完成，与其说是汽车，不如说是一辆大型的三轮汽车，呈“泪滴”状，非常符合流线型的设计风格，根据当时的报道，这辆车得益于空气动力学车身，能够在 50mile/h（1mile＝1609. 344m）时节油 50%（见图 5-36）。

图 5-36　理查德·B. 富勒设计的“戴马克松”小汽车

克莱斯勒公司的“气流”型小汽车是一个非常成功的流线型设计案例。该汽车是由工程师布里尔（Carl Breer）按照空气动力学原理设计的，从 1927 年开始筹备，到 1934 年正式生产。该汽车的设计非常激进和前卫，以流线型的设计风格为主要特点，强调了产品的动感和速度感。设计者花了大量精力以求车身的统一，发动机罩的双曲线通过后倾的挡风玻璃与机身光滑地联系起来，挡泥板和脚踏板的流畅线条加强了整体感。整个车身都采用了流线型的造型语言，以圆润流畅的线条和曲面为主要特征，营造出一种现代感和科技感。除了外观设计，该汽车的结构和机械性能也经过精心设计，以确保可靠性和舒适性。这些设计特点使气流型小汽车成为当时最流行的汽车之一，甚至被认为是汽车工业史上的一次重大创举（见图 5-37）。

图 5-37　克莱斯勒公司的“气流”型小汽车（图片来源于何人可的《工业设计史》）

随着时间的推移，流线型圆润流畅的线条和曲面所营造出的现代感和科技感在审美上被社会大众所喜爱，逐渐成为一种时代精神和消费文化的象征，被广泛应用于工业产品设计中。然而，在这些日用领域中，流线型与降低风阻的功能初衷开始分离，形式不再追随功能，而成为一种装饰设计风格。到了在 20 世纪 30—40 年代，流线型风格在家用电器和家居产品的设计中得到了广泛的应用，如电熨斗、烤面包机、电冰箱等产品，代表了当时的消费文化和生活方式，是一种个性鲜明的美国现代设计语言。

流线型设计风格对于当时的人们来说，代表了一种未来主义和象征主义的精神，这种产品样式的风格设计赞颂了“速度”“科技”等工业时代的概念，迎合大众趣味。同时，20 世纪初塑料、金属模压成型等新材质新工艺逐渐成熟，让制造成本更低、可塑性更强，让设计师能够制作出更为复杂的流线造型和大曲面。1936 年，由赫勒尔设计的订书机是流线型设计的经典案例之一，它的外形类似于一只蚌壳，圆滑的壳体罩住了整个机械部分，只能通过按键来进行操作。这种设计风格强调了产品的动感和速度感，体现了它作为现代化符号的强大象征作用，是一个极具现代感和时尚感的产品（见图 5-38a）。

美国设计师诺尔曼·贝尔·盖迪斯（Norman Bel Geddes，1893—1958）是流线型风格的设计代表人物之一，在 1932 年就明确提出了流线型风格的概念，并身体力行地设计了从汽车、游轮、飞机到收音机、热水瓶等大量流线型风格的产品。他在 1939 年纽约世界博览会上设计的“未来派”（Futurama）展览展示了当时人们对于 20 年后世界城市面貌的展望（见图 5-38b）。他在这个展馆中设计了一系列流线型的建筑和展品，包括一辆流线型的火车、一架流线型的飞机和一个流线型的城市模型等。这些设计作品展现了一种未来主义的美学理念，强调了科技和现代化对于设计的影响。整个展览采用流线型风格进行设计，充满未来感和科技感，被后来的评论家评价为流线型设计的一次高峰。

a）订书机

b）“未来派”展览

图 5-38　赫勒尔设计的订书机和“未来派”展览（图片来源于何人可的《工业设计史》）

## 5.6.3　美国职业工业设计师

### 1. 沃尔特·提格

在工业发达、商业成熟的美国，工业设计专业逐渐成熟并向职业化发展。沃尔特·提格（Walter Dorwin Teague，1883—1960）是美国早期的著名工业设计师之一，美国工业设计师协会的发起人，并曾任该协会的首任主席。年轻时的提格曾在欧洲对德国的包豪斯设计理念有一些学习与了解，并受其启发回美国从事设计事业，推动了美国的工业设计师职业化发展。1927 年，提格开设了美国第一家工业设计事务所，提供“工业设计”服务。提格和摄影器材巨头企业柯达公司（Eastman Kodak）合作紧密，为其设计了许多款著名的柯达相机、产品包装、零售展示空间等。1928 年，提格为柯达公司设计了一款大众型的新照相机，命名为“荣华柯达”（Vanity Kodak）。这款相机一改过往大多相机采用的黑色，而是采用了5种相当柔和的颜色，成功地将技术性很强的照相机转化成为时尚用品，从而吸引了大量女性消费者。除了颜色的改变，他还在相机盒内加上了小镜子和放唇膏的地方，使得这款相机更加方便女性使用（见图5-39）。在1930年圣诞节期间，柯达公司以“柯达礼品”（Kodak Gift）为名推出1万台限量版相机，受到了全美各地民众的追捧。

除此之外，提格在1936年设计出最早的便携式相机——班腾（Bantam Special）相机。这款相机采用了一组闪亮的金属平行线作为机身的装饰，将相机的功能部件尽量压缩，全部收藏在面盖之内，外形极为简洁，操作方便，为现代35mm相机开创了一个成功的产品原型与基础（见图5-40）。

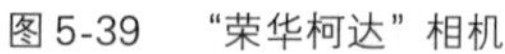

图5-39　“荣华柯达”相机

图5-40　班腾相机

2. 雷蒙德·罗维

雷蒙德·罗维（Raymond Loewy，1893—1986）是20世纪美国工业设计史上最为关键的代表人物，他的人生经历也颇具传奇色彩。1893年罗维出生于法国巴黎，从小就表现出对于设计的浓厚兴趣。第一次世界大战后他来到美国，除了一身军装和口袋里的50多法郎之外，基本一无所有。但就是这个“穷小子”在几十年后的1949年登上了美国《时代》杂志封面，成为第一位登上该杂志封面的设计师，并成为当时世界上唯一可以乘坐自己设计的汽车、公交车、火车、飞机横跨美国的设计师。

罗维初到美国时，美国产品的优秀性能和粗劣外形的巨大反差令罗维感到非常震惊和困惑，他认为好的功能应该同时具有好的外形，这不仅能强化使用功能，还能够促进产品的销售。他认定，在当时的美国，工业产品设计是一个潜在的巨大市场，于是他在20世纪30年代开始成立自己的设计公司，经营交通工具设计、工业产品设计、包装设计等业务。罗维有一句有名的话：“对我而言，最美丽的曲线是销售上涨的曲线”，这句话很好地反映了他面向商业化和经济效益的设计价值观。

罗维在20世纪30年代设计了可口可乐标志及饮料瓶，采用白色作为字体的基本色，并采用飘逸、流畅的字形来体现软饮料的特色。深褐色的饮料瓶衬托出白色的字体，十分清爽宜人，加上颇具特点的新瓶造型，使得可口可乐焕然一新，成为全球畅销的饮料品牌。罗维的设计非常经典，可口可乐公司一直沿用至今（见图5-41）。

图5-41　罗维设计的可口可乐标志及饮料瓶

灰狗公司（Greyhound Lines，Inc.）是一家运营着北美最大城际巴士服务的客运公司，该公司成立于1914年，并于1929年更名为“灰狗”（Greyhound）。灰狗公司曾委托罗维和通用汽车设计了20世纪30—50年代的几款特色巴士，包括PDG-4101、PD-4501风景巡洋舰等。罗维设计的这些汽车外观均采用了流线型的设计，造型流畅简洁，具有很高的辨识度和吸引力，使得灰狗公司的汽车在当时备受欢迎（见图5-42）。

图5-42　罗维设计的汽车

1938年，罗维开始和斯图德贝克汽车公司进行商业合作，并于1947年为斯图德贝克汽车公司设计了该公司第二次世界大战后第一辆投放美国市场的汽车和一系列汽车设计项目。罗维为斯图德贝克设计的汽车，均采用了流线型的设计，具有优秀的空气动力学性能，外形时尚美观，配色鲜明亮眼，备受消费者的欢迎。1953年，罗维为该公司设计的星线（The Star liner）汽车投入市场，这是斯图德贝克公司销售最好的车型之一。

罗维的职业生涯非常漫长，从20世纪初一直延续到1988年他去世前不久。他参与设计的产品几乎无所不包，从可口可乐的标志到宾夕法尼亚铁路公司的火车头，从斯特纳复印机到农用拖拉机。罗维的设计理念强调了产品的实用性和美学，他的设计风格注重了产品的人性化设计和舒适性，使得他的设计作品在当时备受欢迎，他的设计作品对于现代产品设计产生了深远影响，被誉为“现代工业设计之父”。

### 3. 亨利·德雷夫斯

德雷夫斯（Henry Dreyfuss，1903—1972）是与罗维、提格等人同时代的美国第一代工业设计师。与罗维不同的是，他不跟随当时流行的流线型风格，并避免设计风格过于夸张时髦。1929年，他开设了自己的设计事务所，其最有名的设计作品之一，就是为贝尔电话公司设计的电话机，这也让他成为影响现代电话样式的最重要的设计师。

1876年8月，贝尔设计制造了全世界第一台实用的电话机，并于次年创立了贝尔电话公司，推广普及电话产品。1915年，纽约和旧金山之间的长途电话开通，连接了美国东、西海岸。到了20世纪初，电话机和电话网络已经在全世界范围内迅速扩展，贝尔电话公司由于持有电话发明专利和卓越的商业运营能力，曾一度垄断美国的电话市场。由于贝尔公司的垄断以及电话的突破型创新特点，其设计制造不会面临激烈的市场竞争。因此，德雷夫斯在接手贝尔电话机的设计时，将更多的精力用在电话机功能的设计上，不像同时代的其他产品一样追求流线型的流行风格。1936年，德雷夫斯提出了将听筒和话筒合并在一起的设计方案，被贝尔公司采纳，并将德雷夫斯设计的302型桌上电话交由西方电器公司生产。这款电话机是美国首批广泛应用的听筒和话筒一体化电话机，奠定了现代电话机形式的设计基础（见图5-43）。1940年代初期，德雷夫斯开始使用塑料这种新材料制造电话机，让电话制造的成本更低、更加轻便、颜色也更为丰富。到了20世纪50年代，德雷夫斯已经为贝尔公司设计了上百种电话机，这些电话机物美价廉，轻便耐用，走进了美国和世界各地的千家万户，成为现代家庭的基本设备。

a）302型电话

b）Princess电话广告

图5-43　302型电话和Princess电话广告

除此之外，德雷夫斯还对人机学感兴趣，提倡将人的因素融入产品设计中，从而创造出更加符合人类需求的产品。1961年，他出版了《人体度量》，这是一套人体工程学参考图表，为设计师提供了产品设计的精确规范。基于他在工业设计领域的杰出贡献，1965年，德雷夫斯成为美国工业设计师协会（IDSA）首任主席。

# 5.7　近代中国工业肇始与工业设计萌芽（1860—1949）

## 5.7.1　洋务运动与中国近代工业

1840年鸦片战争之后，西方资本主义列强对晚清进行殖民入侵，传统封建社会系统被打破，沦为半殖民地半封建社会。在这一特殊的历史时期，在政治、经济、文化等层面，中国社会均面临前所未有的重大变革，是一个新旧更迭的年代。到了19世纪末，经历两次鸦片战争的失败后，晚清政府在对外政策上有了重大的方向性调整，表现为“兴办洋务”，即“洋务运动”。

洋务运动又称自强运动，是19世纪60—90年代晚清洋务派以“自强”“求富”为口号，引进西方军事装备、机器生产和科学技术以挽救清朝统治的自救运动。该运动由清朝政府发起，旨在通过提高中国的国防和经济实力，以应对外来压力。主要包括建立近代工业、兴办洋务学堂、改革军制、修建铁路、兴办邮政、设立矿务等方面的政治经济活动。洋务运动开启了中国近代的工业革命，引导中国从农业经济转型进入工业时代，是中国近代工业的萌芽时期。

1911年10月10日，武昌起义推翻了晚清王朝的统治，随后建立了“中华民国”。南京国民政府时期，政府有计划地支持发展民族资本工业。1927年2月，国民政府工商局呼吁全面发展民族资本工业，将贵金属、水电、造纸、棉纺、海盐等工业纳入国家投资创建的范畴之内。随后，国民政府实业部颁布了《实业四年计划》，开始发展多个国营单位，包括国家贵金属制造厂、国家机械加工厂、硫酸亚化工厂等，力图将长江流域发展成为一个中央监控的工业核心带。在这个过程中，军工产品制造企业和民用产品制造企业共同形成了中国当时重要的商品制造部门。这些民族工业部门的发展，推动了民国以及抗战期间工业技术的应用改良和广泛传播。

除此之外，驱动19世纪末西方第二次工业革命的电力工业也来到中国。1882年，英国的公司在上海创办了上海电光公司，标志着电力工业首次被引入。1893年，上海公共租界成立电气处，并在1894年兴建发电厂。晚清政府还于1876年引进电报技术，并在福州开设电报学堂，培养相关技能人才。电力工业相关的民用工业也逐渐发展起来，诞生了华生电器等中国本土企业与品牌。

1860—1949年百年间的近代中国，由于历史原因和外部压力，工业发展较晚且阻碍重重。中国未能按照自身发展进程自发地进入工业化时代，而是随着1840年鸦片战争的打响，由外部打开了晚清封建帝国的大门，"被动发展""西学东渐"成为近代中国工业发展的显著现象，即需要借鉴外国的技术和经验来加速自己的工业化进程。这就导致了中国近代工业发展中广泛采用引进→仿制→创新的发展路径。下文将会从军事工业、船舰制造、铁路建设、民用工业等领域，概览近代中国工业化发展中的重要里程碑。

1. 军事工业

洋务派认为"自强以练兵为要，练兵又以制器为先"，洋务运动第一阶段的核心内容就是建立军事工业基础。1865年，江南机器制造局的建立标志着洋务派创建近代军事工业的开端。江南制造局的前身是外商建立的旗记铁厂，清政府通过收购铁厂的生产设备，初步建立了江南制造局。后经清政府的财政支持，从美国引进了更为先进的机床等机器设备，其制造、加工技术才有了显著的提升，到1891年，江南制造局已经成为拥有13个分厂的大型企业。在同行业中，江南制造局各种先进的车床、刨床和蒸汽动力机等技术设备都处于先进水平，其生产领域也大为扩展，发展成为一个生产枪炮弹药、船舰和钢材等综合性的兵工厂，为后来的军事工业打下了初步的基础。

江南机器制造局是中国第一批近代工业之一，也是"自强论"洋务思想形成和军事工业创办的第一阶段。到19世纪末，洋务派共建立近代军事工业相关企业二十余个。除此之外，江南制造局还设有编译室，由其创办的期刊《格致汇编》，旨在介绍西方科学和技术的最新成果，这让江南制造局成为中国向西方学习、走向工业生产时代的一个重要桥梁（见图5-44a）。

a）江南机器制造局

b）福建船政局造的"平远号"军舰

图5-44　江南机器制造局和福建船政局造的"平远号"军舰

2. 船舰制造

1866 年 6 月 25 日，左宗棠向朝廷提交了在福建设立造船厂的计划，7 月 14 日得到批准。由于马尾是天然良港且为进出福建的重要门户，故成为理想的船厂选址。马尾船政局于 1866 年 12 月开始动工，两年后大致建成，占地 40hm$^2$，设有船坞、厂房、外国雇员宿舍、学校和衙署等设施。其规模超过了当时日本所有的船厂，成为当时远东地区最大的造船基地。马尾船政局的建立极大地推动了中国近代工业的发展，不仅使福建地区的造船业焕发出新的生机，同时也吸引了大量专业人才和外国技术，促进了中国近代造船业的现代化进程。

这家企业的发展经历了两个阶段：第一阶段主要由法国技师和监工主持工作，生产工艺和技能主要引进国外先进经验，第一艘轮船的图样来自于法国，法国罗什福尔船厂的工程师达士博是法国主要的技术人员；而在第二阶段，大多数的外籍技术人员离职，中国技术人员回归主导地位，设计部门主要由中国技术人员组成。

虽然这一阶段的发展速度较缓慢，但是造船技术得到了飞快增长，出现了一批自行设计制造的产品，如曾经一度达到国际先进水平的铁肋巡海快船。福州船政局为改变传统木刻轮船功率不足，创造性地发明了穹甲快船，这一技术成果运用在 1888 年制成的“平远号”军舰上，使军舰发挥了巨大的威力（见图 5-44b）。此后，自 1875 年以后，我国的船舶制造技术得到长足发展，出现了“元凯”号、“平远”号铁甲兵舰等自主研制的船只。1912 年，民国北洋政府成立，船政局收归海军部管辖，正式改为福州船政局。

3. 铁路建设

1878 年，我国第一个近代煤矿企业开平矿务局成立。为了方便煤矿的运输，清政府于 1881 年动工兴建了我国的第一条铁路——唐胥铁路。于 1889 年 4 月洋务派成员张之洞奏请清政府修建卢汉铁路连接从卢沟桥至汉口，同年 5 月，清政府批准了卢汉铁路的修建。张之洞是晚清洋务派的代表人物之一，他推行洋务实践的一个重要思想动机就是“开利源，杜外耗”，因此，他提倡修建卢汉铁路所使用的材料应是中国的材料，他认为修建铁路必须首先生产钢轨，而生产钢轨则必须先炼钢。

1889 年，张之洞向英国订购了炼铁炉和制造钢轨的炼钢设备。1894 年，汉阳铁厂开始炼铁制钢，从此，中国开始了为修建铁路而自主生产钢轨的现代化钢铁工业的历程，也为中国自主设计建造铁路提供了基础。19 世纪末 20 世纪初，中国人依靠自己的工程技术力量，在詹天佑的主持下进行自行勘探、设计和施工建造了第一条不使用外国资金及人员，由中国人自行设计、投入营运的铁路——京张铁路和第一座铁路桥——滦河大桥。

4. 民用工业

无论军事工业还是船舶工业都需要坚实的工业产业体系做支撑，包括原材料、技术设备、人员等条件。所以从 19 世纪 70 年代起，为了发展军事工业，清政府开始创办民办工商业，着眼于经济建设，以达到“富强”的目标。洋务运动期间先后创建了包括航运、煤炭、电信、纺织等多个门类，如轮船招商局、开平矿务局、上海机器织布局等重工业企业。从 19 世纪 70 年代开始，中国的民营资本在夹缝中开始涌现并逐渐发展壮大。这些民营资本主要投资于缫丝、棉纺织、面粉、火柴以及印刷等行业，这些行业相对于军事工业来说，机械化水平要求较低，因此相对容易吸引民营资本的介入。当时，中国出现了一些比较著名的企业，包括由陈启源创办的继昌隆缫丝厂、由朱鸿度创办的裕源纱厂、由徐润创办的同文书局、由严信厚创办的通久源纱厂、由张謇创办的大生纱厂以及由孙多森创办的阜丰面粉厂等。

## 5.7.2　中国工业设计的萌芽

回望历史，现代工业设计产生的基础是工业化所带来的劳动分工，而促进工业设计发展的动力来自市场经济中的竞争。但在 19 世纪末 20 世纪初的中国，工业技术才刚刚起步且集中于军事工业领域，而国内民用产品市场也遭到“洋货”倾轧尚未蓬勃有序发展。所以中国工业设计在这一时期难以形成工业生产与消费市场的良性发展态势，表现为模仿国外产品设计，缺乏自主研发与创新设计。

随着 19 世纪末中国以农业为主的自然经济瓦解，中外资本角逐的工商业得到前所未有的发展，然而，当时的中国市场中海外商品大量输入，让“洋货”占据市场主流。为了促进中国本土民族工商业的发展，晚清政府采取了“进口替代”经济发展战略，即通过政府主导，引进西方先进的设备和技术、进口原材料和中间产品，来生产曾经依靠进口的轻工业产品，以发展本国的制造业。在市场中，民族企业也认为只有模仿畅销的“洋货”，才能在市场竞争中取得优势。基于“进口替代”的时代背景，当时的国货产品设计，从内而外都在尽力模仿海外进口的商品，缺乏自身内生的设计方法与外显的本土设计风格。比如，在 1933 年《东方杂志》刊载的一套不锈钢家具产品，就借鉴自同时期德国包豪斯的钢管家具的样式。1934 年，第 1 期《美术生活》杂志刊登了张德荣先生设计的经济木器家具，采用了简洁的线条和几何形状，强调实用性和功能性，与传统的中国家具风格有很大的区别。其设计风格与西方现代主义设计作品有相似之处，展现了西方现代设计的风范。

在家用电器产品领域，电风扇是最早出现在中国家庭中的电器产品之一。在欧美，最流行的电风扇款式是由德意志制造联盟发起人之一彼得·贝伦斯为 AEG 公司设计的，且美国通用电器公司和美国西屋电工制造公司也出品过此电风扇产品。中国本土的华生电器制造厂通过学习“洋货”电风扇的机械结构和外形设计，制作出中国第一批国产电风扇，为中国电器制造业的发展奠定了基础（见图 5-45、图 5-46）。

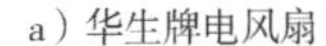

a）华生牌电风扇

b）民国时期的华生牌电风扇广告

图 5-45　华生牌电风扇和民国时期的华生牌电风扇广告

图5-46　美国“奇异”牌电风扇（左）、彼得·贝伦斯1908年为AEG设计的电风扇（右）

## 复习思考题

1. 结合案例，谈谈第二次工业革命中石油、电力的发展对现代工业设计的影响。

2. 通过案例，论证德意志制造联盟与包豪斯对现代工业设计的影响。

3. 美国的商业化工业设计有哪些优势和弊端？

4. 装饰艺术运动与现代主义有哪些区别与联系？

5. 结合案例，谈谈北欧早期现代设计的特点。

6. 参照瓦格纳设计的中国椅系列，思考受中国文化影响的西方设计还有其他案例吗？除了形式之外是如何影响的？

7. 思考有计划废止论在当下依然存在吗？如何在真实的商业竞争中评价有计划废止论？如何处理有计划废止论与可持续发展理念的矛盾？

8. 中国近代工业发展，主要集中在哪些重点领域？对工业设计的发展有哪些促进作用？

9. 用框图/表格/思维导图等图示形式，总结本章知识点，培养设计史论的结构化思维。

## 案例分析

### 芝加哥学派与现代主义设计

进入19世纪70年代，当欧洲的设计师们纠结于如何处理设计中的艺术与技术、伦理、美学以及装饰与功能的关系时，美国建筑界却迸发出了一个重要的流派——芝加哥学派（Chicago School）。这个学派突出了功能在建筑设计中的主导地位，明确了功能与形式之间的主从关系，努力摆脱折衷主义的束缚，以符合新时代工业化精神为目标。

芝加哥学派的兴起源于19世纪早期的芝加哥，1871年芝加哥大火，2/3的房屋被毁，重建工作吸引了来自全国各地的建筑师。为了应对有限的市中心区域内日益增长的住房需求，芝加哥开始兴起现代高层建筑。这些摩天大楼在兴建过程中，建筑师们采用了钢铁等新材料以及高层框架等先进技术，逐渐形成了一种新的风格，这就是芝加哥学派的诞生。

芝加哥学派的代表人物包括路易斯·沙利文（Louis Sullivan），沙利文是芝加哥学派的重要领军人物，他被誉为现代摩天大楼的奠基人。他提出了“形式追随功能”（Form follows function）的口号，强调建筑应该以其功能为出发点，并通过合理的结构和装饰来展现其目的。沙利文的代表作品包括芝加哥礼堂大楼（Auditorium Building）和韦恩怀特大楼（Wainwright Building），这些建筑展示了他对高层建筑结构和艺术装饰的独特见解。

芝加哥学派对现代主义设计的影响是深远且重要的，它在建筑和设计领域推动了一系列变革，为现代主义的发展奠定了基础。首先，芝加哥学派强调建筑的功能性，认为建筑应根据其功能需求来设计，形式应从功能中衍生而来，这一思想成为现代主义设计的核心原则之一，对后来的建筑师和工业设计师产生了深远的影响。同时，芝加哥学派追求建筑形式的简洁性和几何性，通过运用水平线条、纯几何形状和简化的设计元素来创造出现代感，这种简洁与几何形式的设计语言成为现代主义设计的重要特征，并在建筑、家具和工业设计等领域得到广泛应用。除此之外，芝加哥学派积极采用新材料和新结构技术，如钢铁、玻璃和混凝土等，以实现更大跨度的结构和开放的空间布局。这种对新材料和结构的应用为现代主义设计提供了技术基础，推动了建筑和设计的创新。

芝加哥学派的设计理念和创新精神为现代主义设计的兴起和发展提供了重要的启示和范例。它的影响延伸至建筑、室内设计、家具设计以及工业设计等领域，对整个设计界产生了深远的影响，并成为现代设计史上的重要里程碑之一。

**分析与思考：**

1. 芝加哥学派产生的历史背景有哪些？
2. 如果你是当时芝加哥的建筑设计师，你会如何为普通民众设计住宅，你的设计理念会是什么？
3. 芝加哥学派是一个建筑设计学派，它对现代工业设计的发展有哪些重要影响？

# 第4部分
# 信息时代（1960s—2000s）

## 第6章　信息时代的工业与产业

**本章导读**

信息时代通常指的是计算机和互联网技术的广泛应用和快速发展的时期，以信息技术为基础，以信息的生产、传播、利用和管理为核心，从20世纪60年代开始，一直持续到现在。在信息时代，信息以数字形式存储和传输，数字化技术使得信息的处理和传播更加高效和准确。互联网的出现使得信息的传播和共享变得更加容易，人们可以通过互联网轻松地获取信息、交流和进行商业活动。

随着移动设备的普及，人们可以随时随地获取信息和进行交流。信息时代产生了大量的数据，大数据技术的发展使得对这些数据的分析和利用成为可能。人工智能技术的发展使得计算机可以模拟人类的思维和行为，为信息的处理和决策提供了新的途径。信息时代的影响是深远的，它改变了人们的生活方式、工作方式和社会结构，也为经济和社会的发展带来了新的机遇和挑战。

科学技术的飞速进步推动了工业的创新和升级，而战争等因素也对产业发展产生了深远的影响。本章将深入探讨这些话题，并通过电子工业、互联网、无线通信1G~3G、太阳能光伏和航天工业等产业发展的典型例子，展示信息时代工业与产业的发展现状和未来趋势。通过对本章的学习，读者将更好地理解信息时代的工业与产业发展，以及它们在推动经济发展和改变人们生活方面所扮演的关键角色。

**学习目标**

通过对本章的学习，能够描述第三次工业革命的发生以及发展历程，了解该时期有哪些技术进步驱动了第三次工业革命的发生与发展，掌握信息时代工业与产业发展的基本概念和理论。熟悉电子工业、互联网、无线通信1G~3G、太阳能光伏和航天工业等产业的发展历程和现状，能够运用所学知识，分析和评估这些产业在经济、社会和环境方面的影响。

**关键概念**

信息时代（Information Age）

电子工业（Electronic Industry）

互联网（Internet）

无线通信（Wireless Communication）

太阳能光伏（Solar Photovoltaic）

航天工业（Aerospace Industry）

战斗机（Fighter Aircraft）

计算机（Computer）

# 6.1　工业与经济发展

第二次工业革命是从19世纪末到20世纪中叶，通过电气化、化学工业和机械工程等领域的进步，实现了社会生产的电气化、石油化、钢铁化和通信革命，电力、石油、通信、钢铁等工业成为经济发展的主体。在第二次工业革命的推动下，生产力得到了迅速发展，创造了巨大的物质财富，也为新的工业革命准备了非常有利的前提条件。

1945年，第二次世界大战结束，全球迎来了和平发展的新时期。以微电子信息技术、新材料、新能源、生物工程、航空航天技术为代表的第三次工业革命拉开了序幕。第三次工业革命也被称为数字革命、信息革命。其中，微电子技术、计算机技术、通信技术、互联网技术等的发展，使得信息的获取、传输和处理变得更加快捷、便利和高效。同时，新材料、新能源、生物工程、航天技术、海洋技术等领域的发展，也为第三次工业革命提供了强有力的支撑。科学研究因素和战争因素，是第三次科技革命的核心动因。同时，第三次工业革命对人类生活方式的改变是深远的，在数字化和网络化的背景下，人们的生活和工作方式发生了巨大的变化，技术驱动、市场需求、竞争压力等动因也推动了设计的发展。

## 6.1.1　科学进步促进工业发展

一直到19世纪，人类对世界的认识依然主要停留在宏观层面，即局限在人类肉眼可见、感官可感知的范围内。但是，到了20世纪后半叶，人类在自然科学领域，尤其是物理学、化学和生物学出现了一系列的重大突破。

1666年是世界科学史上第一个“奇迹年”（Annus Mirabilis），因为在这一年，英国科学家艾萨克·牛顿（Isaac Newton，1643—1727）完成了力学、光学、万有引力等一系列重大的宏观层面的物理学发现。而在239年后的1905年，人类科学史迎来了第二个“奇迹年”，这一年在瑞士伯尔尼联邦专利局任职的阿尔伯特·爱因斯坦（Albert Einstein，1879—1955）在《物理年鉴》发表了多篇划时代的论文，分别阐述了光电效应、布朗运动、狭义相对论、质能方程。在处理复杂、多元的不确定性问题时，也出现了相应的工具和方法论，包括高等数学和“三论”，其中“三论”分别指系统论、控制论、信息论。

### 1. 光电效应

德国物理学家马克斯·普朗克（Max Karl Ernst Ludwig Planck，1858—1947），是近代量子物理的

创始人。普朗克曾受电力公司委托，研究出如何制造耗能少、光照强的灯泡，于是他的物理研究曾一度专注于“黑体说”。黑体其实不是现实中的某个具体的物体或者物质，而是一种理论假想，是指一种能够完全吸收照射在其上面的光而不会发生发射的物体。1900 年，普朗克基于黑体的相关研究得出了能量量子化的假说，即 E（能量）=h（普朗克常数）×v（波长的频率）。在这个公式里 E 值总是整数，没有小数，这就意味着能量来源于一个个独立的“部分”，是不连续的。他给这些独立的能量“部分”起名为“量子”。

爱因斯坦在普朗克成就的基础上，进一步提出了“光量子”的概念，近乎完美地解释了光电效应现象。所谓光电效应是指当一束光照射在某些特定的金属表面后，会使金属发射出电子形成电流。但是如果光的频率不够高，即使照射的时间被延长，也没有办法激发出电子，这和经典物理学理论也是相悖的。爱因斯坦提出，光波不是连续的，而是由一个又一个相互离散的光量子构成的。只有当一个光量子的能量超过从金属中激发出电子所需要的最低能量时，电子才会被激发。爱因斯坦所说的“光量子”后来被定义为“光子”，他从量子论出发，指出光同时具有粒子性和波动性，这在后来被称为“波粒二象性”。光电效应是今天太阳能光伏发电的基础原理，也是激光理论以及发光二极管 LED 照明的基础原理。

2. 布朗运动

早在古希腊时期，就有了物质的原子说假说。1803 年，英国化学家约翰·道尔顿（John Dalton，1766—1844）提出原子论，认为组成物质最小的单位是原子，而不同质量的原子代表不同的元素。但是在道尔顿的时代，他无法通过试验证明原子的存在，因为分子和原子过小，根本无法通过显微镜等手段直接观察，最初证明分子的试验，其实是靠间接观察得来的。1827 年，英国生物学家罗伯特·布朗（Robert Brown，1773—1858）在研究花粉中的微粒和孢子在水中悬浮状态的微观行为时，发现微粒有不规则的运动，虽然他并没从理论层面成功解释这种现象的原因，但后来的科学家依然用他的名字命名为“布朗运动”。同时代的科学家们对布朗运动进行了多种解释，最终达成一致的是，花粉的运动是水分子随机运动撞击导致的。1905 年，爱因斯坦推导出了水分子的大小和密度，即单位体积内有多少水分子。爱因斯坦的计算结果相对于今天的结果而言不甚准确，但是却从理论的层面确立了分子的存在。

3. 狭义相对论

要理解狭义相对论，首先要理解经典力学领域中的伽利略变换。例如，当人们乘坐高铁时，速度是300km/h，人们沿着高铁行进的方向在车厢内以 3km/h 的速度走动，那么人们相对于高速铁路两旁坡上的某一棵静止的大树的速度，就是 303km/h。这种相对于某一参考系的速度直接叠加的变化，就是伽利略变换，是经典力学乃至经典物理学领域最典型的案例。但是，伽利略变换是建立在一个前提下才成立的，即空间与时间是绝对的、独立的，这对人们来说似乎就是常识，是在生活中就可以观测到的普遍现象。然而，在 1881 年前后，物理学家们经过反复试验测算，发现光在真空中行进的速度是恒定不变的，和参考系的选取无关，即假设行进在真空中的高铁速度是 300km/h，车头灯的灯光发射出去的速度依然等于光速，并没有叠加高铁的运动速度。这与伽利略、牛顿时代的经典物理学体系是相悖的。

1904 年，荷兰物理学家亨德里克·安东·洛伦兹（Hendrik Antoon Lorentz，1853—1928）提出了一种新的时间与空间变换的关系，后来被称为洛伦兹变换。在洛伦兹变换中，假设光速是恒定不变的，而在运动的物体上测量到的时间可以被延长、距离可以被缩短。但是，洛伦兹变换在当时只是一个数学假说，需要理论或试验的推演论证。爱因斯坦意识到伽利略变换实际上是牛顿经典时空观的体现，如果承认“真空中的光速独立于参考系”这一试验事实为基本原理，则可以建立起一种新的时空观，后来被称为相对论时空观。在这一时空观下，由相对性原理即可成功推导出洛伦兹变换。1905 年，爱因斯坦发表论文《论动体的电动力学》，建立狭义相对论，成功描述了在亚光速领域宏观物体的运动。

### 4. 质能方程

除此之外，爱因斯坦还从狭义相对论的方程中推导出著名的质能方程，即 $E=mc^2$。其中，$E$ 代表能量、$m$ 代表质量、c 代表光速。质能方程展示了能量和质量是可以相互转换的。方程中光速 c 是一个很大的数字（299792458m/s），而光速的平方则是更大的数字。通过质能方程可以看出，一个质量非常小的物体，如果全部转换成能量，其能量值会大得惊人。如果将这个公式进行简单的转换，就可以得到 $m=E/c^2$，可以看出，物质世界中物体质量的来源其实是能量。这揭示了宇宙其实是由纯能量构成的，我们看到的物质世界，其实只是能量的一种表现形式。今天人类制造的核武器、核电站等核设施，就是因袭了质能方程的原理，将质量转化为能量。

20 世纪 60 年代美国著名学者托马斯·库恩（Thomas Kuhn，1922—1996）在其著作《科学革命的结构》中提出，科学不是通过新知识的线性积累进步，而是经历周期性革命，也被称为“典范转移”（Paradigm Shift）。在这个过程中，过去的科学理论和观点被新的理论和观点所取代，从而导致了科学的飞跃。

科学技术领域的典范转移不断发生，使得人类认识世界“尽精微、致广大”的视角进一步拓展。显微镜的发明与使用，将微小到肉眼不可见的微生物、细胞呈现在人们眼前，而望远镜的进步则让人类可以看清宇宙中天体的运动，并进一步探究其规律。“精微”与“遥远”两个向度的拓展在一定程度上颠覆了过去固有的宏观层面的科学观与认识论，并进一步激励了人类科学探索的热忱。典范转移最为经典的例子就是牛顿力学被爱因斯坦的相对论所取代。牛顿力学是数百年来物理学的主流理论，但随着科学技术的发展和试验数据的积累，爱因斯坦的相对论提出了一个全新的物理学框架，从而颠覆了牛顿力学的基础。

当人类将视线进一步聚焦到物理世界的基本粒子层面时，原子能与半导体的大门被打开了，出现了系统论、信息论、控制论，加速了人类文明的进步。除此之外，人类对生命与自身的研究，也进入了“尽精微”的分子层面，DNA 双螺旋结构与遗传密码的发现，揭示了生命活动的基本规律。

### 5. 高等数学与“三论”

在 20 世纪初的“物理危机”过后，牛顿的经典物理学体系被爱因斯坦的相对论、量子力学撼动，较之从前，人们开始承认不确定性和非连续性也是世界的本质属性之一。

到了 20 世纪，基础科学的发展与高等数学的关系愈发紧密，为了适应科学与技术的发展，数学在 20 世纪出现了一系列新的分支，比如概率论与统计、离散数学、新几何学、数论等。其中，离散数学主要研究内容包括集合论、图论、逻辑学、组合数学、计算理论等，这些看上去略显抽象的问题，在计算机科学和信息技术中有着广泛的应用，如算法设计、数据结构、数据库、密码学、图像处理、编码理论、人工智能等领域。又如，人们今天知道计算机是使用“二进制”进行运算的，而布尔代数就是二进制运算的数学基础，它研究的是逻辑关系和逻辑运算，其基本元素是逻辑变量和逻辑运算符，逻辑变量只能取两个值，通常用0和1来表示。

系统论的基本思想是将一个系统看作是由相互关联的部分构成的统一整体，不是部分之和的简单叠加，对每个部分的单独研究不能得到整体的特性。比如，系统论中的系统分析法，包括系统的建模、模拟和评估等环节，可以帮助人们更好地理解系统的本质和规律。系统论解决复杂问题的经典案例，就是第二次世界大战期间美国制造核武器的曼哈顿计划，该项目由于采用了系统工程的思路与方法，提高了效能和质量。控制论是1948年由科学家诺伯特·维纳（Norbert Wiener，1894—1964）提出的，其研究的是在一个动态的系统中，通过对部分之间的相互作用和外部环境的反馈来控制和优化系统行为的方法论。信息论是一种研究信息的传输、存储和处理的数学理论，它由克劳德·艾尔伍德·香农（Claude Elwood Shannon，1916—2001）在1948年提出。信息论的研究对象是信息，信息可以是文字、声音、图像、视频等数据形式。信息论对信息这种抽象对象进行了量化，并通过方法准确度量信息的多少。它从理论上解决了信息的传输、存储和处理的效率问题。

### 6.1.2 战争因素影响工业发展

20世纪上半叶的两次世界大战给全世界带来了深重的痛苦和破坏。第三次工业革命是在战争时期酝酿发生的，例如原子能的发现与利用源自第二次世界大战时期美国与德国的核武器研发；电子计算机的发明源自第二次世界大战期间美国陆军的弹道计算的需要；而航空航天技术的进步则是苏联与美国冷战期间太空竞赛的结果；电子技术则是源自于第二次世界大战期间军事通信的新型电子设备的开发。随着战争的结束，核工业、电子计算机、航空航天、微电子等技术逐渐民用化，相关产业获得了空前的发展。

战争是冰冷残酷的，是全世界热爱和平的人们最不希望看到的。但是，在国家、民族受到严重威胁的情况下，出于战略防御的战争举措，会在短时间内加速特定领域的技术进步。爱因斯坦在1905年提出的质能方程，揭示了物质本身蕴藏的巨大能量，这也为核武器的研发埋下了伏笔。德国物理学家哈恩（Otto Hahn，1879—1968）和莉泽·迈特纳（Lise Meitner，1878—1968）最早发现了核裂变，并通过核裂变试验证实了爱因斯坦的质能方程。迈特纳用中子轰击铀原子，得到了两个更小的原子“钡原子（Ba，原子序数56）”和“氪原子”（Kr，原子序数36）以及3个中子。在清点试验的生成物时，意外地发现生成物的质量略小于铀原子与轰击它的中子的质量。迈特纳按照爱因斯坦的公式计算出了丢失质量产生的能量，并在后续的试验中印证出爱因斯坦的理论推导。基于此理论，1939年4月德国军方就开始部署核武器的研制，在大西洋对岸的美国也非常迅速地获知了来自德国的军事情报。

1941年12月7日，日本海军对美国海军在夏威夷珍珠港的基地实施了袭击，造成美国太平洋舰队的重大损失，包括8艘战舰和188架飞机被摧毁或损坏，以及2403名美国人死亡和1178人受伤。这个事件被称为“珍珠港事件”，美国随即对日本宣战，加入了第二次世界大战，1942年开启了规模庞大的核计划——曼哈顿计划。在格罗夫斯和奥本海默的指挥下，美国原子弹的研究工作进展迅猛，1945年7月，代号“三位一体”（Trinity）的原子弹试爆成功，并在1945年8月对日本广岛和长崎进行了核武器轰炸，导致了数十万人的死亡和伤害。核潜艇也是一种以核动力驱动的军事舰艇，由于其需要长时间在水下航行，使用电能、化石燃料发动机均需要回到水面充电或“呼吸”，续航能力差、易于暴露。核潜艇的优点在于具有长时间的潜航能力和较高的机动性，可以在水下进行隐蔽的侦察和攻击任务。在冷战期间，核潜艇成为美苏之间军备竞赛的重要组成部分，也成为各国海军的重要装备之一。鹦鹉螺号核动力潜艇（USS Nautilus SSN-571）是隶属于美国海军的一艘作战用潜水艇，是世界上第一艘实际服役的核动力潜艇，续航力与动力非常强大，开启了冷战后核能潜水艇的新时代，也是第一艘实际航行穿越北极的船只。1974年8月，中国独立自主研制的第一艘核潜艇“长征一号”正式服役，代表了中国核动力技术的成就和突破。

原子能技术在二战后很快转为民用，1951年美国建立了第一个试验性的核电站，1954年世界第一个投入实际使用的核电站在苏联诞生。在核电建设领域，中国的发展也举世瞩目，截至2021年底，中国在运行的核电机组共有53台（不含台湾地区），2021年全年核电发电量占全国累计发电量的5.02%。其中，秦山核电站位于中国浙江省海盐县秦山镇，是中国大陆建成的第一座核电站，1991年12月15日零时15分首次实现并网发电，成为当时中国大陆投产的唯一核电机组。1995年7月通过国家竣工验收，发电量为17亿kW·h/年。

现代战争中对于敌军的侦察，离不开雷达的帮助。1917年，尼古拉·特斯拉就曾提出使用无线电波进行目标侦测的概念，之后意大利的无线电工程师马可尼将特斯拉的概念进行完善，成功利用无线电波的反射波探测船只。再之后，多国的军方相继掌握了雷达的技术原理，并建设无线电侦测站，用于获取军事情报。在第二次世界大战中，雷达技术得到迅速发展，出现了应对多种复杂战术条件的军事雷达，如地对空侦测雷达、空对地搜索轰炸雷达、空对空截击雷达、敌我识别雷达等。在冷战期间，美国国家航空航天局与美国军方合作发明了使用激光脉冲探测的激光雷达，进一步提高了雷达的探测精度，如今，它被广泛应用于无人驾驶汽车上，用以动态实时识别车辆驾驶环境，为计算机自动驾驶控制做决策参考。雷达技术还被广泛应用于气象、遥感、遥测、航空航天等诸多领域中。科学家们还利用雷达接收无线电波的功能，发明了“只接收、不发射”的射电望远镜，进行宇宙深空探索。我国贵州2016年建成的FAST“中国天眼”就是一只超大型的射电望远镜。

早期的军事雷达所使用的无线电波频率具有单一或变化规律的特点，很容易被敌方发现并成为被攻击的目标。第二次世界大战期间，演员海迪·拉马尔（Hedy Lamarr，1914—2000）了解到使用无线电控制的鱼雷有可能被敌人的技术手段干扰制导系统甚至使其偏离航线，于是她与她的作曲家好友乔治·安太尔（George Antheil，1900—1959）讨论如何解决这个问题。他们在加州理工学院无线电电气工程教授塞缪尔·斯图尔特·麦基翁（Samuel Stuart Mackeown）的帮助下，发明了一种特殊的通信技术，它可以在不断变化的频率下进行通信。这项技术很快被用于改进雷达系统，使得对方无法侦测到雷达的频率。这种技术后来演变成了移动通信CDMA（码分多址）技术的前身，并且成为现今通信中调频编码的基础。

战争对军事工业领域设计的影响还包括武器设计。军事武器的设计追求轻量化、便携性、环境适应性和零部件标准化等，AK-47自动步枪是一个很好的例子，它全称为卡拉什尼科夫1947年式自动步枪，是由是苏联枪械设计师所设计的一种自动步枪。AK-47在气动的旋转螺栓系统上运行，这种设计简单、可靠，并最大限度地减少了后坐力，使其非常适合自动射击，并且能够进行全自动和半自动射击，在战斗场景中提供多功能性。AK-47外壳坚固，环境适应能力强，减少了零件数量和复杂度，从而提高了可靠性和耐用性，可以在恶劣的环境条件下正常工作，例如在尘土、泥水、低温或高温等情况下。与其他枪支相比，AK-47的设计简单明了，零件更少，拆解和组装也相对简单，方便士兵在战场上进行维护和修理。枪托和握把的形状尺寸也经过了优化，以提高握持的稳定性和舒适性，使得射手能够更舒适地握持和操作武器。由于 AK-47 自动步枪注重实用性、可靠性和操作性，它已经成为世界上最广泛使用的突击步枪之一（见图 6-1）。

图 6-1　AK-47 自动步枪

战斗机在第二次世界大战期间得到了迅速发展，这与当时的战争需求密切相关。在第二次世界大战期间，战斗机的主要功能是在空中进行战斗，因此设计重点放在了提高其战斗性能上，引发了战斗机在外形、结构和材料等方面的创新，以满足高速、敏捷和强大火力等需求。当时的战斗机主要以功能为主，在形式上考虑较少。同时，为了提高生产率和维修便利性，不同部件可以独立制造和更换，从而降低生产和维修成本，提高战斗机的可用性。在设计战斗机时，人机工程学也得到了重视，考虑了飞行员的需求，如视野、操控性和舒适性等。为了提高战斗机的性能，在材料选择上通常很慎重，如采用铝合金、钛合金和复合材料等，提高战斗机的强度、质量比和耐蚀性。例如，美国陆军航空队的 P-51 野马战斗机、“苏联”空军的拉-5 战斗机等（见图 6-2），在第二次世界大战中都为各自的国家取得空中优势和为战争胜利贡献出了重要力量，它们的设计和性能特点也为后来的战斗机提供了借鉴。

a）P-51野马战斗机

b）“苏联”空军的拉-5战斗机

图 6-2　P-51 野马战斗机和“苏联”空军的拉-5 战斗机

计算机的发展历史可以追溯到第二次世界大战期间，战争通信需求催生了计算机的发展。当时的计算机体积非常庞大，通常需要占据整个房间甚至更大的空间。由于技术水平限制，计算机的计算速度相对较慢，通常只能完成一些简单的计算任务。在设计上采用了大量的机械结构，元件用齿轮、链条和传动轴等来实现计算和数据传输。并且使用真空管作为电子元件，真空管具有体积大、寿命短、容易损坏等缺点。当时的计算机编程语言也非常简单，通常只能完成一些基本的计算任务。主要用于军事领域，如计算弹道和破译密码，用途较为单一。

1944 年，美国哈佛大学的数学家和工程师霍华德・艾肯和他的团队在美国政府的支持下，开始研发一种名为“哈佛 Mark Ⅰ”的计算机。哈佛 Mark Ⅰ是世界上第一台采用程序控制的计算机，它能够自动执行程序，实现了计算机的自动化（见图 6-3a）。1945 年，英国数学家和工程师艾伦・图灵和汤米・弗劳尔斯在英国政府的支持下，开始研发一种名为“电子数字积分计算机”（ENIAC）的计算机。ENIAC 是世界上第一台电子计算机，它采用了大量的真空管作为电子元件，能够进行高速计算和数据处理（见图 6-3b）。

a）哈佛Mark Ⅰ

b）ENIAC

图 6-3　哈佛 Mark Ⅰ和世界上第一台电子计算机 ENIAC

当时的计算机虽然体积庞大并且计算速度慢，但它们为计算机技术的发展奠定了基础。随着技术的不断进步，计算机逐渐变得更加先进和普及，成为现代社会中不可或缺的一部分。

## 6.2　产业发展典型案例

### 6.2.1　电子工业

电子工业的发展始终以电子理论的发展为基础。在 20 世纪 40 年代，人们已经利用了光电效应等原理成功地试制出了电视和雷达等电子产品。在第二次世界大战期间，为了满足军事通信的需要，电报、电话设备得到了大量生产，并且新型的电子设备，如雷达、声呐、远程导航系统、测高计、夜视仪、自动操纵仪等相继问世。20 世纪 50 年代以后，晶体管和集成电路相继问世，这使得电子产品发生了革命性变化。电子产品的成本降低了，体积变小了，性能也得到了极大的提升。

#### 1. 计算机的发明

1935 年，康拉德·恩斯特·奥托·楚泽（Konrad Ernst Otto Zuse，1910—1995），一名来自德国的工程师，由于日常工作中需要处理大量的计算工作，他希望能够通过机器的运算提升工作效率，于是着手在家里发明计算机。他将布尔代数应用到计算机的设计之中，通过二进制实现简单的机械运算。他于 1938 年研制出了型号为“Z1”的由电驱动的机械计算机，用以解决一些特定的计算问题，是世界上第一台可编程计算机（见图 6-4）。

图 6-4　Z1 机械计算器

美国由于第二次世界大战中的军事需要，即如何快速高效地计算火炮的弹道，提升战略打击的能力，于是，美国在 1943 年开始研制军用的电子计算机。军用的计算机，需要计算的问题更多，也更为复杂，计算机的功能就不能只局限在特定的运算，需要具备通用的计算能力。在冯·诺依曼（John Von Neumann，1903—1957）等科学家的带领下，型号为“EDVAC”（爱达法克）具备通用计算能力的计算机在1949年被设计制造出来，这是世界上第一台通用的电子计算机。但是，EDVAC的体积非常庞大，这主要是因为它使用了大约6000个真空管和12000个二极管作为运算单元，导致这台计算机的占地面积达到了45.5m²，总质量达7850kg，工作起来的耗电量也是惊人的。除此之外，它的运算速度和今天的家用计算机相比，都可谓是天壤之别。第二次世界大战结束后，计算机需要“瘦身”和“提速”才能降本增效，满足更多行业的计算需求。随后的半导体晶体管的发明与使用，彻底解决了这一问题。

### 2. 半导体晶体管与集成电路

早期的计算机使用的是真空电子管，是一种在电路中控制电子流动的电子元器件，通常是将电极封装在一个真空的玻璃管中制成（见图6-5）。电子管的发明可以追溯到19世纪末，其技术原理是在托马斯·爱迪生研发灯泡的过程中被偶然发现的。但是，电子管体积大、耗电量大、速度慢、造价昂贵，这也就直接导致了早期的电子计算机规模庞大且效率低。1974年，贝尔实验室的科学家威廉·肖克利（Willian Shockley，1910—1989）和他的同事约翰·巴丁（John Bardeen，1908—1991）、沃尔特·布拉顿（“Walter Brattain，1902—1987）共同发明了半导体晶体管替代真空电子管，成为现代电子技术的核心元器件之一。

图6-5　真空电子管

半导体晶体管有哪些优势呢？半导体晶体管的基数原理相对复杂，此处不做过多解释，感兴趣的同学可以课外自行了解学习。但其相较真空管的优势，却是非常显著的。首先，半导体晶体管的体积比真空管小很多，这极大地缩减了早期计算机和电子产品的体积，间接拓展了计算机未来的使用场景。同时，半导体晶体管更为可靠耐用，没有真空管中脆弱的金属电极和易碎的玻璃罩，使用寿命也得到延长。除此之外，半导体晶体管的耗电量低，只需要微小的电流就能完成工作。使用半导体晶体管的计算机，计算速度极大提升且耗电量大幅下降，后续的维护成本也降低了许多，不需要频繁维修替换损坏的真空管了。

半导体晶体管的进步，为集成电路的发明打下了基础。集成电路又称“芯片”，如今的集成电路已经可以做到在一个指头尖大小的平面上就可以放置几十亿个晶体管器件，并且在晶体管上方覆盖着像摩天大楼一样多层并且极其密集的导线。集成电路的发明者是工程师杰克·基尔比（Jack Kilby，1923—2005）和罗伯特·诺伊斯（Robert Noyce，1927—1990）。1958年，基尔比在得克萨斯仪器公司（Texas Instruments）工作期间，使用小型的硅片，将晶体管、电容和电阻等电子元件直接集成到硅片上，首次发明了集成电路。诺伊斯在美国的仙童半导体公司（Fairchild Semiconductor）也独立发明了集成电路。他使用了一种新的制造方法，称为“平面工艺”（Planar Process），使得集成电路的制造更加容易和可靠。这种集成电路的类型被称为“单片集成电路”（Monolithic Integrated Circuit）。由于集成电路将元器件高度密集地集成在一起，所以整体的体积非常小、相对重量轻、成本更低、功耗更低，基于此，就可以进一步被制成微小的元器件模组，进行电子产品的组装生产，对现代电子技术的发展和应用产生了深远的影响。

芯片的制造有两个关键技术，首先是制造高纯度的半导体晶圆衬底。由于晶体管是在半导体晶圆衬底上通过人工掺杂杂质元素而形成的，也就意味着，在掺杂元素之前，半导体晶圆要绝对纯净。例如，半导体锗晶圆，纯度要至少达到小数点后5~6个9，也就是纯度要达到99.99999%~99.999999%，而硅晶圆的纯度更是要达到小数点后11个9，利用这样纯净的半导体晶圆制作的芯片才具有更优异的电性能。

接着是在晶圆上添加电子元器件，要完成这个步骤就需要使用大家耳熟能详的设备——光刻机。光刻机的工作原理实际上跟照相很接近，当集成电路设计好后，将电路图制作成一个胶片，然后用紫外光透过胶片来照射涂满光刻胶的半导体晶圆，被照射的光刻胶发生化学反应从而将胶片上的电路信息留存下来，最后在留存下来的位置通过离子掺杂就在晶圆上形成了无数个晶体管。人们通常所说的“7nm芯片”“5nm芯片”，就是指晶圆中晶体管的大小。越小的晶体管意味着同样大小的芯片中含有的晶体管数量越多，那么这块芯片的功能也就越强大。目前，人类已经可以使用极紫外光刻技术（光波长：10~14nm）量产5nm芯片。

英特尔公司的创始人之一戈登·摩尔（Gordon Earle Moore，1929—2023）1965年在《电子学》杂志上发表了著名的摩尔定律，即集成电路上可容纳的晶体管数目，约每隔两年便会增加一倍。后来英特尔的首席执行官大卫·豪斯（David House）提出，预计18个月会将芯片的性能提高一倍，即更多的晶体管使其运算速度更高。虽然摩尔定律是一条对现象的合理预测，不是物理定律或数学公理，但半导体行业大致按照摩尔定律发展了半个多世纪。值得关注的是，随着摩尔定律的不断被印证，半导体芯片的集成度不断提高，计算机的性能提升的同时，造价也极大地下降。这就进一步刺激了半导体行业不断研发新技术、新材料来进一步提升集成电路的集成度，进而提升运算效率，降低制造成本。可以说，摩尔定律驱动了20世纪半导体行业的迅猛发展。如今，人们使用的智能手机、平板计算机，其运算能力都远远超过当年美苏太空竞赛时使用的计算机。

1974年，MITS公司基于Intel 8080微处理器设计开发了第一台完整的个人计算机Altair 8800，并于1975年在《大众电子学》杂志的封面上发布，并引起了计算机爱好者的广泛关注。当时，还在哈佛大学读书的比尔·盖茨和保罗·艾伦一起为Altair 8800计算机设计了一个叫作Altair BASIC的程序，而BASIC程序实际上是一种易于学习和使用的计算机程序设计语言。盖茨和艾伦所开发的BASIC版本后来成为Microsoft BASIC，并成为MS-DOS操作系统的基础，这也是微软公司早期成功的关键之一。

1976年4月，史蒂夫·乔布斯（Steve Jobs，1955—2011）、斯蒂夫·沃兹尼亚克（Stephen Wozniak）创立了苹果公司，研发和销售沃兹尼亚克设计制造的第一代苹果计算机。当时第一代苹果计算机和现在人们使用的计算机差异很大，只是一台木质外壳的主机，显示器需要连接家里的电视，而键盘也需要单独购买。这台计算机的功能也乏善可陈，运算速度达不到今天智能手机的十万分之一，也没有软件可以使用，只有计算机爱好者才会购买它，普通消费者甚至都不知道该怎么使用（见图6-6）。到了1976年底，第一代苹果计

图6-6　苹果计算机的第一台原型机Apple I

算机大约卖出了近200台，这给了乔布斯与沃兹尼亚克很大信心，继续研发第二代苹果计算机。

1981年，IBM（International Business Machines Corporation，国际商业机器公司）推出了型号为IBM PC的个人计算机产品。这款产品采用了英特尔公司的8088芯片作为处理器，同时委托了第三方的软件公司为其开发软件。IBM PC相较于同时期的苹果计算机性能更为优异，一经推出就大受欢迎，当年就销售了10万台，当时的《时代周刊》评选了IBM PC为20世纪最伟大的产品之一（见图6-7）。1982年，IBM公司由于反垄断限制，公开了IBM PC上除BIOS之外的全部技术资料，从而形成了当时PC机的“开放标准”，这让市场上不同厂商生产的计算机部件只要符合这套标准，就可以互换和组装成一台个人计算机产品，这种符合IBM技术标准的组装计算机被称为IBM兼容机。这些兼容机和IBM PC具有相同的硬件结构和操作系统，可以运行同样的软件，IBM兼容机由其他厂商制造，而不是IBM公司自己制造。这些厂商在IBM PC的基础上进行了改进和升级，使得IBM兼容机在性能、价格和可扩展性方面有了更大的优势。开放标准这一举措快速聚拢了大量的PC组件生产商和整机组装商，促进了个人计算机产业的发展。到了1990年代初，IBM兼容机的数量占据了绝对主导地位，加速了个人计算机的普及。互联网的普及和发展使得计算机成为全球最重要的通信工具和信息媒介之一，随后计算机的发展继续向着更加智能化、便携化、高效化和多功能化的方向不断发展，直到今天，依然是现代社会工作和生活中必不可少的基础设施。

图6-7　IBM PC

## 6.2.2　互联网

互联网（Internet）是一个全球性的计算机网络，由无数的计算机和网络设备组成，它们通过标准化的通信协议（如TCP/IP）进行互联和通信。互联网最初是由美国国防部在20世纪60年代末期研发的，旨在建立一个可以在复杂条件下保持通信的稳定的分散式计算机网络。互联网的出现和发展，使得全球范围内的计算机和设备都可以进行信息交流、数据传输、资源共享和在线交易等活动。随着互联网技术的不断发展和普及，互联网已经成为全球性的信息交流和共享平台，支持包括电子邮件、网页浏览、在线聊天、视频会议、在线购物等覆盖面极广的服务范畴。

全球互联网从20世纪90年代开始，进入了快速发展期。在这一时期互联网快速商业化，伴随大量的资金涌入，互联网行业快速成型，并开始爆发式增长。互联网产业是指以互联网技术为基础，以互联网为平台，涉及信息技术、电子商务、文化创意、数字内容、移动应用等各个领域的产业。它包括了互联网基础设施、互联网服务、互联网内容和互联网应用四个层面。

目前，中国是全球互联网用户数量最多的国家之一，也是全球最大的互联网市场之一。同时，中国的互联网企业也在全球范围内有着重要的影响力和地位，例如阿里巴巴、腾讯、百度等公司。中国的互联网发展，起源于20世纪90年代初，1994年4月，时任中科院副院长的胡启恒专程赴美拜访主管互联网的美国自然科学基金会，代表中方重申接入国际互联网的要求。1994年4月20日，中国实现与国际互联网的第一条TCP/IP全功能链接，成为互联网大家庭中的一员；同年5月15日，中科院高能物理研究所设立了国内第一个Web服务器，推出中国首套介绍高科技发展的网页，后更名为“中国之窗”，成为中国利用国际互联网发布信息的主要渠道之一。20世纪90年代末，随着人民网、新华网、网易、搜狐、新浪等门户网站问世，中国互联网产业Web1.0时代正式拉开序幕。

互联网通过有线的双向通信解决了信息传输的效率问题，其使用的主要协议是TCP/IP，它是互联网通信的基础。TCP/IP是由两个协议组成的：TCP（Transmission Control Protocol，传输控制协议）和IP（Internet Protocol，网际协议）。简单来说，其本质就是将信息分成统一的数据包，按照互联网上具体设备的IP地址，将数据包精准、完整地传输过去。TCP/IP并不是唯一的互联网协议，还有一些其他的协议，例如HTTP、FTP、SMTP等，它们也在互联网中发挥着重要的作用。但是由于TCP/IP占主流，所以它也在反向影响着互联网的技术发展。

互联网产业对于社会、经济、文化和政治等各个领域都产生了重大且深远的影响。首先信息传播速度和范围加快，人们可以通过互联网获取各种信息，包括新闻、娱乐、教育、科技等各个领域的信息。同时，商业模式和市场格局也随之发生变化，使得传统产业面临着巨大的挑战和机遇。互联网为企业提供了新的商业模式和市场机会，如电子商务、移动支付、在线教育、在线医疗等。社交和交流方式发生变化，人们可以通过社交网络、聊天工具、在线论坛等方式进行交流和互动，同时也使得人们更容易获得各种资源和信息。媒体格局发生变化，互联网媒体为人们提供了更加多样化和个性化的信息和娱乐资源，相对应的传统媒体则面临着互联网媒体的竞争和挑战。互联网还改变了教育方式，人们可以通过在线学习平台、数字图书馆、在线课程等方式进行学习和文化交流，也为文化创意产业提供了新的机遇和挑战。

互联网发展的另一个结果，就是进一步加速了个人计算机的普及，同时也打开了“云计算”时代移动互联网的大门。由于有了网络的存在，人们可以建立一个云计算中心进行复杂的计算和存储，在有需求的时候再通过网络进行获取。简单来说，所谓云计算其实就是一种基于互联网的计算方式，它将计算资源（包括计算机、存储、网络、应用等）通过互联网进行统一管理和分配，用户可以随时随地使用这些资源，而无须拥有和维护这些资源的物理设备。有了云计算之后，一个运算能力有限的网络终端，如平板计算机、智能手机、智能手表等，都可以通过顺畅的网络服务完成复杂的功能，这部分移动互联网的内容将会在本书的第五篇讲到。

### 6.2.3　无线通信1G~3G

现代通信包含有线通信和无线通信两种类型。有线通信是指通过物理介质，比如光纤、同轴电缆、电话线、网线等方式传递信号的通信方式，常见形式有电报、电话、有线电视、以太网等；而无线通信是指通过电磁波传输信号的通信方式，常见形式有手机、蓝牙、卫星、微波等。相比于有线通信，无线通信更为便捷、高效。无线通信领域是20世纪末至21世纪初发展最快、影响最大的领域之一。今天，在世界范围内，手机和其他移动终端已成为生活与工作不可或缺的重要工具。

无线通信技术的发展，需要追溯到第二次世界大战以及冷战时期。早在第二次世界大战之前，美国军方就已经开始研制便携的无线通信工具用于战时实时通信。1940年，摩托罗拉公司研制出了型号为SCR系列的军用对讲机，包含一个无线电接收机和发射机，可以双向实时通信。SCR系列的军用对讲机在第二次世界大战时成为前沿阵地的标志，让战场上的通信更为便捷高效。

1946年，美国电话电报公司（AT&T）开始在全美多个城市开通公共无线电话系统，即MTS

(Mobile Telephone System)。值得一提的是，AT&T 公司的前身是贝尔电话公司，由电话的发明人亚历山大·贝尔在 1877 年创立。当时的无线电通信系统非常简单，其方法是在高处（如山顶或高楼顶上）架设一台无线电通信发射机，一次覆盖大范围区域。区域内的通话者通过该发射站点以及其他接收站点接入公用电话交换网（PSTN）进行通话。在这样的无线电通信系统中，为了重复使用同一频道，必须将其间隔 50mile，甚至更远的距离。此外，在同一个城市区域内，可供通话使用的无线频率资源非常有限。

新的无线电通信系统满足了人们在移动中通话的需求，在当时，拥有移动电话成为身份和财富的象征，因此，增加无线电通信系统的容量成为当务之急。贝尔实验室的工程师杨（Young）研究移动电话在城市和高速公路沿途的覆盖能力时，发现采用类似于蜂窝的正六边形排布方式能够高效合理地分配有限的频率资源，并能够大大减少不同覆盖区域的同频干扰。他的同事道格拉斯·林（Douglas Ring）基于杨的基本思路做了延伸和扩展，并在 1947 年 12 月的贝尔实验室技术备忘录中正式提出了蜂窝网的概念。蜂窝移动通信系统完美地解决了频率和容量的难题，并成为移动通信系统的主流架构，持续至今。

蜂窝移动通信系统通过优化小区的设计和频率资源分配，用户终端的发射功率能够大幅降低，从而实现了小型化的手持式终端，同时也减小了终端的体积、质量和功耗。这一技术的发展促进了移动通信设备的普及和发展。1981 年 4 月，美国正式批准了部署商用的蜂窝移动通信系统。1983 年，美国 AT&T 在芝加哥正式开通并商用了第一个 AMPS 蜂窝系统，这标志着全世界第一代蜂窝移动通信系统的时代正式拉开了序幕，后来被人们称为第一代移动通信系统（1G）。虽然它解决了人们对于移动通信的需求，但同时由于技术局限，也存在如保密性差、通话质量差、标准多且不统一等问题。

第二代移动通信系统（2G）采用了先进的数字通信技术，相比 1G 大幅提高了系统容量和语音通话质量，同时也降低了设备成本和功耗。除此之外，2G 除了提供语音通话外，还可支持如短信、电子邮件等数据服务。这些优点，极大地加速了移动通信服务的普及。于是在 2G 时代，世界上涌现了许多通信设备制造商，其中包括瑞典的爱立信、芬兰的诺基亚、日本的 NEC 和松下、德国的西门子、加拿大的北方电讯以及法国的阿尔卡特等。在中国，中国移动和中国联通采用欧洲的 GSM（全球移动通信系统），而中国电信则采用美国的 CDMA（码分多址）系统。到了 20 世纪末，随着全球 2G 用户量的飞速增长，2G 技术也迎来了系统容量不足、数据服务业务单一等发展瓶颈，国际上相关的运营商和设备商开始研发新一代的通信系统与标准。

在新一代无线通信系统的讨论中，CDMA 技术脱颖而出，代表了第三代移动通信系统，又称 3G。CDMA 技术相较于 2G 的 GSM 技术而言，具有频谱效率高、基站覆盖范围大、支持更高的数据传输速率、适合于多媒体信息的传输等优点，同时，具有很强的抗干扰性和保密性。对于用户来说，手机的通话质量更加清晰稳定、数据传输速率提升、安全性更高。但是，在 3G 技术推广的初期，全世界许多国家和地区的运营商仍然在部署技术成熟且物美价廉的 2G 通信网络，生产 2G 手机。变革发生在 2007 年，这一年，美国的苹果公司推出了第一代 iPhone，开启了智能手机的大门。用户对于移动流量增值业务需求量直线上升，高速且高质量的数据服务加速了 3G 的网络建设与普及。在 3G 时期，中国的华为和中兴两家通信设备企业也积极投身先进技术与产品的研发中并迅速崛起，发展成为服务全球客户的国际化大公司。3G ~ 5G 的移动通信内容，将会在本书的后续章节展开。

**扩展阅读**

阅读1：摩托罗拉公司

阅读2：高通公司

阅读3：华为

更多数字资源获取方式见本书封底。

### 6.2.4　太阳能光伏

太阳是位于距银河系中心约3万光年位置的恒星，通过氢核聚变释放着巨大的能量。太阳是地球的能量来源，植物的光合作用需要阳光、人们使用的化石燃料其本质也是远古植物的光合作用的产物。但如何高效合理地利用太阳能，却是伴随人类历史发展的一个古老课题。直到20世纪，伴随第二次世界大战结束后，全世界才兴起了太阳能的研究热潮。

20世纪50年代，随着信息技术的发展，人们对半导体物理性质的研究也逐步深入，1954年，贝尔实验室成功研制出了实用性硅太阳能电池，奠定了光电电池大规模应用的基础。20世纪60年代初，人造卫星已经能利用太阳能电池作为能量来源了。到了20世纪70年代的能源危机，进一步加剧了人们对替代能源的需求，更加重视太阳能的开发与利用价值。

硅太阳能电池的原理是运用P型与N型半导体接合而成的，这种结构称为一个PN结。其中，P型和N型半导体之间形成一个界面。当光照射到太阳能电池的表面时，光子被半导体材料吸收，在内部形成电场。当连接上外部电路时，就会形成电流，太阳能电池就可以向外界供电了。但是由于自然界阳光会有日出日落的交叠，夜间没有阳光的时候，太阳能电池就无法进行能量转化与供电。所以储能技术对于光伏发电的可靠性和可持续性变得尤为重要。所谓储能技术，简单来说就是电池技术，即将不甚稳定的太阳能电池产生的电能储存在电池中，之后使用电池来为生产生活提供稳定的电力输出。近年来，储能技术的发展也非常快，如锂离子电池、硫电池等，使得光伏发电系统能够更好地储存和利用电能，提高了光伏发电的可靠性和灵活性。如今，全球光伏安装容量在过去几年中呈现出快速增长的趋势。根据国际能源署（IEA）的数据，中国、美国、欧洲和印度等国家是全球光伏市场的主要推动者（见图6-8）。

图6-8　光伏能源

中国太阳能产业近年来发展迅速，产业链主要包括研发、设计、制造、安装、运维等环节。根据国家太阳能光热产业技术创新战略联盟不完全统计，目前中国从事太阳能热发电相关产业链产品和服务的企事业单位数量约600家，其中太阳能热发电行业特有的聚光、吸热、传储热系统相关从业企业数量约占全行业相关企业总数的55%，以聚光领域从业企业数量最多，约170家。中国太阳能产业在国家第一批光热发电示范项目中，设备、材料国产化率超过90%，技术及装备的可靠性和先进性在电站投运后得到有效验证。同时，中国太阳能产业在技术创新和应用方面取得了显著进展，但也面临着国内外竞争压力逐渐增大、环境污染和资源短缺等挑战。

### 6.2.5 航天工业

空间技术的发展是建立在信息技术与新材料技术进步基础上的，包括空间通信、遥感遥测、空间军事、空间运输等重要领域。空间技术开发的目的，是通过走向太空进而利用太空。20 世纪，人类航天事业的发展，起源于火箭技术，最初是为了服务于战争目标的。第二次世界大战后，美苏逐步解决了使用火箭作为运载工具将人造卫星、探测器、宇航员等送上太空的问题。在太空空间中，利用失重、高真空、高辐射等条件开展的空间科学研究也取得了进步。

其中，20 世纪 60 年代之后，航空航天产业开始有了商业价值，这其中，以通信卫星为代表。卫星通信不受地球气候和地理条件限制，还能用于地质、水文、救灾、军事等多领域中。苏联的东方一号和美国的水星计划是第一代载人飞船的代表。东方一号于 1961 年成功发射，成为人类历史上第一艘载人飞船，尤里·加加林成为第一个进入地球轨道的人类。水星计划则是美国的载人航天计划，旨在将人类送入地球轨道。1969 年美国宇航局（NASA）的阿波罗登月计划使人类首次登上了月球。1998 年由美国、俄罗斯、欧洲、加拿大和日本等国家共同建设和运营的国际空间站（International Space Station，ISS）正式运营，为人类在太空中进行科学研究、技术测试和长期太空居住提供了平台。

随着载人航天任务的增加，航天操控面板的人机学设计变得越来越重要。在这一时期，设计开始关注航天操控面板的人机交互问题，注重面板布局、按钮大小和颜色等，提高航天员的操作效率和安全性。同时，通信卫星也得到了广泛应用，如美国的 Telstar 卫星和苏联的 Molniya 卫星，这些卫星能够提供远距离通信和广播服务，极大地促进了全球通信的发展。空间探测器也登上历史舞台，如美国的旅行者 1 号和 2 号探测器，成功探索了太阳系中的行星和卫星，为人类深入了解宇宙提供了重要的信息。

材料的特性往往决定其使用特性，钛合金具有高强度、低密度、耐腐蚀等优点，在航空航天领域应用广泛，如制造飞机结构件、发动机部件、航天器结构件等。钛作为一种高效的推进剂，被用于火箭发动机和导弹等航天器的推进系统中，钛的导电性能优良，也可用来制造卫星通信天线和其他电子设备。钛还是一种良好的太阳能电池材料，可用于太阳能电池板的制造，钛合金良好的生物相容性和耐蚀性，还可以用于制造航空航天医学设备，如人工关节、骨植入物等。实际上，钛元素的地球储量并不低，在全部元素中排第九位，所以并不稀有。人们家庭日常装修刷墙的时候都会用到白色的涂料，里面呈现白色的成分就是二氧化钛，俗称钛白粉，二氧化钛并不贵，但是金属钛却十分贵，用金属钛所冶炼得到的钛合金就更贵了，贵的原因就在于金属钛的提炼方法难度很大。

航天是一个复杂的系统，每一个微小环节都关乎整个系统的生存，对整体设计的要求非常高，这里进行一些列举。首先，航天服是航天员在太空中生存和工作的重要装备，它可以提供氧气，保护航天员免受辐射和微陨石的伤害，维持适宜的温度和压力，材料的选择、密封性能、灵活性和舒适性等诸多因素都需要充分考虑。重要的安全性系统都会具备应急设计，在航天发展史上，令人痛心的是，航天员不幸遇难的事件也曾发生过，为应对这种紧急情况，航天器需要配备更为严谨的紧急逃生系统。除了硬件本身，航天任务规划需要保证科学合理，比如任务目标、航天员的健康状况、航天器的状态等，确保航天任务安全且成功。在执行长期航天任务时，航天员的身心健康、航天器的可靠性和维修需求也发挥着关键作用，地面支持系统就是保障航天员安全的重要组成部分，它包括地面控制中心、医疗保障系统、救援系统等，可使航天员在太空中得到及时的支持救援。航天员也要接受严格的训练和模拟，模拟应对各种突发情况。这些设计都体现了人机工程学在这一时期的深化，以及航天工业的完整性和系统性发展。

中国航天事业在过去几十年中取得了长足的发展，并在国际航天领域中发挥着越来越重要的作用。自1956年中国航天事业创建以来，经过几代航天人的接续奋斗，实现了“两弹一星”、载人航天、月球探测等成就。并且，中国积极开展航天国际合作，推动构建人类命运共同体，已与多个国家、地区和国际组织签署空间合作协定，开展了多项国际合作项目，为人类和平利用太空做出了积极贡献（见图6-9和图6-10）。

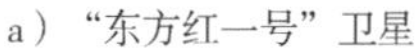

a）“东方红一号”卫星　　b）中国第一个火星探测器和火星车外观设计构型图

图6-9　“东方红一号”卫星和2016年8月23日，国防科工局发布的中国第一个火星探测器和火星车外观设计构型图（图片来源于新华社、国防科工局）

图6-10　2023年5月30日，神舟十六号载人飞船搭载长征二号F遥十六运载火箭成功发射升空，载荷专家桂海潮作为首位“戴眼镜”的航天员而受到广泛关注（图片来源于北京航空航天大学）

目前，中国航天已进入高质量发展阶段，空间基础设施不断完善，空间科学、空间技术、空间应用全面发展。并且已成功进行了多次载人航天任务，包括神舟系列飞船和天宫空间实验室。在月球探测方面，成功发射的嫦娥四号探测器，在月球背面实现了软着陆，成为世界上第一个在月球背面进行探测的国家。除此之外，天问一号探测器成功发射，目前正在火星轨道上进行探测，多颗卫星包括通信卫星、导航卫星、气象卫星等成功运行，中国自己的空间站已于2022年全面建设完成。

## 复习思考题

1. 驱动第三次工业革命的重要技术进步有哪些？
2. 结合案例领会科学进步与战争因素是如何共同促进工业产业发展的。
3. 半导体晶体管有哪些优势，其如何促进了信息产业的发展？
4. 芯片工业的关键技术有哪些？
5. 无线通信领域中1G、2G、3G的发展路径是怎样的？
6. 结合实例领会光伏、航天工业对信息产业革命的推动作用。

## 案例分析

### 芬兰诺基亚公司的发展史

在2G时代，芬兰的诺基亚公司可谓家喻户晓。诺基亚于1856年成立于芬兰小镇坦普雷（Tempere）。成立之初的诺基亚是一家乡间的小工厂，主营业务是木材加工与造纸。到了20世纪60年代，公司的业务有了进一步的发展，同当地的橡胶厂、电缆厂合并，形成了诺基亚集团公司，主要业务拓展为造纸业、橡胶、电缆等传统工业产品的加工制造。

20世纪50年代，诺基亚所属的电缆厂看到了电子工业未来的发展前景，开始投入电子行业的研发，参与计算机、半导体收音机等产品的设计制造。到了20世纪70年代末，电话开始在北欧地区普及，诺基亚开始经营电信业务，虽然曾推出过一些个人通信产品，但是一直没有突出的成绩。直到1992年，诺基亚董事会任命了移动电话部门主管约玛·奥利拉为新的总裁，从此诺基亚的命运发生了改变。奥利拉果断地剥离了橡胶、电缆、消费类电子产品等传统业务，聚焦于电信产品这一核心业务，以设计制造手机和蜂窝网通信设备为主。此时，全球移动通信行业正在从模拟向数字化制式转换，而诺基亚则在奥利拉团队的领导下抓住了这个机遇。1992年，诺基亚成功地推出了第一款基于GSM制式的手机——NOKIA 1011。随着GSM在欧洲和全球范围内的成功推广，诺基亚也进入了快速发展的通道，成为当时全球移动通信领域最大的公司之一（见图6-11）。

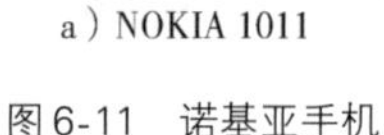
a）NOKIA 1011

b）NOKIA 2110

图6-11　诺基亚手机

诺基亚在当时能够成为手机行业的领导者，主要是由于以下几个原因。首先，诺基亚充分利用了GSM技术的大发展，抓住了当时欧洲市场的机遇；同时，诺基亚还把握住了手机领域新的市场规则，认识到在2G时代，手机的通话质量虽然很重要，但其他新功能和外观设计也变得十分重要。诺基亚的设计团队不仅包括工程师、设计师，还包括人类学家和心理学家，他们研究消费者的文化和行为，寻找早期的行为模式标志，这些对诺基亚的手机设计起到了重要作用。此外，诺基亚在全球各地（如中国、印度）都设立了研发部门，它们与总部实验室的技术发展相结合，有利于设计出符合当地文化特征的手机。2008 年诺基亚在全球手机市场的份额高达 40%，一度成为全世界最大的手机厂商。

2007 年，美国苹果公司的乔布斯发布了搭载触摸屏的新型智能手机 iphone，手机领域的市场规则被重新颠覆，从此手机不再是单纯的通信工具，更像是一个便携的计算机。其他一些敏锐的手机厂商，如韩国的三星公司，推出了 Galaxy 系列的基于安卓操作系统的大屏手机。然而，诺基亚没有意识到这一变化的巨大改变，继续坚持基于 Symbian（赛班）操作系统的手机研发，但这一操作系统技术平台陈旧，用户体验不佳。之后诺基亚还尝试同微软合作，推出基于 Windows 操作系统的系列手机 Lumia，市场反馈惨淡。

除了苹果和三星这两大强敌，诺基亚还面临安卓生态下手机市场新锐们的“围剿”。华为、中兴、HTC、魅族、小米等智能机品牌不断推出性能更佳、性价比更高的智能手机，抢占着手机的市场份额。2015 年，诺基亚将手机事业部出售给了微软，这也宣告了诺基亚手机时代的终结。

但是，诺基亚的故事并没结束，“壮士断腕”后的诺基亚获得了大量的现金流，使其有资金专注于通信基站设备业务中，并得以完成一系列的收购合并，扩大了公司的规模。如今，诺基亚已经和华为、爱立信一起，占领全球通信设备份额前三的电信设备服务商，成功实现了企业的转型重生。

**分析与思考：**

1. 结合课内外资料，谈谈你对诺基亚公司的理解和认识。

2. 苹果的智能手机是如何打败诺基亚手机产品的？

# 第7章 信息时代的设计变革

**本章导读**

信息时代的到来为设计带来了巨大的变革，从设计风格到设计工具都发生了翻天覆地的变化。在这个时代，设计更加注重个性化和多元化，同时也更加注重环保和可持续发展。计算机辅助工业设计和交互设计的出现，让设计更加科学化和高效化。在这样的背景下，中国的工业设计也在不断发展和成熟。

信息时代的繁复信息颇需要一个统一的风格进行，理性主义设计便是通过科学和逻辑的方法来解决设计问题，注重功能实用，注重简洁性、理性和效率，在这里以乌尔姆设计学院、布劳恩公司和索尼公司的设计为案例进行介绍。同时，由于以理性为特征的现代主义设计风格长期以单调、沉闷、冷漠的形式充斥城市，而随着经济发展，形式单调的产品已不能适应多元化市场的需求和商业竞争，后现代主义设计应运而生，包含了波普风格、后现代主义风格、孟菲斯风格和高技术风格等。

信息时代工业设计的形式也发生了很大变化，强调将先进的信息技术与传统的工业设计相结合。计算机技术可以辅助进行工业设计，它包括使用计算机软件进行三维建模、渲染、仿真、分析等，提高了设计效率和质量。随着计算机的发展，诞生了交互设计，关注人与产品、系统和服务之间的交互方式。接下来将介绍一些信息时代的产品设计典型案例，包括智能手机、平板计算机、可穿戴设备、智能家居产品等。与此同时，设计也朝向了多元发展，诞生了一些新的设计领域，如服务设计、绿色设计、可持续设计、人机工程学设计等，这些不同的设计领域不断发展融合，为设计带来了更多的可能性和挑战。

**学习目标**

通过对本章的学习，读者能够充分掌握第三次工业革命后设计的思潮与变革。其中，包括理性主义设计、后现代时期的波普风格、后现代主义风格、孟菲斯设计集团和高科技风格。除此之外，还会介绍信息时代工业设计的新发展，包括计算机辅助工业设计、人机交互设计和一些信息时代的经典设计案例。在设计多元发展部分，会介绍服务设计、绿色与可持续设计、人机工程学设计等内容，了解20世纪下半叶设计与工业设计领域蓬勃的发展图景。

**关键概念**

理性主义（Rationalism）

乌尔姆设计学院（Ulm Institute of Design）

波普风格（Pop Art Style）

后现代主义风格（Postmodernism Style）

孟菲斯设计集团（The Memphis Group）

高技术风格（High Tech Style）

计算机辅助工业设计（Computer-Aided Industrial Design，CAID）

交互设计（Interaction Design，IxD）

服务设计（Service Design）

绿色设计（Green Design）

可持续设计（Sustainable Design）

人机工程学设计（Ergonomics Design）

# 7.1　理性主义设计

20 世纪初，现代主义设计运动兴起，新的设计理念推动了设计的现代化进程。在这个过程中也促进了新的设计方法和技术的发展，如人机工程学、系统设计等，为理性主义设计风格的发展提供了支持。并且工业化进程加速，大批量生产的产品涌现，人们开始对产品的实用性、功能性和经济性提出更高的要求。在这种背景下，理性主义设计风格应运而生，强调产品的功能性、效率和经济性，以满足实际需求。理性主义设计风格的思想基础是理性主义哲学，理性主义哲学认为，人的理性和逻辑推理是获取知识和真理的主要来源，设计应该以理性和逻辑为基础，注重产品的功能、结构、材料和制造工艺等方面的合理性和科学性。

理性主义设计风格的特点是通过科学和逻辑的方法来解决设计问题，强调几何形状和线条的简洁，使用简单色彩和天然材料，注重简洁性、理性和效率，体现出产品的实用功能。

## 7.1.1　乌尔姆设计学院

理性主义设计最具有代表性的是位于德国的乌尔姆设计学院（Ulm Institute of Design），它是德国设计史上的重要里程碑，对世界现代设计产生了深远的影响，推动了现代设计的发展。它的设计思想和教育观念为德国理性主义设计风格奠定了理论基础，为 20 世纪后期世界工业设计的多元化提供了参考。

在第二次世界大战后，德国经济面临着巨大的挑战，战争导致了德国的工业基础设施和经济体系遭受了严重破坏。为了恢复经济，德国政府采取了一系列措施，包括重建工业、引进外国投资和技术等，在这个过程中，设计开始受到重视，因为好的设计可以提高产品的竞争力，促进经济的发展。为了重建战争摧毁的德国工业并推动新的产品形式和生活方式的创造，德国在 1947 年重新建立了德意志制造联盟。随后于 1951 年成立了工业设计理事会，这个理事会积极倡导简洁的设计形式，并为“优良产品”制定了一套功能主义的标准。该标准强调产品整体上不应具备与功能无关的装饰性特征。与此同时，许多来自包豪斯学派的成员也积极宣传功能主义设计的理念。

对于第二次世界大战后的联邦德国工业设计产生巨大影响的机构是乌尔姆设计学院，该学院成立于 1953 年，作为一所培养工业设计人才的高等学府（见图 7-1），乌尔姆设计学院的宗旨是使设计直接服务于工业。从社会角度看，乌尔姆设计学院的目标是创造社会新生活方式，积极参与第二次世界大战后德国的重建。瑞士画家、建筑师和设计师比尔（Max Bill，1908—1994）设计了学院的校舍并担任了首任院长。比尔曾经是包豪斯的学生，他将乌尔姆设计学院视为包豪斯的继承者，并在学院的创办方针上秉承了包豪斯的理论学说，强调艺术与工业的统一。他曾写道：“乌尔姆设计学院的创始人坚信艺术是生活的最高体现，因此，他们的目标是将生活本身转化为艺术品。”为了实现这一目标，他在学院开设了机械和形式两个方面的课程。此外，还存在着与比尔的理论同时并行发展的其他理论。这些理论具有强烈的科学性和社会政治色彩，这两种理论发生了争议，后者逐渐占据了主导地位。

图 7-1　乌尔姆设计学院教学场景

比尔于 1975 年离开了乌尔姆设计学院，由阿根廷画家马尔多纳多接任院长。马尔多纳多对学校的课程设置进行了重大调整，用数学、工程科学和逻辑分析等课程取代了继承自包豪斯的美术训练课程，形成了一种以科学技术为基础的设计教育模式。他的指导思想是培养科学的合作者，这样的合作者应该在生产领域内熟练掌握研究、技术、加工、市场销售以及美学技能等方面的全面知识，而不仅仅是高高在上的艺术家。马尔多纳多认为：“一个典型的产品设计师能够在现代工业文明的各个关键领域中工作。”

乌尔姆设计学院的系统设计是其在设计理论方面的最大贡献，为德国工业设计史树立了新的里程碑。这一设计理念的核心在于以高度秩序化的设计来整顿混乱的人造环境，通过将纷乱的客观物体置于相互联系的环境中，使产品在某些方面建立一种联系，从而使杂乱无章的环境变得具有关联性和系统性。系统设计原则强调理性主义和功能主义，其目的是通过逻辑结构和功能关系的明确反映，形成冷峻简洁、有条理的设计风格。它不仅仅停留在对工业化制造方式的考虑上，更是对功能主义的扩充和发展，主要表现在产品功能单元的组合上，以实现产品功能的灵活性和组合性。

系统设计发展形成了两种主要方式。一种方式是以一个主功能单元为基础，根据需要配置各种辅助配件，确保产品的主要功能得到实现，同时通过辅助配件的添加，增强了产品的灵活包容；另一种方式是每个单元都有独立的功能，单元组合形成具有复合功能的产品，这种方式使产品更加模块化，易于维护和升级，同时也提高了多样性和适应性。

乌尔姆设计学院的影响力非常广泛，被认为是包豪斯之后，20 世纪最重要的设计大学之一，有“新包豪斯”之称。其培养出的众多设计人才在工作中取得了显著的经济成果，推动了乌尔姆设计方法的广泛实施，使得联邦德国的设计呈现出合理而统一的特点，真实地反映了德国先进的技术文化（见图 7-2）。

a）学生广告海报

b）厨房时钟

图 7-2　学生广告海报，1955 年，乌尔姆，存于 HfG-Archiv/Ulmer 博物馆，以及 1956 年马克斯・比尔和学生们为荣汉斯工厂设计的厨房时钟

在设计理念上，乌尔姆设计学院注重理性设计，强调设计的程序化，使用系统设计方法。在教育理念与实践上，它重视科学和跨学科。在社会与商业关系上，乌尔姆致力于服务社会，并与布劳恩公司合作。同样作为设计史上重要的设计学院，相比包豪斯的重意识，乌尔姆更加重科学，学院的设计思想和教育观念为德国理性主义设计风格奠定了理论基础，对信息时代的设计影响甚广，比如苹果公司的设计简洁大方，注重细节，强调形式与功能的统一，这便是受乌尔姆设计学院的影响。乌尔姆在强调设计的科学性的同时，也忽略了人的心理需求，其作品多呈现出单调死板、缺乏个性和人情味的特征，这也是它后来逐渐衰落的原因。

## 7.1.2　布劳恩设计

乌尔姆-布劳恩体系是这一时期的成功典范，是指德国乌尔姆设计学院与布劳恩公司（Braun GmbH）合作的一种设计模式，这种模式是将设计、技术和商业结合在一起，实现产品的市场成功。乌尔姆的设计艺术思想被德国重要的家电公司布劳恩公司广泛实施，把设计理论与实践密切结合，形成了所谓的“布劳恩原则”，从而发展出高度理性化、系统化的产品，影响了德国其他企业的设计。在乌尔姆设计理念的影响下，德国产品渐渐以理性可靠、高品质、功能化的特点闻名于世。布劳恩公司设计生产了大量优秀的产品，并建立了公司产品设计的原则，即秩序的法则、和谐的法则、经济的法则。这种合作的成果，使布劳恩的设计至今仍被看作是优良产品设计的代表和德国文化的成就之一。

布劳恩电器公司，也翻译为博朗公司，是由来自东普鲁士的工程师马克斯·布劳恩于1921 年在法兰克福创立的，起初只是一家设备制造工作室（Max Braun oHG）。1923 年，马克斯·布劳恩设计了他的第一台收音机接收器，这款产品的销售成功鼓励他成了无线电工业协会的成员。1926 年，马克斯·布劳恩与他的员工搬入法兰克福的第一家自己的工厂，位于基斯街，生产电子管座、变压器、电容器和连接器等产品。1928 年，他们搬迁到伊德斯坦街的新工厂大楼，他们制造的第一台完整的设备是一个功率放大器。在 20 世纪 20 年代末，布劳恩接管了卡尔·塞韦克公司的无线电生产，并成为其许可生产商。1934 年，马克斯·布劳恩设计了公司标志，其中的“A”字母很特别，至今仍是布劳恩产品的显著商标。在第二次世界大战期间，该公司承接了军事订单，主要生产无线电设备和无线电遥控装置。1944 年，法兰克福的两个工厂都在空袭中被摧毁，所以只能生产简单的手电筒和唱片机底盘，到了 1947 年，布劳恩才开始收音机的生产，但是规模依然不大。

1949 年，马克斯·布劳恩申请的剃刀专利获得批准，随后于 1950 年开始进行生产和销售型号为 S50 的电动剃须刀。S50 是布劳恩首款量产的电动剃须刀，它已经采用了一个悬挂的刀头，刀头下面是通过塑料弹簧元件固定的电化学刀网，刀头通过一个电磁摆动铁芯以电网频率移动。1950 年推出的 S50 剃须刀由马克斯·布劳恩的儿子阿图尔·布劳恩（Artur Braun）设计，标准包装是一个带有透明盖子的深棕色酚醛塑料盒（见图 7-3a）。

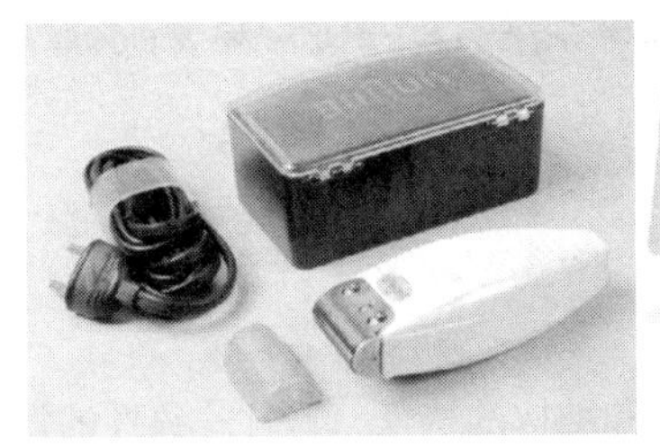

a）S50电动剃须刀

b）Heizlüfter H1加热风扇

图 7-3　布劳恩 S50 电动剃须刀和 1959 年由迪特·拉姆斯设计的“Heizlüfter H1”加热风扇

S50 取得了巨大的市场成功，这让剃须刀产品成为早期布劳恩公司最重要的产品线。到了 1965 年，布劳恩的剃须刀产品取得了德国国内剃须刀市场份额第一的成绩，并在海外市场也取得了广泛声誉。

马克斯·布劳恩的儿子阿图尔和埃尔温两兄弟于1950 年接管了公司的经营，为了推动公司产品的设计进步，布劳恩兄弟聘请了当时还很年轻的设计师拉姆斯等人，并在 20 世纪 50 年代中期组建了公司内的设计部门。除此之外，他们还与乌尔姆设计学院建立了合作关系，在该学院的产品设计系教师的协助下，布劳恩公司成功设计并生产了许多优秀的产品，同时确立了公司产品设计的三个基本原则：秩序法则、和谐法则、经济法则。这些努力使得布劳恩公司不断发展壮大，成为世界上重要的家用电器制造商之一。

1959 年，布劳恩公司设计制造的“Heizlüfter H 1”（加热风扇 H 1）成为当时的一款创新产品，这款功率为 2000W 的设备有着小巧紧凑的外观，高 9cm、宽 27. 5cm、深 13. 6cm，并配备了一个切向风扇（见图 7-3b）。这款产品的市场反馈非常好，于是布劳恩公司就在此基础上持续迭代开发，到 1982 年，布劳恩推出了总共七款加热风扇。

在 1955 年的杜塞尔多夫广播器材展览会上，布劳恩公司展出了一系列收音机和唱机等产品，这些产品与之前的产品有明显的区别，外观设计具有激进的简化风格，采用涂白的金属外壳，配有有机玻璃盖和浅色木制侧板，它成为后来唱片播放器的典范。它们是布劳恩公司与乌尔姆设计学院合作的首批成果。在 1956 年，拉姆斯和古戈洛特共同设计了一种收音机和唱机的组合装置，该产品采用全封闭的白色金属外壳，配有有机玻璃盖子，被称为“白雪公主之匣”（见图 7-4a）。

在 1959 年，拉姆斯带领布劳恩设计了一款袖珍型的电唱机收音机。与之前的音响组合不同，这款组合设备中的电唱机和收音机可以分开使用，也可以合并在一起，非常方便（见图 7-4b）。这种模块化的设计成为后来高保真便携播放机设备设计的开端。到了 20 世纪 70 年代，几乎所有的公司都采用了这种模块化的设计体系。

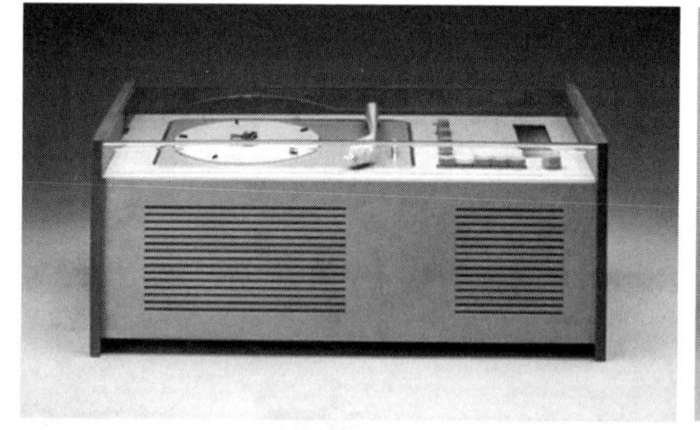

a）“白雪公主之匣”

b）电唱机收音机TP1

图 7-4　拉姆斯和古戈洛特设计的“白雪公主之匣”和布劳恩袖珍型电唱机收音机 TP1

除了音响产品，布劳恩公司还生产电动剃须刀、电吹风、电风扇、电子计算器、厨房机具、幻灯放映机和照相机等一系列产品。这些产品都以平衡、简洁和无装饰为特点，在色彩上，常使用黑色、白色、灰色等“非色调”，但也会有彩色的电器产品设计。产品的造型直接展现了其功能和结构的特征，这种一致性的设计语言形成了布劳恩产品的独特风格。

20 世纪 70 年代，布劳恩公司还设计了一系列经典的家电产品，其中 1972 年推出的咖啡机 Aromaster KF 20 是由布劳恩设计部门的设计师设计的，采用了简洁圆润的柱状外形，有六种颜色可供选择（见图 7-5a）。咖啡机产品获得了成功后，也开拓了一条重要的产品线，到了 1990 年期间，总计推出一系列的咖啡机产品。其中，以 Aromaster KF 40（见图 7-5b）和 Aromaster Classic（KF 47/1）表现尤为突出。

## 扩展阅读

设计师迪特·拉姆斯与好设计十条原则（见图 7-6～图 7-8）。

a）Aromaster KF 20

b）Aromaster KF 40

图 7-5　Aromaster KF 20 和 Aromaster KF 40

a）布劳恩风格的产品设计

b）606通用货架系统

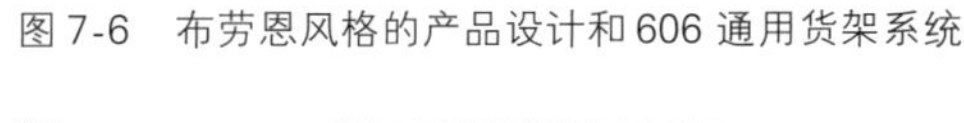

图 7-6　布劳恩风格的产品设计和 606 通用货架系统

a）布劳恩ET66计算器

b）布劳恩TG 60

c）布劳恩手表

图 7-7　布劳恩 ET66 计算器、布劳恩 TG 60 和布劳恩手表

图 7-8　Angewandte Kunst 博物馆中迪特·拉姆斯风格的房间（图片来源于 Angewandte Kunst 博物馆）

更多数字资源获取方式见本书封底。

### 7.1.3 索尼设计

索尼（Sony）的设计风格通常被认为是现代主义和理性主义的结合，其产品设计简洁、精致，注重细节和工艺，同时也强调功能性和用户体验。

第二次世界大战结束后，日本经历了恢复、增长和发展三个阶段，最终在经济领域取得了世界领先地位。在这个过程中，工业产业和工业设计都取得了巨大的进步。其中，日本政府于1951年邀请了美国著名设计师雷蒙德·罗维来日本进行工业设计的讲座，并亲自示范了工业设计的过程和方法。罗维的讲座对日本的工业设计起到了重要的推动作用。1952年，日本工业设计协会成立，并举办了第二次世界大战后日本的第一次工业设计展览——新日本工业设计展，这两件事都成为日本工业设计发展史上的里程碑。从1957年开始，日本各大百货公司根据日本工业设计协会的建议，纷纷设立了卓越设计展示角，向市民普及工业设计知识。同年，日本还设立了G-Mark设计，每年举办一次评奖，以表彰出色的设计作品。为了积极促进设计的发展，日本政府于1958年在通产省内设立了工业设计课，负责监管工业设计领域，并在同年制定并公布了出口产品的设计标准法规，这些举措都为设计的发展提供了积极的支持。这一系列举措促进了日本工业产业的设计发展，其中，索尼公司在日本企业设计领域取得了显著的成就，成为日本现代工业设计的典范，并在国际设计界享有盛誉。

索尼公司成立于1946年，早在1951年，索尼就是日本最早注重工业设计的公司之一，他们聘请了著名设计师柳宗理设计了“H”型磁带录音机。随后，在1954年，索尼开始雇佣自己的设计师，并逐步完善了全面的设计政策。索尼的设计不仅仅注重为产品增加“附加价值”，还将设计与技术、科研的突破相结合，通过全新的产品来创造市场需求，引导消费，而不是被动地适应市场。作为一家历史悠久的跨国消费电子制造商，索尼始终重视设计的作用与价值，早在1961年就成立了自己的创造中心，是创建内部创意工作室的首批企业之一。

索尼的产品通常都是由索尼公司内部的索尼创造中心完成设计，在这里，ID（工业设计）、UI（用户界面设计）、UX（用户体验设计）和CD（传达设计）等各个领域的设计师和工程师会一直共同协作。设计师通常都是从项目启动时就开始参与了，有时甚至早在产品规划和概念开发阶段就开始介入了，并且还会与产品研发部门合作进行用户体验设计开发等工作。可以说索尼的设计工作涵盖产品开发企划阶段的所有任务，包括设计研究、用户体验设计开发、产品设计开发、产品传达，一直到消费者接触点。如今，索尼创造中心（索尼公司设计部门）在东京、伦敦、新加坡、隆德（瑞典）和上海设有5个办事处，他们的价值和贡献已经扩展到纯产品设计之外，在医疗、金融、教育、娱乐和移动等新领域拥有日益增长的业务组合。多年来，索尼设计以顶尖的全球设计团队而闻名，助力着索尼公司的产品创新与商业发展。

索尼创始人盛田昭夫曾说：“市场不是要追随，而是要创造。”多年来，索尼创意中心一直秉持“创造新的标准”的设计愿景和“有远见、诚信、同理心”的设计理念。凭借设计的力量，索尼不断创造着令人印象深刻且超越人们期望的新产品。

1955年，索尼公司生产了日本第一台晶体管收音机，1958年生产的索尼TR60晶体管收音机是第一款可以放入衣袋的小型收音机。1959年，索尼又生产了世界上第一台全半导体电视机，此后，他们还研制出了独特的单枪三束柱面屏幕彩色电视机，这些产品都受到了高度好评。与其他公司强调高技术视觉风格不同，索尼的设计风格强调简洁，产品不仅在尺寸上追求小型化，外观上也尽量减少不必要的细节。从设计战略的角度来看，索尼当时准确地捕捉到了潜在消费者的城市化生活方式和使用需求。这些消费者居住在狭小的空间中，经常乘坐地铁或火车往返于住处和工作地之间，由于这些上班族需要在拥挤的人群中独自享受音乐，又不能经常腾出手来翻转磁带，因此音乐播放器需要小巧便携，佩戴耳机和自动翻转等设计限制成为明确要素。1979 年，索尼发布了世界上第一款便携式音乐播放器 Walkman，型号为 TPS-L2 并附带 MDL-3L2 耳机。这一产品系列通过让人们能随身携带并通过轻便的耳机来聆听音乐，从根本上改变了音乐欣赏的习惯（见图 7-9a）。

a）TPS-L2 Sony Walkman

b）WM-2 Sony Walkman

图 7-9　TPS-L2 Sony Walkman 1979 和 WM-2 Sony Walkman 1981

在此之后，索尼还推出了一系列的便携式音乐播放器 Walkman，包括 1981 年的 WM-2，它是在 TPS-L2 产品架构基础上的功能优化与迭代产品，不同的是 WM-2 内部的播放机构做了改变，使设计师能够将控制按钮布置在产品的前面板上，这样的设计使得用户在使用产品功能时更加直观高效，也给产品的造型设计提供了更多空间，使其更加简洁与美观（见图 7-9b）。1985 年索尼推出的 WM-F5 是一款专为户外活动设计而开发的随身听，它的外壳采用高抗冲击的 ABS（丙烯腈、丁二烯、苯乙烯）塑料制成，有多种鲜艳的色彩可选，不过黄色的款式最为经典。所有的控制按钮都被橡胶密封，使其具备防溅、防水的功能，播放、停止和其他按钮的形状和位置都经过精心设计，方便使用者进行操作，即使不看也能轻松操作（见图 7-10a）。1987 年推出的 WM-504 使用了透明塑料外壳，展示出了其内部构造的机械美感，有着浓浓的高科技风格（见图 7-10b）。1984 年索尼推出了 Discman 系列，将 Walkman 品牌扩展到便携式 CD 播放器。1991 年索尼推出的 D-J50 是一款超薄 CD 播放器，只比当时储存 C 光盘的盒子略厚，外观采用极简的设计风格（见图 7-11a）。再之后，随着数字音箱的发展，2006 年索尼推出的型号为 NW-S203F 的 MP3 音乐播放器，也激起了一波市场热潮（见图 7-11b）。

a）WM-F5户外运动随身听

b）WM-504随身听

图 7-10　1985 年推出的 WM-F5 户外运动随身听和 1987 年推出的 WM-504 使用了透明塑料外壳

a）Discman D-J50 CD便携播放器

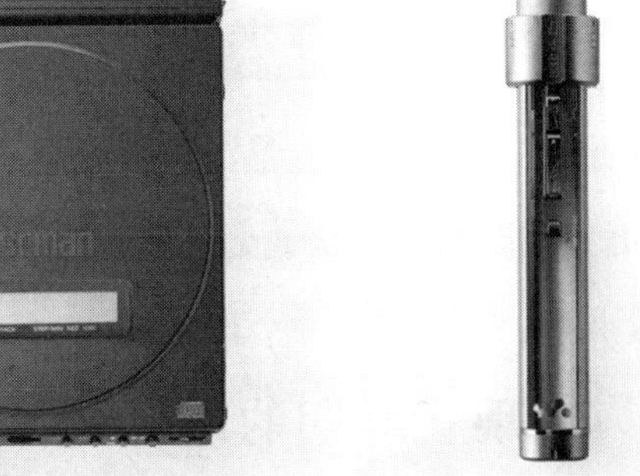

b）NW-S203F MP3音乐播放器

图 7-11　Sony Discman D-J50 CD 便携播放器 1991 和 2006 年索尼推出的型号为 NW-S203F 的 MP3 音乐播放器

据统计，在1979—2010年这31年间，索尼共推出了18款功能和形式各异的Walkman，Walkman成为索尼公司设计的一款创造了销售奇迹的经典产品。自索尼推出该产品以来，共售出了2.2亿台。索尼Walkman也成为日本产品走向国际市场的标志性产品。

**扩展阅读**

阅读1：荷兰飞利浦公司

阅读2：无印良品（见图7-12和图7-13）

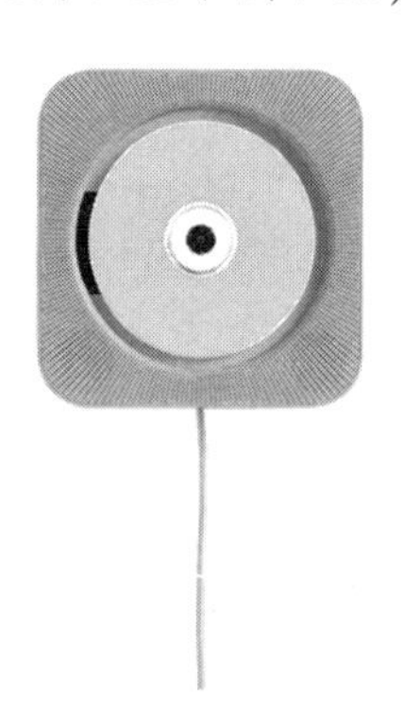

图7-12　无印良品CD机、水瓶

图7-13　无印良品店铺

更多数字资源获取方式见本书封底。

## 7.2　后现代时期的设计

第二次世界大战结束以后，特别是在20世纪50—70年代期间，在现代主义设计运动基础上发展出来的、带有浓重美国式商业符号色彩的国际主义风格，成为西方国家设计的主要风格，而且影响到全世界，改变了世界建筑的基本形式，也改变了城市的面貌。国际主义风格同时还影响到其他的设计范畴，从建筑到室内，从环境艺术到平面编排，从字体到咖啡壶，无一例外是朴素、干练、简单到无以复加地步的国际主义风格。

至20世纪60年代末期，国际主义风格垄断已久，世界的建筑日趋相同，地方特色、民族特色逐渐消退，建筑和城市面貌越来越单调、刻板，迅速地改变着公共建筑，特别是学校建筑的面貌，往日的具有人情味的建筑形式逐步为缺乏人情味的、非个人化的国际主义风格建筑所取代。对于这种趋势，建筑界出现了反对的呼声，也开始出现了一些青年建筑家来改造国际主义风格面貌。

后现代主义设计运动起源于建筑设计领域。在20世纪70年代，出现了一些对现代主义的重大挑战，其中最著名的是日本设计师山崎宾所设计的“普鲁蒂—艾戈”（Pruitt-Igoe）项目。该项目是他在1954年左右在圣路易斯市设计的一个低收入公共住房社区，完全复兴了包豪斯式的现代主义建筑风格，以单调、冷漠、缺乏人情味和功能主义为特点，充分体现了勒·柯布西耶和“国际建筑师联盟”（CIAM）理论的理念。然而，由于长期以来没有人愿意迁入，该社区在1972年被市政府拆除并进行了重建，这一设计的命运可以说是现代主义设计的一记警钟。从20世纪70年代初期开始，后现代主义逐渐从建筑领域发展，并影响到了产品设计、平面设计等各个方面，从而催生了后现代主义设计运动。

狭义的后现代主义设计指的是一种设计风格，叫作后现代主义风格（Postmodernism Style），是在现代主义和国际主义设计中广泛运用历史装饰动机，以折衷主义的方式进行装饰的一种风格。而广义的后现代主义则包括对经典现代主义进行各种批判的一系列设计风格与设计活动的统称。

在产品设计或工业设计领域，后现代主义的影响并没有像在建筑设计领域那样广泛，但由于对现代主义进行改良和改革的动机，涌现出了一批设计师。他们不遵循现代主义和国际主义的设计原则，而是开辟了新的设计风格方向。从思想观念上看，他们基本上仍然是形式主义者，他们并没有希望彻底改变现代主义的功能主义，而是努力通过形式上的突破来创造新的产品形式。从形式上来看，人们可以将现代主义之后在产品设计或工业设计领域的流派大致分为几个类别，也就是广义的后现代主义设计，包括后现代主义风格、“高科技”风格（Hight Tech Style）、意大利的阿基米亚和孟菲斯集团（Alchimia Memphis）、解构主义（Deconstruction）等。

后现代时期涌现的艺术、建筑、设计的风格和团体远不止上文中提到的几个，还有诸如“微电子风格”“改良高科技风格（Trans High Tech）”“建筑风格（Architecture）”、“微建筑风格（Micro-Architecture）”等，都有自己的设计主张和代表作品，其中不乏大师与巨匠。

### 7.2.1　波普风格（Pop Art Style）

波普风格又称为流行风格，是20世纪60年代后现代设计思潮中的主要风格之一。波普设计运动起源于英国，可以说英国是其发源地，随后影响到其他国家，然而，这一运动的渊源可以追溯到遥远的美国流行文化。在第二次世界大战后物资匮乏时期，美国的大众文化展现出对物质的崇拜，不断涌现各种新产品，这对于英国人来说具有巨大的吸引力。英国的艺术家和设计师们敏锐地察觉到了这种需求，并为了迎合它们而创作设计了与当时主流的国际主义风格和理性主义设计特征背道而驰的新艺术和新产品，这就是波普设计运动的诞生背景。

所以，从本质上看，波普设计运动可以被视为一场反对现代主义设计传统的运动，该运动的目的是对抗自1920年以来以德国包豪斯为核心发展起来的现代主义设计传统。这是因为现代主义设计所具有的冷漠、非人性化和高度理性的特点显然与年轻一代的需求背道而驰，他们追求更加温暖、富有人情味的设计风格，注重个性化和情感的表达。他们希望通过设计来展示自己的独特个性和审美观念，追求与设计作品的互动和情感共鸣。因此，现代主义设计需要适应时代的变化和新一代消费者的需求，设计应该更加注重人性化，融入更多情感元素，创造出与人们情感共鸣的空间和物品。

波普设计运动最初在一些独立组织中崭露头角，这些组织的成员包括艺术家、评论家、建筑师和设计师。该运动最初在英国主要集中于艺术创作，但很快也在设计领域产生了共鸣。一群年轻的设计师对于现代主义和国际主义设计风格的垄断感到不满，并积极地借鉴波普风格进行反抗。他们的目标市场是富有的年轻消费者，也就是第二次世界大战后婴儿潮一代。英国的企业界也意识到了这个市场的潜力，接纳了这些设计，并通过生产和销售来推动这种新的设计风格，取得了良好的市场反响。

英国的波普设计在家具领域具有独特的特色。与时尚设计相比，家具设计更难以完全摆脱传统家具风格的影响或限制。长期以来，除了现代主义和国际主义家具设计对传统进行了全面的革命性突破外，其他家具设计仍然受到传统风格的重大影响。然而，到了 20 世纪 60 年代中期，英国终于在家具设计领域出现了全新的波普风格，彻底打破了传统的束缚，也超越了现代主义和国际主义的风格限制。

英国的波普家具主要通过特伦斯·康兰（Terence Conran，1931—2020）经营的家具零售店“哈比塔特”（Habitat）推广。这家店专门销售廉价、色彩鲜艳、设计独特的家具和家居用品，目标市场主要是年轻人群体。这里的家具和用品以简洁的造型和绚丽的色彩为特点（见图 7-14）。此外，店内还销售廉价的陶瓷用品和首饰，其中很多是从斯堪的纳维亚国家进口的。由于鲜明的波普风格，这些产品深受年轻人的喜爱。

图 7-14　波普风格家具

在英国，还有一些个人设计师专注于探索“波普”风格的家具设计。彼得·穆多什（Peter Murdoch）就是其中之一，他设计了一款著名的波普风格的折纸椅子。这款椅子有着 20 世纪 60 年代波普设计运动的外观设计和精神内核，它采用了简洁的形式，由一片模切、折叠的纤维板制成，但开发过程却相当复杂。在 1967 年，设计师彼得·穆多什扩展了这个系列，包括了椅子、凳子和桌子，强调多功能和以游戏为导向的特点，深受青年和儿童群体的喜爱和追捧，在 1967 年开售的半年时间内，就有超过 7.6 万件折纸家具被抢购一空，由于使用的是纤维纸板材质，造价低廉，所以售价也非常便宜，平均每件售价不到 1 英镑（见图 7-15）。

还有其他一些设计师从事着类似的设计，如马科斯·克林登宁（Max Clendenning）设计的拼接家具以及罗杰·丁（Roger Dean）设计的吹塑椅子（Blow-up）。这些设计都具备游戏化的特点，色彩鲜艳、造型独特，并且常常展现出一种玩世不恭的年轻人心态。

图7-15 波普风格的折纸椅子（图片来源于维多利亚阿尔伯特博物馆藏品目录）

透过波普运动中的家具设计，人们可以观察到在大众文化和一次性消费的新物质文明中，功能主义已不再是当时波普设计的首要考虑因素。设计师们结合当时的社会需求，更多地关注市场的细分要求，努力满足消费者的心理需求，而不仅仅是创造耐用和功能良好的经典功能主义家具。在20世纪60年代，这种波普文化现象不仅在英国和欧洲各国的年轻人中广受欢迎，甚至连正式的英国设计机构如英国设计协会也不得不正视它，因为它已经超越了个别年轻知识分子的个人表现探索，成为一种文化、商业和经济现象。

然而，波普设计运动追求新奇、怪异和独特的宗旨，基本上是在形式主义的范畴中进行探索，却缺乏社会文化的坚实基础、没有系统的理论来指导设计，也没有找到一种有效的方法来弥合个性自由与大规模生产之间的鸿沟。许多波普设计都是年轻人的创作，也只有那些追求新奇的年轻人才愿意尝试。但是，一旦新奇感消失，它们也就被抛弃了，这也许正是波普设计的其中一个目标。波普设计的本质是形式主义的，它违背了工业生产中的经济规律和人机工程学原理等工业设计的基本原则，因此它只是昙花一现，然后消失无踪。因此虽然在20世纪60—70年代发展势头良好，但后来其影响力逐渐减弱，与其他艺术潮流和时代变迁相交织，直至退出历史舞台。然而，波普设计的影响是广泛的，特别是在利用色彩和表现形式方面，为设计领域带来了一股新鲜空气，激发了对这方面的探索。

### 7.2.2 后现代主义风格（Postmodernism Style）

关于后现代主义产生的根本原因，学术界未达成一致意见，综合来看，后现代主义产生于多重影响。后工业时代改变了人们的生产生活方式，进而改变了人们对世界的认知结构，科技和传媒的快速发展带来了新的文化体验和审美观念，这对传统的艺术设计产生了冲击。人们开始质疑现代主义的普世性和权威性，追求多元化和差异性，强调个人体验和情感表达，对设计的需求也变得更加多样化。

在工业设计领域，后现代主义风格主要是从建筑设计中衍生而来的，许多后现代主义产品设计师也是后现代主义建筑设计师。他们通过产品，尤其是家具和家居用品，展现了与建筑领域的后现代主义相似的倾向，这些倾向包括三个方面的特征。

（1）后现代主义具有历史主义和装饰主义的立场 现代主义一直反对装饰主义，因为装饰被视为不必要的额外开销，使大众无法享受。在现代主义时期，装饰主义被看作是敌对因素而受到反对，第二次世界大战后发展起来的国际主义更加强调非装饰化的特点，强调无装饰的外观特征。而后现代主义恢复了装饰性，并高度强调装饰性。所有后现代主义的设计师，无论是建筑设计师还是产品设计师，都毫不例外地采用各种各样的装饰，尤其是从历史中吸取装饰的灵感，并加以运用，与现代主义的冷漠、严肃和理性形成鲜明对比。

（2）后现代主义对历史风格采取折衷主义立场　后现代主义并非简单地恢复历史风格，如果只是简单地恢复历史风格，那就谈不上后现代主义，最多只能算是历史复古主义。后现代主义对历史风格采用了抽取、混合、拼接的方法，而且这种折衷处理基本上是建立在现代主义设计结构的基础之上的。

（3）后现代主义具有娱乐性特征　娱乐性是后现代主义非常典型的特点，大多数后现代主义设计作品都具有戏谑和调侃的色彩，反映了在几十年来严肃而冷漠的现代主义和国际主义设计的垄断之后，人们试图通过新的装饰细节来实现设计上的轻松和舒适。

迈克尔·格雷夫斯（Michael Graves，1934—2015）是美国著名建筑师和产品设计师，后现代主义运动中的重要人物之一（见图 7-16）。《纽约时报》评论他是 20 世纪后期最杰出、最多产的美国建筑师之一，他在世界各地设计了 350 多座建筑。格雷夫斯早年是现代主义的忠实拥护者，参与设计了许多著名的现代主义建筑。到了 20 世纪 70 年代末，格雷夫斯开始对冷漠而抽象的现代主义语汇产生了抵触情绪，并开始寻求更多元化的建筑形式，以使其更受大众欢迎。格雷夫斯认为后现代主义在本质上更具吸引力和亲和力，这种建筑表达形式更容易被接纳和理解。除建筑之外，格雷夫斯还有大量的家具和家居产品设计，其中他于 20 世纪 80 年代设计的后现代风格的沙发是一件标志性作品，沙发背部采用多面切割的鲜艳孔雀蓝色布面，框架采用鸟眼枫木，并镶嵌了乌木装饰，带有明显的古典主义家具的特征（见图 7-17）。

图 7-16　1999 年，格雷夫斯与他在塔吉特的设计作品

图 7-17　迈克尔·格雷夫斯设计的后现代风格沙发

格雷夫斯还与米兰的埃托雷·索特萨斯组织的著名孟菲斯设计师团体有所联系，他们致力于将后现代主义引入产品和家具设计领域。格雷夫斯与意大利厨具公司阿列西（ALESSI）建立了一段长期而极为成功的合作关系。他为阿列西设计的著名不锈钢水壶（1985 年），也被称为 9093 水壶，具有令人愉悦的红色鸟儿报警装置和天蓝色把手，成为该公司最畅销的产品，至今仍在生产。格雷夫斯从小生活在有火车鸣笛和鸟儿鸣叫的早晨，后来受到阿列西公司邀请，结合自己这样的生活经历进行设计，产品通体使用不锈钢，壶嘴上停立着一只塑胶小鸟，水烧开之后伴随着袅袅水蒸气，欢快的鸟鸣声响起来，非

常具有生活情调，充满一种原始的纯粹。它的诞生，突破了人们对水壶形状及功用的传统认识，甚至升华了早餐体验的性质，并让使用者一整天的心情都愉悦起来（见图7-18a）。1997年，格雷夫斯在为华盛顿纪念碑修复期间，还与大型零售商塔吉特（Target）合作，开发了一系列从烤面包机到铲子等厨房用品，他的设计既吸引人又价格亲民，使格雷夫斯成为家喻户晓的名字。塔吉特为他的产品系列附上的口号体现了设计师的使命："优质设计应该面向所有人"。

阿列西公司的另一件产品——外星人榨汁器也十分经典。设计师是菲利普·斯塔克（Philippe Starck），自1990年诞生以来可以说是设计师本人和阿列西公司最负盛名的经典之作。简洁、纯粹、搞怪式构造成的有机形态，看起来像一个逗趣的外星人。这个榨汁器三腿鼎立、顶部有螺旋槽，切开橙汁，半个压在顶上拧，橙汁就顺着顶部螺旋槽流到下面的玻璃杯里了，这个设计的概念，有点像中国古代的爵、鼎，即顶部是实心的一个螺旋槽纺锤形状，远看好像一只大的不锈钢蜘蛛一样。这个产品一经面世，便轰动时尚界，价格不算贵，却极受追捧，成为流行文化的一个膜拜物品，是后现代主义的经典之作（见图7-18b）。

a）9093水壶

b）外星人榨汁器

图7-18　9093水壶和外星人榨汁器

罗伯特·文丘里（Robert Venturi，1925—2018）生于美国费城，美国建筑家，1991年普立兹克奖得主。他曾在大学时代就挑战现代主义设计大师密斯·凡·德·罗提出的"少就是多"（"Less is more"）的现代主义设计原则，提出"少则厌烦"（"Less is a bore"）的设计观点，主张用历史建筑因素和美国的通俗文化来赋予现代建筑以审美性和娱乐性，成为后现代主义建筑的重要先驱。

在产品设计上，罗伯特·文丘里及其夫人丹妮丝·斯科特·布朗在美国推动了后现代主义的发展。他们设计的女王安妮椅是他们在20世纪80年代共同开发的一系列扁平设计之一，为家具行业注入了幽默感。他们设计的目标是制造出可以轻松、廉价地生产的家具，这与现代主义的理念相一致，同时又以全新的方式重新诠释了历史设计中的装饰元素。他们在做这一系列椅子的设计时，制作了许多模型，最终他们选择了几把不同的风格进行量产，分别是"安妮女王椅（The Queen Anne）""奇彭代尔椅（Chippendale chair）"和"哥特式复兴椅（Gothic Revival chair）"等一个系列（见图7-19）。

a）安妮女王椅　　b）奇彭代尔椅　　c）哥特式复兴椅

图7-19　安妮女王椅、奇彭代尔椅和哥特式复兴椅

这一系列椅子都是用弯曲的胶合板制成的，结构简洁牢固，有宽大的靠背和四个稳定的支脚。特别之处在于椅背的形状与镂空花纹的设计，有着明显的后现代主义设计风格，不同的款式会借鉴不同历史时期的装饰元素，如哥特式复兴椅就有着哥特式建筑的轮廓与线条。除此之外，胶合板材质便于印花，所以每个款式的设计都有多种印花可以选择，这就让这一系列的椅子在装饰上更加突破限制。椅子的坐垫，也会根据不同的设计款式做不同的形状和印花设计。文丘里夫妇设计的椅子，就像穿着化装舞会礼服的现代主义曲木家具，虽然框架是功能主义、理性主义的，但是形式、色彩却异常的活泼美丽，将历史风格进行了现代演绎，打破了传统与现代的边界。通过椅背形状、印花、坐垫，共同形成的历史与装饰隐喻，代表了后现代主义的设计风格。诺尔公司（Knoll）将其中九种风格的椅子投入生产，其颜色和表面处理范围可实现183种变化。

由罗伯特·文丘里和丹妮丝·斯科特·布朗于1984年为诺尔公司设计的一款名为“Tapestry”的花纹纹理织物覆盖的“Grandma”沙发，也是后现代设计风格的经典产品之一。这款沙发宽88in、深42in、高30in，是一个宽大的三人沙发。圆润外形轮廓搭配厚实的坐垫、靠背和扶手，让人非常想坐在上面感受这只沙发带来的轻松柔软的坐卧体验。沙发表面包裹的织物花纹设计独特，色彩鲜艳华丽，是功能与装饰的完美融合（见图7-20）。

图7-20 “Grandma”沙发

### 7.2.3 孟菲斯设计集团（The Memphis Group）

第二次世界大战后，国际主义风格在全球泛滥，从平面到三维，从产品到建筑，强势的国际主义让设计表现同质化严重，不少设计师和设计集团进行了新风格的探索，意大利的“孟菲斯”设计集团便是其中之一。作为设计界最有影响力的组织之一，该集团成立于1980年12月，由知名设计师埃托雷·索特萨斯（Ettore Sottsass，1917—2007）和其他七位年轻设计师组成。1980年12月，在意大利的一个聚会上，该风格的核心人物索特萨斯和一群年轻设计师在公寓聚会。大家在鲍勃·迪伦的歌曲*Stuck Inside Of Mobile With The Memphis Blues Again*这首歌名里挑了Memphis这个词作为小组名，就是现在所说的孟菲斯。他们主张自由、随意、打破传统，反对单调、冷峻唯功能至上的现代主义，孟菲斯风格便由此而来。随着时间的推移，孟菲斯的成员队伍逐渐扩大，除了意大利之外，还有来自美国、奥地利、西班牙和日本等国的设计师加入其中。1981年9月，孟菲斯在米兰举办了一次设计展览，震惊了国际设计界。

孟菲斯设计集团反对一切固有观念，反对将生活限定于固定模式，索特萨斯本人也是如此，他早年设计了许多传统的工业产品。在20世纪60年代，他与波普设计运动结合，并崇尚东方神秘主义，到了20世纪80年代，他成为后现代主义的先锋。索特萨斯认为，设计就是设计一种生活方式，因此设计没有确定性，只有可能性；没有永恒，只有瞬间。因此，孟菲斯开创了一种无视所有模式、突破一切规则和限制的开放式设计思想，激发了意大利设计新潮的丰富多彩。

孟菲斯对功能性有着全新的诠释，即功能并非绝对，而是具有生命力和发展性，它代表了产品与生活之间潜在的关系。因此，功能的含义不仅局限于物质层面，还包括文化和精神层面。产品不仅要具备使用价值，更要传递特定的文化内涵，使设计成为某一文化系统的隐喻或符号。孟菲斯的设计力求展现各种富有个性的文化意义，涵盖了从天真、滑稽到怪诞、离奇等不同情趣，这些设计还催生了一系列关于材料、装饰和色彩等方面的全新观念。

在设计手法上，孟菲斯在材料、装饰、色彩、形状上独具特色。孟菲斯设计采用非传统的材料处理方式，将塑料、金属、玻璃等不同材质进行组合，创造出独特的视觉质感。在装饰方面也风格大胆，运用图案、图像和色彩，将传统的装饰元素与现代形式进行结合，富有活力和个性。孟菲斯设计以鲜艳、对比强烈的色彩组合作为主要特征，突破传统设计中对于色彩使用的限制，效果令人眼前一亮。最重要的是，在产品的形状设计上，追求非常规和富有趣味性，通过奇特的几何形状、变形和错位等手法，打破传统设计的常规模式。

孟菲斯设计风格被广泛应用于家具等家居产品的设计中。这些设计一般采用纤维、塑料等廉价材料，并在产品表面装饰上采用抽象图案，将整个表面覆盖（见图7-21）。以索特萨斯设计的一件书架为例，这是孟菲斯设计的典型代表。这件家具色彩艳丽、造型古怪，上部形似一个机器人。而在1983年，扎尼尼为孟菲斯设计的一件陶瓷茶壶看上去则像一个幼儿玩具，色彩极其鲜艳。这些设计与现代主义所倡导的优良设计完全不同，因此也被戏称为“反设计”。总的来说，孟菲斯的家居产品充满鲜明色彩和怪异形态，与传统的审美观念截然不同，展现出一种独特的反叛风格。

a）书架

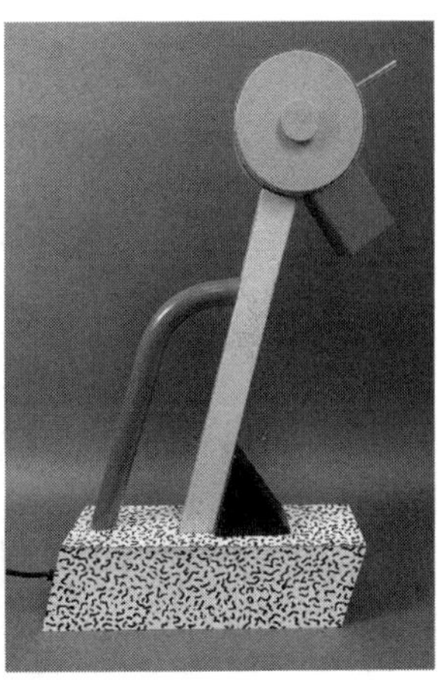
b）大溪地台灯

图7-21　埃托雷·索特萨斯设计的书架和大溪地台灯 Ettore Sottsass

孟菲斯设计在很大程度上是以试验性为主，并且多数作品成为博物馆的收藏品。然而，这些设计已经在工业设计和理论界产生了具体的影响，并为人们带来了新的启示。许多关于色彩、装饰和表现的语言已经被应用于意大利设计的产品中，使意大利的设计在20世纪80年代赢得了更高的声誉。

孟菲斯的设计影响也扩展到国际舞台，例如日本的生活型设计就受到了其启发。同时，孟菲斯的迅速走红使其成为设计界流量密码，引起了争相模仿，以最大化程度加速新陈代谢，透支其生命。1988年，索特萨斯宣布孟菲斯的结束，这标志着其活动的终结，虽然孟菲斯设计的实际应用相对有限，但其独特的设计思想和创新的表现方式对整个设计界产生了深远的影响。它挑战了传统设计的界限，引领了一股新的设计潮流，并为后来的设计师们提供了灵感和参考，尽管孟菲斯仅存在了短暂的时间，但它留下的印记却在设计史上熠熠生辉。

**扩展阅读**

埃托雷·索特萨斯（Ettore Sottsass）（见图7-22和图7-23）

图7-22　索特萨斯（Ettore Sottsass，1917—2007）肖像

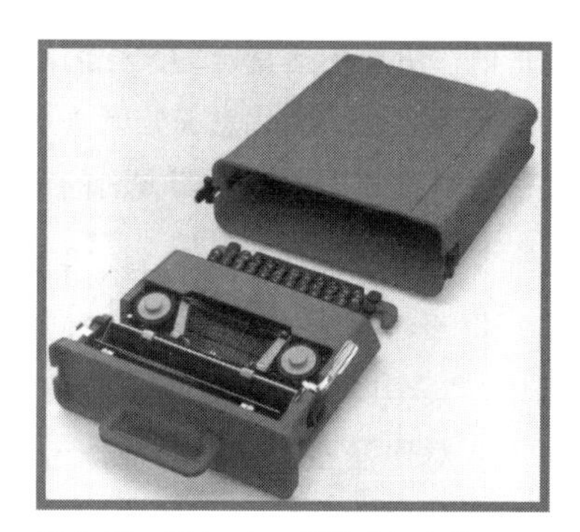

图7-23　Valentine 便携式打字机

更多数字资源获取方式见本书封底。

### 7.2.4　高技术风格（High Tech Style）

科学技术的进步不仅影响了社会生产方式的变革，也深刻影响着人们对于设计与美学的品位。高技术风格继承了现代主义设计的理论与风格，并将其推向极端，以技术美学为核心，在形式上使用精密繁复的机器设计语言，并使之具有一定的审美愉悦性。工业设计历史上的“高科技”风格的提出，是从祖安·克朗（Joan Kron）和苏珊·斯莱辛（Susan Slesin）1978年的著作《高科技》中产生的。高科技风格将工业环境中的技术特征引入家庭产品和住宅设计中，将高度私密的个人空间引入公共空间。这种风格的特点是运用精细的技术结构，注重使用现代工业材料和工艺技术，以展现工业化的象征特征。它提取了现代主义设计中的技术元素，并进行夸张处理，以形成一种符号化的效果。一些普通的工业机械结构被赋予全新的美学意义，展现出令人惊艳的外观。例如，人们可以看到工厂中常见的粗糙钢制工具架现在被运用到高级住宅内，赋予了工厂工具全新的市场意义。正因如此，工业技术风格逐渐演变成一种备受商业和流行界追捧的风格，即所谓的高科技风格。在这一风格中，工业结构、工业构造和机械部件被赋予了独特的美学价值，这也是高科技风格的核心。

高技术风格下的建筑与产品设计，是将高技术符号作为“装饰”的设计风格，只不过这里的装饰不再是巴洛克时期华丽的花纹，也不是装饰艺术运动中来自东方的纹样，而是取自精密仪器、航天装备、通信设施等象征着技术进步的高新技术符号。在设计美学观上，引导人们去领会、接纳，甚至崇尚高技术美学与设计。在设计手法上，高技术风格的建筑与产品多会采用通过直接裸露或透明外壳的方式，展示内在结构与零部件的设计手法。其中，还会使用象征高科技的质轻细巧的张拉力构件或可扩展与可插入的零部件。在材质选择上，往往采用钢材、玻璃、透明塑料、彩色塑胶、金属板等。

20世纪40年代罗维为哈里克里夫特公司（Hallicrafters）设计过一款具有高技术风格的短波收音机产品。这款收音机采用了黑白配色，操控面板上的几排按钮、控制键以及仪表盘，让这款收音机看上去更像一台无线电实验室里的精密仪器（见图7-24a）。

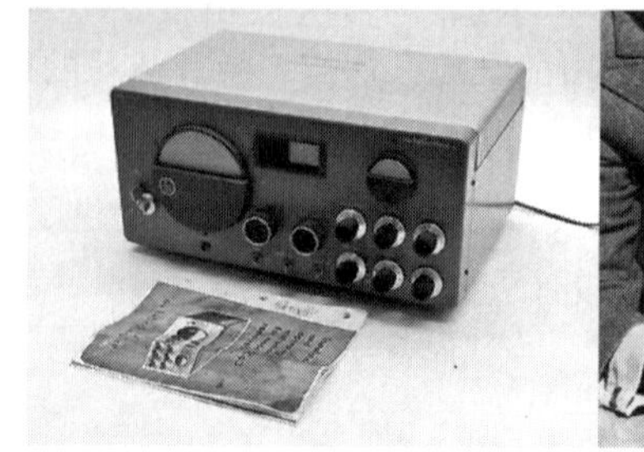

a）短波收音机

b）罗维20世纪50年代设计的收音机

图7-24　短波收音机和罗维20世纪50年代设计的收音机

在这之后，罗维又在20世纪50年

代，设计了另一款收音机产品，在这款产品中，罗维采用了更为“高科技”的设计手法，在一个黑色的基座上覆盖一个透明外壳，让收音机背部的元器件可以透过外壳被用户清晰地看到。其实，无论是否暴露内部元器件，收音机的基础的使用功能不会受到影响。但是暴露内部结构的设计让这款收音机更加特别，显得科技感十足（见图 7-24b）。

托勒密（Tolomeo）台灯是一款来自意大利阿特米德公司（Artemide）的经典产品，是由米歇尔·德·卢基（Michele De Lucchi）和吉安卡洛·法西纳（Giancarlo Fassina）两位设计师于 1987 年创作的，其中，卢基是后现代设计运动中孟菲斯的核心成员之一。他们两人希望通过托勒密台灯的设计，重新诠释工业化时代工厂中使用的工业照明灯具的风格。在功能设计上，托勒密台灯有着强大的移动能力和适应力，可以通过多轴的灵活调节，帮助用户以更为精确的方向来使用案头光线（见图 7-25）。

图 7-25　托勒密（Tolomeo）台灯

这款台灯使用了铝和不锈钢两种金属作为主材质，灯罩是一只通过阳极氧化的抛光冲压铝盖，用不锈钢与配重制成了底座，弹簧和钢索都是不锈钢材质。这款台灯的设计科技感十足，其金属框架结构、暴露在外的钢索、精密的可转动接头机构，都是高科技风格典型的设计手法。它在 1989 年获得了金圆规设计奖。

iMac G3 是苹果公司于 1998 年推出的一系列一体机台式计算机。在技术层面，它代表了当时传统计算机设计制造的重大突破，去除掉了冗余的硬件与附件，主机与显示器等核心功能集合在了一台机器上，这消除了独立的塔式单元和混乱的电缆连接。在设计层面，iMac G3 的工业设计在当时与传统计算机设计截然不同，最显著的特点之一是其透明圆滑的塑料外壳设计。它有多种鲜艳的颜色，如 Bondi 蓝、葡萄紫、柑橘橙、酸橙绿和草莓红等。人们可以通过透明的后盖清楚地看到 iMac 计算机的内部结构，让这台计算机的设计带有浓郁的高技术风格。除此之外，作为一台个人计算机，在软件层面 iMac G3 最初配备了 Mac OS 8.1 和后续版本的 Mac 操作系统，它为 Mac 用户提供了用户友好和直观的界面。

iMacG3 是由苹果著名设计师乔纳森·艾维（Jonathan Ive）及其团队主持设计的，它的成功也标志着苹果在设计和市场成功方面的转折点，确立了苹果作为一个以设计驱动和创新为核心的公司定位。它对计算机行业和流行文化的影响不可低估，至今虽然已不再销售，却仍然是苹果设计实力和公司新时代开始的标志性代表产品（见图 7-26）。

图 7-26　Apple iMac G3

高技术风格在建筑设计领域最引人注目的作品是 1977 年在巴黎建成的蓬皮杜国家艺术与文化中心，这座建筑是由意大利建筑师皮阿诺（Renzo Piano）和英国建筑师罗杰斯（Richard Rogers）设计的。他们对自己设计的解释是：“这座建筑既是一个灵活的容器，又是一个充满活力的交流中心。”蓬皮杜艺术与文化中心大楼不仅直接在建筑的外观中展示了其结构，而且将所有设备都暴露在外。面向街道的东立面上挂满了各种五颜六色的“管道”，红色代表交通通道、绿色代表供水系统、蓝色代表空调系统、黄色代表供电系统。面向广场的西立面则是几条有机玻璃构成的巨龙，其中一条蜿蜒而上的是自动扶梯，其他水平方向的则是外走廊。这座标志性建筑的设计风格突出了现代科技和先进技术的应用，体现了高技术风格的特点。蓬皮杜艺术与文化中心的成功和影响使得高技术风格在建筑界和工业设计领域获得了广泛关注，推动了技术与设计的融合，激发了创新和探索新领域的热情（见图7-27）。

图7-27　蓬皮杜国家艺术与文化中心

## 扩展阅读

解构主义风格（Deconstruction）（见图7-28～图7-30）

图7-28　1994年，弗兰克·盖里设计的巴黎美国中心

图7-29　迪斯尼音乐中心

图7-30　弗兰克·盖里设计的香港的银河座住宅楼

更多数字资源获取方式见本书封底。

# 7.3　信息时代的工业设计

计算机的广泛应用极大地改变了工业设计的技术方法，而消费电子和其他信息类产品对设计的要求变得更新和更高，将设计的范畴扩展到了改善产品的交互性和用户体验的高度。

（1）在技术方法层面　随着计算机技术的迅速发展，工业设计师可以利用计算机辅助设计（CAD）软件进行更精确、高效的设计工作。CAD软件提供了三维建模、虚拟仿真和可视化等功能，能够预测和评估产品的外观、功能和性能，能更快速地迭代和优化设计，大大缩短产品开发周期。此外，计算机技术提供更多创意的激发表达方式，可以进行虚拟设计和可视化呈现，将创意快速转化为具体的设计方案。还可以利用计算机生成的图形和动画来展示产品的特点，更具吸引力，沟通性更强。

（2）在设计范畴层面　在信息时代，消费电子和其他信息类产品对设计的要求变得更加复杂多样。除了外观和功能，用户体验和产品的交互性也成为设计的重要考量因素。计算机技术提供了更多可能性，使设计师能够将界面设计得更加人性化、操作方式更直观、产品更符合人体工程学，满足用户需求。

（3）在信息化条件下　工业设计正经历着新的转变，而这个转变的核心和基础是以交互的理念重新审视产品设计，并将关注重点转向用户的行为，探索数字化生活的新方式。信息时代的交互技术已经成为一种媒介，通过它，人与人之间、人与环境之间可以进行交互，从而改变了人们生活的方方面面。就像工业设计塑造了人与机器之间的交互，建筑学塑造了人们在城市中的生活品质一样，交互设计塑造了人们的认知、行为和体验过程，并像建筑学和工业设计一样，关注文化和技术的结合。

## 7.3.1　计算机辅助工业设计

20世纪计算机技术的发展对工业设计的影响是持续且深远的，它既改变了自包豪斯以来的经典工业设计程序与方法，又开拓了诸多新的设计领域的大门，例如基于计算机与电子产品的软件设计、交互设计等新领域。除此之外，设计师的观念和思维方式，也在信息时代出现了新的转变，他们充分认识到先进的技术与设计结合起来后，能够产生巨大的创新动能，从而席卷市场，创造价值。

自从20世纪中叶第一台计算机出现以来，人们就开始探索使用这种新的工具进行设计活动。20世纪60年代，美国麻省理工的科学家萨瑟兰（Ivan Sutherland）在其博士论文中首次论证了计算机交互式图形技术的一系列原理和机制，正式提出了计算机图形学的概念，奠定了计算机图形技术发展的理论基础，同时也为计算机辅助设计开辟了广阔的应用前景。随着20世纪80年代信息技术的进步，计算机在软硬件方面取得了巨大的技术突破。计算机辅助工业设计凭借其快捷、高效、准确、精密以及便于储存、交流和修改等优势，在工业设计的各个领域得到广泛应用，显著提升了设计的效率。

计算机辅助设计的引入彻底改变了工业设计的方式。这种变革不仅仅体现在使用计算机绘制各种设计图、采用快速原型技术替代传统的油泥模型，或者运用虚拟现实进行产品仿真演示等方面。更重要的是，它建立了一种并行结构的设计系统，将设计、工程分析和制造三者有机地集成在一个系统中。这使得不同领域的专业人员能够及时相互交流反馈信息，从而缩短了产品开发周期，同时确保了设计和制造的高质量。

这些变化要求设计师具备更高的整体意识和更多的工程技术知识，而不仅仅局限于效果图的呈现。设计师需要与工程师密切合作，深入了解制造过程和工艺要求，设计团队充分利用计算机辅助设计的优势，协同工作，提高设计效率，同时确保产品在设计、制造和工程分析方面的协调一致性。

以交通工具设计领域为例，计算机辅助工业设计已经广泛应用于车身造型设计中，使用计算机软件来创建和修改车身外观的三维模型，可以调整曲线、表面细节和比例等参数，对车身造型精确控制。这种方法取代了传统的手工绘图和制作模型的方式，极大地提高了设计效率。设计师能够在短时间内尝试不同的设计方案变体，实时虚拟仿真和可视化展示，在计算机上进行细致的设计调整。同时，计算机辅助设计还可结合工程分析，对车身结构进行强度、刚度、碰撞等仿真分析，确保设计的安全可行，在材料的选择和优化方面，用计算机来评估不同材料的性能和重量，节省材料物力等成本。除了汽车外观，还包括车辆内部布局设计，包括座椅、仪表盘、控制面板、娱乐系统等，可在虚拟环境中进行布局和排列，优化空间利用，提高人机交互性。

目前，计算机辅助工业设计的软件有很多，下面简要介绍几款常用软件：

1. AutoCAD

AutoCAD 是一款广泛应用于工业设计领域的计算机辅助设计软件，它的历史可以追溯到 20 世纪 70 年代末，由美国 AutoDesk 公司开发并推出。AutoCAD 的出现标志着计算机辅助设计在工业设计中的重要地位，并引领了 CAD 技术的发展。在 20 世纪 70 年代，当时计算机技术的快速发展为设计师提供了新的设计工具和方法。在此背景下，AutoCAD 应运而生，最初的 AutoCAD 仅支持二维设计功能，但随着时间的推移，它逐渐发展成为一款强大的二维兼三维设计工具。

在功能层面，AutoCAD 的绘图和建模工具性能良好，能够创建精确设计的图样，可以使用 AutoCAD 绘制产品的平面图、剖面图和立体图，并进行尺寸标注和注释（见图7-31）。其次，AutoCAD 支持自定义参数化建模，创建参数化模型，调整参数值进行灵活修改。产品设计常常需要在不同的尺寸、形状和配置之间快速迭代调整，因此这种功能对于工业设计很重要。此外，AutoCAD 还提供了丰富的功能，可用于分析设计的可行性，可以进行模拟仿真分析，如结构强度分析、动力学模拟等，评估设计在实际使用中的性能和可靠性。

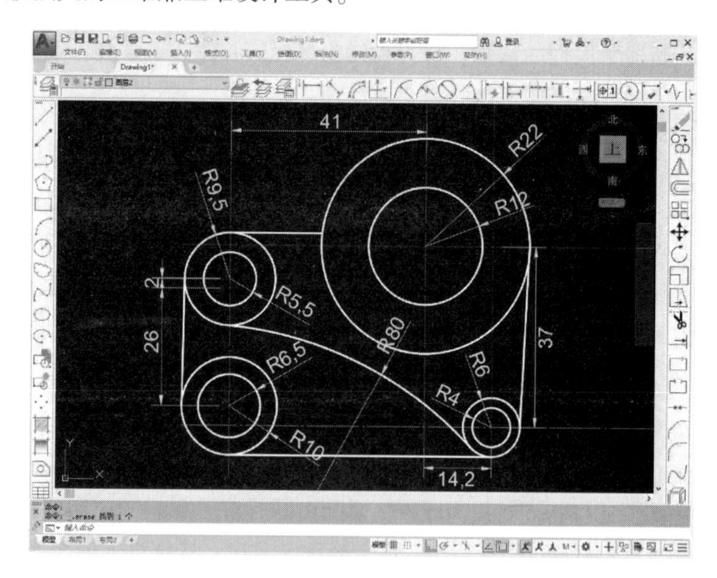

图 7-31　AutoCAD 绘图（图片来源于 CAD 梦想画图官网）

在工业制造过程中，AutoCAD 可以生成产品的制造图样，包括精确的工程数据，提供准确的尺寸标注，便于制造商按照设计进行生产制造。AutoCAD 还支持与其他制造软件的集成，实现设计数据的无缝传输协作。

2. SolidWorks

SolidWorks 也是一款广泛应用于工业设计领域的三维计算机辅助设计软件，它的历史可以追溯到

20 世纪 90 年代初，由美国 SolidWorks 公司开发并推出。SolidWorks 的诞生源于对传统 CAD 软件的改革创新，在此之前，大多数 CAD 软件都侧重于专业工程师的使用，命令和操作界面都较为复杂，SolidWorks 最初的设计目标是为更广泛的用户群体提供简化易用的设计工具。SolidWorks 于 1995 年首次发布，它采用了基于特征的建模（Feature-based Modeling）方法，可以通过添加修改特征来创建三维模型，简化了设计流程，提高了设计的可编辑性。它的建模工具也比较强大，能够创建复杂的产品的外观结构，包括各种零部件和装配体。

此外，SolidWorks 支持模型的分析验证。可以使用 SolidWorks 进行结构分析、运动仿真分析、流体动力学分析等，还可以评估设计的性能、检测和解决潜在问题、优化设计并提高产品质量。SolidWorks 还具有强大的装配协作功能。可以进行零部件的装配仿真，模拟验证不同部件之间的配合运动关系。SolidWorks 虽然是一款以三维为主的软件，但可以通过三维模型产出工程图，在工程制造上使用较多。

### 3. 犀牛 Rhino

Rhino 是工业设计师们的首选三维建模软件之一。Rhino 的历史可以追溯到 20 世纪 90 年代初，由美国 Robert McNeel & Associates 公司开发并推出。最初，Rhino 是为了满足建筑船舶设计师的需求而开发的，但随着时间的推移，它逐渐扩展到了工业设计和其他领域。

在工业设计领域，Rhino 支持各种建模技术，包括曲线建模、表面建模和实体建模，以 NURBS（非均匀有理 B 样条）技术为基础，提供了一个高效、精确的三维建模平台，从简单的几何体到复杂的曲面造型，都能轻松应对。Rhino 的应用范围非常广泛，它可以用于产品设计、汽车设计、家具设计、珠宝设计等多个方面（见图 7-32）。

此外，Rhino 还支持与其他软件和系统的集成。它可以与 CAD、CAM、CAE 等软件进行数据交换共享。Rhino 的开放性也是其在工业设计领域的重要作用之一，它提供了丰富的插件工具，进一步扩展了其应用范围，可以通过这些安装插件，实现更多的功能效果。例如 Grasshopper 是一款在 Rhino 3D 环境下运行的可视化编程工具，它本身是一款独立的软件，同时也是 Rhino 3D 建模软件的补充工具库。用户可以通过 Grasshopper 创建自定义的算法来生成、修改和分析 3D 几何图形，而无须编写复杂的代码。Grasshopper 的界面直观易懂，它使用电池和电线的概念来构建算法。每个电池代表一个功能或操作，而电线则用来连接电池，传递数据。用户可以通过添加、连接和配置这些电池来创建复杂的几何生成和分析流程。在工业设计领域，Grasshopper 应用于参数化设计、自动化建模、几何优化等。

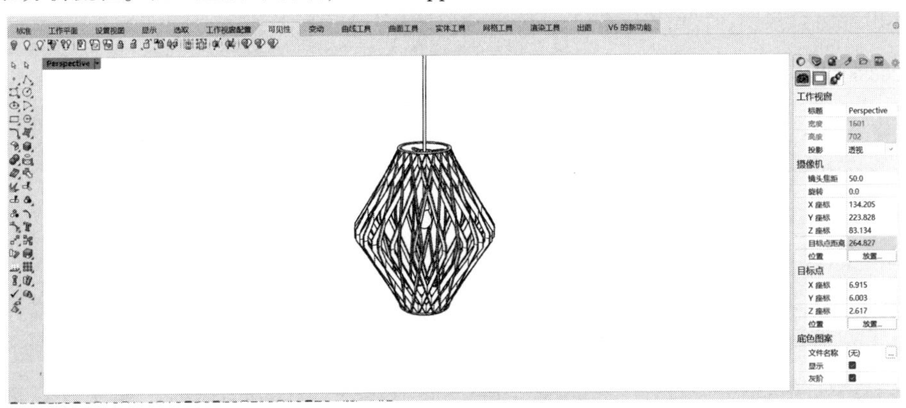


图 7-32　Rhino 绘图

4. PTC Creo

PTC Creo 也是一款在工业设计领域广泛应用的三维设计软件，国内的设计师对它会很熟悉，因为它很早就被引进中国，成为国内工业设计师们的首选工具之一。PTC Creo 的历史可以追溯到 1987 年，最初由美国 PTC 公司开发并推出。最初命名为 Pro/ENGINEER，它是第一款基于参数化建模的三维 CAD 软件，为工业设计带来了革命性的变革。随着时间的推移，PTC 公司不断改进和扩展软件，于 2010 年将其重新命名为 PTC Creo。

PTC Creo 具有丰富的工具和功能，包括跟踪器、阵列、曲面造型、仿真分析等，有助于快速有效地展示或验证设计方案。PTC Creo 的参数化设计功能非常强大，特别适合做产品的结构设计，因此在消费电子、模具制作、玩具、机械制造等行业中得到了广泛应用。此外，PTC Creo 还支持数字化制造，为工程师提供了一种直观、高效的工具来生成数控加工路径、工艺规划及创建程序等，有助于快速创建工具路线并消除潜在的制造问题，确保制造过程高效精准。PTC Creo 具有互操作性、开放性和易用性三大特点，不同领域的用户都能根据自己的需求进行产品开发。

5. Keyshot

KeyShot 是一款在工业设计领域广泛应用的实时渲染软件，2008 年由美国 Luxion 公司开发和推出。最初，KeyShot 是一款专注于实时渲染的软件，旨在为设计师提供快速逼真的渲染效果。随着时间的推移，KeyShot 不断发展和改进，增加了更多功能特性，成为行业内领先的一款实时渲染解决方案软件。

在工业设计领域，KeyShot 发挥着重要的作用。其最主要的特征是实时性，它提供了高质量的实时渲染能力，可以在设计过程中即时查看调整材质、照明和摄像机设置，立即获得真实感的渲染结果。KeyShot 具有丰富的材质和照明选项。它提供了大量的预设材质，如金属、塑料、玻璃等，同时也支持自定义材质，可以根据需要调整材质的光泽度、反射率和透明度等参数，实现所需的外观效果。此外，KeyShot 还提供了各种照明设置，如环境光、点光源和平行光源，创建的照明效果非常逼真。

KeyShot 具有用户友好的界面流程，它提供了直观的工具操作，如拖拽和调整参数、导入 CAD 模型等。还能够生成高质量的渲染图像和动画，它使用先进的光线追踪算法和全局光照技术，模拟光线在场景中的传播和反射，实现渲染效果的真实感。此外，KeyShot 还支持多种输出选项，如静态图像、交互式 VR 和 360°全景图，能够在不同的媒体平台上展示分享。

6. Autodesk Alias

Autodesk Alias，通常简称 Alias，同 AutoCAD 一样，也由美国 AutoDesk 公司开发并推出，除此之外，AutoDesk 公司还有 3ds Max、Maya、Inventor、Revit、Civil 3D 等设计软件。Alias 广泛应用于汽车设计、航空航天、消费电子、工业设备等领域，可帮助创建设计曲面并将设计变为现实。借助 Alias，用户可以完全掌控从最初草图绘制到最终产品成型的整个设计流程。

Alias 软件支持从平面创意草图绘制到高级曲面的构建，并实现产品的展示评审，即最终输出可生产的产品数据。利用 Alias 软件可以进行上至飞机、卫星，下至汽车、游轮，大到航天军工，小到日用家电等各种产品的造型开发设计。Alias 软件在交通工具设计领域应用最广，使用 Alias 可以完成创意草图绘制、概念模型制作、产品模型制作以及虚拟现实评审等，覆盖整个造型设计流程。Alias 是为数不多的包含草图绘制组件的曲面设计产品，支持通过二维屏幕或虚拟现实方式完成草图绘制，所有的 NURBS 工具均可用于无缝混合建模。现在用户还可以利用内置的 Dynamo 引擎进行参数化设计，可以给图案设计提供无穷的变化。此外，如果对扫描的物理模型进行逆向工程，用户有合适的工具来提取网格扫描数据，可进而使用 NURBS 和 Bezier 曲面进行技术曲面构建，支持用户完成最终 A 级曲面以供生产。Alias 还与工程密切关联，可帮助用户从其他系统导入各种工程数据。

7. Cinema 4D

Cinema 4D，即 C4D，是德国 Maxon Computer 开发的一款三维计算机动画、建模、模拟和渲染软件。C4D 提供了丰富的功能，可用于创建各种类型的三维场景、角色、动画和视觉效果，广泛应用于电影、电视、广告、游戏开发、建筑可视化等领域。C4D 在工业设计领域的应用包括产品设计、汽车设计、家具设计、珠宝设计等，它的功能灵活，目前已成为许多工业设计师的首选工具。

从工业设计的角度来看，C4D 具有强大的三维建模能力，它提供了丰富的建模工具，包括多边形建模、NURBS 建模、雕刻等，能够创建各种复杂的几何形状，满足工业设计中对产品形态细节的要求。同时，C4D 的动画制作功能也很强大，可以实现关键帧动画、动态模拟、粒子效果等，对于展示产品的功能、操作和使用场景非常有帮助。相比传统的建模软件，C4D 兼顾了建模和渲染功能，内置先进的渲染引擎，可以实时预览，能够生成高质量的真实感渲染效果，即时查看和调整模型的效果。设计师可以通过调整材质、光照和环境等参数，准确呈现产品的外观质感。并且，C4D 同样也可以与其他工业设计软件进行集成，如 CAD 软件、3D 打印工具等。

8. Blender

Blender 是一款功能强大的开源 3D 计算机图形软件，最初是由荷兰的一个动画工作室 NeoGeo 开发的，用于制作自己的动画电影。后来，该软件被开源，并由社区不断改进和发展，广泛应用于动画制作、特效合成、建模渲染等领域。Blender 提供了一整套完善的工具，支持各种 3D 制作需求，并且具备丰富的扩展功能和强大的渲染引擎，成为许多电影、游戏、广告等行业的首选软件。

Blender 拥有在不同工作下使用的多种用户界面，内置绿屏抠像、摄像机反向跟踪、遮罩处理、后期节点合成等高级影视解决方案。同时还内置有卡通描边（FreeStyle）和基于 GPU 技术的 Cycles 渲染器。以 Python 为内建脚本，支持多种第三方渲染器。在工业设计领域，Blender 功能丰富，包括建模、雕刻、动画、渲染、物理模拟等，可以快速创建高质量的三维模型，通过材质、光照和渲染等技术呈现出真实的产品效果。Blender 还支持动画制作，可多方位展示产品。

同时，Blender 是一个社区驱动的项目，可定制性强，有许多第三方插件和扩展可供使用，用户可以根据自己的需求进行定制。Blender 能够实现跨平台，支持 Windows、Mac OS X 和 Linux 等多个操作系统。近年来，由于其强大的功能，Blender 在工业设计领域已经逐渐代替传统的犀牛等软件。

在人工智能时代，计算机辅助工业设计正迎来新的发展趋势。如 3D 打印、智能辅助设计工具、数据驱动设计等，这些内容将会在第 9 章中为同学们讲述。

### 7.3.2　交互设计

#### 1. 交互设计的起源

交互设计最早是由比尔·莫格里奇（BillMoggridge，1943—2012）在 1984 年的一次设计会议上提出的，当时被命名为“软面”（Soft Face）。然而，这个名字容易让人们联想到当时流行的玩具“椰菜娃娃”（Cabbage Patch doll）。因此1990年，他将其改名为“交互设计”（Interaction Design）。尽管大多数设计师普遍认同交互设计这个术语起源于比尔·莫格里奇在1990年正式定名之后，但当人们讨论交互设计的历史时，最好还是从1946年诞生的世界上第一台计算机ENIAC开始说起。那时的计算机仅仅是用来进行大量数据运算的机器，人们关注的是其强大的计算能力。为了使用计算机，人们必须适应机器，并使用机器语言进行操作。

在20世纪60年代末和70年代初，随着计算机性能的不断提升，计算机操作变得越来越复杂，人们面临着两个棘手的问题。首先，复杂的计算机系统和难以理解的机器语言使得人与计算机之间的交互变得极为困难。人们开始关注如何设计一种操作系统，使其成为人和计算机之间的桥梁，缩短人们学习操作的时间，并尽可能降低因认知失误而带来的风险和损害。在工程师和设计师的共同努力下，人机工程学开始兴起，并将认知心理学的原理引入计算机设计中。人机交互成为广泛关注的焦点。

此外，复杂的计算机操作也因其低效和枯燥的输入输出方式而变得乏味。尽管键盘和提示符显示器取代了低效的卡片和磁带作业，成为主要的输入输出设备，但对于一般操作者来说，在进行复杂任务时仍然难以得心应手。因此，一些有远见的工程师开始思考创造新的输入输出方法，鼠标和图形用户界面（GUI）就是在这个时期应运而生的。同时，人们逐渐意识到，计算机不仅仅是用于计算的机器，还可以作为一种新的通信设备。

所以，随着计算机和电子产品的普及，人和产品的使用关系从“人与物”的关系，逐渐拓展成了“人与信息”的关系。在计算机操作系统和应用程序的发展中，图形用户界面的引入标志着交互设计的起步阶段。图形用户界面是指以图形方式显示信息，并通过鼠标、键盘等输入设备进行交互的用户界面。

而要讲图形用户界面，首先要了解的是图形用户界面诞生之前，计算机操作系统所使用的文本命令交互。磁盘操作系统（DOS）是早期个人计算机上广泛使用的操作系统，其界面主要基于文本命令行，DOS的主要界面是一个黑色背景的文本命令行窗口。用户通过键盘输入命令，并按下<回车>键执行命令。命令行界面提供了一个简单而高效的方式来与计算机进行交互。这种界面需要用户记忆和输入特定的命令，对非专业用户不太友好，是计算机人机交互的雏形（见图7-33a）。

由于文本命令行的用户体验问题，导致计算机的操作与使用只能局限在专业用户中，极大地制约了计算机的普及，尤其是个人计算机的发展。于是在20世纪70—80年代，很多企业和机构的工程师与设计人员，都开始向操作更为便捷直观的图形用户界面进行探索。其中，1973年施乐（Xerox）的帕洛阿尔托研究中心（PARC）开发了一种最早的图形用户界面，称为阿尔托（Alto），是第一个把计算机所有元素通过“所见即所得”的设计逻辑结合到一起的图形界面操作系统。它使用3键鼠标、位运算显示器、图形窗口、以太网络连接（见图7-33b）。在此之后的1981年，施乐又推出了第一个商用的图形用户界面操作系统，称为Xerox Star。它引入了窗口、图标、菜单和鼠标等概念，成为后来图形用户界面的基础。

1984年，苹果公司推出了Macintosh计算机，搭载了图形用户界面操作系统。Macintosh引入了鼠标和可视化的界面元素，大大简化了用户与计算机的交互（见图7-34a）。此后，微软也推出了Windows操作系统，使得图形用户界面逐渐普及（见图7-34b）。

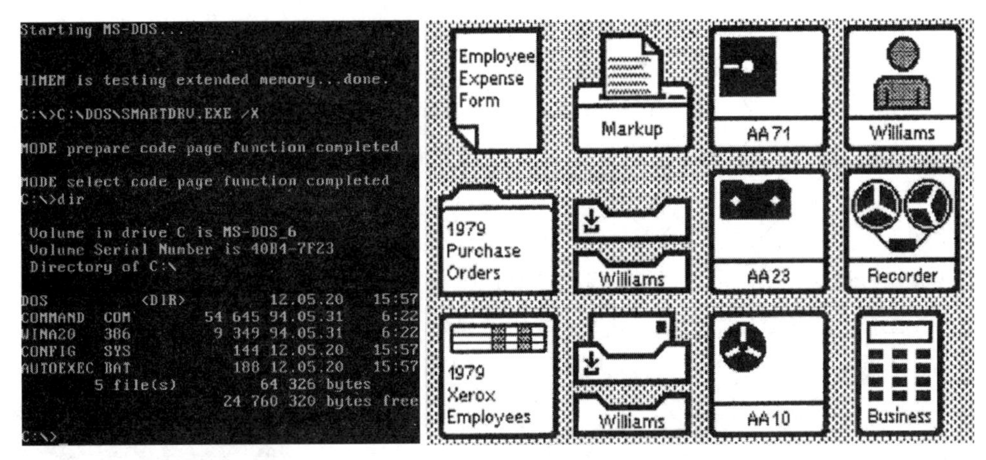


a）DOS命令行界面　　　　b）The Xerox Alto GUI 1973

图 7-33　DOS 命令行界面示例和 The Xerox Alto GUI 1973

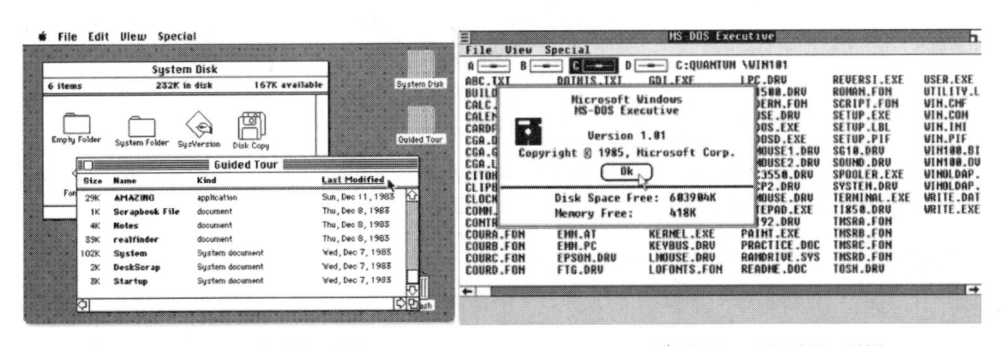


a）The Apple Macintosh GUI，1984　　　　b）Windows 1.01 GUI，1985

图 7-34　The Apple Macintosh GUI，1984 和 Windows 1. 01 GUI，1985

20 世纪 90 年代，随着互联网的发展，Web 浏览器成为图形用户界面的重要载体。Web 浏览器提供了图形化的界面，使得用户可以通过点击链接、输入 URL 等方式浏览和访问互联网上的内容。进入 21 世纪，智能手机和平板计算机的兴起推动了图形用户界面的进一步大规模发展。触摸屏技术的普及使得用户可以通过手指触摸、手势操作等方式与设备进行直接交互，进一步简化了用户体验。设计师需要考虑手势操作、触摸反馈和移动设备特定的交互模式，提供符合移动设备特点的用户体验（见图 7-35）。

除电子终端上的 GUI 交互外，交互设计还在其他一些前沿领域有所发展。例如，体感交互、语音交互、虚拟现实交互等。体感交互是指人们通过手势或动作与设备进行交互。例如，手势与动作识别技术可以识别人的手势动作，常见于游戏控制、虚拟现实设备等。微软的 Kinect、任天堂的 Wii、索尼 PS 等，都是近些年应用体感交互推出的非常畅销的游戏类电子产品，用户通过肢体动作来参与游戏控制，有效提升了用户的参与感和趣味性。

图 7-35　早期苹果手机与触屏操作系统

语音交互是指通过语音进行人机交互的方式。通过语音识别技术，计算机可以理解人们说出的语音指令或对话，并做出相应的反应。语音交互应用于各种领域，包括智能助理、智能音箱、语音控制系统、电话客服等。例如，在手机端的智能助理中，用户可以说出“打开照相机”来启动手机上的相机应用程序。在家用智能音箱中，用户可以说出“播放音乐”来播放指定的歌曲。亚马逊公司的Alexa、阿里巴巴集团的天猫精灵智能音箱（见图7-36a）、小米的小爱音箱等，就是应用语音交互的典型产品案例。智能音箱通过语音交互使得用户与设备的交互更加自然直观，无须使用键盘、鼠标或触摸屏等传统输入设备。用户可以通过语音指令直接控制音箱，而无须进行复杂的操作步骤，使用更加便捷。在一些特殊的场景中，比如驾驶环境或居家烹饪环境中，语音交互还能解放用户的双手，实现效率更高、体验更佳的信息服务，例如蔚来汽车的NOMI车载语音助手（见图7-36b）。

a）天猫精灵智能音箱

b）蔚来汽车NOMI车载语音助手

图7-36　天猫精灵智能音箱和蔚来汽车NOMI车载语音助手

除此之外，结合VR、AR的虚拟现实交互，也是近年来产品领域探索的热点。VR（Virtual Reality，虚拟现实）和AR（Augmented Reality，增强现实）是两种与现实世界交互的技术。VR是指使用计算机生成的虚拟环境来模拟用户的感官体验，使用户沉浸其中。佩戴VR头盔或眼镜和相关的交互设备，用户可以身临其境于虚拟环境，与虚拟对象进行交互。虚拟现实技术在游戏、娱乐、教育、医疗等领域具有广泛应用，提供了沉浸式的体验交互方式。AR是指将虚拟内容叠加到现实世界中，通过显示设备（如智能手机、AR眼镜等）将虚拟对象与真实环境融合在一起，用户可以通过观察现实世界，同时看到叠加在其上的虚拟物体或信息。增强现实技术在游戏、教育、设计、导航、维修等领域应用广泛，使信息展示和交互的方式更加丰富。

2. 交互设计概念辨析

首先，交互设计与人机交互并不完全相同。人机交互（Human Computer Interaction，HCI）主要指的是人与计算机之间的交互，其中交互的对象特指计算机。作为一门学科，人机交互致力于设计、评估和实现供人们使用的计算机系统，研究的目标是解决系统可用性和易用性的问题。从技术角度来看，人机交互侧重于通过软硬件技术实现人与计算机的交互方式。而从交互设计的角度来看，它更注重人与计算机交互方式的设计过程和方法。交互设计涉及的交互对象范围更广泛，可以是无形的游戏和软件产品，也可以是有形的家用电器、消费电子和交通工具等各种实体产品，甚至可以是空间、互联网和服务等。交互设计强调设计应该关注人和产品之间的互动，考虑用户的背景、使用经验以及在操作过程中的感受，即“设计用于支持人们日常工作、生活的交互式产品”。显然，交互设计不仅仅局限于人机交互，它关注的是人与系统之间的交互关系。

同时，交互设计和界面设计并不完全相同。界面设计（Interface Design）关注的是界面本身，包括界面组件、布局、风格以及支持的有效交互方式等。界面设计是为了服务于交互行为，是交互设计的一部分。交互行为决定了界面设计的需求，而界面上的组件则为交互行为提供服务，设计时追求合理的布局、统一的风格等。通常情况下，界面设计主要指人与机器之间的交互层面设计，如应用程序界面、网页界面、媒体操作界面，是计算机软件产品的重要组成部分。而交互设计更加注重产品与用户行为之间的交互以及交互的过程，它在深度和广度上超越了界面设计，强调的是设计理念和方法。

除此之外，在信息时代，交互设计和工业设计之间存在密切的关系。交互设计关注人与数字界面的互动体验，而工业设计关注产品的外观、功能和实际使用。交互设计和工业设计有着共同的目标，即共同致力于提供用户友好的产品体验。两者的区别是，交互设计师通过研究用户行为和需求，设计直观、易用的界面功能，确保用户能够轻松地与数字产品进行交互。而工业设计师则关注产品的外观、人机工程学和操作性，确保产品符合人类的身体特征和操作习惯，提供舒适愉悦的使用体验。在信息产品上，这两者是不可割裂的统一体，相互交织，共同为用户提供全方位的产品服务体验。交互设计和工业设计在产品开发过程中需要紧密合作、相互融合，这有助于形成一致的品牌形象和统一的用户体验。例如，交互设计师需要了解产品的外观形态，以确保用户界面的布局和元素设计与产品外观相协调。而工业设计师则需要充分了解产品的信息交互模式，才能为产品设计出更符合用户预期的外观与功能。

3. 交互设计方法与案例

在实际的项目和研究工作中，交互设计有很多具体的设计方法，如用户研究、信息架构设计、用户测试与可用性评估等，这里简要介绍几种常用的交互设计方法。

（1）用户研究　用户研究是交互设计中至关重要的一项方法，它通过调查用户的需求、行为与偏好，为设计师提供关键的洞察指导。用户研究的第一步，往往从用户访谈开始，用户访谈通常采用与用户进行面对面或远程访谈的形式，在设计工作开始之前，深入了解他们的需求、偏好、目标和挑战。提出问题，倾听用户的故事，通过用户访谈，可以获得有关用户体验的期望的宝贵信息。观察研究也是用户研究最常用的调研法之一，即通过观察用户在实际环境中使用产品或进行特定任务的行为，收集数据和洞察用户需求。观察可以在实验室或自然环境中进行，以帮助设计师了解用户的行为模式、障碍和需求。除此之外，还可通过问卷调查即通过设计问卷并将其分发给受众群体，收集用户的意见、反馈和偏好，可以量化数据，提供更广泛的参与，并帮助设计师了解用户的普遍看法。

用户访谈、观察研究、问卷调查往往是在设计工作开始之前的调研方法。当设计开始之后，用户测试法、焦点小组讨论法等用户研究方法就派上了用场。用户测试法由设计师提供原型或产品，并让真实用户进行测试和操作，观察他们的行为和反馈。用户测试可以揭示产品的可用性问题、用户认知和理解方面的挑战，并提供改进的方向。焦点小组讨论是由设计师组织一用户小组参与讨论，探讨特定主题、产品或概念。焦点小组能够促进用户之间的互动和意见交流，提供不同的观点和见解。用户研究的方法有很多，具体选择哪些方法取决于项目的需求、时间和资源限制，以及所要解决的问题。设计师可以选择单一的方法或组合多种方法，以便获得全面的用户洞察，并将其应用于设计过程中，确保最终产品符合用户的期望和需求。

（2）信息架构设计　在交互设计中，信息架构设计是一项关键任务，它涉及组织和结构化信息，确保用户能够轻松地找到所需的信息并理解其关系。通常会涉及多个层级，每个层级都有其特定的关注点和功能。首先是战略层级，这是交互设计的最高层级，涉及战略决策和目标设定。在这个层级上，设计师要了解业务目标、用户需求和竞争环境，制定整体的交互设计策略，包括确定产品的定位、目标用户群体、核心功能和用户体验愿景等。然后是用户需求层级，在这个层级上，设计师要深入了解目标用户的需求、目标、行为和偏好。通过用户研究方法，如用户访谈、观察和调查，获得关于用户需求的洞察，从而指导后续的设计决策。

在了解了战略与用户需求之后，就可以开始搭建信息架构了，这一步工作属于信息架构层级，这个层级涉及信息的组织和结构化，保证用户能够轻松地找到所需信息。信息架构设计包括内容分类、导航设计、信息层次结构和搜索功能等。在信息架构层级的框架上，可以添加信息内容、交互方式、UI 视觉，从而完善设计项目。

在内容设计层级，要考虑内容的可读性、可理解性和可访问性，保证用户轻松消化和理解所提供的信息。在交互设计层级，主要关注用户与产品之间的交互，包括界面设计、操作流程、用户反馈和状态提示等。设计师需要使交互设计直观、使用友好，并与用户的认知和期望相一致。在视觉设计层级，要考虑界面的布局、色彩、图标、字体和视觉风格，营造品牌形象，形成用户的视觉吸引力。

（3）用户测试与可用性评估　在交互设计中，用户测试和可用性评估是关键的方法和技术，用于评估和改进产品的用户体验，有助于发现潜在的问题和改进点。用户测试（User Testing）是通过邀请真实用户使用产品或原型，并观察他们的行为反馈，评估产品的可用性和用户体验。通常包括以下步骤：

1）设定测试目标：确定测试的目的和期望结果。

2）制定测试计划：确定测试的范围、任务和场景。

3）招募测试参与者：寻找符合目标用户群体的参与者，邀请他们参加测试。

4）进行测试会话：让参与者按照指定的任务和场景使用产品，记录他们的行为、反应和意见。

可用性评估（Usability Evaluation）是一种系统的评估方法，旨在评估产品的可用性，可以采用专家评审、启发式评估、可用性测试等方法。可用性评估的主要目标是发现产品中的潜在问题，并提供改进建议。常见的可用性评估步骤包括：

1）设定评估目标：明确评估的目标和期望结果。

2）选择评估方法：根据需求选择适合的评估方法，如启发式评估、专家评审、任务完成测试。

3）进行评估活动：执行评估活动，例如专家根据规则评估产品。

4）分析结果：整理分析评估数据，提取关键问题和改进建议。

5）提出改进建议：基于评估结果，设计优化方案。

## 7.3.3　信息时代的产品设计典型案例

### 1. 苹果公司及其设计的产品

苹果计算机公司成立于 1976 年，总部位于美国硅谷，仅三年后的 1979 年就成功跻身《财富》杂志列出的全球 100 强企业。作为个人计算机的开创者，苹果计算机公司在现代计算机的发展中取得了许多重要的里程碑，尤其在工业设计方面发挥了关键性的作用。该公司不仅率先推出集成了塑料机壳的个人计算机，还倡导了图形用户界面和鼠标的应用。此外，苹果计算机公司还通过坚持一致的工业设计语言，不断推出令人耳目一新的计算机产品，其中包括著名的苹果Ⅱ型机、Mac 系列机、牛顿掌上计算机和 Powerbook 笔记本计算机等。这些努力彻底改变了人们对计算机的认知和使用方式，使得计算机成为一种极其易用的工具，使日常工作变得更加友好和人性化。苹果计算机公司始终紧密关注每一款产品的细节，并在后续的一系列产品中持续注重设计，被公认为有史以来最具创意的设计组织之一。

苹果计算机公司之所以取得成功，离不开其创始人之一史蒂夫·乔布斯（Steve Jobs）的创新精神。乔布斯深刻认识到产品必须具备普通大众能够理解和欣赏的特质。对于高科技产品而言，除了技术性能和指标，外观和个性同样重要。因此，苹果计算机公司在追求技术创新的同时，高度重视工业设计。一方面，他们邀请世界级设计公司提供设计服务；另一方面，他们组建了自己高水平的工业设计部门，保证公司在设计质量上无可匹敌。在苹果计算机公司，优秀的设计不仅仅是美学的选择，而是作为企业战略的一部分。为了确保计算机软件与硬件的一致性，苹果计算机公司开发了自己的系统软件，这在计算机生产厂商中是独一无二的。苹果软件的图形界面、移动光标、拖动操作、下拉式菜单等早已成为业界的标准。

1998 年，苹果计算机公司推出了 iMac 计算机一体机，引领了当时计算机设计的新浪潮，成为全球瞩目的焦点。iMac 秉承了苹果计算机以人为本的设计理念，采用一体化的结构和预装软件，只需插上电源和电话线即可上网，极大地方便了初次使用计算机的用户，消除了他们对技术的恐惧感。外观上，iMac 采用了半透明的塑料外壳，造型雅致而又带有一丝童趣，色彩选择了吸引人的糖果色调，完全打破了传统个人计算机严谨的外形和乳白色调，将高科技与高品位完美融合，有浓浓的高科技风格。基于 iMac 的成功，苹果计算机公司相继推出了 iBook 笔记本计算机和 G3、G4 专业型计算机，让更多企业认识到工业设计在信息时代的巨大潜力，因此更加注重产品的创新。

在 iMac 取得巨大成功之后，透明材质和鲜艳的色彩成为 IT 产品设计的潮流。无论是 MP3 播放器还是彩色打印机，都带有 iMac 的影子。而在这个时候，苹果计算机公司正酝酿着一场新的变革。这次变革中，iMac 的有机造型被严谨的几何形式所取代，透明材质和亮丽的色彩则被冷峻的铝合金材料和精致的哑光质感所取代。苹果计算机公司在 21 世纪初推出的 PowerBook G4 和 Power Mac G5 以及荣获 2008 年美国工业设计优秀奖金奖的 MacBook Air 超薄笔记本都体现了这种变化。与此同时，家电产品的设计也经历了类似的变革。过去的“白色家电”和“黑色家电”一下子都变成了“银色家电”，仿佛预示着 20 世纪 60 年代所谓的“硬边风格”的回归，迪特·拉姆斯的设计风格成为苹果公司新的主流风格之一。

苹果公司最重要的设计创新始于 2001 年 10 月推出的 iPod，它立即成为数码音乐播放器的“酷”标准（见图 7-37）。这不仅因为 iPod 本身的优秀，更因为它与苹果公司的播放软件兼网上商店 iTunes 的无缝结合。从那时起，苹果公司成了一个综合性电子消费产品企业，集计算机软硬件、应用终端设备和内容服务提供为一体，形成了一种互联网时代可持续的服务和商业模式。为了反映这种转变，苹果计算机公司也改名为苹果公司。

图 7-37　苹果公司的 iPod（图片来源于苹果公司官网）

苹果公司的 iPhone 在工业设计和交互设计层面上取得了巨大的发展与成就。自 2007 年首次推出以来，iPhone 已经成为全球最受欢迎和广泛使用的智能手机之一。在工业设计方面，iPhone 简洁、时尚、外观优雅（见图 7-38）。它采用了无缝的铝合金或玻璃机身，精致的细节和流线型曲线，为用户带来舒适的握持感和高端的触感体验。每一代 iPhone 都经过精心设计，注重细节和材质选择，使其成为一种时尚的生活方式象征。

在交互设计方面，iPhone 引领了智能手机界面的革新。它的触摸屏幕、多点触控和直观的手势操作，极大地改变了用户与手机的互动方式。通过简洁而直观的界面设计，使智能手机的操作更加简便自然。无论是通过轻点、滑动还是捏合手势，用户可以轻松地浏览网页、查看电子邮件、使用应用程序和进行多媒体操作。iPhone 的交互设计为后来的智能手机奠定了基础，并对整个移动设备行业产生了深远的影响。此外，iPhone 还引入了 App Store，这是一个革命性的概念，使用户能够随时随地下载和安装各种应用程序。App Store 的推出为开发者提供了一个巨大的平台，促进了创新和应用生态系统的繁荣。用户可以根据个人需求和兴趣选择各种应用，从社交媒体到游戏、工具和技术应用，满足了不同用户的需求。

图 7-38　iPhone 手机（图片来源于苹果公司官网）

iPhone 还通过持续的技术创新和功能升级不断推动着智能手机的发展。从 Retina 显示屏、Touch ID 指纹识别、Face ID 面部识别到高质量的摄像头和先进的处理器，每一代 iPhone 都带来了新的突破和改进。这些技术创新不仅提升了用户体验，还为各行各业的应用开发者提供了更广阔的可能性。

**扩展阅读**

乔纳森·伊夫（Jonathan Ive）



2. IBM 公司与 ThinkPad

IBM 公司是美国最具影响力的科技公司之一。起初，它主要从事打孔卡技术和机械计算机的生产，20 世纪 50 年代，IBM 推出了世界上第一台商用计算机 IBM 650，并在 20 世纪 60 年代和 70 年代继续推出了一系列创新产品，如 IBM System/360 和 IBM 个人计算机。纵观整个 20 世纪，IBM 经历了快速发展和变革。它在计算机领域取得了重大突破，成为主导和推动信息技术革命的关键力量。同时，IBM 也在其他领域展开了广泛的业务，如软件开发、咨询服务和半导体技术。20 世纪 90 年代初，IBM 面临严重的竞争和财务困境，公司进行了重组和转型，将重点放在高价值的技术和服务领域。IBM 逐渐通过推动云计算、人工智能和大数据分析等领域的创新，重新夺回了市场地位。如今的 IBM 继续致力于推动科技进步，在人工智能、区块链、物联网和量子计算等领域保持着领先地位，并与全球各行业的企业组织合作，推动着数字化转型和创新发展。

IBM 公司在工业设计领域也曾取得令人瞩目的成就。作为美国最早引进工业设计的大公司之一，IBM 不断创新，注重用户体验，塑造了自己独特的品牌形象，并为全球企业树立了产品设计的标杆。IBM 的个人计算机系列充分展示了公司在工业设计方面的成就。ThinkPad 是一系列面向商务的笔记本计算机和平板计算机产品，最早由 IBM 于 1992 年设计、开发和推广。

ThinkPad 的设计注重功能性、实用性和坚固性。它采用经典的黑色外壳设计，以简约而专业的形象示人。外观简洁大方，线条流畅，符合人体工程学原理，给用户带来舒适的使用体验。更重要的是，ThinkPad 的耐用性备受推崇。它经过严格的测试和验证，十分耐用可靠，能够承受长时间的使用和各种环境的考验。ThinkPad 系列产品的键盘也是其独特之处，采用了著名的“切割式键盘”设计，具有出色的手感和舒适的按键反馈。键盘背光功能使用户在光线较暗的环境下仍然能够方便地使用。此外，ThinkPad 还引入了 TrackPoint 红点指杆，这是一种位于键盘中间的小型指杆，可以通过轻触和滑动来精确控制光标的移动，提供了更高效的操作方式。ThinkPad 系列产品在性能方面也具备强大的实力。它们搭载了高性能的处理器、大容量的存储空间和高分辨率的显示屏，无论是处理大型数据、运行复杂应用程序还是进行多任务处理，都能够轻松胜任（见图7-39）。2005 年，IBM 将其个人计算机业务，包括笔记本计算机，出售给了中国联想集团。联想接手后进一步发展了这一产品线并延续至今。

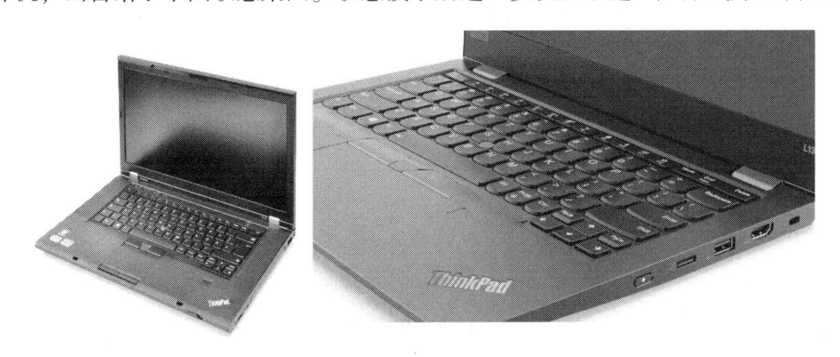


图 7-39　ThinkPad（图片来源于 IBM 官网）

# 7.4　设计的多元发展

在 20 世纪下半叶，世界设计领域迎来了多元化的发展，其中，服务设计、绿色与可持续设计、人机工程学等成为引人注目的新兴领域。这些新兴领域的出现，丰富了设计的范畴，提供了更广阔的创作空间。它们不仅满足了不断变化的社会需求，也推动了设计行业的创新进步，为人类福祉做出了积极贡献。

服务设计强调以用户为中心，通过对服务过程、用户体验和互动环节的优化来提升服务质量。它不仅关注产品本身，更注重用户在使用过程中的感受和需求，为企业提供创新的服务解决方案。绿色与可持续设计则回应了日益严峻的环境问题。它在设计过程中考虑资源的有效利用、能源的节约和环境的保护，旨在降低产品的环境影响，提倡循环经济和可持续发展的理念。人机工程学（人机交互设计）关注人与技术之间的交互。它研究人类行为、认知和情感特征，将这些因素应用于产品和系统的设计中，以提高用户体验和工作效率。人机工程学在计算机、通信和智能设备等领域的发展，为人们提供了更直观、便捷和人性化的技术交互方式。

## 7.4.1　服务设计

### 1. 服务设计的产生背景

服务的理念古已有之，但是现代服务设计的理念诞生于 20 世纪 80 年代，是信息技术革命与后工业化时代的“产物”。首先，20世纪80年代以来随着经济结构的转型，服务业在许多国家和地区成为主要经济部门。服务业的发展使得服务质量和用户体验成为企业竞争的重要因素。为了提供有竞争力的服务，服务设计应运而生。同时，伴随经济发展的是现代消费者对于产品服务期望的不断提高，不再仅限于功能和质量，更注重整体的用户体验，用户期待得到顺畅、愉悦的服务体验。服务设计关注于从用户的角度出发，优化服务流程和交互。值得关注的是，信息技术的迅猛发展，数字化技术已经渗透到服务领域，在线购物、移动支付、智能家居等数字化服务的兴起，给服务设计带来了新的挑战和机遇。

除此之外，在现代服务业中，存在多重的利益相关者，包括服务提供者、用户、员工、合作伙伴等。服务设计致力于协调和平衡这些不同利益相关者的需求和期望，实现共赢的服务交付。这要综合考虑服务的各个环节和参与者的角色，进行系统性设计，所以服务设计的方法论对于服务提供者来说，也是一种有效构筑服务产品的经营管理方法论。服务设计强调以人为本的设计理念，关注人类的需求和情感。同时，由于服务设计区别于工业化生产，对资源消耗、环境破坏程度相对较小，所以服务设计在一定意义上是注重可持续发展的。这也迎合了20世纪70—80年代后工业时代人们对工业化的不可持续性的质疑与反思。

2. 服务设计的产生与定义

服务设计的概念诞生于20世纪80年代。美国学者肖斯塔克博士在1982年和1984年分别发表于《欧洲营销杂志》和《哈佛商业评论》上的两篇文章，第一次提出了对服务进行设计的理念，并提出了服务设计蓝图的概念，通过服务道具（产品）、用户、前台、后台、支撑系统将服务流程中的可见和不可见因素梳理出来。1991年，德国科隆应用科学技术大学国际设计学院的迈克尔·埃尔霍夫教授首次在设计领域提出服务设计。2001年，全球首家服务设计咨询公司“Live | Work”在英国伦敦开业，再之后，由全世界多家知名大学共同发起的服务设计国际网络（Service Design Network，SDN）成立，致力于在学术领域对服务设计进行交流。

服务具有无形性、差异性、文化性、适应性。无形性很好理解，相较于工业产品的实体性，服务产品没有实在的物理实体，服务价值的传达开始和结束于服务的起止点，服务无法被储藏，依赖服务提供者和接受者双方的互动；服务的差异性，可以理解为非实体工业产品的不均质性，大规模批量生产的产品，功能和品质能够保持高度的一致性，通过行为发生而提供的服务，因人而异的差异性极大；文化性，可以理解为每个人都浸润在自己的文化中，无论是服务提供者还是接受者，以及服务的过程，都具备文化的烙印；服务的适应性，是指服务的双方需要在充分适应的基础上才能达成服务价值的交付，是双方或多方的配合结果。

人们有服务的需求，亚当·斯密就曾经在《国富论》中讨论过服务的价值和意义。根据现代公认的行业划分标准，服务业是指除从业、工业与建筑业之外，其他行业的总称。西方发达国家GDP中服务业的占比在20世纪90年代就达到了60%，我国2020年GDP中服务业的所占比例为53.34%，预计2025年达到60%。服务业包括三种类型，分别是生产型服务业、消费型服务业、公共服务业三种类型。根据价值属性，分为高附加值服务业和低附加值服务业。

服务设计是在服务产业发达的后工业社会诞生的新的设计范式，不仅是设计服务，还是面向系统、面向组织的服务设计思维。根据商务部、财务部、海关总署发布的《服务外包产业重点发展领域目录（2018版）》的定义，服务设计是指以用户为主要视角，与多方利益相关者协同共创，通过人员、环境、设施、信息等设计要素，实现服务提供、服务流程、服务触点的系统创新，从而提升服务体验、服务品质、服务价值的设计活动。服务设计的领域包括：服务设计的方法、服务设计环境、产品和服务的关系、服务组织建设、服务商业策略等。

### 3. 服务设计的流程与方法

服务设计的设计方法分为情景调研、服务设计与创新、服务实施三个部分，这个流程和国际设计领域通用的英国工业设计学会提出的双钻模型设计方法是一致的。其中，情景调研是对问题空间的探索，揭示人、产品、环境、服务之间的关系，包括会对特定的政治、经济、技术、商业、文化进行背景分析，并对各方利益相关者进行产业调研，同时会对用户进行深入分析，了解用户的需求、触点、预期等信息。情景调研使用的方法是现今设计研究领域通用的方法，比如案头分类法、问卷法、文献综述法、访谈法等；服务设计与创新阶段，会基于情景调查产出服务设计的新的蓝图和用户旅程，以及商业策略、服务系统设计、服务产品交互等，会用到服务蓝图法、用户旅程、人种志法、快速原型等方法；在服务实施阶段，需要评估服务的效果，会用到 AB-TEST、绿野仙踪法、卡诺模型等。由于服务设计的系统综合性，服务设计会囊括传统工业设计、交互设计的方法，同时也会不断吸纳来自其他领域和学科的设计研究方法，包括心理学、计算机科学、管理学、运筹学、市场营销等。服务设计的方法库在不断地更新，不时会有新鲜的方法血液进入。

### 4. 通过服务设计完成的服务产品和工业产品之间， 也有着本质区别

服务产品具备不可分割性、不可专用性、生命周期递增性、可持续、高附加值性等特点。不可分割性很好理解，就是服务不像物理产品，可以要拆解、组装，甚至只保留一部分丢弃另一部分，一项服务就是一个整体，无法进行分割。不可专用性是指服务一经创造，不会因为所有权问题专人专用，无论是让渡使用权的服务，还是响应式的服务，抑或是照看型的服务，服务的所有权不是唯一的。服务产品和工业产品最大的区别是，工业产品普遍会有一条伴随用户使用折损的下降的生命周期曲线，而服务产品在某些场景下是可以迭代优化的，生命周期不但不会伴随使用衰减，反而会延长，这同时引申出来服务产品的另一个属性，就是可持续，不占用物质资源，不产生基于实体物质的功效衰减，所以服务产品是资源集约的、非物质的、可持续的。最后还有一个重要的点是，服务产品是高附加值的，在制造领域是对实体产品的补充，在信息产业服务就是新的产品。

### 5. 产品服务系统

由于服务的系统性，服务不是单独存在的，其背后往往关联着一个庞大的产品服务系统。产品服务系统又叫产品服务系统（Product Service System，PSS），是对服务得以交付的前台和后台逻辑的统称。基于服务的类型，业界将其分为三类，即产品导向的产品服务系统、使用导向的产品服务系统、价值导向的产品服务系统。其中，产品导向的产品服务系统最典型的案例是2001 年苹果公司的 iPod + 2003 年 iTunes 形成的产品服务系统，其中 iPod 是实体的产品，而 iTunes 提供音乐浏览、试听、下载、购买等一系列流畅的服务。在这套系统里，用户需要支付和占有实体产品，服务是基于实体产品开展的。使用导向的产品服务系统典型案例是共享经济中的 AIR BNB、共享单车等有租借性质的服务，虽然存在充气床、早餐、单车等具体的产品，但是在这个体系中用户仅支付暂时的使用权，不需要购买和占有实体产品。价值导向的产品服务系统中，不再会有具体展开功能的产品了，用户支付的是服务带来的单纯价值，比如买保险、就医等。

中国的共享单车产品服务系统在近些年得到了快速发展和广泛应用，常见的品牌有哈啰、青桔、

美团单车（见图7-40）等。共享单车作为一种便捷、环保的出行方式，受到了越来越多的用户欢迎。用户可以通过注册的账号和密码登录，也可以通过第三方授权登录，登录后可以查看附近的车辆、使用车辆、查看使用记录和进行充值等操作。管理员可以对单车进行投放、删除、修改、查找、排序等操作，还可以查看所有单车信息和用户信息。并且还具有报修服务，用户可以在使用过程中上报车辆故障，维修员可以查看和处理报修信息。可以说，共享单车提供了一种具有方便快捷、环保节能、经济实惠、健康有益、缓解交通压力和社会效益等优点的产品服务系统，是一种非常有前途的出行方式。

图7-40　美团共享单车

随着技术的不断进步和市场的不断扩大，共享单车产品服务系统也在不断升级和完善。例如，一些共享单车企业开始采用智能化技术，如GPS（全球定位系统）、电子围栏等，提高了车辆的管理效率。同时，一些企业也开始推出新的服务模式，如共享电单车、共享汽车等，以满足不同的出行需求。

**扩展阅读**

盒马鲜生的智能产品服务系统

更多数字资源获取方式见本书封底。

### 7.4.2　绿色设计与可持续设计

#### 1. 绿色设计

绿色设计，又称为生态设计，是指在产品的整个生命周期中注重其对自然资源和环境的影响。它将可拆卸性、可回收性和可重复利用性等要素融入产品设计的各个环节中，旨在同时满足环境友好要求和产品的基本功能、使用寿命、经济性和质量。在绿色设计中，从产品材料的选择、生产和加工流程的确定，到产品包装材料的选择，甚至到运输等各个环节，都要考虑资源消耗和对环境的影响。目标是寻找尽可能合理优化的方案，最大限度地降低资源消耗和环境负面影响。

绿色设计作为20世纪80年代末兴起的一种国际设计潮流，反映了人们对工业社会造成的环境和生态破坏的反思，同时也体现了设计师社会责任的回归。在过去的很长一段时间里，工业设计在创造现代生活方式和环境的同时，也加速了资源和能源的消耗，对地球的生态平衡造成了严重破坏。特别是工业设计过度商业化的现象，使得设计成为鼓励人们无节制消费的重要手段。“有计划的过时商品”正是这种现象的极端表现，因此引起了许多批评和指责，设计师们不得不重新思考工业设计的职责和作用。

绿色设计的核心理念是“3R”：减少（Reduce）、循环回收（Recycle）和再利用（Reuse），也被称为绿色设计的三个要素。绿色设计不仅要尽量减少物质和能源的消耗，减少有害物质的排放，还要确保产品和零部件易于分类回收，并进行再生循环或重新利用。

绿色设计理念的产生，最直接影响的人物是美国设计理论家维克多·巴巴纳克（Victor Papanek，1927—1998）。早在 20 世纪 60 年代末，他出版了一本备受争议的专著《为真实世界而设计》（*Design For the Real World*）。在这本专著中他认为，设计的主要作用不在于创造商业价值，也不仅仅涉及包装和风格的竞争，而是在适当的社会变革过程中扮演重要角色。他强调设计应该认真对待有限的地球资源使用问题，并为保护地球环境提供服务。当时，能够理解他观点的人并不多。然而，自从 20 世纪 70 年代的能源危机爆发以来，他的“有限资源论”才得到了广泛的认可，绿色设计也越来越受到更多人的关注和认同。

但是，绿色设计在一定程度上也带有理想主义的色彩。要在舒适生活和资源消耗之间实现平衡，以及在短期经济利益和长期环保目标之间取得平衡，这并非易事。这不仅需要消费者具备自觉的环保意识，也需要政府从法律和法规方面进行推动。当然，设计师的努力也是至关重要的。除此之外，虽然绿色设计不像新艺术运动等设计运动有自己的形式美主张，绿色设计并不强调美学表现或狭义的设计语言，但它注重尽量减少无谓的材料消耗，重视使用再生材料的原则，并在产品外观上体现了这一理念。在绿色设计中，“小就是美”和“少就是多”获得了新的内涵。

1994 年，菲利普·斯塔克（Philippe Starck）为法国萨巴公司（Saba）设计了一台别具自然风格的电视机，电视机采用了自然可回收材料高密度纤维模压成型的机壳，为家用电器创造了一种新的“绿色”视觉。这台电视被命名为“吉姆·自然”（Jim Nature），电视外壳由锯末压制成型，并用不含甲醛的黏合剂黏合。制造商提供了带有水溶性涂料的塑料元件。机壳通过螺钉固定在一起，以便可以拆开并回收利用。其设计理念完全按照绿色的方向，采用自然可回收材料制成（见图 7-41）。

1993 年成立的荷兰设计团体 Droog Design，致力于将再生循环的理论用于日常生活用品的设计中，从而创造出一种不同于以往的审美情趣。他们采用丢弃的抽屉、废旧的地毯，甚至是用过的空牛奶瓶等废旧可回收材料，通过设计师的改造变成新的家具、灯具等各种用品。例如，设计师瑞米（Tejo Remy）用 20 只被人丢弃的抽屉捆扎成一件新的橱柜（见图 7-42），完成了一个产品再生循环的过程。

图 7-41　“吉姆·自然”（Jim Nature）电视

图 7-42　用 20 只被人丢弃的抽屉捆扎成一件新的橱柜

## 扩展阅读

流水别墅是绿色设计的经典案例（见图 7-43）

图 7-43 流水别墅

更多数字资源获取方式见本书封底。

2. 可持续设计

要系统地解决人类面临的环境问题，人们必须从更广泛、更系统的观念出发，引入可持续设计的理念。谈可持续设计，首先要了解可持续发展，可持续发展的概念最早由自然保护国际联盟（IUCN）于 1980 年首次提出。随后，一个由多国官员和科学家组成的委员会进行了长达 5 年（1983—1987）的广泛、全面的研究，于 1987 年发布了被誉为人类可持续发展的第一个国际性宣言，即《我们共同的未来》。该报告对可持续发展的描述是："满足当前人类需求而不损害后代人需求的发展"。该报告将环境和发展这两个紧密相关的问题作为一个整体进行考虑。人类社会的可持续发展只能以生态环境和自然资源的持久、稳定支持能力为基础，而环境问题也只能在可持续发展中得到解决。因此，只有正确处理眼前利益和长远利益、局部利益和整体利益的关系，掌握经济发展和环境保护之间的关系，才能满意地解决这个涉及国家命运、民生福祉和社会长远发展的重大问题。

可持续设计有一些共同的原则，可以作为给设计师的参考建议。当然，限于垂直行业与领域不同，可持续设计的原则和建议较多，仅摘取一些通用原则如下：

1）低影响材料：选择无毒、可持续生产或需要很少能量处理的回收材料。

2）能源效率：使用制造工艺和生产环节中消耗更少能源的产品。

3）情感持久设计：通过设计增加人与产品之间关系的持久性，减少资源消耗浪费。

4）再利用和回收设计：产品、流程和系统的设计应考虑可回收与再利用。

5）服务替代：将消费方式从个人拥有产品转向提供类似功能的服务，例如从私家车转向汽车共享服务。这样的系统可促进实现每单位消耗（如每次行程驱动）的最小资源使用。

6）可再生资源：使用本土材料减少交通运输的成本和能源消耗、材料采用可再生资源或有机无公害材料，当其废弃时，可以快速降解或循环利用。

为了将传统教育、资源利用和可持续的人类关系发展相结合，拉美第一所可持续的公立学校“大地之舟”应运而生。这是由北美建筑师 Michael Reynolds 开发的一种建设性方法设计的。“大地之舟”占地 270m$^2$，由大约 60% 的可再生材料和 40% 的传统材料组成，寻求最大限度地利用太阳、水、风和地球的能量，做到在能源生产和消费方面自给自足。而这个项目，因其建设性方案中包含了社会参与的机制，在仅仅七周的时间里就被建成了，项目有超过 150 人参加，包括志愿者、乌拉圭学生和其他 30 个国家的学生（见图 7-44）。

a）使用可再生材料建设中的"大地之舟"学校

b）"大地之舟"学校长廊

图 7-44　使用可再生材料建设中的"大地之舟"学校及其长廊

孟加拉国受到全球变暖的影响，炎热酷暑成为当地急需解决的问题，格雷集团（Grey Group）和格拉明英特尔社会企业有限公司（Grameen Intel Social Business Ltd.）借助常见的塑料瓶，开发了一种不需要使用电力的空调 Eco-Cooler，同时满足了不使用电能，可持续低成本的目标。将塑料瓶切成两半并粘在木板或格栅上，然后将后者安装在窗框上，瓶子的颈部朝向房屋内部。该系统的工作原理如下：进入每个瓶子的热空气被压缩在瓶子的颈部，在进入房间之前将其冷却下来，瓶子的颈部充当压缩空气的隧道。当空气离开瓶子的颈部（快速膨胀）时，使用相同的原理，这会使空气冷却。快速膨胀后的冷却效应被称为焦耳-汤姆逊效应。根据风向和施加的压力，Eco-Cooler 可以将温度降低 5℃，这与电动空调的作用相同（见图 7-45）。

图 7-45　正在安装的 Eco-Cooler

"打印城市"（Print Your City）是荷兰研究和设计工作室 The New Raw 发起的一项开拓性的计划，旨在通过回收塑料垃圾来重新塑造城市的公共空间。各具特色的设计作品包括自行车架、跳马、树盆、狗粮盆和书架等，为希腊的城市生活增添了更多环保且有趣的元素。市民可以根据自己的需要来定制每个物体的形态和用途，也可以选择将它们摆放在一些公共空间（见图 7-46）。在完成设计后，参与者可以登录 Print Your City 的官方网站获取有关塑料数量的信息，以便为 3D 打印提供足够的原材料。

图 7-46　使用回收塑料垃圾打印的座椅

### 3. 低碳设计

在绿色设计和可持续设计的理念下，近年来，低碳设计也是设计界热议的新话题。低碳设计是指在产品设计、生产和使用的过程中，致力于减少碳排放量的设计方法。它旨在通过改变材料选择、工艺流程和能源利用等方面，最大限度地降低产品的碳排放。低碳设计的概念是为了应对全球气候变化和减缓温室气体排放的影响而提出的。

提倡低碳的主要原因包括以下几点：

1）过量的温室气体排放是导致全球气候变暖的主要原因之一，低碳的目标是通过减少碳排放，降低温室气体的浓度，来减缓气候变化的速度和严重程度。

2）高碳排放对环境造成负面影响，如空气和水污染、土地退化和生物多样性损失，低碳设计致力于减少对自然环境的负担，保护生态系统的健康。

3）传统的高碳经济模式依赖于有限的化石燃料资源，而低碳设计鼓励资源的有效利用和替代，通过提高能源效率、推广可再生能源和循环利用材料等方式来减少对资源的依赖和消耗。

4）低碳设计不仅有助于改善环境质量，还能促进健康和可持续发展。减少污染物排放可以改善空气质量，降低人们患呼吸道疾病的风险，推广低碳的城市规划和交通方式可以改善居民的生活质量等。

上海世博会主题馆屋面发电项目是当时国内目前最大的单个太阳能光伏发电项目，也是最大的光伏建筑一体化项目。这面太阳能屋顶是一块近 30000$m^2$ 的太阳能发电板，它的发电能力可达兆瓦级。为满足屋面的透光要求，太阳能屋顶选用了晶体硅太阳电池组件，每块太阳板间距仅 2mm 并且用螺丝钉安装，而没有采用传统的焊接方式（见图 7-47）。

图 7-47　上海世博会中国馆

此外，主题馆的东西立面为“生态绿墙”，绿墙的面积达到了 5000$m^2$，为当时世界最大。它的绿化隔热外墙在夏季可以阻隔辐射、降低空气温度，在冬季又不影响吸收太阳辐射并形成保温层，降低风速，从而延长了外墙的使用寿命。

主题馆的太阳能屋顶所产电能可以并网运行，直接传到城市电网中。据称它的总发电量达到了

2.5MW，发电量为 280 万 kW·h/年，相当于 4500 名居民一年的用电量，每年可减少 2800t 的二氧化碳排放，这相当于燃烧 1000t 煤的碳排量。因此，上海世博会主题馆的太阳能屋顶“是一座名副其实的兆瓦级绿色能源发电站”。

主题馆的生态绿墙可以达到 4t/年的二氧化碳吸收量和 1t/年的滞尘量，并且还能够通过光合作用向环境释放氧气。由于生态墙的绿化隔热设计，较之传统的玻璃幕墙，在夏季生态墙的外墙温度可低 2℃，室内低 5℃，加上展厅中庭采光窗加装的阳光膜，其总体能耗比普通的玻璃幕墙降低了 40%，显著提升了建筑物的节能保温性能。

在 2022 北京新闻中心召开的“美丽中国·绿色冬奥”新闻发布会上，中国工程院院士、生态环境部环境规划院院长、中国环境科学学会理事长王金南表示，北京冬奥会圆满兑现了“碳中和”的承诺，成为迄今为止第一个碳中和的冬奥会。开幕式首次呈现出以清洁氢能作为燃料的“微火火炬”（见图 7-48）；国家速滑馆“冰丝带”成为世界上第一座采用二氧化碳跨临界直冷系统制冰的大道速滑馆，碳排放趋近于零；水立方被改造成“冰立方”；冬奥会全部场馆均达到绿色建筑标准、常规能源 100% 使用绿电；千余辆氢能大巴穿梭于赛场……绿色、环保、可持续发展的冬奥会以智慧多元的形式、完美严谨的效果呈现在全世界面前，向世界展现了中国环保的力量。北京冬奥会“碳中和”的实现，使中国生态文明建设迈上新台阶。北京冬奥会的绿色低碳实践，留下了丰富、宝贵的可持续性奥运遗产。如北京赛区场馆的 15 块冰面均采用当前最环保的二氧化碳作为制冷剂，二氧化碳制冰的全部余热可实现回收再利用，用于场馆的热水、浇冰、除湿等场景。这 15 块冰面也均可实现赛后利用，成为低碳环保的群众性健身场馆。同时，全民冬奥让低碳发展理念、绿色发展理念进一步深入人心，增加了低碳生活方式常态化的可能性。中国紧紧抓住了绿色冬奥这一历史契机，推动生态文明和美丽中国建设“一起向未来”。

图 7-48　以清洁氢能作为燃料的“微火火炬”

**扩展阅读**

碳达峰和碳中和，简称“双碳”

更多数字资源获取方式见本书封底。

4. 绿色设计和可持续设计的异同

绿色设计和可持续设计是两个相关但不完全相同的概念，它们都致力于减少环境影响并促进可持续发展。它们的概念区别简要概述如下：

1）绿色设计侧重于减少产品或建筑物的环境影响，包括资源消耗、能源使用、废物产生等方面。

它关注产品或建筑物在整个生命周期中的环境性能，包括设计、制造、使用和处置阶段。可持续设计则更广泛，不仅考虑环境因素，还将社会和经济方面纳入考虑范围。它更加综合，追求平衡和综合发展，旨在满足当前需求而不损害未来世代的需求。

2）绿色设计通常关注特定产品或建筑物的环境性能改进，如使用可再生材料、能源效率、水资源管理等，通过技术和工程手段来减少环境影响。可持续设计则更注重整体系统的设计规划，考虑到产品或建筑物与周围环境的相互关系，以及与社会和经济系统的交互作用。它强调系统思维和综合性解决方案，涉及城市规划、社区设计和资源管理等领域。

### 7.4.3 人机工程学设计

#### 1. 人机工程学发展的历史

从旧石器时代人类制造最简单的石斧、石锤开始，就已经在潜意识中考虑人机工程学的因素了，因为在博物馆中的原始石器，其体量、质量、形状均基本适应早期人类的握持与使用。在古代社会，工具、建筑、交通工具的设计中，均关注着人机因素，比如尺寸是否合适、形状与功能是否方便使用、色彩和材质是否合宜等。所以人机工程学不是现代社会的产物，是伴随人类改造自然的过程逐渐发展起来的朴素的设计理念。

但是，作为一门单独学科存在的人机工程学，则诞生于20世纪，其服务对象是工业化大生产中的生产工具设计和产品设计。在机械时代（1760s—1860s），第一次工业革命带来了工厂与机器，伴随着技术的更新迭代，发明家与工程师们不断地设计制造新的机器和产品。这时的人们会考量机器设计与人的配合比例，但是尚未总结出完善的方法论体系。随后的第二次工业革命，社会生产力水平进一步提升，新产品也层出不穷，汽车、飞机、电话、电灯等。这些产品涵盖了生产和生活的方方面面，于是设计所面临的问题变得更为复杂，人机关系的设计显得尤为重要。

人机工程学也被称为人类工程学或人类因素工程，是研究人类与人造产品、工作环境之间的相互作用关系以及设计工作环境、工具和任务时如何使其适应人类能力和需求的学科领域。它关注人类的生理、心理和行为特征，旨在改善工作效率、安全性和舒适性，减少工作负荷和人为错误，提高工作质量。它涵盖了多个应用范围，包括工业生产、交通运输、信息技术、医疗保健、消费产品设计等。

人机工程学发展的一个重要刺激因素，是20世纪的两次世界大战。在战争中需要设计制造大量的武器和军事工具。这些军用产品如何适应军人的作战使用，直接决定了战争的效率与成败。尤其是在第二次世界大战期间，新技术新产品层出不穷，如大型航母、雷达、远程轰炸机等，军事专家们发现，必须通过人机工程学的研究，找到如何帮助作战中的人更好地使用这些装备的设计方法。这让设计面临前所未有的挑战，也让人机设计的考量从简单地适应人的使用，扩展到了为工作中的人考虑上。第二次世界大战结束后，全球经济持续向好，科学技术快速发展，尤其是自动化、通信、电子技术的发展。特别是计算机这种工具的出现，其本质是帮助人类提升脑力工作的效能，而不仅仅是机械时代或战争中拓展肌肉力量提升使用效能和舒适度了。

通常将人机工程学划分为三个阶段，1944年是早期人机工程学和经验人机工程学阶段，其特点是人适应机器；1945—1960年，人机工程学诞生，进入科学人机工程学阶段，其特点是机器适应人；1960年以后进入现代人机工程学阶段，至1980年是人机工程学迅速发展期，1980年以后，人机工程学形成完整学科。

人机工程学的研究在 20 世纪 70 年代达到高潮，形成了自己的理论和方法体系。人体工程学最早是由波兰学者雅斯特莱鲍夫斯基提出的，它在欧洲被称为人机工程学（Ergonomics），这个名字由两个希腊词根“ergo”和“nomics”组成。其中，“ergo”表示“出力、工作”，而“nomics”则表示“规律、法则”。因此，人机工程学的含义可以理解为“人类工作的规律”或“人体工作的规律”。国际工效学会给人体工程学下的定义是，人体工程学是一门“研究人在某种工作环境中的解剖学、生理学和心理学等方面的各种因素；研究人和机器及环境的相互作用；研究在工作、家庭生活中和休假时怎样统一考虑工作效率、人的健康、安全和舒适等问题的科学”。

人机工程学、人因功效学、人类工效学和设计工效学都属于同一学科领域，它们的英文表述都是“Ergonomics”，在含义上是一组很容易混淆的概念，但在不同的国家和地区可能会有不同的名称和侧重点。人机工程学主要关注人与机器、设备、工具、工作环境等之间的相互关系，优化设计以提高人的工作效率，带来舒适安全性，包括人体测量学、认知心理学、工作生理学等学科领域。人因与工效学简称人类工效学，它则更广泛地关注人在工作生活中与技术、系统和环境的交互，不仅包括人机工程学的方面，还涉及认知工程、决策理论、人类信息处理等方面。设计工效学则更加注重设计过程中的人机工程学的原理和方法。

### 2. 人机工程学的研究内容

首先，人机工程学重点研究人本身，围绕人体生理尺寸进行测量，包括静态和动态的测量。静态测量主要是对不同年龄、人种、区域的男女人体的数百项基础数据进行测量统计。这些收集来的数据为建筑设计、室内设计、家具设计、家电设计、交通工具设计、环境设施设计等提供了极为重要的尺寸依据（见图 7-49）。同时，由于人类的日常活动多是动态的，这就产生了动态测量，即对人的基本动作，如蹲起、坐卧、行走、拿举等日常起居动作和工作活动全过程进行测量。基于静态与动态测量人体数据而进行的设计，将会为使用者创造更为安全、舒适、健康、高效的工作、生活条件。除此之外，随着脑科学、认知理论的进步，以及计算机技术的普及与应用，过去难以量化的心理与认知测量也逐渐走进现实，有效地补充了围绕人的测量数据，有助于设计出更符合人的身心特点的好产品、好体验。

同时，人体在日常生活、劳作中的生理、心理负荷，也是人机工程学研究的领域。人在日常生活、劳作、运动、休闲的时候，会使用各种姿势与动作。但是，在不同的姿势与动作下，由于环境与时长等条件的差异，人体会在生理、心理层面产生不同的反馈与负荷。过高的负荷会带来严重的身心劳损，是不符合“以人为本”的设计价值观的。所以，基于不同身心载荷阈值的人机工程学研究，可以为设计提供扎实的设计根据，有效减少身心疲劳和职业病的发生，提高工作效率。人机工程学所研究的效率，不仅仅指向舒适高效的工作效率，还应该囊括在作业期间不存在对健康有害的影响因素，消除事故隐患，并使事故危险性缩小到最低限度以确保人身安全。所以，保护操作者免受“因作业而引起的通病、疾患、伤害或伤亡”也是人机工程学研究的基本价值。

除此之外，人机工程学还关注人机系统的整体工作效率与安全。根据系统论人们可以知道，人机系统工作效能的高低首先取决于它的总体系统架构设计。人机高效安全配合的基本因素，就是两者在系统中可以紧密配合、高效互动。例如，机器具有功率大、速度快、不会疲劳等特点，而人具有智慧、多方面的才能和很强的适应能力，所以在系统的设计纬度，需要同时考量二者的特点，并在设计中充分发挥其特点。

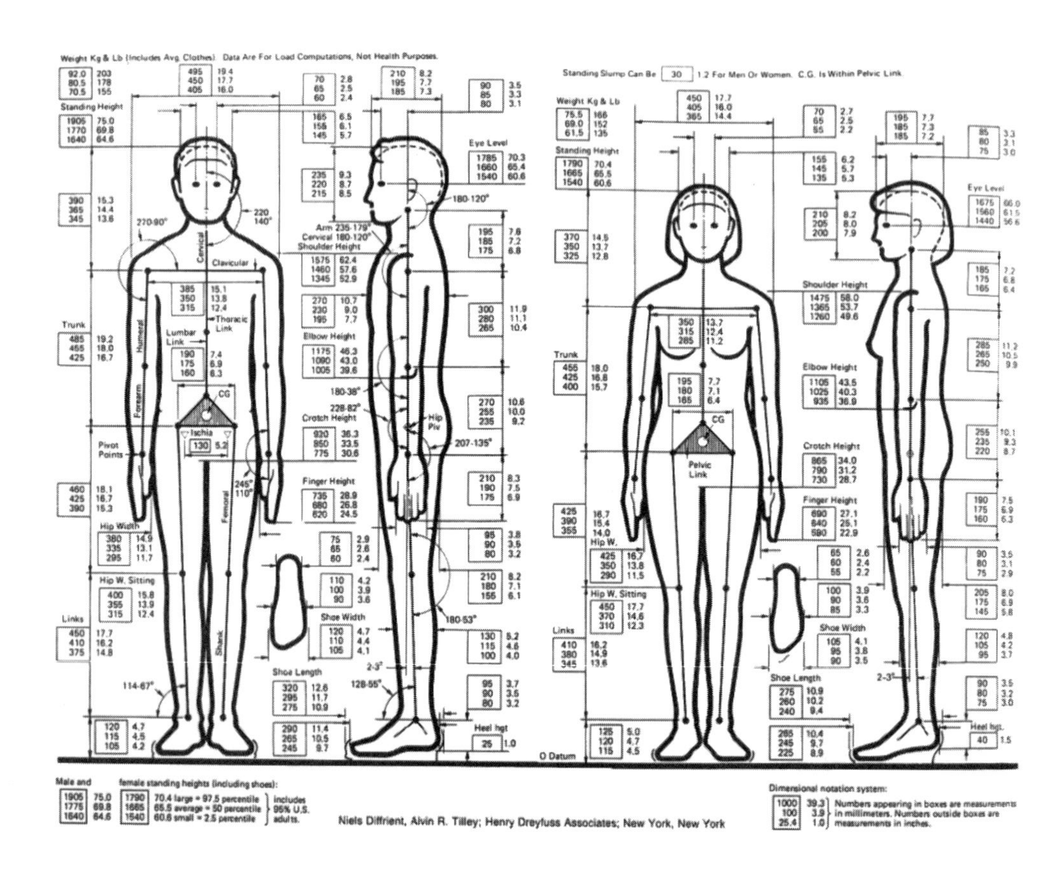


图 7-49　成年人的人体数据

### 3. 人机工程学的研究方法

人机工程学是一门交叉学科，其研究方法广泛采用了人体科学、心理学、生物科学等相关学科的方法与手段，也采用了诸如系统工程、控制论、统计学等工科的基础研究方法。人机工程学的研究方法均围绕“人、机、环境”三个核心要素展开。具体在研究层面，这些方法包括人体数据采集、时间与动作研究、心理生理指标变化数据采集分析、作业流程观察分析、误差与意外事故分析、数字或实体模型模拟试验、数学统计分析等。

其中，实体或数字模型模拟试验，是现阶段人机工程学领域采用的较为先进的研究方法之一。常应用于复杂的机器系统的人机研究中，以及不便使用真人实测的极端场景中。这种方法一般在实验室中进行，也可以在实际作业现场进行，模拟方法包括各种技术和装置模拟。汽车企业中最常使用的车辆碰撞人机系统模拟模型，就是最为典型的模型模拟试验。按照 1:1 大小制作的人体模型在真车中模拟碰撞试验，之后根据人体模型的受损程度，评估汽车相关的碰撞安全指标（见图 7-50）。

图 7-50　2012 款丰田普锐斯碰撞测试照片

除此之外，数字模型模拟试验，近年来广泛应用于复杂系统中的人机工程学研究中。这项技术的出现，首先因为在真实的人机系统中，参与者或操作者是具有生命特征的自然人，很难反映整个群体更完整的特征与属性。而且真人也无法完成某些极端、危险、高强度的试验场景。所以使用数字模型进行模拟试验，能够基于前叙的数据库更完整地反映群体的完整指标，也更为经济与安全。

### 4. 人机工程学促进工业设计发展

人机工程学的发展促进了工业设计方法论的完善与科学化。完善的人机工程指标与设计原则，让工业产品的设计进一步脱离了设计师自我的意识影响，更趋于理性与通用，这对于专注于形态设计的传统工业设计美学观念产生了巨大的冲击。在此基础上，从 20 世纪 60 年代开始，出现了一门新兴的学科，通用设计（Universal Design），又称为“全设计”。通用设计的宗旨是设计的产品和设施能为不同行为能力的人共同使用，无障碍设计就是通用设计的最核心应用之一，例如带有缓坡道设计的建筑入口，有助于残疾人和老年人使用轮椅通过，安装有高矮两个按钮面板的直升电梯轿厢，方便了残疾人、老年人和小孩的使用。通用设计既体现了“设计以人为本”的人文关怀，也代表了在人机工程学推动下科学化的设计方法论的新发展。

赫曼米勒（Herman Miller）成立于 1905 年，已有 100 多年的发展史，它不仅是推动家具产品现代化变革的先行者之一，也代表着人体工程学椅及其他人体工程学物品制造的最高水平。它旗下的许多经典产品至今依然畅销不衰，例如 Aeron 座椅（被誉为“人类有史以来最健康舒适的工作座椅”）、Embody 座椅以及 Sayl 座椅等，都受到世界各国爱椅人士的喜爱。Aeron 座椅的设计采用人体工程学核心技术，舒适与支撑二者兼得，例如 PostureFit SL 型号为骶骨区域提供了良好的支撑，有利于让脊柱保持自然的 S 形曲线，激活健康姿势，并且用软垫为腰部区域提供额外的支撑。大多数的人体工程学座椅可以容纳从 5% ~95% 体型的用户，赫曼米勒公司对靠背高度、座椅宽度、倾仰机制，乃至底座尺寸的每个细节都进行了调整，使 Aeron 适合从 1% ~99% 体型的人（见图 7-51）。

图 7-51　Aeron 座椅

Werteloberfell 设计的 Sense 5 拐杖是一款充分考虑了人机工程学和无障碍理念的拐杖，适用于视障人士。Sense 5 拐杖通过它的智能传感器集成到手柄中，便可以与用户产生交流，以便于他们清楚了解周边的事物。拐杖独特的“7”字形设计语言可以帮助视障人士轻松“浏览”周围的环境，操纵杆的倾斜设计可以使用户本能地正确握住它。前置摄像头可主动捕获图像，识别物体和障碍物，考虑到触觉比声音提示更加有效，当摄像头注意到用户附近的障碍物时，手柄的 3D 表面就会动起来，向用户发出警报（见图 7-52）。

除此之外，随着计算机、信息技术、通信技术等领域高科技产品的层出不穷，使得人机工程学又迎来了新的发展阶段，即围绕“人机界面”的人机工程学研究。由于图形界面（GUI）操作系统、语

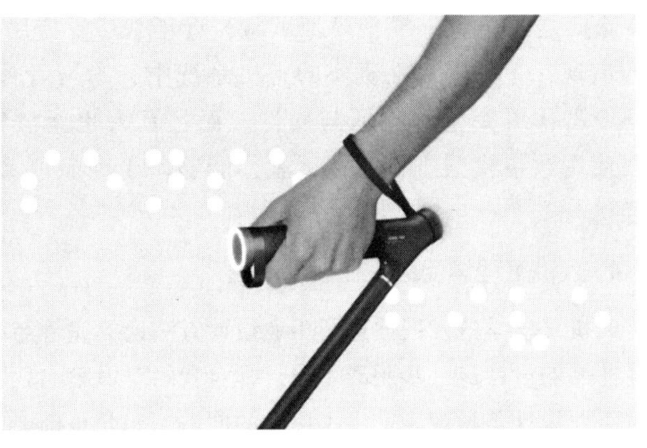

图 7-52　Sense 5 拐杖

音软件、手写板、触摸屏、鼠标器、人机键盘、动作感知等技术的广泛使用，大大改善了电子产品与人的人机交互关系，让最初只能被少数专业人员使用和操作的计算机与电子器械迅速地普及，带来了消费电子领域的新浪潮。手机、游戏机等产品的普及，进一步促进了交互界面设计的发展，成为今天面向信息与多媒体领域工业设计的一项最核心内容。在这一领域，人机工程学的研究细化到了界面交互与信息展示层面，可以通过用户的主观测评与客观数据监测，收集整理到基于特定信息产品的人机工程学指导数据与原则，例如智能收集的字体大小、屏幕亮度、UI（用户界面）按钮的尺寸布局、交互音的设计规范等。这其中，眼动仪是最常使用的测量与追踪工具。眼动的人机工程学就是利用眼动指标来探测人机交互作用中视觉信息提取及视觉控制问题，使设计符合人的身体结构和身心特点，实现人、机、环境之间的最佳结合。能够让人们更容易、更有效、更舒适和更安全地工作。除此之外，体感交互、语音交互、虚拟现实交互等新兴的交互形式，也为人机工程学提出了新的挑战，开辟了新的空间。例如，微软的 Kinect、任天堂的 Wii、索尼的 PS 等，都是近些年应用体感交互推出的非常畅销的游戏类电子产品，用户通过肢体动作来参与游戏控制，有效提升了用户的参与感和趣味性。这其中，人机工程学的数据与指导就显得尤为重要。

## 扩展阅读

设计思维（见图 7-53）

**设计思维的基本方法**

Empathize
同理心
谁是我的用户？
对这个人来说重要的是什么？

他们的需求和
见解是什么？
Define
需求定义

Ideate
创意动脑
集思广益，想出创
造性的解决方案

为你的想法创造
一个原型
Prototype
制作原型

Test
实际测试
分享你的原型
以获得反馈

图 7-53　设计思维的基本方法

更多数字资源获取方式见本书封底。

## 7.5　中国工业设计的发展与成熟（1949—2000）

20世纪下半叶，中国经济先后经历了计划经济和市场经济两个大的阶段，工业生产与社会供需关系也发生了几次大的变革。尤其是自改革开放以来，中国的工业设计迎来了新的发展机遇期，在设计目标、设计组织、设计教育等诸多纬度，均取得了新的突破。

我国的现代工业设计起步于20世纪80年代，近年来，一批优秀的设计企业和创新设计成果不断涌现。海尔、小米、华为、格力、美的等龙头企业纷纷在海外设立了设计中心，而毅昌、浪尖、嘉兰图、洛可可等一些专业设计公司已具备一定的国际竞争力。调查显示，工业设计在企业开发满足市场需求的新产品、提高产品附加值、推动所在行业技术升级、提升创新主体的专业化程度等方面具有重要意义。工业设计在引领消费需求、促进企业收入增长等方面发挥着重要作用。下面将从国家、区域和企业三个层面，从宏观到微观，详细阐述近年来中国工业设计产业的发展历程。

中国工业设计产业的起步可以追溯到20世纪80年代末。在党的十一届三中全会做出全面实行改革开放的决策后，中国开始建立起全面的物质生产体系。随着时间的推移，中国工业设计行业取得了一系列重要的发展里程碑。1979年，中国工业设计协会的前身“中国工业美术协会”成立。此后，清华大学、湖南大学、无锡轻工学院（江南大学）、重庆大学等高校相继设立了工业设计专业。可以说，中国工业设计产业的初步发展是由中国工业设计教育的职业化以及改革开放所带来的物质生产体系建设需求共同推动的，这为中国工业设计的产业化奠定了基础。

随着国家政策引导、市场需求和生活美学传播等多重因素的作用，大量工业设计公司和机构相继崛起。各地纷纷成立工业设计协会组织，为中国工业设计人才的成长和发展提供了平台和空间。越来越多来自艺术、工学、商学、管理学和信息技术等领域的人才纷纷进入专职的工业设计岗位。从那时起，中国工业设计产业开始了从初期发展到成长的过程，可以总结为三个阶段。

第一阶段是在20世纪90年代末，当时中国经济已经从20世纪80年代初以仿制和引进为主的“无设计”状态中认识到工业设计的重要性，并开始注重自主品牌的发展和壮大。特别是家电制造业的兴盛，记录了中国工业设计在那个时期的发展和变迁。深圳成为最活跃的设计创新中心，涉及家电、音频、数码等产品领域。工业设计企业通过设计为众多处于起步阶段的制造业品牌提供有价值的服务。其中，包括后来成长为行业领军和国际知名企业的华为、中兴等，也有一些昙花一现的山寨产品。工业设计公司经历了从OEM向ODM和OBM转型的趋势（OEM代表原始设备制造商，ODM代表原始设计制造商，OBM代表自有品牌制造商）。

第二阶段是在21世纪初，随着中国加入WTO和全球化进程的加速，本土制造业企业为了与具备出色设计、技术和品质的外国产品竞争，开始将工业设计纳入中长期发展规划和战略中，纷纷设立设计中心，或将工业设计从原有的企业技术中心独立出来。同时，技术型企业通过科技创新为产品注入竞争力的同时，也增强了对工业设计的需求，以协助技术成果的转化和衔接。与此同时，国家对工业设计的重视以及政策上的引导和支持，推动了深圳、无锡等地涌现出一批工业设计园区，促进了产业集聚，推动了“中国制造”向“中国设计”的转变。

第三阶段是从2010年至今。2010年，中国政府正式将“工业设计”列为国家战略，这标志着中国工业设计产业进入了一个新的发展阶段。经过前两个阶段的积累和发展，中国工业设计产业已经逐步走向成熟，并开始融入全球设计体系。随着中国经济从制造大国向消费大国的转变，工业设计的重心也从产品本身转向了消费者，设计更加注重产品的服务属性和用户体验，强调品牌价值的传递。这是一个设计互联与设计文化蓬勃发展的时期，数字化技术驱动了商业模式创新和产业生态的重构，工业设计逐渐成为推动制造业转型升级和高质量发展的核心动力。中国工业设计产业也开始注重与其他产业的融合创新，推动跨界合作，探索新的商业模式和发展路径。

## 复习思考题

1. 理解理性主义设计的概念，以及它在工业化批量生产中具有哪些优势。

2. 简述乌尔姆设计学院的历史背景和理念，以及其在布劳恩公司设计发展中的作用。

3. 简述索尼公司内部工业设计的组织方式的特点。

4. 随身听和 mp3 衰落的原因是什么？从索尼的案例出发，思考当前市场上有哪些产品会走向衰落。

5. 理解并辨析广义和狭义的后现代设计的概念，并能结合历史案例说明后现代时期的设计特点。

6. 简述计算机辅助工业设计产生的历史背景与特点。

7. 熟悉交互设计的起源、交互设计的常用方法。

8. 绿色设计与可持续设计的概念辨析。

9. 人机工程学是如何促进现代工业设计发展的？

10. 设计一个充分考虑人机工程学原则的产品，并绘制草图、效果图、模型。

## 案例分析

### 青蛙公司的设计

青蛙设计是一家全球知名的设计公司，由德国设计师哈特穆特·艾斯林格（Hartmut Esslinger）于1969年在德国成立。1982年，艾斯林格为维佳公司设计了一种亮绿色的电视机，命名为青蛙，获得了很大的成功，于是艾斯林格将“青蛙”作为自己的设计公司的标志和名称。青蛙设计的业务涵盖了产品设计、品牌设计、包装设计、用户体验设计、空间设计等多个领域，其客户包括苹果、微软、IBM、惠普、戴尔、西门子、索尼、飞利浦、松下、三星等众多国际知名企业。青蛙设计以其设计理念的创新和设计品质的卓越而享誉全球。

青蛙设计公司的设计既保持了乌尔姆设计学院的严谨和简练，又带有后现代主义的新奇、怪诞、艳丽，甚至嬉戏般的特色，在很大程度上改变了20世纪末的设计潮流。青蛙设计公司对苹果公司的最大贡献，便是创造了从1984—1990年的产品设计语言，即 Snow White Design Language，这一设计语言的基本风格就是简洁。尤其是它所采用的白色色调，更是成为苹果产品的经典风格。以“Snow White”为雏形的 Apple IIc 发布后，首周就卖出5000多台，被《时代周刊》评为1984年“年度设计”，并被惠特尼美术馆永久馆藏。

20世纪80年代，青蛙设计公司意识到跨平台统一的用户体验、产品设计、机械工程、图形、徽标、包装和生产对企业的重要性，开始涉足企业品牌策划。1982年，青蛙公司在美国加州坎贝尔设立事务所，开启全球化战略，自与苹果公司合作取得极大成功后，开始与美国所有重要的高科技公司合作，其设计被广为展览、出版，并成为荣获美国工业设计优秀奖最多的设计公司之一。20世纪90年代，青蛙成立数字媒体部门，涉足网站、计算机软件和移动设备的用户界面设计。1999年，为SAP重新设计的企业软件将全世界的业务管理效率提升到一个新高度。2000年，Dell. com网站设计树立了电子商务的楷模。2011年，青蛙与微软携手，设计Windows XP的外观感受，进入了全球几百万消费者的生活。

近些年，青蛙不断扩展业务，对复杂的商业挑战和长期业务规划进行战略咨询，为世界500强企业提供一流的解决方案，服务于Alltel、迪士尼、通用电气、惠普、罗技、微软、MTV、希捷和雅虎等众多世界顶级企业。和其他类似的公司相比，青蛙设计公司有更加丰富的经验，因而能洞察和预测新的技术、新的社会动向和新的商机。正因为如此，青蛙设计能成功地诠释信息时代工业设计的意义。

**分析与思考：**

1. 青蛙设计公司的设计理念和其他类似的公司相比有何独特之处？

2. 设计战略对企业发展有何意义？

# 第5部分
# 智能时代（2000s至今）

# 第8章　智能时代的工业技术与应用

**本章导读**

智能时代是指以人工智能、物联网、大数据、云计算等智能技术为核心，推动社会、经济、文化等各个领域实现智能化的时代。在智能时代，各种设备和系统可以通过网络相互连接交互，实现数据的共享和智能化处理，提高生产率，推动社会发展。在智能技术的推动下，工业领域中涌现出的一系列新技术应用正在改变着工业生产的方式和效率。

工业4.0开启了利用信息化技术促进产业变革的时代，也就是智能化时代，数字化制造、工业互联网、绿色工业、3D打印、大数据等技术的融合和应用推动工业向着更加智能化、高效化、绿色化和定制化的方向发展。同时，第四代移动通信技术提供了更快的连接速度和更广泛的应用场景，如移动支付、智能家居等。第五代移动通信技术在第四代的基础上，进一步推动智能移动终端的发展，实现更快的连接速度和更低的延迟，为物联网、智能交通等领域带来重大变革。个人智能移动终端如智能手机、平板计算机等变得更加普及和智能化，为人们的生活工作带来了便利。

在智能时代，生态与智慧产业也变得越来越重要。可持续发展理念、智慧城市、乡村与生态建设等不断践行，这些内容的融合推动产业向着更加可持续、智能化和生态友好的方向发展。同时，新能源的开发和利用也是一大特点，新能源交通工具如电动汽车、氢燃料电池汽车等的出现，正在改变人们的出行方式，减少对传统石油能源的依赖。自动驾驶技术的发展将提高交通安全和效率，降低交通事故的发生率。并且，机器人产业的发展也成为一大特色，包括工业机器人、特种机器人、服务机器人，为人类社会带来了更多的效益。

在本章节中，将聚焦于上述内容，深入研究和探讨智能时代的工业技术及其发展趋势。通过对这些关键领域的分析和探讨，我们将更好地理解智能时代对工业技术的影响，以及未来的发展方向。

**学习目标**

通过对本章的学习，能够描述智能时代下，在工业4.0、5G技术、自动驾驶、机器人等新型高技术产业兴起时，技术与产业进步是如何深刻改变了人们的生产方式与生活方式的。并能够结合技术与产业背景，充分理解工业设计在当今的时代背景下迎来了怎样的机遇与挑战。

**关键概念**

智能时代（Intelligent Age）

数字化制造（Digital Manufacturing）

3D打印（3D Printing）

大数据技术（Big Data Technology）

可持续发展（Sustainable Development）

智慧城市（Smart City）

新能源（New Energy）

自动驾驶（Automatic Driving）

# 8.1 工业4.0

工业4.0（Industry 4.0）是基于工业发展的不同阶段做出的划分。按照共识，工业1.0是蒸汽机时代，工业2.0是电气化时代，工业3.0是信息化时代，工业4.0则是利用信息化技术促进产业变革的时代，也就是智能化时代。工业4.0的概念最早出现在德国，于2013年的汉诺威工业博览会上正式推出，其核心目的是提高德国工业的竞争力，在新一轮工业革命中占领先机，随后由德国政府列入《德国2020高技术战略》中所提出的十大未来项目之一。该项目由德国联邦教育局及研究部和联邦经济技术部联合资助，投资预计达2亿欧元。旨在提升制造业的智能化水平，建立具有适应性、资源效率及基因工程学的智慧工厂，在商业流程及价值流程中整合客户及商业伙伴，其技术基础是网络实体系统及物联网。

其实，工业4.0的核心理念是通过实时数据的采集、分析和共享来实现智能制造。其核心技术包括数字化制造、工业互联网、可持续发展与绿色工业、智能制造和自动化、3D打印、柔性生产等细分技术领域，它们共同组成了21世纪智慧工业的蓝图。接下来简要介绍数字化制造、工业互联网、可持续发展与绿色工业、3D打印、大数据技术五项技术的概况，帮助读者了解工业4.0阶段，工业生产的新发展，进而理解工业设计在这样的工业化背景下，有哪些机遇与挑战。

## 8.1.1 数字化制造

传统工业制造过程主要依赖人工操作和自动化机械设备，制造过程相对独立，产品定制化能力较低。综合工业制造发展历史，自动化、信息化、智能化是工业制造不同阶段的技术发展路径，共同推动着制造业的转型升级。随着信息技术的快速发展，现代工业制造正朝向智能化发展，而数字化是智能制造的基础。

数字化制造（Digital Manufacturing）的核心是将传统的制造过程转化为数字化的形式，通过数据的采集、传输、分析和应用，能够对制造过程全面控制，实现生产过程的智能化，提高生产率和质量，进而降低生产制造的成本，满足个性化需求。它涵盖了以下几个方面：

1）在产品设计阶段，采用数字化设计和仿真技术，即采用计算机辅助设计（CAD）和计算机辅助工程（CAE）等工具，进行产品设计模拟，在实际生产制造之前就能够进行虚拟测试评估，避免在实际制造中出现问题。除此之外，可以模拟产品在实际使用场景中的性能，提前预测优化设计方案，提高产品的可靠性。并且减少物理原型的制作测试，从而减少资源消耗。

2）在生产制造阶段，数字化制造一般会引入数字化生产品控，这样生产过程就更加自动化、精确和可追溯。数字化生产和品控，即利用计算机系统和软件，对生产计划和调度进行数字化管理。通过实时数据的采集分析，实现生产资源的合理调配。在生产过程中，利用传感器、物联网设备和自动化系统，对生产线进行实时控制。

3）在质检环节，利用数据采集、分析和反馈机制，对产品质量进行实时监控，快速检测纠正生产过程中的质量问题。生产加工后的产品，还会对供应链和物流进行全面管理，实现供应链的智能协调，从而提高效率。

传统制造业通常依赖于手工操作和大量的人力资源，需要烦琐的物理设备。它的生产过程相对较慢，需要时间和成本来制作物理原型样品。与此相反，数字化制造利用计算机辅助设计，通过数字化设备实现智能化生产，通过提高效率、降低成本、支持创新和定制化，以及改善环境可持续性，为制造业带来了巨大的发展机遇。

### 8.1.2 工业互联网

从本质层面分析，工业4.0是工业企业在先进信息技术的驱动作用下，对传统工业发展模式进行革新的结果。在工业4.0实施过程中，技术应用只是企业发展的手段，其目的在于突显企业的竞争优势，促进工业领域的发展。工业4.0的实施，意味着经济参与主体要构建“世界级工厂”。“世界级工厂”是指参与主体在应用先进技术的基础上，通过建立综合型的网络系统，将跨国公司分散在世界不同地区的工厂联系起来，使该公司能够借助网络平台来了解各个工厂的发展进度，促进企业向智能化方向转型，推动企业的整体性发展。

工业互联网是指将互联网技术与传统工业领域相结合，实现工业系统、设备和产品之间的互联互通，进而提升生产质量的技术手段，它是物联网在工业领域的具体应用。工业互联网的核心目标是通过数字化手段，推动工业生产的效率提升、质量改进和资源优化。工业互联网的应用范围广泛，涵盖制造业、能源领域、物流和供应链管理、城市基础设施等多个领域。它通过实现设备之间的互联互通、数据的实时采集和分析，为工业生产带来了更高智能化水平。

工业互联网的关键特点包括设备互联、数据采集与分析、远程监控与控制、智能决策等。设备互联就是指通过物联网技术，将各种工业设备、传感器和控制系统连接起来，实现设备之间的互联互通。在互联互通之后，就是数据采集与分析，通过传感器和数据采集设备，实时收集和传输工业生产过程中的各种数据，进行数据分析挖掘，提取有价值的信息。远程监控与控制技术是指通过互联网连接，实现对工业设备和生产过程的远程把控。智能决策与优化是基于大数据分析和人工智能技术，对工业数据进行深入挖掘，从而实现智能化的决策。

### 8.1.3　可持续发展与绿色工业

环境可持续性成为全球工业发展的重要关注点，当今全球企业和制造商致力于减少资源消耗、降低碳排放、推动循环经济和采用可再生能源，实现可持续的工业发展。可持续发展是指在满足当前世代需求的同时，不损害未来世代满足其需求的能力。它强调经济、社会和环境之间的平衡，追求经济发展、社会进步和环境保护的协调共生。联合国制定了 17 个可持续发展目标，为应对全球挑战和实现可持续发展提供了一个全面的框架。这些目标包含消除贫困、优质教育、清洁能源、气候行动、可持续城市、负责任消费等各个方面。

绿色工业是可持续发展的一部分，强调在工业生产和经营过程中最大限度地减少对环境的负面影响，促进资源的有效循环利用。它关注减少碳排放、节约能源、降低废物和污染物排放，推动绿色技术的创新，构建更环保和可持续的工业体系。绿色工业的实践包括改善生产过程的能源效率、推广可再生能源的应用、减少废物和污染物的排放、推动循环经济和绿色供应链的建立等。通过绿色工业的实施，可以促进经济的绿色转型、保护环境、改善人民生活质量，同时推动经济增长。

在实际的工业领域中，物联网技术的发展使能源管理更加智能高效，通过传感器数据分析，建立智能电网系统，实现能源消耗的实时监测。电动汽车的普及与可再生能源的利用相结合，可以减少对化石燃料的依赖，电动汽车充电桩的安装和智能充电管理系统的建立，也为推动清洁能源和低碳交通做出了贡献。农业领域也出现了许多实际案例，包括有机农业的推广、农业废物的利用、水资源管理的改善、粮食损耗的减少和可持续种植技术的采用，有助于提高农产品的质量，为农民提供可持续的收入来源。

### 8.1.4　3D 打印

3D 打印（3D Printing）又称增材制造（Additive Manufacturing，AM），因其特殊的逐层沉积成型原理，能够快速、一体化成型具有复杂结构零部件的特点，被视为制造业领域的一项变革性技术。3D 打印是一种快速成型技术，它以数字模型文件为基础，通过逐层堆叠材料来创建三维物体。它的工作原理是将数字化的三维模型输入计算机，然后通过 3D 打印机将模型分解成一系列薄层，随后 3D 打印机逐层将材料（如塑料、金属、陶瓷等）加热或固化，逐步构建出最终的三维物体。

3D 打印与传统的减材制造方法（如铣削、切割）相比，具有独特的优势。它具有高度的设计自由度，可以实现复杂的几何形状和个性化定制，也可以创建出更加复杂精细的结构，满足特殊需求，因为它采用逐层堆叠的方式减少了废料产生。此外 3D 打印还提供了快速原型制作的能力，使得产品开发周期缩短，更快地进行设计验证和功能测试。

3D 打印技术自 20 世纪 90 年代诞生以来得到了快速发展，并被广泛应用于航空航天、轨道交通、能源电力、电子信息、生物医学等领域。在制造业中，它可以用于原型制作、定制零部件生产、工具和模具制造，医疗领域可以用来制造医疗器械、矫形器具和人工植入物，艺术、建筑和设计行业可以利用3D打印技术制作艺术品、建筑模型和创意产品（见图8-1）等。

图8-1　扎哈·哈迪德的3D打印参数化设计

尽管3D打印有很多优点，它也面临一些挑战。相较于传统的生产方式，3D打印的速度相对较慢，尤其是在制造大型或复杂部件时，可能需要数小时甚至数天的时间，这影响了其在大规模生产中的效率。此外，材料选择和质量控制也是需要解决的问题。不同的打印材料具有不同的性能，同时对打印过程的稳定性和足够的质量精度也具有一定的技术要求。

### 8.1.5　大数据技术

大数据技术（Big Data Technology）是伴随着近20年信息技术的高速发展而出现的。互联网、物联网和传感器技术的飞速发展，正在以前所未有的速度源源不断地产生着海量数据，原有的各种信息系统的稳定发展累积了大量数据，对海量信息进行检索分析等新型需求也应运而生。大数据技术是指从各种各样类型的数据中，快速获得有价值信息的能力，通常包括数据采集、存储、处理、分析和可视化等环节。大数据技术的核心在于如何从海量数据中提取有价值的信息，并将其转化为有用的知识和决策支持，这需要使用各种数据处理分析技术，如数据挖掘、机器学习、自然语言处理、数据可视化等。

大数据技术的应用领域非常广泛。举例来说，在商业领域，通过分析消费者的购买行为、喜好和趋势，企业可以制定更有针对性的营销策略，提高客户满意度。通过实时跟踪物流信息，分析供应链数据，企业可以降低成本、提高效率，优化库存管理。在金融行业，如银行、证券公司和保险公司利用大数据分析来评估风险、发现欺诈行为、优化投资决策。在医疗保健方面，大数据帮助医疗机构更好地了解疾病模式、预测疾病暴发，提高医疗服务质量。在政府治理上，政府利用大数据提高公共服务效率、优化资源配置，以及实现更精准的政策制定。

在信息化时代，个人的言行均以数据形式留下痕迹，这些分散的数据记录了人们的通话、聊天、邮件、购物、出行、住宿及生理指标等信息，构成了“个人大数据”。人们每天都在产生数据，这些数据汇聚成大数据的海洋，人们贡献数据的同时，也从数据中收获价值。身处大数据时代，大数据已渗透到社会各个角落，给人们带来巨大变化，利用好大数据是政府、机构、企业和个人的必然选择。

## 8.2 4G、5G技术及应用

“移动互联网”这几个字现在几乎人人知晓，并已经彻底形塑了当今现代都市的生活图景。不论任何人、任何事、任何地点、任何时刻，移动互联网都在发挥着巨大作用。现在，人们购物不必再去商场，通过智能手机就可以轻松下单，之后只待商品被现代物流高效精准地送上门。在饮食方面，人们也无须到处寻找餐馆，打开手机上的餐饮指南 APP，只需要简单地操作，周边商家信息和用户评价均一览无余。如今的出行也不再单纯依赖驾驶员，车载智能系统（或称为自动驾驶）已在一定程度上取代了驾驶员的工作，在一些城市的自动驾驶试点区域道路上，人们已经可以体验到彻底的自动驾驶，不再需要驾驶员和乘客做任何操作就能轻松到达目的地。机器人也已经深度参与了现代人的生活，扫地机器人每天都帮人们将地板打扫得光洁如新、在生产线上的工业机器人可以替代工人们完成危险的工序并节省工人们的体力。在手术室中，医用机器人甚至可以代替医生主刀进行手术，提高手术的成功率和效率。

### 8.2.1 4G技术

4G是指“第四代”移动通信技术。国际电信联盟于1999年首次提出“超3G”概念并暂命名为“System Beyond IMT-2000”。2005年正式将其定名为“IMT-Advanced”，即常说的第四代移动通信技术。4G是继3G技术演进后的又一个无线通信阶段，主要包括长期演进技术（Long Term Evolution，LTE）和LTE-Advanced（增强型LTE）两个阶段。如果说3G为人们提供了高速无线通信环境，4G则是一种超高速无线网络，它以极高的下载速度完全颠覆了人们以往对移动通信的认知，真正实现了随时随地高速上网的需求。

4G通信技术相比传统通信技术不仅传输速率更高、传输时延更低，频谱利用效率提升、系统部署更加灵活且能向下兼容多种技术标准。其中，高速度的数据通信能力是4G的最显著优势，LTE-Advanced网络最高传输率可达1Gbit/s（表示每秒传输或接收数据的比特数），能高清传输视频图像并且视频质量堪比有线电视，因此能提供流畅的视频电话会议等业务，满足了广大用户对无线服务的全方位要求。2016年底，4G覆盖的国际移动用户数量达到全球总数的1/3。2017年中国三大运营商基本实现4G覆盖的全国和主要城市的宽带化。

4G不是颠覆性技术，是在3G技术的基础上发展起来的，是3G的后继。它通过提升频谱效率和增强功能等技术继续完善无线通信。4G未脱离过去技术走向，在传统基础上利用新技术提高效率和功能。单靠4G无法支撑整个移动互联网，必须与有线及其他无线网络合作，才能构建高速、安全、畅通和覆盖强的基础设施框架。与3G相比，4G速度更快、带宽更宽、智能程度高，可以提供更流畅无瑕的应用体验，用户能享受更快网速和丰富信息。这是3G难以实现且4G急需的网络基础，各国电信皆在全力推进4G建设。其催生速度快、覆盖广的特色网络，给用户和产业带来更多可能。

4G时代，智能终端取得飞速发展，应用场景较3G时代也大为扩展。从3G起智能手机普及，应用也日益丰富，人们无须限于电脑就能享受互联网。然而3G的速率和体验相对较差，难以满足高清视频的在线观看和高速联机游戏的新需求。4G技术从根本上解决了这些难题，可在任何时间任何地点随心收看高清电影、在线游戏、享受高速上网和下载，实现实时移动视频、远程医疗等紧密与生活挂钩的应用。这些丰富场景预示了4G智能手机应用前景广阔、生命力超强。4G做到随时享受高速互联的现实，极大扩展和丰富了智能手机在移动互联上的潜力和价值，将任何信息都打包入口袋，真正实现了人与手机深度融合的时代。

另外，技术的进步带来了商业模式的变革。从4G开始，电信业维系多年的以语音为主的收费模式遭遇彻底颠覆，形成了以数据流量为核心的收费模式，语音逐步走向包月不限量。在消费者的通信习惯逐渐从语音通信转向各种数据应用时，这种收费模式无疑迎合和加速推进了消费者使用移动互联网的热情。商业模式的变革顺应了市场对日益丰富的流量类业务越来越强烈的需求，带动了流量消费的爆炸式增长，这对普通消费者而言无异于是一场信息消费的盛宴。人们有理由认为，4G成为进入高速移动互联网的推动力，引领了移动互联时代新变革。

微信是由中国深圳的信息技术公司腾讯控股有限公司于2010年10月筹划启动的基于移动社交的产品项目，由腾讯广州研发中心产品团队打造。该团队经理张小龙所带领的团队曾成功开发过Foxmail、QQ邮箱等互联网项目。2011年微信一经推出就瞬间风靡起来，2011年5月前，微信就已经快速积累了四五百万用户，微信语音对讲功能的加入使得用户数量进一步增长。2011年8月，微信添加了“查看附近的人”的陌生人交友功能，用户规模进一步攀升，达到1500万。到2011年底，微信用户已超过5000万，2012年3月，微信用户量首次破亿。如今的微信，已经是全球用户量规模最大的社交软件之一，根据媒体的报道，微信在2023年第一季度的月活跃用户达到了惊人的13.19亿，同比增长2%。这一数字再次彰显了微信在移动互联网时代的无可撼动的地位。

微信的兴起与4G技术有着极深的关系，此类移动互联产品的发展离不开高速可靠的4G网络支持。4G以其超高传输速率和低延迟，满足了微信等App日益增长的多媒体和高流量传输需求，为微信等移动社交软件提供了前所未有的网络保障。另外，4G极大提高了移动互联的用户体验，让用户享受到随时随地的高速上网能力。这为微信“随手可用”的社交理念提供了坚实基础，用户即使不在WiFi覆盖范围内也能畅快地进行语音和视频通话，发送表情包等丰富的交互功能。微信正是借助4G网络优势，扎根于智能手机成为人们新的在线生活方式。

与此同时，微信的兴起也促进了4G在个人和各行各业应用的推广。随着微信不断丰富的功能升级，对网络条件的需求不断提升，这也反向激发了4G提高网络速率或扩展产能的步伐，形成了产品促进技术进步的良性互动。在微信等社交App和4G技术的共同作用下，引领了通信与移动互联网产业的新发展。

4G网络作为通信基础设施，在先行建设完毕后，假若没有适配的终端设备，那么用户也无法使用4G相关的服务，这将极大限制4G的应用和普及空间。所以，4G终端的发展是4G网络普及的必然结果，特别是在2011年前后，智能手机开始进入高速发展时期。主流品牌纷纷布局高、中、低三端市场，智能手机价格也不断下降，覆盖率快速攀升。这其中，三星、苹果等国际品牌热切地推出新产品占领国际市场，在国内，HTC、小米、魅族、华为等国产智能手机品牌也迅速崛起。

在2010年，HTC和三星都推出了4G智能手机。HTC的手机支持早期4G的WiMAX标准，而三星的手机则支持多模多频，兼容3G和LTE。其中，三星的Craft SCR-900成为美国运营商MetroPCS率先商用4G的主推机型，被认为是全球第一款真正的4G手机。从功能上来说，这款手机可以支持4G网络提供的实时流媒体视频点播、音乐下载、高速网页浏览等服务。虽然其内置摄像头只有300万像素，其他性能参数也比较一般，但它是一款面向中低端用户的4G手机。然而，即使如此，它已经足够满足一些基本的4G业务需求，或者用于4G上网冲浪。

2014年，中国正式颁发4G牌照，全球最大的移动通信市场迎来了4G网络的快速部署。这一技术的引入将推动我国步入高速移动互联网时代。4G不仅意味着网络速率的提升，更将为用户和市场带来全新的变革。4G终端的增长进一步拉动了4G用户的增长，也催生了4G应用的创新与发展。高清视频、高清游戏以及基于图片、视频的即拍即传和实时分享等业务正在逐步普及，受到广大用户的欢迎。同时，随着物联网、云计算、大数据等技术与4G的结合，传统行业利用4G实现移动互联网化的趋势也越来越明显，这将使更多行业迈入移动互联新时代。

小米公司成立于2010年，是一家以智能手机和智能硬件为核心的科技公司。公司的创始人雷军致力于提供高性价比的产品，以满足广大消费者对优质科技产品的需求。小米公司成立之初，以推出定制化的Android操作系统MIUI而闻名，该操作系统深受用户喜爱，为小米品牌的快速崛起奠定了基础。2011年，小米公司推出了自己的首款智能手机小米1，它性能出色，价格亲民，迅速获得了市场认可。随着产品口碑和销售量的不断增加，小米公司开始扩大产品线，涵盖了智能家居、智能穿戴设备、移动电源等多个领域。公司还积极拓展海外市场，进军印度、东南亚、欧洲等地，取得了可观的市场份额和用户基础。

值得关注的是，小米公司在产品创新和技术研发方面一直保持着高度投入，不断推出智能手机产品，如小米M系列、Redmi系列和Black Shark系列，以及其他智能硬件产品，如小米电视、小米手环和智能家居设备等。小米公司还注重用户反馈和需求，通过持续的软件更新和功能改进，提供更好的用户体验。2018年，小米公司在香港联交所上市，成为全球规模最大的科技公司之一，小米公司上市后拥有了更多的资金和资源，进一步推动了公司的发展。

小米公司在市场竞争中始终坚持以用户为中心的理念，通过直销模式和互联网营销策略，有效降低了产品成本，并与用户建立了紧密的联系。小米公司还注重品牌建设和营销推广，通过品牌形象的塑造和广告宣传，逐渐获得了广泛的认可。目前，小米公司已经成为中国最大的智能手机制造商之一，并在全球范围内取得了一定的市场地位。

**扩展阅读**

*以爱奇艺为代表的在线视频产品*

更多数字资源获取方式见本书封底。

## 8.2.2　5G技术

借助移动通信、大数据、云计算和人工智能等技术的发展，人类社会正在从信息时代迈向智能时代，迎来第四次工业革命。这一进展将推动人类社会进入一个新的发展纪元，5G已成为全球移动通信领域新一轮信息技术变革的关键点。与以往的移动通信系统不同，5G超越了传统移动通信的范畴。5G将渗透到未来社会的各个领域，以用户为中心构建全方位的信息生态系统。5G将突破时空限制，提供出色的交互体验，为用户带来身临其境的信息盛宴；5G将缩短万物之间的距离，通过无缝融合的方式，轻松实现人与万物的智能互联。离通信的终极愿景“任何人在任何时间、任何地点与任何人进行任何类型的信息交换”又近了一步。

在介绍5G通信技术之前，需要简要回顾一下之前几代移动通信技术。第一代移动通信系统1G基于模拟信号，其最高速率为2.4kbit/s。然而，1G网络存在着许多缺点，如语音质量差、待机续航能力差、终端尺寸过大、容量受限以及切换可靠性低等问题。第二代移动通信系统2G采用数字信号，基于GSM，其数据速率最高可达64kbit/s。2G网络不仅支持语音业务，还能处理短信、图片消息和彩信，相比1G有了显著改善，但其缺点是网络质量仍依赖于较强的数字信号，并且不支持复杂的数据处理，如图像传输等。

随着2000年3G时代的到来，数据传输速率大幅提升，从144kbit/s增加到2Mbit/s。3G具有更快速的通信能力，可发送和接收较大的邮件，并提供更快的Web浏览、视频会议、TV媒体流和移动TV等功能。然而，3G的牌照昂贵，建设也具有挑战性。4G作为3G的下一代通信技术，它提供了更快的数据速率和更高质量的视频流。4G网络速率可达100Mbit/s甚至1Gbit/s，开启了移动互联网大爆发的时代。尽管与前几代网络相比，4G有一些问题，如较大的功耗、部署难度、硬件复杂性和设备成本较高等，这些问题亟须通过下一代网络来解决。

5G也被称为第五代移动通信网络或第五代无线系统，是4G的下一代移动通信标准。其主要目标是为更多用户提供更高的数据速率，并为众多传感器和物联网设备提供多条同时连接的能力（即海量连接）。与4G相比，5G在频谱效率方面有显著的提升。5G技术对其他一些重要网络参数进行了增强，包括以下方面：更高的峰值数据速率、同时处理更多的连接设备、更高的频谱效率、更低的功耗、更低的中断概率（更好的覆盖），以及在较大覆盖区域提供更高的比特速率、更低的延迟、更低的部署成本、更可靠的通信。2019年10月30日，中国的三大运营商同时宣布正式启动5G商用，所以2019年是5G商用元年。

展望未来，移动互联网和物联网业务将成为推动移动通信发展的主要动力。5G技术将满足人们在居住、工作、休闲和交通等各个领域的多样化业务需求。无论是在密集住宅区、办公场所、体育场馆、露天集会、地铁、高速公路、高铁还是广阔的覆盖范围等具有超高流量密度、超高连接数密度和超高移动性特征的场景，5G都能为用户提供超高清视频、虚拟现实、增强现实、云桌面、在线游戏等高级业务体验。同时，5G技术还将渗透到物联网及各个行业领域，与工业设施、医疗仪器、交通工具等深度融合，有效满足工业、医疗、交通等垂直行业的多样化业务需求，实现真正的“万物互连”。

5G技术将解决多样化应用场景下差异化性能指标所带来的挑战。不同应用场景面临着不同的性能挑战，用户体验速率、流量密度、时延、能效和连接数等都可能成为各个场景中具有挑战性的指标。根据移动互联网和物联网的主要应用场景、业务需求和挑战，人们可以总结出连续广域覆盖、热点高容量、低功耗多连接和低时延高可靠这四个5G的主要技术场景。

1）连续广域覆盖场景是移动通信中最基本的覆盖方式，其目标是确保用户的移动性和业务连续性，为用户提供无缝的高速业务体验。在这个场景中，主要的挑战在于无论何时何地（包括小区边缘和高速移动等恶劣环境），都能为用户提供100Mbit/s以上的用户体验速率。

2）热点高容量场景主要针对局部热点区域，旨在为用户提供极高的数据传输速率，以满足网络高密度流量的需求。在该场景中，主要挑战包括提供1Gbit/s的用户体验速率、数十Gbit/s的峰值速率，以及每平方千米数十Tbit/s的流量密度需求。

3）低功耗多连接场景主要面向智慧城市、环境监测、智能农业、森林防火等应用场景，其主要目标是实现传感器和数据采集设备的连接。这类场景具有小数据包、低功耗和海量连接等特点。终端设备在这些场景中分布广泛且数量众多，要求网络能够支持超过千亿的连接能力，并满足100万个/$km^2$连接数密度的指标要求。同时，终端设备还需要具备超低功耗和超低成本的特性。

4）低时延高可靠场景主要应用于车联网、工业控制等垂直行业的特殊需求。这些应用对时延和可靠性有极高的要求，需要提供毫秒级的端到端时延和接近100%的业务可靠性保证，以满足用户的需求。

随着5G技术的不断发展，其在设计领域的应用越来越广泛和深入。例如，5G智慧育种，建立一个基于5G边缘计算的农情分析监测系统，发挥5G技术的高宽带、广接入、低延时等优势，使农业生产通过智能物联突破诸多瓶颈，加速育种过程向数字化、精细化、规模化发展。除此之外，“数字大庆”也是一个充分应用5G技术的项目，包含一个城市运营管理指挥中心，及智慧文旅、一网通管、智慧应急、智慧公安、政务热线等11个智慧应用，主要依托大庆政务云将城市各县区、各部门的海量数据进行统一归集、系统分类、综合分析、实时调用，实现城市智能化管理、数字化转型。可以说，5G技术为设计带来了更加高效、智能和创新的设计手段，为设计提供了更多的创作空间和可能性。

在3G时代，我国可以说是处于跟跑的状态，而在4G时代，我国则实现了与他国并驾齐驱，到了5G时代，我国已成为领跑者。而且，我国的领跑范围不仅限于某个特定与5G相关的领域，而是在5G建设的各个方面都实现了全面的领先。

首先，中国在全球5G专利数量方面处于领先地位。由于我国在之前几个网络时代的发展相对滞后或者与他国齐头并进，没有在移动通信领域抢占市场的先机。在5G时代即将到来之际，我国率先进行了5G布局。我国很早地进行了对5G专利的投入，目前在这一领域的专利数量已经遥遥领先于全球其他国家。从国家层面来看，截至2019年3月，在全球5G专利申请数量排行榜中，我国占据了34%的份额，位居首位（韩国占25%、美国和芬兰各占14%、瑞典接近8%、日本接近5%）。从企业层面来看，截至2019年3月，我国的华为公司拥有2160项专利数量，居全球之首（其次是芬兰的诺基亚，其专利数量为1516项）。

同时，中国拥有全球领先的5G设备供应商。我国的通信产业，无论是手机还是芯片，甚至是设备，都是全球领先的。从手机方面来看，华为公司首款5G智能手机Mate20X于2019年7月26日上市，OPPO公司也在2019年2月6日举办的GTI（TD-LTE全球发展倡议）国际产业峰会上向全球消费者展示了首款5G智能手机。从芯片方面来看，智能手机的发展也带动了芯片、屏幕、系统的共同发展，尤其是芯片，更是智能手机的核心要素。全球范围内的5G手机芯片主要厂商一共有6家，分别是英特尔（美国）、高通（美国）、三星（韩国）、华为（中国）、紫光展锐（中国）、联发科（中国台湾地区），我国的手机芯片厂商占据了全球的半壁江山。

华为的海思半导体芯片公司专注于自主研发。在2019年初，华为在北京举办的5G发布会上正式发布了两款重要的5G芯片：全球首款5G基站核心芯片“天罡芯片”以及5G多模终端芯片“巴龙5000”。天罡芯片的性能比以前芯片提升了2.5倍，能够满足未来网络部署的需求，完全适用于大规模商用。而巴龙5000芯片则能够实现全频段的使用。换句话说，巴龙5000芯片不仅适用于智能手机，还可以广泛应用于家庭宽带终端、车载终端、5G模组等多种场景。这些芯片的问世将为5G技术的商用化提供强有力的支持，并在不同领域展现出广泛的应用前景。

紫光展锐在2019年的MWC会议上发布了首款5G基带芯片“春藤510”，该芯片与华为巴龙5000

一样，是一款单封装基带芯片，也是一款多模芯片，可以用于智能手机、数据终端、物联网设备和其他需要连接到互联网的智能设备。联发科是我国台湾地区的一家专门制造芯片的企业，其在5G芯片领域的贡献是不容忽视的。在2019年5月29日召开的中国台北计算机展上，联发科正式发布了一款5G芯片。该芯片采用的是7nm制程工艺，内置5G调制解调器Helio M70，整个芯片的体积大幅缩小，能够充分满足5G的功率和性能要求。另外，其独立AI处理单元APU（加速处理单元）也是这款芯片的一大特色，因此该芯片支持更多先进的AI应用。

**扩展阅读**

中国还具有全球领先的5G网络运营和部署能力

更多数字资源获取方式见本书封底。

### 8.2.3 个人智能移动终端

个人智能移动终端是指一种便携式的智能设备，如智能手机、平板计算机、电子书阅读器、车载智能终端、智能电视、可穿戴设备等，它们能够通过网络连接到互联网，通常搭载各种操作系统，可根据用户需求定制各种功能，提供各种应用程序和服务，如浏览网页、观看视频、玩游戏、处理办公文档等。随着4G、5G技术的发展，智能移动终端已然于无形中渗透入了人们生活的方方面面。智能移动终端的高效便捷满足了使用者获取信息、通信社交、消遣娱乐等多种多样的需求，并在不断的普及更新中塑造了现代社会全新的生活方式，使整个人类社会处于深刻的变革和跃进之中。

个人智能移动手机的发展历史可以追溯到20世纪。20世纪80年代和20世纪90年代，手机开始逐渐出现，但它们主要用于语音通信，功能相对简单。21世纪初，功能手机开始出现，它们除了基本的语音通信功能外，还具备了一些简单的应用程序，如闹钟、计算器、日历等。2007年，苹果公司推出了第一代iPhone，它配备了触摸屏幕、互联网连接和应用商店等功能，开创了智能手机的新时代。如今的手机百花齐放，不仅在功能上更加多样完善、探索更多可能，同时不断地更新迭代也意味着手机正在带来更多价值。近几年，手机行业的竞争日益激烈，市场份额逐渐向头部厂商集中，小品牌面临着更大的生存压力。

随着智能手机的普及，操作系统市场也逐渐形成了竞争格局。除了苹果的iOS外，还有安卓（Android）、Windows Phone等操作系统。2007年1月，苹果公司对外界公布发布了iOS，该操作系统最初的名称为“iPhone Runs OS X”。随后，在2008年和2010年，苹果公司将iPhone OS搭载运用于其新产品iTouch以及iPad上。第一代iPad发布的这一年，苹果公司对“iPhone OS”的系统架构以及一些基础程序进行了改进与升级，并将“iPhone OS”改名为“iOS”。谷歌的Android系统是一种以Linux为基础的开放源码操作系统。2007年，美国著名科技企业谷歌正式公布了这款操作系统，并在这天建立了一个全球性的共同研发组织，以共同研发改良Android系统。从用户角度来看，Android系统与iOS系统在操作与实际运用方面绝大部分的功能都是相似的。相比之下Android系统给予用户的自主程度稍高于iOS，允许用户对系统中的更多功能进行自主修改，但与之带来的便是Android的系统安全性便低于iOS。英国无线服务公司WDS的一项研究显示，开放的Android系统，硬件厂商鱼龙混杂，这直接导致了故障率处于智能操作系统的前列。然而，Android系统具有开放源代码的特点，这一特性使得软件成本高的问题很容易解决。众多智能手机厂商在使用该平台时，并不需要支付任何费用，从而大大节约了成本，智能手机的门槛也因此骤然降低。目前，我国的一流智能手机厂商全部采用基于 Android 系统开发的自家系统，例如华为的 EMUI、小米的 MIUI、魅族的 flyme 等。

屏幕显示设计也是手机的另一个进化方向。1997 年，当时的科技巨头西门子公司研发出了第一款彩色的智能手机显示屏。随后的 10 年内，智能手机显示屏的发展经历与操作系统相似。经历了几年的发展，随着苹果公司的崛起，智能手机的屏幕也发生了颠覆。当乔布斯带着他的第一代 iPhone 进入人们的视野时，人们无一不被 iPhone 的显示屏所折服，它不可思议的触控灵敏度彻底颠覆了曾经的智能手机显示屏行业，也为今后的智能手机显示屏奠定了发展的基调。在2007 年之后，智能手机从当初的物理按键设计逐渐过渡到了触摸屏幕设计。2011 年，来自韩国的三星公司打开了智能手机大屏化大门，全球各大科技企业便开始着力于如何将手机屏幕在确保有足够大的尺寸同时使边框更窄。2014 年，夏普引入了一个新的手机屏幕概念：全面屏。三星也不断尝试采用曲面屏的概念来使智能手机实现视觉上的无边框化。2015 年，三星发布了 Galaxy S6 Edge 这一款颠覆智能手机直板屏幕的产品。左右两边的屏幕边缘都为曲面，这种创新颠覆了传统的智能手机设计思想。伴随着生物识别解锁技术的进步，逐渐出现了屏下指纹解锁以及结构光人脸解锁。2018 年，国产厂商 OPPO 和 Vivo 分别发布 OPPO Find X 以及 Vivo NEX 手机，通过改变前置摄像头的设计思路将顶部无边框化推向了一个新高度。OPPO Find X 采取双规潜望式结构设计，将前、后置摄像头以及面部识别的光学器件全部放置于手机顶部的一个滑轨装置中，平时不需要的时候该装置隐藏在机身内部，而在需要的时候瞬间升起，而 Vivo NEX 则只升降前置摄像头，原理与双轨潜望式结构基本相似。

20 年的发展，手机屏幕如操作系统一般经历了不少的坎坷，当然也有着不少的惊喜，将来或许会出现可弯曲、可伸展甚至可折叠的屏幕。这也是三星目前公布的未来几年内手机屏幕核心研究的方向。当智能手机屏幕实现商业化的柔性设计之后，手机将会成为类似纸张的存在，随时可以进行折叠、变换形状，当然这一切也需要配合硬件的发展。

可穿戴设备的发展历史可以追溯到20 世纪 60 年代，当时第一代可穿戴计算机设备出现了，例如麻省理工学院（MIT）开发的 WearComp 系统，它可以将计算机戴在用户的手腕上，用于实时数据采集和处理。在 21 世纪初，随着传感器技术、无线通信技术和低功耗微控制器技术的发展，可穿戴设备开始得到广泛关注。2006 年，耐克公司推出了第一款可穿戴健身追踪器 Nike + iPod，它可以将用户的运动数据传输到 iPod 上。2010 年以后，随着智能手机的普及和移动互联网的快速发展，可穿戴设备市场迎来了爆发式增长。2012 年，谷歌公司推出了智能眼镜 Google Glass，这是一款集成了摄像头、显示屏和语音控制等功能的可穿戴设备（见图 8-2）。同年，Fitbit 推出了第一款健身手环，开启了可穿戴健身追踪器市场的繁荣。随着技术的不断进步、市场需求的不断增加，可穿戴设备的种类也不断丰富，包括智能手表、手环、眼镜、耳机、服装等。同时，可穿戴设备的功能也越来越强大，除了基本的健身追踪、通知提醒等功能外，还可以实现语音助手、定位导航、支付等多

图 8-2　2012 年谷歌公司推出的 Google Glass（图片来源于 Google 官网）

种功能。随着人工智能、物联网等技术的不断发展，可穿戴设备将在医疗、工业、军事等领域得到更广泛的应用。

车载智能终端的发展历史可以追溯到20世纪末。20世纪80年代和90年代，汽车电子系统开始逐渐普及，例如电子控制单元（ECU）和车载音响系统。20世纪90年代末和21世纪初，随着汽车电子技术的不断发展，越来越多的汽车开始配备电子设备导航系统，它可以提供实时路况和导航功能。这些系统最初是通过独立的设备实现的，如便携式导航仪、车载音响。21世纪初，随着智能手机的普及和移动互联网的发展，车载智能终端开始逐渐向智能化和互联化方向发展。2007年，苹果公司推出了第一代iPhone，开启了智能手机时代，同时也为车载智能终端的发展提供了新的思路。2010年以后，随着车载系统的不断升级和智能化技术的不断进步，车载智能终端开始得到广泛应用。一些汽车厂商开始推出集成了导航、娱乐、通信等多种功能的车载智能终端，如特斯拉的车载系统、宝马的iDrive系统（见图8-3）。2020年之后，随着人工智能和自动驾驶技术的不断发展，车载智能终端开始具备更强大的功能，例如语音控制、自动驾驶辅助。近年来，“车机”这一原始概念逐渐被“智能座舱”所替代，汽车作为第三代智能终端，成为手机的延伸和服务者，屏幕越做越大，也越来越多。用富含科技感的车机功能占领用户心智，拓展更多的商业模式，成为此时车企们的攻坚方向。此外，语音助手的发展相对滞后，但在2023年6月，奔驰将ChatGPT集成到其车机上，语音助手终于不再“木讷”和“鸡肋”。而在2023年8月4日的华为开发者大会上，全新的小艺也带来了更加灵动的人车交互体验。

图8-3 第八代iDrive系统

随着个人智能移动终端的普及，设计的重点逐渐从传统的桌面计算机转向更加便携、易用和人性化的移动设备，更加关注用户体验。个人智能移动终端的屏幕尺寸通常较小，需要采用合适的设计风格比如极简主义，以最大限度地减少视觉干扰。同时也推动了多模态交互的发展，例如语音控制、手势识别和面部识别等，这些交互方式逐渐融入产品中，使用户体验更加自然直观。并且，个人智能移动终端的普及使得用户对个性化的需求越来越高，也需要考虑如何将产品与其他设备服务进行整合，以提供更加完整的系统。

# 8.3 生态与智慧产业

## 8.3.1 可持续发展理念

工业革命以来，科学和技术水平的提高赋予了人类以前所未有的速度开发自然资源的能力，导致地球生态环境持续恶化，人与自然关系日益紧张。可持续发展理念正是各国在磋商如何应对全球危机，寻求人类社会与生物圈和谐共存的过程中提出的。1980年，世界自然保护联盟发布《世界自然资源保护大纲》，倡议“通过保护生物资源来实现可持续发展”。在这份文件中，“可持续发展”第一次以一个完整的概念登上历史舞台，并引发各行各业的持续热议。在所有含义中，最受认可的当属1987

年世界环境与发展委员会在《我们共同的未来》报告中对可持续发展理念做出的定义，即“可持续发展是既满足当代人的需要，又不对后代人满足其需要的能力构成威胁的发展”。森林可持续开发理念、资源保护思想以及土地伦理共同奠定了可持续发展理念的理论基础，日益激化的人与自然矛盾则成为可持续发展理念问世的催化剂。

20 世纪后半叶，世界范围的工业化进程和人口数量的快速增长，给地球上日渐衰竭的森林、土地、水源、矿产、野生动植物等自然资源带来了史无前例的压力。20 世纪五六十年代，伦敦烟雾事件、洛杉矶光化学烟雾事件以及日本水俣病等环境公害事件频发，便是大自然对人类疯狂掠夺行为的“报复”。除此之外，酸雨、石油泄漏、海洋污染等环境问题所造成的影响已经跨越了国界，扩大到全球性规模。1962 年，美国生物学家蕾切尔·卡逊（Rachel Carson）发表《寂静的春天》一书，揭示了杀虫剂、除草剂等化学合成品对生态系统以及人类健康的威胁。1972 年 6 月，联合国在斯德哥尔摩召开了第一次人类环境会议，标志着人类对环境问题的认识已经进入新的阶段。斯德哥尔摩会议发布的《人类环境宣言》指出：“保护和改善人类环境是关系到全世界人民幸福和经济发展的重大问题，也是全世界人民的迫切希望和政府的责任。”1984 年，应联合国要求，世界环境与发展委员会组建成立。

21 世纪初期，可持续发展理念已经发展出几十种含义。虽然研究的重点有所不同，但是学者们大多认同可持续发展理念应当至少保证经济、社会文化和生态这三个领域的可持续性。确切来讲，就是必须要保证人们的收入最大化、保持生态和物理世界的恢复力和抗性、维持社会和文化系统的稳定性。在此理解基础之上，可持续发展不仅仅是一种能够保持人类需求持续满足的手段，更是一种保护地球自然环境，促进国家内部以及国与国之间公平竞争的全新发展模式。下面介绍一些可持续发展的重要案例，来具体感受可持续理念的应用和价值。

英国伊甸园项目是一个位于英国康沃尔郡的生态公园，在 2001 年建设完成，是一个集生态、教育、娱乐和研究于一体的生态公园。它由著名的生态建筑师蒂姆·史密森（Tim Smit）设计，旨在展示人类如何与自然和谐共生，并促进可持续发展的理念。项目的建设历时数年，场地原本是一个废弃的采石场，设计师通过生态修复和重建，将其转化为一个多样化的生态系统。项目中种植了大量的植物和树木，吸引各种野生动物。运作上采用太阳能、风能等可再生能源，减少对传统能源的依赖，采用雨水收集和水循环系统，最大限度地利用水资源。并且，项目提供各种教育培训活动，向人们传授可持续发展的理念和技术，还与当地社区合作，促进了社区的参与。伊甸园项目建成后，成为一个备受欢迎的旅游目的地，吸引了大量的游客前来参观体验（见图 8-4）。

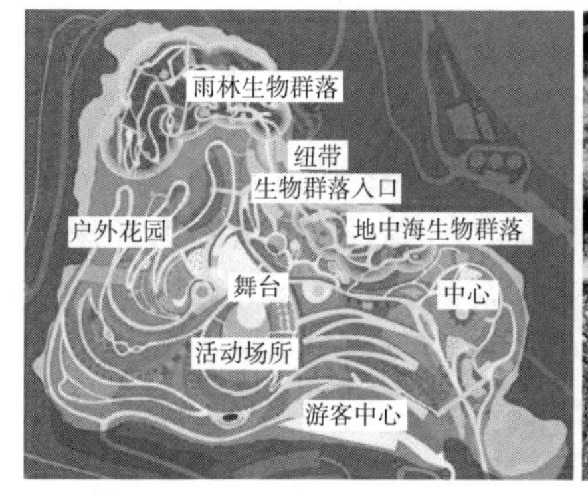

图 8-4　英国伊甸园项目

在古代中国便有可持续发展理念的实践。都江堰水利工程始建于公元前256年，由战国时期秦国蜀郡太守李冰率众修建，它是全世界年代最久、唯一留存、以无坝引水为特征的水利工程，被誉为“世界水利文化的鼻祖”。都江堰因地制宜、乘势利导，工程选址在岷江上游的山区，利用地形和水资源，实现了灌溉、防洪和航运等多种功能，最大限度地减少了对当地生态环境的影响。充分利用当地西北高、东南低的地形特点，根据江河出山口处特殊的地形、水脉、水势，乘势利导、无坝引水、自流灌溉，使堤防、分水、泄洪、排沙、控流相互依存，共为体系，保证了防洪、灌溉、水运和社会用水综合效益的充分发挥。分洪、排沙等技术手段，有效地减少了泥沙淤积对工程的影响，确保了工程的长期稳定运行。都江堰建成后，从根本上改变了蜀地的面貌，把原来水旱灾害严重的地区，变成了“沃野千里”的天府之国，造福当时，泽被后世。都江堰以不破坏自然资源，充分利用自然资源为人类服务为前提，变害为利，使人、地、水三者高度协调统一，是全世界迄今为止仅存的一项伟大的生态工程（见图8-5a）。

鹿特丹浮动农场是由荷兰建筑公司Beladon设计的一个创新的可持续农业项目，位于荷兰鹿特丹市的一个港口，总面积约为1400m$^2$，旨在利用城市的水资源和空间，实现可持续农业生产。该项目于2016年开始建设，并于2019年正式完工。农场整体由三个相连的浮动模块组成，包括蔬菜种植区、鱼类养殖区和能源供应区。它采用了先进的水培技术和鱼类养殖技术，实现水资源的高效利用，减少废弃物的排放。利用鱼类的排泄物和残饵作为植物的肥料，减少对化肥农药的依赖。并且采用太阳能和风能等可再生能源，实现能源的自给自足，减少对化石燃料的依赖，降低碳排放，还采用生物净化技术，减少周围水体污染。鹿特丹浮动农场通过生产高品质的农产品，满足当地市场的需求，实现了经济发展的可持续性（见图8-5b）。

a）都江堰水利工程

b）鹿特丹浮动农场

图8-5　都江堰水利工程和鹿特丹浮动农场

可持续发展理念在现代社会中越来越受到重视，从经济人到生态人，是社会进步的表现，是可持续发展的必然要求。这种转变不仅必要，而且完全可能。在生产力发展水平较低的时代，物质产品贫乏，人们只能追求基本生活需要的满足，经济人的价值判断有利于推动物质资料的生产，增加社会物质财富，对促进经济发展有积极意义。然而，随着物质财富积累与丰富，人们基本生活需要逐渐得到满足，像中国这样的发展中国家已达到小康水平，人们日渐追求更高层次的心理需要，热心环保、崇尚自然、向往天人合一的完美和谐，成为高品质生活的象征，为“生态人”提供赖以生存的土壤。

## 8.3.2　智慧城市

自20世纪80年代以来，全球城市数量和规模急剧扩张，大量人口从农村涌入城市，城市承担的经济社会功能和责任不断加剧。城市作为经济社会高速发展的重要载体，其承载力和可持续性受到人口膨胀带来的威胁，诸如拥堵的交通、超负荷的医疗设施、严重的环境污染和资源短缺等城市病问题，严重影响了城市功能的有效发挥。与此同时，以互联网为代表的信息科技革命逐渐成为推动社会生产力变革的新兴力量。信息技术的不断发展和实践为城市信息化提供了技术支撑，也为解决城市病问题提供了新的方案。

智慧城市是把新一代信息技术充分运用在城市各行各业之中的基于知识社会下的新一代创新（创新 2.0）的城市信息化高级形态，能够实现信息化、工业化与城镇化深度融合，有助于缓解“大城市病”，提高城镇化质量，提升城市管理成效，改善市民生活质量。一般而言，智慧城市利用各种信息技术，将城市的系统和服务打通、集成，提升资源运用的效率，优化城市管理服务，它包含着智慧技术、智慧产业、智慧服务、智慧治理、智慧生活等内容。其中，与人们生活最为密切相关的智慧服务主要包括智慧医疗、智慧教育、智慧交通、智慧政务等。

与普通城市相比，智慧城市通过物联网、大数据、云计算技术的大力支持，可实现信息的高度互联互通。不管是普通百姓还是企事业单位，均可通过简单地操作获取自己所需的各种信息。早在 2008 年，“智慧地球”这一概念被 IBM（国际商业机器公司）引入。该概念一经推出，智慧城市的建设便被各国提上日程并在全球范围内迅速传播。2006 年，欧盟创立 Living Lab 组织，通过调动各种先进技术以此体现集体的智慧，解决社会问题。同年，新加坡提出“智慧国 2015”计划，通过物联网、大数据、云计算等一系列最新网络技术，将新加坡打造成经济社会高速发展的国际化大都市。美国也在 2009 年与 IBM 合作，在迪比克市建立了第一座智慧型城市。

智慧城市的具体应用场景有很多，主要是利用物联网、云计算、大数据等技术手段。举例来说，在智慧医疗方面，可以实现远程医疗、电子病历、医疗影像传输、智能药物配送等，提高医疗服务；在智慧环保方面，实现环境监测、污染源监管、污染排放控制、垃圾分类处理等，促进城市可持续发展；在智慧能源方面，实现能源管理、智能电网、智能家居等，节能减排；在智慧物流方面，实现物流管理、智能配送、货物追踪等，提高物流效率和服务质量；在智慧安防方面，实现视频监控、智能门禁、智能报警等，提高城市治安管理水平；在智慧政务方面，实现政务服务线上化、智能化，提高政府服务效率和透明度；在智慧社区方面，实现社区管理、智能家居、智能停车等，提高社区居民的生活质量。除了这些常见应用场景之外，智慧城市的应用领域还在不断拓展丰富。

智慧城市建设方面目前已经有很多优秀的具体案例。例如，北京市市级政务云，自 2016 年以来，太极云（北京市市级政务云之一）按照“企业投资建设，政府购买服务”模式为北京市市属行政事业单位信息化系统提供统一的政务云服务，支撑了包含小客车摇号、健康宝、不动产登记、北京交通 APP 等民生业务和“疏解整治促提升”综合调度信息平台、项目审批办事服务平台等社会管理及领导决策业务，初步实现了电子政务的集约化建设，为政务信息共享政务大数据的发展提供支撑。将城市管理和服务的各种信息数据进行数字化处理，实现信息和数据的共享交换。从而使得城市管理服务互联互通，打破部门之间的信息壁垒，提高城市管理的协同整体性。

目前，智慧城市建设规模不断扩大，未来智慧城市全面覆盖以后，将会使城市运行状态可知、可控、可预测，打破各系统隔阂，同时提升各部门办公效率，通过各类智慧应用，优化市民、企业服务。城市宜居化、便捷化程度得到有效提升，为人们营造更舒适、便捷、智能的生活环境。未来智慧城市的影响将是深远的，是城市转型发展的必经之路。

### 8.3.3 乡村与生态建设

乡村振兴是通过各种政策措施，促进乡村经济、社会、文化和生态等方面的发展，实现乡村现代化，促进可持续发展。乡村振兴的目标是提高乡村居民的生活水平和幸福感，促进城乡一体化发展，推动农村现代化进程。在乡村振兴背景下，生态建设是实现乡村可持续发展的重要手段之一，通过改善生态环境，提高生态系统的服务功能，促进经济、社会和环境的协调发展。

设计作为一种实现美好的手段，可以为乡村生态建设赋能。规划设计乡村公园、湿地公园等绿色空间，提高乡村地区的生态价值。通过产品设计、服务设计等手段，可以开发符合生态理念的农产品和手工艺品，增强农产品和手工艺品的附加值，增加农民收入。同时，设计还可以为乡村地区的旅游业、文化产业等提供支持，促进乡村产业的升级。采用绿色建筑技术、利用太阳能等可再生能源，提高乡村建筑的生态性能。通过对社区的服务设计，例如社区活动中心、文化广场等公共空间，为居民提供交流互动的平台，促进居民之间的交流合作，提高社区的凝聚力和活力。还可以利用数字化技术，提高乡村地区的信息化水平，促进城乡融合发展，建立数字乡村平台，实现农产品的线上销售和旅游资源的数字化展示，促进城乡之间的资源共享。

福建省南平市武夷山市五夫镇是乡村建设的一个典型案例，这里于2017年7月成为福建省农业综合开发田园综合体建设的首个国家级示范点，逐渐形成“五夫田园”的规划范围。五夫镇的田螺精养繁育区采用了“莲”“菜”“螺”“鱼”多种种养模式共生技术，高位储水区淡水鱼养殖产生的粪便及残饵通过底排水工程输送到田螺精养区，通过微生物分解技术实现了田螺和池中莲（菜）的再吸收、再利用，从而形成了循环利用的绿色生态模式。在山羊养殖基地，五夫镇采用“羊-粪-草”循环养殖模式，不但可以对养殖废弃物无害化、资源化利用，还降低养殖成本，实现绿色养殖。在其重要街道分支上，有由“90后”返乡创业大学生筹资改造的民宿——“归来院”，建成五夫民俗和朱子文化的展示馆，供游客参观游览。2016年，高达23.66m的朱子雕像在武夷山五夫朱子文化广场揭幕，雕像的艺术气质与村落古朴的空间气场一脉相承，周围的荷塘、田园将永久保持原生态，成为雕像的自然延伸。五夫镇以农产品加工为引领带动生产和流通环节，以休闲农业和乡村旅游为纽带促进生产和加工环节，以区域品牌建设推动地区产业融合，物尽其用，文尽其涵，最大化地促进了乡村振兴与可持续发展（见图8-6）。

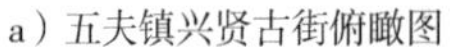

a）五夫镇兴贤古街俯瞰图

b）五夫镇民宿

图8-6　五夫镇兴贤古街俯瞰图和五夫镇民宿（图片来源于福建省农业农村厅网站）

浙江省杭州市淳安县下姜村的乡村建设也值得学习。下姜村因地制宜，以乡村旅游产业为支柱，发展多种生态产业。村庄依托丰富的红色旅游资源，开发旅游景点和农事体验活动，同时引导村民种植茶叶、蚕桑、中药材等，为村庄的经济发展增加了多样性和可持续性。下姜村整个品牌符号设计，主要以突出美丽整洁的乡村风貌为基础，创造性地运用当地典型的民居建筑元素，以干净的白色为底，用简洁的建筑形象字体将“下姜村”展现出来，经两处极致简约的建筑群形象点缀，让整个下姜村的江南乡村形象更为突显。在下姜村发展起来之后，淳安县采取片区联编的方式，制定了“先富帮后富、区域共同富”的规划目标。在规划指导下，下姜村及周边村庄联合，成立“大下姜村庄联合体”，陆续建成农村特色民宿集群、现代农业产业园、农事体验馆、乡村旅游基地等，带动村民增收、村集体创收，不断推动空间利用与环境保护协调发展（见图 8-7）。

a）下姜村版图

b）改造后的下姜村现代化风貌

图 8-7　下姜村版图和改造后的下姜村现代化风貌

在新时代的中国，设计逐渐从传统领域拓展到更广阔的领域，并积极参与社会变革。从产品驱动到服务驱动，设计师们以设计系统为载体，在乡村寻找问题、寻求解决方案和创建平台。在实施乡村振兴战略的背景下，如何在满足现代生活需求的同时，设计出尊重民族文化习俗、创造地域性景观的少数民族聚落，是在推进美丽乡村建设和实施乡村振兴战略过程中必须面对的实际问题。这也促使人们重新思考设计与人、文化和社会之间的关系。

## 8.4　新能源与智慧交通

### 8.4.1　新能源

新能源又称非常规能源，是指传统能源之外的各种能源形式，指刚开始开发利用或正在积极研究、有待推广的能源，如太阳能、风能、地热能、海洋能、生物质能和核能等。传统的能源主要来自化石燃料，如煤炭、石油和天然气等，这些燃料的开采和使用会导致大量的温室气体排放和其他污染物的产生。相比之下，新能源如太阳能、风能、水能等可再生能源的利用可以减少对化石燃料的依赖，减少二氧化碳的排放，减缓全球气候变化的进程，降低对环境的污染。一般来说，新能源资源丰富可再生，可供人类不断利用，并且不含碳或含碳量很少，对环境影响小，分布广，有利于小规模分散利用。

1）太阳能是由太阳内部的核聚变反应产生的能量，主要通过太阳能发电、太阳能取暖等方式利用，随着科技的进步，太阳能光伏发电正在被广泛应用。我国太阳能资源丰富，除了发电，目前还有太阳能集热器、太阳能温室、太阳能干燥、太阳能制冷等方式。

2）风能是空气流动产生的动能，具有分布广、能量密度低的特点，适合就地开发、就近利用。但风能受气象条件影响较大，电力输出并不稳定。尽管如此，全球风能无论是总装机容量还是新增装机容量，都保持着较快的发展速度，风能将迎来发展高峰。

3）地热能是由地壳抽取的天然热能，以热力形式存在，具有清洁环保、用途广泛、稳定性好、可循环利用等特点，与风能、太阳能等相比，不受季节、气候、昼夜变化等外界因素干扰，是一种具有竞争力的新能源。

4）海洋能是依附于海水中的可再生能源，以波浪、海流、潮汐、温差、盐差等形式存在于海洋之中。我国作为拥有漫长海岸线和众多海岛的海洋资源大国，海洋能资源总量丰富，海洋能开发潜力巨大。

5）生物质能是太阳能以化学能形式贮存在生物质中的能量形式，基本来自于地球绿色植物的光合作用，可转化为常规的固态、液态和气态燃料。草木枯荣，春风又生，因而生物质能是一种取之不尽、用之不竭的可再生能源。世界许多国家很早就已经开始积极研究和开发利用生物质能，我国更是拥有丰富的生物质能资源。

6）核能是原子核裂变或聚变时释放出来的能量，也叫原子能。核能发电时低碳环保，并且地球上核能储量丰富，但是核废物后处理与和平利用核能仍任重道远。

目前，新能源的开发利用面临着一些技术难点，成熟度相对较低，需要进一步的研究。首先，新能源技术的成本相对较高，需要大量的投资。并且新能源的能量密度相对较低，太阳能、风能等可再生能源的利用需要占用大量的空间。储能也是一个重要问题，新能源的产生和利用往往存在时间和空间上的不匹配，它的产生和利用受到天气、季节等自然因素的影响，也需要解决可靠性问题。目前，我国政府高度重视新能源发展，积极推动新能源产业发展，支持新能源技术创新和应用，鼓励企业加大研发投入，提高新能源技术水平和产业竞争力。同时我国政府也积极推进国际合作，加强与各国在新能源领域的合作与交流，共同推动全球新能源产业发展。

### 8.4.2 新能源汽车

新能源汽车是指使用非传统燃料或能源驱动的汽车，主要包括纯电动汽车（BEV）、插电式混合动力汽车（PHEV）和燃料电池汽车（FCV）。新能源汽车的发展最早可以追溯到19世纪末和20世纪初。当时，电动汽车被视为主要的汽车类型之一，出现了电动马车、电动汽车、混合动力汽车等创新产品。然而，由于内燃机技术的快速发展和石油资源的广泛利用，燃油汽车逐渐占据了主导地位，电动汽车逐渐式微。在汽车行业，新能源的技术进步带来相应面的变化，环保的主题和双碳战略倡导绿色低碳的生活方式，都使得对汽车的材料工艺、动力形式、气动性能有更高要求，新能源下的智能需求，需要在功能和设计都表现出科技感，全方位提升用户体验。

20世纪中后期，随着环境问题的日益突出和对能源安全的关注，新能源汽车再度受到关注。20世纪70年代和80年代，由于石油危机和环境意识的抬头，一些国家开始在新能源汽车领域进行研究和试验。进入21世纪，随着能源危机的愈演愈烈以及对气候变化和空气污染的关注，新能源汽车再度进入发展的黄金期。各国政府相继出台了一系列的政策和措施，以促进新能源汽车的研发、生产和推广。特别是在电池技术的突破和成本的大幅下降下，纯电动汽车成为新能源汽车领域的主力军（见图 8-8）。从2010 年开始，全球范围内新能源汽车市场经历了爆发式增长。中国成为全球最大的新能源汽车市场，政府出台了一系列支持政策，推动新能源汽车的快速发展。同时，其他国家也加大了对新能源汽车的支持力度，并纷纷制定了减排目标和禁售燃油车的时间表。

图 8-8　特斯拉新能源汽车

在技术方面，电池技术的进步是推动新能源汽车发展的关键。电池能量密度的提升和充电速度的增加，使得纯电动汽车的续航里程大幅提升，并且充电时间得到了显著缩短。此外，充电基础设施的建设也得到了加强，充电桩的普及程度逐渐提高，为用户提供了更方便的充电服务。未来，新能源汽车的发展前景仍然广阔。随着技术的进步和成本的降低，新能源汽车将更加普及，并逐渐取代传统燃油车。同时，新能源汽车的发展也将促进清洁能源的利用和能源结构的转型，为可持续发展做出重要贡献。

中国新能源汽车产业经历了快速而持续的发展，成为全球最大的新能源汽车市场之一。中国新能源汽车产业的发展可追溯到 2009 年前后，政府推出了一系列支持政策，旨在促进新能源汽车的研发、生产和销售。这些政策包括财政补贴、免征购置税、车辆准入限制豁免等，为新能源汽车的发展提供了强力支持。在政策的推动下，中国新能源汽车市场迅速崛起。在过去的几年中，中国成为全球最大的新能源汽车市场，新能源汽车销量持续增长。

中国在新能源汽车领域的发展主要集中在纯电动汽车和插电式混合动力汽车上。中国的电动汽车产业链逐渐完善，包括电池生产、电动机控制系统、充电设施等。目前，中国电池制造商在电池技术和产能方面取得了重大突破，成为全球领先的供应商之一，中国政府还积极推动充电基础设施建设。大规模的充电桩建设项目得到实施，充电网络在城市和高速公路等领域快速扩展。此外，中国还推动了智能充电技术的研发应用，提高了充电效率。中国新能源汽车产业的发展还得益于汽车企业的积极参与和许多中国汽车制造商加大了对新能源汽车的投入，推出了多款具有竞争力的电动车型。同时，一些科技公司也进入了新能源汽车领域，推动了智能驾驶和互联互通技术的应用。

宁德时代新能源科技股份有限公司（Contemporary Amperex Technology Co. Limited，CATL）是我国著名的电池制造商和技术公司，是全球领先的新能源汽车电池制造企业，也是全球最大的动力蓄电池制造商之一，成立于 2011 年，总部位于中国福建省宁德市。2022 年宁德时代全球动力蓄电池使用量市占率 37.0%，连续六年排名全球第一；2022 年其公司全球储能电池出货量市占率为 43.4%，连续两年排名全球第一。

宁德时代专注于锂离子电池的研发、生产和销售。该公司的主要产品包括动力蓄电池组、储能系统和电池管理系统。在电池技术方面拥有自主知识产权的核心技术。他们致力于提高电池的能量密度、安全性和寿命，满足不断增长的新能源汽车市场需求。作为全球领先的供应商之一，宁德时代与众多知名汽车制造商建立了合作伙伴关系。他们为各种类型的电动汽车提供电池解决方案，包括纯电动汽车、插电式混合动力汽车和混合动力汽车（HEV）等。在国际市场上，宁德时代与特斯拉、大众、宝马、日产、标致雪铁龙集团、现代、本田、捷豹路虎、沃尔沃、丰田合作。在中国，其客户包括北汽、吉利汽车、广汽集团、宇通客车、中通客车、厦门金龙、上汽集团和北汽福田汽车等大型车企。他们的产品广泛应用于各类电动汽车，包括乘用车、商用车和公交车等。

该公司在可持续发展和环境保护方面也扮演着积极的角色。宁德时代致力于推动绿色能源的利用，减少碳排放，并在电池回收和循环利用方面采取了一系列举措。作为中国新能源汽车产业的重要组成部分，宁德时代在推动中国新能源汽车产业发展、提升技术水平和推广可持续交通方面发挥着重要的作用。他们的成就和努力为中国新能源汽车行业树立了榜样，也为全球新能源汽车技术和产业的发展做出了贡献。

**扩展阅读**

阅读1：锂金属电池和锂离子电池

阅读2：比亚迪（见图8-9）

阅读3：特斯拉（见图8-10和图8-11）

更多数字资源获取方式见本书封底。

图8-9　比亚迪 Dragon Face 设计语言

## 8.4.3　自动驾驶

自动驾驶技术的发展可以追溯到20世纪初。在那个时候，人们开始探索利用机械和电子设备来实现汽车的自动化驾驶。然而，由于技术限制和成本问题，这些早期的尝试并未取得显著进展。20世纪下半叶随着计算机和传感器技术的快速发展，自动驾驶技术进入了一个新的阶段。20世纪80年代和90年代，研究人员开始使用计算机视觉和雷达等传感器来感知车辆周围的环境，并通过算法进行实时的决策和控制。

图8-10　特斯拉 Model S

进入21世纪，自动驾驶技术取得了突破性的进展。2004年，美国国防高级研究计划局（DARPA）组织了第一届“达尔巴挑战赛”，邀请团队开发能够自主驾驶数百英里的车辆。这次挑战赛促进了自动驾驶技术的快速发展，并吸引了众多科技公司和汽车制造商的关注。随后的几年里，特斯拉、Uber等公司纷纷加入自动驾驶领域，并进行了大量的研发和测试。他们利用先进的传感器技术、机器学习和人工智能算法，不断提升自动驾驶系统的性能和安全性。

图8-11　特斯拉 Model 3

在技术发展的推动下，自动驾驶技术逐渐从实验室走向真实道路。2015年，特斯拉推出了“Autopilot”功能，使得部分自动驾驶功能在特定条件下可用。然而，由于安全性和法律法规等问题，自动驾驶技术在商业化应用上仍面临一些挑战。为了促进自动驾驶技术的发展，各国政府和机构也纷纷制定了相关政策和法规。例如，美国、中国、欧洲等地相继推出了自动驾驶道路测试和规范的指导意见，以推动自动驾驶技术的落地和应用。现如今，自动驾驶技术正处于不断演进和完善的阶段。各大科技公司和汽车制造商不断投入资源进行研发和测试，以实现更高级别的自动驾驶功能。同时，人们也在思考自动驾驶技术对交通、城市规划和社会等方面的影响，以期推动全面智能化和可持续发展的未来交通系统的实现。

**扩展阅读**

阅读 1：自动驾驶等级（见图 8-12）

阅读 2：中国企业引领全球自动驾驶技术发展

图 8-12　SAE J3016 自动驾驶等级

更多数字资源获取方式见本书封底。

# 8.5　机器人产业

20 世纪中期以来随着大规模生产的需求更加迫切，推动了自动化技术的发展，进而衍生出三代机器人产品。第一代机器人是遥控操作机器人，其工作方式是人通过遥控操作机器人，机器人本身不能自主工作；第二代机器人是通过程序控制的机器人，可以自动完成重复性的操作；第三代机器人被称为智能机器人，是利用各种软、硬件探测环境信息，之后通过人工智能技术进行识别、理解、决策的机器人，智能机器人在一定程度上能够自主进行工作。

其中，第一代机器人的出现与 20 世纪核技术的发展需求密不可分。在 20 世纪 40 年代，美国建立了原子能实验室，然而实验室内的核辐射对人体造成了巨大的伤害，迫切需要一些自动机械来替代人类处理放射性物质。在这一需求的推动下，美国原子能委员会的阿贡国家实验室于1947年研发了遥控机械手，随后在1948年又成功开发了机械耦合的主从机械手。所谓主从机械手指的是当操作人员控制主机械手进行一系列动作时，从机械手能够准确地模仿主机械手的动作。

随着自动化技术和零部件技术的研究积累，第二代机器人走上了历史舞台。1954年，美国的乔治·德沃尔成功制造出了世界上第一台可编程的机械手，并获得了专利权。这台机械手可以根据预先设定好的程序执行不同的任务，具备了通用性和灵活性。在1957年，被誉为"机器人之父"的美国人约瑟夫·恩格尔伯格创立了全球首家机器人公司——Unimation，并在1959年正式推出了第一台工业机器人——Unimate。这款机器人采用液压驱动，并依赖计算机来控制手臂执行相应的动作。同样在1962年，美国机床铸造公司也研发出了名为Versatran的机器人，其工作原理与Unimate相似。一般来说，Unimate和Versatran被认为是世界上最早的工业机器人。

在机器人的研发过程中，人们开始尝试利用传感器提升机器人的可操作性，这也导致具备感知功能的第三代智能机器人逐渐成为该领域研究的热点。一些成功的尝试包括厄恩斯特的触觉传感机械手、托莫维奇和博尼的具备压力传感器的"灵巧手"，以及约翰斯·霍普金斯大学应用物理实验室研发的Beast机器人。随着更多研究机构的参与，第三代智能机器人的发展前景逐渐显现。在1968年，美国斯坦福国际咨询研究所成功研制出了移动式机器人Shakey。它是世界上首台搭载人工智能的移动式机器人，能够自主进行感知、环境建模、行为规划等任务。Shakey配备了电视摄像机、三角法测距仪、碰撞传感器、驱动电动机以及编码器等硬件设备，并通过两台计算机之间的无线通信系统进行控制。然而，由于当时的计算水平限制，Shakey需要庞大的机房来支持其功能运算，同时规划行动往往需要数小时的时间。

机器人因其在制造业中的重要地位被誉为"制造业皇冠顶端的明珠"，其研发、制造和应用是评估一个国家科技创新和高端制造水平的重要标志。目前，中国的机器人产业正在蓬勃发展，包括工业机器人和服务机器人，它们正极大地改变着人类的生产生活方式，并为经济社会发展注入强劲动力。中国机器人产业的发展既依赖于核心技术和核心零部件的进步，也离不开人工智能、5G、云计算、边缘计算等新一代科技的创新应用。因此，面对新一轮的产业和技术革命，中国正在抓住机遇、迎接挑战，以技术发展、应用推广和结构优化为核心，推动中国机器人实现高质量的发展。

我国从20世纪70年代后期到1985年，先后有大大小小200多家单位自发研究机器人。这个时期虽然没有出现成熟的机器人产品，但为我国机器人技术的后续发展奠定了一个较好的基础。1986年，"七五"国家科技攻关计划将工业机器人技术列为攻关课题，相关部门开始组织专家对机器人学的基础理论、关键零部件及整机产品展开研究。同年，"863"计划开始实施，在自动化领域成立了专家委员会，其下设立了CIMS（计算机集成制造系统）和智能机器人两个主题组。自此，我国机器人技术的研究、开发和应用，从自发、分散、低水平重复的起步状态进入了有组织、有计划的发展阶段。"十五"期间（2001—2005年），我国从单纯的机器人技术研发向机器人技术与自动化工业装备研制扩展。围绕"国家战略必争装备与竞争核心技术"，重点研发了深海载人潜水器、高精尖数控加工装备、危险作业机器人、反恐防暴机器人、仿人仿生机器人；围绕"提高综合国力、企业竞争力的基础制造装备与成套关键装备制造技术"，重点研究了中档数控设备、自动化生产线、工程机械、盾构、医疗机器人等先进工艺设备。

"十一五"期间（2006—2010年），我国重点开展了机器人先进工艺、机构与驱动、感知与信息融合、智能控制与人机交互等共性关键技术的研究，取得了一批创新性研究成果，建立了智能机器人研发体系。我国重点研发了仿生机器人、危险救灾机器人、医疗机器人及公共安全智能系统集成平台，带动了关键技术发展，重点发展了工业机器人自动化成套技术设备，应用于集成电路、船舶、汽车、轻纺、家电、食品等重点工程或行业，突破了国外企业在大规模自动化制造系统中的垄断，促进了机器人技术的产业化发展。

2011 年以来，我国工业机器人市场快速增长，连续 8 年稳居全球第一。2016—2020 年，我国工业机器人产量从 7.2 万套快速增长到 21.2 万套，年均增长 31%。随着医疗、养老、教育等行业智能化需求的持续释放，我国的服务机器人、特种机器人市场也面临井喷行情。2020 年，全国规模以上服务机器人、特种机器人制造企业的营业收入为 529 亿元，同比增长 41%。其中，工业机器人主要应用于智能制造领域，而服务机器人则专注于满足国家和民众生活的养老、医疗、公共服务等方面的需求，特别重点发展医疗、养老和公共服务机器人。

### 8.5.1　工业机器人

工业机器人是指专门用于工业领域的自动化机器人系统。它们由多个可控制关节组成，能够自主执行预定的任务，以提高生产率、质量和安全性，并减少对人力资源的依赖。工业机器人具备高精度、多关节灵活性和安全性等特点，能够执行搬运、装配、焊接、喷涂、包装等多种任务。工业机器人的发展历程可以追溯到 20 世纪 50 年代。20 世纪 60—70 年代，工业机器人开始在汽车制造业大规模应用，并成为工业生产的重要工具。随着计算机和传感器技术的进步，工业机器人在 20 世纪 80 年代迎来了快速发展。机器人的控制系统变得更加智能化，能够感知和适应环境。同时，机器人的精度和速度也得到了提升，使其能够执行更复杂高速的任务。20 世纪 90 年代至 21 世纪初，工业机器人进一步扩展到电子制造、食品加工、医药生产等领域。

目前，成千上万的工业机器人广泛应用于电子、机械、化工等多个制造业领域。工业机器人主要分为三大模块：传感模块、控制模块和机械模块。其中，传感模块负责感知内部和外部的信息，控制模块控制机器人完成各种活动，机械模块接收控制指令实现各种动作。在现代化工厂中，工业机器人正逐步取代人类，完成各种生产加工过程，其应用前景十分广阔。

机器人是现代化产业体系的重要组成部分，是经济社会智能化变革的关键工具，将驱动人类社会加速进入智能时代。近年来我国机器人产业规模持续壮大，2022 年我国工业机器人装机量占全球比重超 50%，稳居全球第一大工业机器人市场，制造业机器人密度达到 392 台每万名工人。2022 年机器人产业营业收入超 1700 亿元，保持两位数增长，工业、服务、特种机器人产量快速增长；品牌实力不断增强，机器人领域专精特新“小巨人”企业达 273 家，10 家机器人企业成长为制造业单项冠军；市场应用加速拓展，服务和特种机器人在物流、医疗、建筑等领域开始实现规模化应用。

中国在工业机器人领域有许多优秀的企业，埃斯顿自动化公司（Estun Automation Group），简称“埃斯顿”，其生产的机器人产品被誉为国产智能工业机器人“四小龙”之一。1993 年，埃斯顿成立于江苏省南京市，2015 年 3 月 20 日，埃斯顿自动化在深圳证券交易所正式挂牌上市，成为中国拥有完全自主核心技术的国产机器人主流上市公司之一。工业机器人产品具备六轴通用机器人、四轴码垛机器人、SCARA 机器人、DELTA 机器人、伺服机械手等系列及其自动化工程完整解决方案，且上述产品现已应用到机床、纺织机械、包装机械、印刷机械、电子机械等机械装备的自动化控制，以及焊接、机械加工、搬运、装配、分拣、喷涂等领域的智能化生产。在一些高新技术领域，埃斯顿会协同开发专用机器人，例如，埃斯顿光伏高速排版专用机器人，应用于大型光伏生产线上，实现了光伏产品生产的智能化（见图8-13）。

图8-13　埃斯顿光伏高速排版专用机器人

除此之外，中国的核工业机器人集团（CNPC Robot）、三一重工（Sany Heavy Industry）、恩智浦机器人、汇川技术等企业，均在工业机器人领域占有很大的全球市场份额，引领着全球工业机器人的发展。

## 8.5.2　特种机器人

特种机器人是一类设计和构建用于特定任务或特定环境的机器人系统。与工业机器人相比，特种机器人具有更高的适应性和特定功能，能够在危险、恶劣或难以到达的环境中执行任务。特种机器人广泛应用于军事、安全、救援、勘探、医疗和工业等领域，如无人机、人形仿生机器人、军事机器人等。特种机器人的发展为人类提供了更安全、高效和精确的解决方案，使我们能够在危险和极端环境中执行任务。随着技术的进步和应用领域的不断扩大，特种机器人在未来将继续发挥重要作用，并推动科技和工程领域的创新。

### 1. 大疆创新（DJI）

大疆创新公司成立于2006年，总部位于中国深圳。创始人汪滔在无人机技术领域具有深厚的研究背景，他的目标是通过技术创新改变世界。大疆创新公司著名的产品之一是DJI Phantom系列无人机。这些无人机结合先进的飞行控制技术、高清摄像能力和稳定的飞行性能，受到全球消费者和专业用户的广泛认可。Phantom系列无人机成为航拍、电影制作、搜救等领域的首选工具（见图8-14）。

图8-14　DJI Phantom 4 Pro（图片来源于大疆创新官网）

随着市场需求的增长，大疆创新公司推出了更多创新产品。其中，Mavic系列无人机的主要特征是轻便、折叠设计和高性能，具备出色的飞行稳定性和智能飞行功能，适用于广泛的应用场景，如旅行摄影、户外探险和航拍等。大疆创新公司还开发了一系列面向专业用户的无人机产品，如Inspire系列和Matrice系列，具备更强大的飞行能力和更高端的摄像性能，满足了专业摄影师、测绘人员、农业领域等行业需求。

除了无人机，大疆创新公司还致力于推动无人机技术的创新应用。他们开发了配套的飞行控制系统、图像处理软件和人工智能技术，为用户提供全面的解决方案。大疆创新公司还推出了面向开发者的软件开发工具包（SDK），鼓励创新者开发各种应用程序和功能。大疆创新的发展不仅在国内市场取得了巨大成功，也在全球范围内取得了不俗的业绩。

机器人的定义是指能够执行某种任务或完成特定工作的自主或半自主设备。无人机具备自主飞行的能力，能够通过预设的程序或遥控指令执行各种任务。大疆的无人机具备多种智能功能和自主飞行能力，也可以被认为是一种机器人。它们搭载飞行控制系统、传感器和导航系统，能够自动起飞、悬停、导航、拍摄照片或录像，并按照预设的航线或指令执行任务，还可以通过遥控器或移动应用程序进行远程操控。此外，大疆的无人机还具备一些智能功能，如避障系统、自动返航、跟随模式等，使其能够更加智能地执行任务，适应不同的环境和需求。所以，按照机器人的定义，大疆创新的无人机产品属于第二代与第三代机器人。

很多人认为大疆创新的无人机不是严格意义上的无人机，其实属于机器人范畴。大疆创新的生态副总裁潘农菲（Andy Pan）回应称："大疆创新在做的是把摄像头、云台放在飞行器上。"潘农菲认为"无人机的基础还是一个飞行器，但这是一个多项尖端科技整合的技术，是多个前沿学科的技术集成和积累的产业。"事实上，《经济学人》已经将大疆创新的明星产品Phantom列为"全球最具影响力的机器人产品"之一。

除了无人机，大疆创新还开发和生产典型的机器人产品，包括地面机器人和教育机器人。在地面机器人领域，大疆创新开发了RoboMaster系列机器人。其中，RoboMaster S1（机甲大师S1）是大疆创新于2019年6月发布的首款面向消费者的地面机器人。RoboMaster S1是一款坦克样式的遥控机器人，通过Wi-Fi和Microsoft Windows、Apple iOS或Google Android移动设备上的应用程序进行第一人称视角的远程控制。该产品被设计为一款"先进的教育机器人"，用户需要从零件中组装RoboMaster S1，并学习如何编辑其人工智能功能。大疆创新使用了Scratch和Python两种编程语言，并提供应用程序学习模块，教导用户如何编写代码。

值得关注的是，RoboMaster S1这款产品诞生于由大疆创新创办的年度机器人竞技赛事——RoboMaster（机甲大师）。RoboMaster是由大疆创新的创始人汪滔发起并承办、由共青团中央、全国学联、深圳市人民政府联合主办的年度机器人竞技赛事。RoboMaster赛事已有十多年的发展历史。2013年，大疆创新创办首届大学生夏令营，营员仅为24名在大疆创新体验工作的实习生，任务是实现基于机器视觉的自主移动打靶。2014年，这个大学生夏令营人数增至100名，任务是基于往届的技术积累进行优化升级，开战4v4的机器人射击对抗，形成机甲大师的竞赛规则雏形。2015年，首届RoboMaster赛事正式举办，首创5v5的机器人射击对抗模式，吸引了中国内地超过3000名大学生参赛。如今，RoboMaster赛事已经成为全国大学生机器人大赛旗下的四大赛事之一，是产学研协同与高水平创新的典型案例。

2. 波士顿动力（Boston Dynamics）

波士顿动力机器人成立于1992年，起初是麻省理工学院（MIT）的一个研究项目，后来在1992年正式成立公司。公司的目标是开发仿人类动态能力的机器人，并将其应用于各种领域，包括军事、工业、救援、服务等领域。这家公司自2020年12月起由韩国现代汽车集团收购，收购工作至2021年6月才完成，共耗资约8.8亿美元。

马克·雷伯特（Marc Raibert）是波士顿动力的创始人，前CEO。在创立波士顿动力之前，他曾任麻省理工学院计算机科学和电子工程系教授，以及卡内基梅隆大学计算机科学和机器人学副教授。在卡内基梅隆大学，雷伯特创立了一间研究动力机器人科学根据的实验室，并研发出第一款能自己平衡的跳跃机器人。这些机器人受到动物敏捷、灵活、知觉和智能移动能力的启发，该实验室的研究为波士顿动力机器人的开发奠定了基础。

在技术层面，波士顿动力机器人在机器人的动态平衡和移动性方面取得了巨大突破，同时，其机器人在运动控制感知技术方面也表现突出。他们的机器人能够精确地执行各种动作和任务，具备高水平的运动规划和路径跟踪能力。同时，他们还引入了先进的传感器技术，使机器人能够感知周围环境，实现自主导航和障碍物避让。在产品方面，波士顿动力开发了一系列引人注目的机器人，如Big-Dog、Atlas、Spot和Handle等，这些机器人能够以人类般的稳定性和机动性进行移动，克服了复杂环境中的各种障碍。

BigDog机器人是由波士顿动力早期开发的机器人产品，在2005年研发，是一台四足运载机器人。该项目的设计初衷是解决士兵在复杂路况徒步行军时，车辆无法随行运载装备的问题。BigDog不使用轮子，而是使用四条腿来移动，使其能够通过无法通行的地面。一经推出就被当时的媒体称为“世界上最雄心勃勃的两腿机器人”，它的设计目标是以4mile/h（6.4km/h）的速度与士兵一起携带150kg的负载，在最多35°的坡度上穿越崎岖地形（见图8-15a）。

Spot机器人是由波士顿动力开发的一款机器人。它是一种四足机器人，外形灵感来源于犬类。Spot机器人的质量只有25kg，相比其他产品更为轻巧。2016年6月23日，波士顿动力首次公布了Spot机器人。该机器人在推广视频中展示了它使用前爪开门的能力，该视频在YouTube上获得了超过200万次观看，并一度登上了榜首。Spot机器人被设计用于各种行业中，它可以在崎岖的地形上移动，并具有适应性强、稳定性好的特点。该机器人在2019年开始向商业伙伴提供租赁服务，成为许多企业和机构的重要工具。同时，Spot机器人的软件开发工具包（SDK）也向公众开放，使开发者能够为Spot机器人开发各种定制应用程序。2020年6月16日，波士顿动力开始向普通消费者销售Spot机器人，售价为74500美元。Spot机器人因其独特的外观和功能而备受关注，并在多个领域展示了其潜力和价值（见图8-15b）。

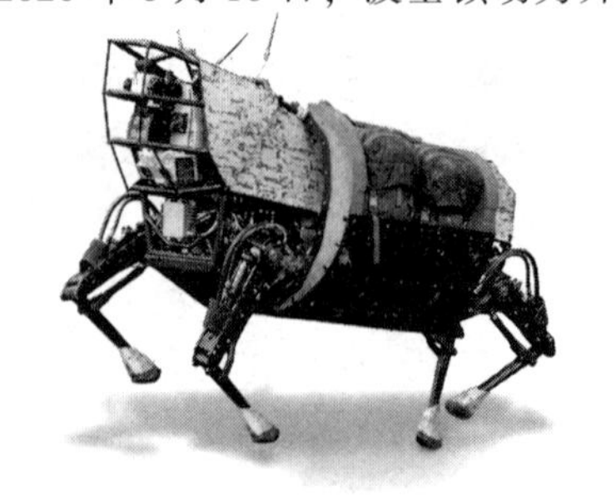

a）BigDog机器人

b）Spot机器人

图8-15　BigDog机器人和Spot机器人

Stretch机器人是波士顿动力开发的工业机器人，应用于现代仓储与物流场景中。Stretch机器人采用了一个移动底盘和一个可伸缩的机械臂，移动能力和操作灵活性强，其设计目标是为了协助人们完成各种物料处理和搬运任务。它可以自主导航并适应多种环境，包括工厂、仓库和零售场所等。机器人配备了先进的感知和控制系统，能够识别和操作各种形状尺寸的物体。

Stretch 机器人的机械臂具有高度可伸缩性，使其能够灵活地进行抓取、搬运和放置物体的操作。它还配备了各种传感器和摄像头，以实时感知周围环境，并做出相应的反应。这使得机器人能够与人类操作员和其他机器人进行安全和高效的协作。波士顿动力的 Stretch 机器人还提供了一套开发工具和软件接口，以便用户进行自定义的应用程序开发和集成。这使得机器人可以适应不同的任务和行业需求，例如物流、仓储和生产等领域（见图 8-16a）。

Atlas 机器人被波士顿动力公司称为“世界上最有活力的机器人”。波士顿动力的 Atlas 机器人是一款先进的人形机器人，动态平衡和机动性能良好。它被设计用于执行各种复杂的任务和操作，包括人工智能研究、救援任务和工业应用等领域（见图 8-16b）。

a）Stretch机器人　　b）Atlas机器人

图 8-16　Stretch 机器人和 Atlas 机器人

Atlas 机器人的外观类似于一个人类，具备双臂、双腿和一个头部，可以模拟人类的运动和动作。它的机械结构和关节设计使得它能够自由行走、跳跃、爬坡和保持平衡，甚至可以在不平整的地形上行走。Atlas 机器人配备了各种传感器和摄像头，可以感知理解周围的环境。它还具备精确的手部操作能力，可以抓取和操纵物体，执行精细的任务。Atlas 的控制系统非常先进，具有强大的计算决策能力，可以通过自主导航和感知来规划路径、避开障碍物，做出实时的决策调整。由于其强大的机动性和操作能力，Atlas 机器人在各种领域都具有潜力。它可以应用于工业生产线上的物料搬运、危险环境中的救援任务、人机协作研究等。此外，由于其开放的软件平台，研究人员和开发者可以进一步扩展其功能和应用。

### 8.5.3　服务机器人

服务机器人是一类专门设计和开发用于提供各种服务的机器人系统。它们被设计为与人类进行交互，在商业、医疗、零售、酒店、物流等领域提供支持和辅助。服务机器人的目标是减轻人们的工作负担，提供更高效便捷的服务体验。

服务机器人的应用范围非常广泛。餐饮服务机器人在餐厅和咖啡店中逐渐普及，它们可以担任服务员的角色，将食物和饮料送到客人桌边，接受点餐并提供菜单建议。不仅提高了服务速度，还提供了独特的体验。在酒店中，酒店服务机器人可以用于办理入住手续、提供房间服务、提供旅游信息和导航，与客人进行语音交互，回答问题，提供所需的支持。服务机器人在医疗机构中扮演着重要的角色，它们可以用于接待患者和导航、提供基本的医疗信息、帮助患者预约和登记，甚至执行一些基本的医疗检查。在零售店铺中，服务机器人可以引导顾客浏览商品，提供产品信息和建议，处理支付和退款等。它们还可以在库存管理和货架补充方面提供支持，提高零售业的效率。

在技术维度，服务机器人通常配备了各种传感器、执行机构和人工智能技术。它们可以感知和理解人类的语言、表情和动作，并根据需求提供相应的服务。一些服务机器人还具备自主导航、路径规划和避障能力，可以在复杂的环境中自主操作。服务机器人的发展为商业和服务行业带来了许多机遇，它们可以提高效率、减少人力成本、改善客户体验，并在特定领域发挥独特的作用。随着技术的进步和机器人技术的不断创新，服务机器人的应用前景将进一步扩大。

现代汽车 Little Big e-Motion 是一款用于医疗领域的智能服务机器人，是现代汽车公司和欧洲第二大儿童医院巴塞罗那儿童医院合作的项目成果。这台机器人被设计成一辆儿童汽车的形式，用于院内患儿转运工作。不过值得注意的是，这款机器人可以通过面部图像识别、呼吸频率检测、声音检测等方式，来判断患儿的情绪状态，当发现其处于紧张、焦虑、哭泣等负面情绪状态时，会通过音乐、灯光、图像、呼吸辅助调节等方式进行干预，帮助患儿调整情绪，优化就医体验，提升救治的配合度（见图 8-17）。

图 8-17　Little Big e-Motion 智能服务机器人

## 复习思考题

1. 概述工业 4.0 的定义与核心理念。

2. 概述工业 4.0 中关于数字化制造、工业互联网、绿色工业、3D 打印、大数据技术五项技术的基本原理及其对工业化生产的价值。

3. 4G 技术是在 3G 技术基础上的新发展，还是颠覆性的新技术？4G 有哪些应用场景与典型案例？

4. 4G 技术如何带来了终端产品的爆发？

5. 中国是如何领跑全球 5G 技术的，有哪些案例？

6. 结合案例和数据概述中国新能源汽车的发展。

7. 概述机器人的发展历程。

8. 结合案例概述工业机器人、特种机器人、服务机器人的定义与分类。

## 案例分析

### 机器人的发展历史

机器人的概念可以追溯到古代的神话和传说。在古代，人们就幻想着制造能够自主行动的机器来替代人类工作。据战国时期《考工记》记载，中国的偃师用动物皮、木头、树脂等材料制作出了能歌善舞的伶人。这个伶人不仅外貌酷似真人，而且还有思想感情。虽然这只是一则寓言中的幻想，但它利用了战国时期的科技成果，也是中国最早记载的木头机器人雏形。在西方，据记载，达·芬奇根据齿轮和发条的原理制造出了初级机器人。然而，真正意义上的机器人直到 20 世纪才开始出现。

20 世纪五六十年代，随着计算机技术和电子学的发展，第一代机器人应运而生。这些早期的机器人通常是机械臂或简单的移动机器人，主要用于工业生产中的装配、搬运等工作。其中一个典型的案例是 Unimate 机器人，它是世界上第一台工业机器人，由美国的约瑟夫·恩格尔伯格（Joseph Engelberger）于 1959 年发明。Unimate 机器人是一个机械臂，它能够按照预设的程序进行装配、搬运等操作。它的出现彻底改变了工业生产的方式，使得生产率大幅提高，同时也降低了工人的劳动强度。Unimate 机器人的成功应用为后来的机器人发展奠定了基础，开启了机器人技术发展的新纪元。除了 Unimate 机器人，还有其他一些早期的机器人也在这一时期出现，如斯坦福机器人等，标志着机器人技术的正式诞生。

在 20 世纪七八十年代，随着微电子技术和传感器技术的进步，工业机器人开始大规模应用于汽车制造、电子制造等领域，实现了生产自动化。其中一个典型的案例是汽车制造业中的焊接机器人，这些机器人配备了先进的传感器和微电子技术，能够精确地执行焊接任务，提高了生产率和产品质量。类似地，在电子制造业中，装配机器人也得到了广泛应用，它们能够快速、准确地完成电子元件的装配工作。

21 世纪以来，人工智能技术的快速发展推动了机器人技术的革新。深度学习、强化学习等技术使得机器人能够更好地理解和处理环境信息，具备更强的自主决策和行动能力。在这一时期，服务机器人、无人驾驶汽车等领域得到了快速发展。服务机器人可以在酒店、医院、机场等场所提供各种服务，如接待、引导、清洁等。无人驾驶汽车则是自动驾驶技术的代表，它们能够自主导航、避免交通事故，并提高交通效率。这些发展使得机器人开始进入人们的日常生活，未来，机器人将在更多领域发挥重要作用，改变人们的生活方式。

**分析与思考：**

1. 机器人在未来的发展趋势是什么？有哪些潜在的应用领域和挑战？

2. 在机器人越来越普及的情况下，如何确保机器人的使用符合伦理和法律原则？

# 第9章　智能时代的工业设计

**本章导读**

智能时代的工业设计是在数字化、信息化和智能化的背景下进行的，具备先进的技术手段，更加强调用户体验，融合多种技术。设计逐渐成为一个多学科、跨领域的设计过程，需要设计师具备广阔的视野和创新的思维，满足快速更迭的技术发展带来的设计需要。

在智能时代，人工智能的辅助为工业设计带来了许多机遇与挑战，设计也需要不断适应新的技术理念。人工智能可以提高设计效率、增强创新能力、发现新的设计趋势等，从而提高生产率。同时，设计的维度也得到了拓展，设计可以更好地考虑产品的用户体验和交互方式，给予更多的创作空间和可能性，本章主要介绍元宇宙概念的兴起、列举扩展现实和多模态交互。设计的组织方式与社会创新形式也得到了变化发展，主要体现在跨学科设计合作、参与式设计创新和设计的社会创新等方面，这些新的设计组织形式为设计的社会创新提供了更加广泛深入的支持，促进了设计与产业、社会的融合发展。并且，随着科技的发展，人与自然和谐相处的理念不断得到重视，工业设计在生态文明建设中扮演着重要的角色，通过以双碳目标与可持续发展为导向的设计、乡村振兴与城市更新背景的设计以及关注设计的伦理与社会责任，工业设计可以促进资源的有效利用、环境的保护和社会的可持续发展。

在这个快速发展的时代，智能技术已经渗透到各个领域，本章将聚焦以上内容，探讨智能时代的工业设计，更好地理解工业设计在智能时代的变化以及可能的发展趋势。

**学习目标**

通过学习智能时代工业设计的特点和发展趋势，能够掌握人工智能辅助设计的基本概念和方法，运用人工智能技术进行设计创新；了解设计维度拓展的含义和方法，在设计中考虑更多的因素和需求；理解设计的组织与社会创新的现状变化，能够在设计中考虑社会和环境因素，推动可持续发展；了解工业设计与生态文明建设的关系，掌握生态设计的基本原则和方法，能够在设计中考虑环境保护和资源利用的问题。

**关键概念**

AIGC（Artificial Intelligence Generated Content）

人工智能（Artificial Intelligence）

扩展现实（Extended Reality）

多模态交互（Multimodal Interaction）

跨学科（Interdisciplinary）

参与式设计（Participatory Design）

乡村振兴（Rural Revitalization）

城市更新（Urban Renewal）

设计伦理（Ethics in Design）

# 9.1 人工智能的辅助

## 9.1.1 AIGC 辅助设计

AIGC 又称生成式 AI（Generative AI），它是专业生产内容（Professional-generated Content，PGC）、用户生产内容（User-generated Content，UGC）之后的，依托人工智能技术产生的新的内容创作方式，可以在故事、会话、图片照片、视频与音乐制作等众多内容领域生产数字内容的新方式。和现阶段其他人工智能技术一样，AIGC 基于机器学习模型提供计算能力，这些模型是基于大量数据进行训练的大模型，通常称为基础模型（Foundation Models）。如今以基础模型为驱动的 AIGC 的工具迭代速度越来越快，从由 Stable Diffusion 模型驱动的 AI 作画应用，例如 Midjourney，再到以大语言模型（LLM）驱动的智能聊天机器人 ChatGPT，产品与技术不断迭代并相互促进，推动 AIGC 领域向前发展。

AI 辅助设计是指利用人工智能技术来辅助甚至主导设计的工作方法。AI 辅助设计工具结合了设计领域的专业知识和机器学习算法，可以提供快速的设计解决方案。AI 辅助设计已经在多个设计领域发挥了实际的作用。

如今 AI 辅助设计已经能够极大地提升设计的效能。过去的设计过程依赖设计师的创意与思考，而 AI 辅助设计能够通过利用机器学习算法生成和评估大量的设计方案，帮助设计师更快更全面地探索设计的可能性。同时，AI 通过分析大量的设计数据，AI 算法可以在此基础上生成新颖的设计建议，帮助设计师打破思维定式，可以作为设计师的灵感和创意的“小助手”。除此之外，AI 还可以基于大数据，集合大量设计数据、市场趋势、用户偏好反馈，为设计师提供设计洞察。通过了解用户需求偏好，创建更加以用户为中心的设计，满足特定的目标受众或应对新兴趋势。

需要注意的是，尽管 AI 在设计过程中可以提供很大的帮助，但人类设计师仍然是不可或缺的。人类独特的创造思维、直觉和环境理解能力无法完全被 AI 取代。AI 是一个强大的工具，可以增强和补充人类创造力，使设计师能够在工作中实现更高效、创新和有效的成果。

### 1. Midjourney

Midjourney 是由总部位于美国旧金山的独立研究实验室 Midjourney Inc. 开发的生成式人工智能程序和服务。类似于 OpenAI 的 DALL-E 和 Stability AI 的 Stable Diffusion，Midjourney 可以根据自然语言描述（称为“Prompts”）生成图像。该工具于 2022 年 7 月上线，目前，用户只能通过在 Midjourney 官方的 Discord 服务器上使用 Discord 机器人、直接向机器人发送私信，或者邀请机器人加入第三方服务器来访问 Midjourney。为了生成图像，用户可以使用文字命令并输入一个提示，然后机器人会返回一组四张图像。用户可以选择他们想要提升分辨率的图像进行优化。图 9-1 所示为笔者使用 Midjourney 通过“a cool sports car”的提示词得到的设计效果图，无论从图片质量还是内容均高度符合提示词的意图。

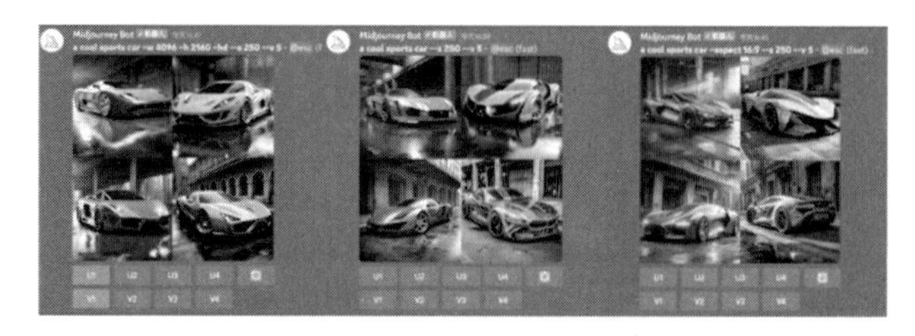

图 9-1 Midjourney 图像生成（图片来源于作者自制）

2. DALL-E

DALL-E 是由 OpenAI 开发的文本到图像的 AI 生成工具，利用深度学习算法从自然语言描述（称为“Prompts”）生成数字图像。最初的 DALL-E 是在 2021 年 1 月 5 日的一篇博文中由 OpenAI 公开。2022 年 4 月 6 日，OpenAI 宣布推出 DALL-E 2 旨在以更高分辨率生成更逼真的图像。2023 年 9 月，OpenAI 宣布推出最新的图像模型 DALL-E 3，这是在 DALL-E 2 的基础上迭代出的新版本。DALL-E 可以快速生成多种风格的图像，包括写实图像、绘画和表情符号。它可以“操纵和重新排列”图像中的物体，并能够在新颖的构图中正确放置设计元素，而无须明确的指示。DALL-E 还具有“填补空白”的能力，可以为用户“补充”“推断”出适当的细节，而无须特定的提示，例如在与圣诞节相关的提示中添加圣诞图案，或在没有提到阴影的图像中恰当地放置阴影。此外，DALL-E 展现出对视觉和设计趋势的广泛理解。

3. Stable Diffusion

Stable Diffusion 也是一款基于深度学习的文本到图像生成模型，于 2022 年发布。它主要用于根据文本描述生成详细的图像，但也可应用于其他任务，如修复图像、扩展图像，以及根据文本提示生成图像到图像的转换。该模型由慕尼黑路德维希·马克西米利安大学的计算机视觉研究小组以及 Runway 的研究人员开发，计算资源由 Stability AI 提供。图 9-2 所示为笔者使用 Stable Diffusion 设计的一系列汽车方案，可以看到，在输入了详细的关键词提示之后，AI 工具很好地实现了笔者的设计目标，并在 10min 之内，进行了大量的方案细节的推敲，这是传统的设计流程中完全不能想象的。

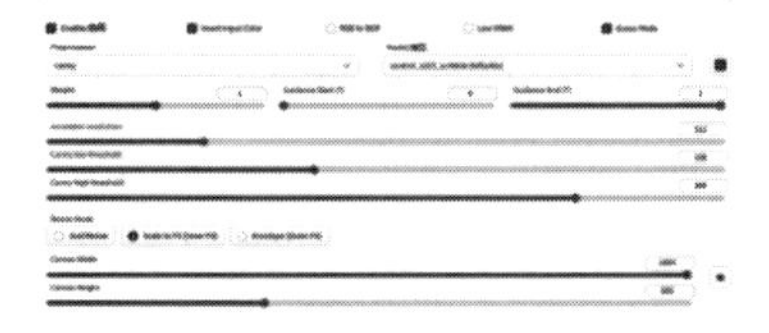


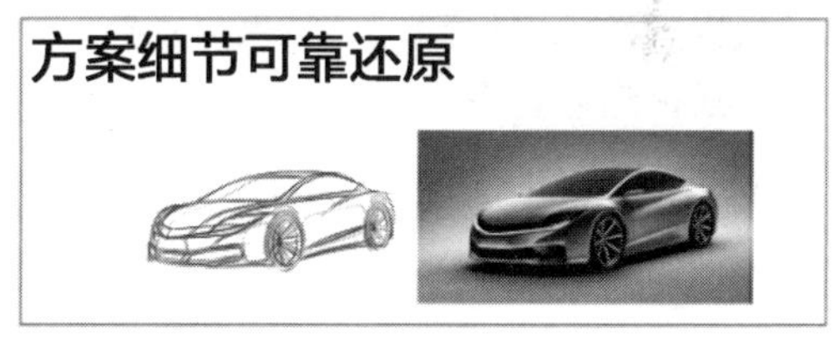

图 9-2　Stable Diffusion 图像生成（图片来源于作者自制）

现阶段，广告、互联网等行业已经迅速接纳了 Midjourney、DALL-E、Stable Diffusion 等 AI 图像生成工具。这些工具能够帮助广告商快速创作原创内容和进行头脑风暴，为广告商提供了诸如“为个人定制广告、创造特效的新方式，甚至提高电子商务广告效率”等新机遇。

## 9.1.2　技术进步推动设计发展

### 1. 智能时代的工业技术将会提升工业设计的效能

工业 4.0 通过数字化、自动化和智能化技术为工业设计提供了生产方式的新空间。设计师通过数字化技术，可以实现更灵活、个性化的设计，快速制作出产品原型，实现批量生产与个性化定制的结合。例如，3D打印和数控加工技术可以对快速制作出的真实产品原型进行评估，极大地提升设计效率，加快产品开发周期，并及时对设计进行改进，降低设计成本。除此之外，数字化制造使得批量生产和个性化生产相结合成为可能，可以通过数字化工具根据客户需求进行个性化设计，并利用数字化制造技术实现定制化生产，满足不同用户的需求。

AI辅助设计工具结合了设计领域的专业知识和机器学习算法，可以提供快速创新的设计解决方案。如今，AI辅助设计已经在多个设计领域发挥了实际的作用，包括工业设计、建筑设计、环境艺术设计、平面设计等。

### 2. 智能时代的工业技术打开了工业设计的新领域

4G与5G通信技术的进步直接影响到通信设备的更新换代，这为工业设计师提供了参与新一代通信设备设计迭代的机遇。随着4G和5G技术的发展，人们目睹了智能手机、平板电脑和智能手表等设备的快速普及。工业设计在其中发挥了至关重要的价值与作用，提升了用户体验并推动了通信设备的革新。除了通信设备，通信技术的进步也推动了众多相关产业进行数字化转型与升级，创造了更多的设计机遇。例如，随着工业互联网的兴起，工业设计师可以参与设计智能制造设备、物联网传感器和工业自动化系统等。

此外，基于4G和5G技术的生活方式创新领域也为工业设计带来了新的机会。人们熟悉的互联网产品如微信、淘宝、支付宝等，彻底改变了人们传统的社交和购物方式，通过设计的力量可以有效提升这些产品的吸引力和竞争力。智能家居类的智能硬件也是通信技术进步的产物，可以设计出与用户生活紧密结合的智能家居产品，提供更加便利、舒适和安全的居住体验。

能源技术的兴起也为设计提供了创新的机会。随着清洁能源的不断发展，电动汽车和混合动力汽车已经成为汽车行业的重要趋势。同时，随着自动驾驶汽车的普及，车内空间的重新规划成为一个重要的设计问题。传统的车内设计重点放在驾驶者的舒适性和操作性上，而自动驾驶汽车将驾驶员变为乘客，设计需要重新思考车内空间的功能布局、座椅设计、界面交互等，提供更加舒适安全的乘坐体验。此外，自动驾驶技术的应用还涉及交通规划、智能交通系统和城市基础设施等方面，设计需要与城市规划和交通工程紧密合作，共同设计出适应自动驾驶的城市环境交通系统。

### 3. 智能时代的工业技术给工业设计师提出了新要求

不过在挑战方面，首先，摆在传统工业设计师面前的是需要不断学习和适应新的数字化工具，以提高自身的技术能力；其次，工业4.0强调设计与制造的紧密结合，设计与制造不再是割裂的环节，甚至有可能“边设计边制造、边制造边设计”。这就要求设计师具备学科交叉的素养，具备深入了解制造工艺和材料的能力，以确保设计方案的实际可行性。

新一代智能技术背景下的产品设计已经超越了传统的工业设计范畴，工业设计方法也早已冲破了自包豪斯以来的现代主义范式，工业设计师在这一领域的发展中扮演着重要的角色，他们需要不断更新知识、拓宽技能边界、适应快速变化的科技和产业环境，在这一领域中机遇与挑战并存。复杂的产品服务系统往往需要跨领域的协作研发人员。工业设计师也需要具备良好的沟通、理解、交流和统筹能力，能够与各方面的专业人员合作，共同推动复杂系统的设计实施。

例如，智能手机作为典型的通信产品，除了外观设计和用户界面的优化，还需要考虑尺寸、重量、电池寿命、信号稳定性等多个因素的平衡，而这些因素都是制约设计师开展设计的限制条件，设计师只有在充分的理解基础上，才能融合这些因素给出工业设计的最优解。智能手机还需要与各种应用软件、云服务和物联网设备进行无缝连接和相互操作，这要求设计师具备对软件和硬件的综合理解和协同设计能力。又例如，在智能家居领域，一套智能家居产品服务系统通常由智能设备、传感器、云平台和移动应用组成。工业设计师需要考虑产品的外观的同时，还需要考虑产品与家居环境的融合、优化用户体验。同时还需要理解传感器技术、通信协议、数据安全性等方面的知识，确保产品能够有效实现。

可持续发展和绿色工业要求工业设计师将环境保护和资源节约作为设计过程的核心考虑因素之一，设计需要从传统的以产品功能和外观为中心的思维转变为注重产品的生命周期、能源效率、材料选择和循环利用等方面。这意味着设计师要在产品的整个生命周期中考虑环境影响，包括原材料获取、生产过程、产品使用、维护和废弃处理等环节。需要思考如何设计可拆卸、可维修和可升级的产品，以延长产品的使用寿命。考虑产品的废弃处理方式，促进废弃产品的回收和再利用，减少对环境的负面影响。

**扩展阅读**

AI 语言模型：ChatGPT、文心一言、讯飞星火（见图 9-3）

更多数字资源获取方式见本书封底。

# 9.2　设计维度的拓展

## 9.2.1　元宇宙

元宇宙的概念源于科幻小说和电影，最早可以追溯到 1992 年的小说《雪崩》和电影《赛博朋克 2077》。在这些作品中，元宇宙是一个由计算机模拟的虚拟现实世界，人类可以在其中自由探索、创造和互动。因此可以说，元宇宙是一个虚拟现实世界，由一个或多个虚拟现实空间组成，人类可以在其中进行各种活动，如社交、游戏、创作、交易等。

美国时间 2021 年 3 月 10 日，“元宇宙第一股”——全球最大的多人在线创作沙盒游戏平台 Roblox 在纽约证券交易所成功上市，首日市值高达 450 亿美元。这一事件迅速引起了金融、科技领域的广泛关注，同时也让元宇宙这一概念从文学领域扩展到了更广阔的领域，成为社会关注的热点话题。在 Roblox 的成功引领下，众多企业纷纷涉足元宇宙领域。2021 年 5 月，Facebook 宣布将在五年内转型为一家元宇宙公司，并更名为 Meta，以此作为其在元宇宙领域的重要布局。同年 8 月，字节跳动大手笔收购 VR 创业公司 PICO，进一步加强了其在虚拟现实领域的实力。此外，苹果、微软、腾讯和华为等科技巨头也纷纷布局元宇宙，开展深度研究和开发工作。据 Axios 报道，2021 年投资者们在演讲中频繁提及元宇宙主题，累计使用次数高达 128 次，而 2020 年仅为 7 次。因此，2021 年被誉为“元宇宙元年”，这一概念的兴起引起了各界的广泛关注和追捧。

# AIGC-ChatGPT

## 帮助老年人开发一款汽车，请提供一份设计报告

### ChatGPT

| Examples | Capabilities | Limitations |
|---|---|---|
| "Explain quantum computing in simple terms" → | Remembers what user said earlier in the conversation | May occasionally generate incorrect information |
| "Got any creative ideas for a 10 year old's birthday?" → | Allows user to provide follow-up corrections | May occasionally produce harmful instructions or biased content |
| "How do I make an HTTP request in Javascript?" → | Trained to decline inappropriate requests | Limited knowledge of world and events after 2021 |

我想开发一款适合中国老年人的汽车，请帮我提供一份设计报告，即汽车要用什么款式，什么造型，什么材料，什么规格，什么功率等参数，并说明原因，报告帮我列成一份表格

好的，以下是一份针对中国老年人设计的汽车的初步设计报告，包括款式、造型、材料、规格和马力等参数，并附上相应的原因说明：

设计要点：

1. 宽敞舒适的内部空间：考虑到老年人通常对舒适性和便利性的需求，汽车内部空间应设计宽敞舒适，方便乘客进出和移动，以适应老年人的身体特点和行动不便的情况。
2. 简洁易懂的控制界面：控制界面应设计简洁明了，按钮和控制器要大而易于操作，以方便老年人使用。同时，考虑到老年人对技术的接受程度，可以采用直观的操作方式，如大尺寸触摸屏和语音控制系统。
3. 舒适的乘坐高度：为了方便老年人上下车以及驾驶过程中的视野，汽车的乘坐高度应设计适中，既不过高也不过低，使得乘客可以轻松进出汽车，并获得良好的路面视野。
4. 简单易懂的外观造型：汽车的外观造型应简单、大气，避免过于复杂或过于激进的设计。简洁的外观可以让老年人更容易辨认车辆的形状和位置，并提升驾驶安全性。
5. 安全性能优越：考虑到老年人通常对安全性能的关注，汽车应配置先进的安全系统，如主动安全系统、passsive安全系统以及高级驾驶辅助系统（ADAS），以提供更加安全可靠的行驶体验。

| 参数 | 设计要求 | 原因说明 |
|---|---|---|
| 款式 | 小型SUV | 小型SUV结合了轿车和SUV的优点，具有较高的乘坐高度和更好的路面视野，方便老年人进出和驾驶 |
| 造型 | 简洁大气 | 简洁大气的外观造型便于老年人辨认和驾驶，避免过于复杂或过于激进的设计 |
| 材料 | 高强度轻量化材料 | 高强度轻量化材料可提高汽车的安全性和燃油经济性，减轻车身重量，提升驾驶性能 |
| 规格 | 宽敞舒适内部空间 | 宽敞舒适的内部空间方便老年人乘坐和移动，提供舒适的驾乘体验 |
| 功率 | 适中的功率 | 功率应适中，以保证汽车在行驶过程中有足够的动力应对不同道路和驾驶需求，同时避免过于强大的功率对老年人驾驶造成困扰 |
| 安全性能 | 先进的主动安全系统、被动安全系统、高级驾驶辅助系统 | 先进的安全系统可提供全方位的保护，包括碰撞预警、制动辅助、车道保持辅助等功能，提升驾驶安全性 |
| 座椅和悬挂系统 | 舒适的座椅和悬挂系统 | 舒适的座椅和悬挂系统可减缓路面震动，提供良好的乘坐舒适性，减少对老年人身体的不适影响 |
| 环保和节能 | 环保材料和先进的节能技术 | 环保材料和节能技术可减少汽车对环境的负担，降低使用成本 |
| 易于维护和保养 | 简单易操作的维护和保养方式 | 简单易操作的维护和保养方式方便老年人进行日常维护和保养，减少维修成本 |

图 9-3 ChatGPT 生成的设计报告（图片来源于作者自制）

元宇宙作为一个强调沉浸感、参与度和实时互动的虚拟世界，对现有的技术提出了更高的要求。在现实世界中，实现元宇宙是一个复杂且具有挑战性的任务，需要在技术层面实现重大突破。许多新兴的技术工具、平台、基础设施和协议等应运而生，以支持元宇宙的构建和运行。随着AR、VR、AI、5G和云计算等技术的不断成熟，元宇宙有望从概念逐渐走向现实。其中，以XR硬件为代表的人机交互技术，能够提供生动逼真的虚拟内容，极大地提升虚拟内容的沉浸感和交互体验，被称为“元宇宙的入口”。

### 9.2.2 扩展现实

扩展现实（XR）是一种涵盖多种技术的术语，包括虚拟现实（VR）、增强现实（AR）、混合现实（MR）以及其他可能的未来技术。这些技术都涉及使用计算机生成的虚拟环境和交互方式，旨在增强用户的体验感知。VR是一种完全沉浸式的体验，用户完全处在计算机生成的虚拟环境中，通常需要使用头戴式显示器、手柄或控制器等设备。例如，在VR游戏中，玩家可以进入虚拟世界进行各种交互操作。AR是将虚拟元素叠加在现实世界中的技术，用户可以同时看到真实世界和虚拟元素，可以通过智能手机、平板计算机、头戴式显示器等设备实现。例如，在游戏中使用AR技术，将虚拟角色或道具叠加在现实场景中，让玩家可以更加身临其境地体验游戏。MR是将虚拟元素与真实世界融合在一起的技术，用户可以与虚拟元素进行交互，并在真实世界中看到它们的影响。MR技术通常也需要使用特殊的头戴式显示器、手柄或控制器等设备。AR、VR、MR和XR都是使用计算机生成的虚拟环境和交互方式来增强用户体验感知的技术，它们的区别在于虚拟元素与真实世界的融合程度和交互方式（见图9-4），下面着重介绍VR与AR技术。

VR的发展历程可以追溯到20世纪五六十年代，1956年，电影设计师莫顿·海力格创造Sensorama，拉开了VR发展的序幕。1968年，伊万·萨瑟兰开发出“达摩克利斯之剑”，这是一种早期的头戴式显示器，被认为是现代VR技术的先驱之一，“达摩克利斯之剑”是一种利用阴极射线管（CRT）技术的头戴式显示器，它可以在用户的视野中呈现虚拟图像，虽然“达摩克利斯之剑”并不是真正意义上的VR设备，但它为后来的VR技术发展奠定了基础，推动了VR技术的发展和应用。1990年，Virtuality展示了第一个量产VR街机。1995年，任天堂Virtual Boy游戏机问世。

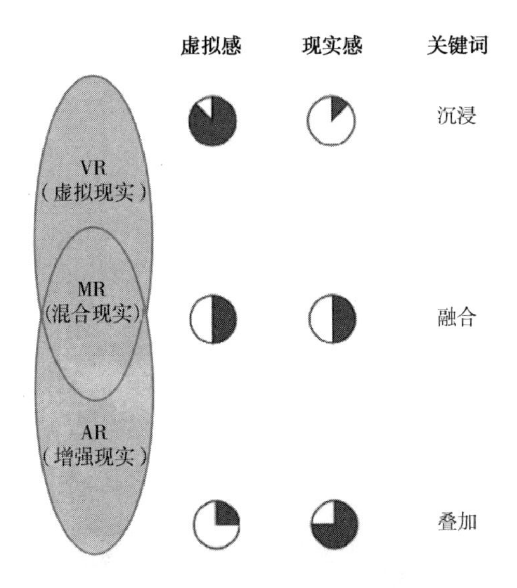


图9-4 VR、MR、AR的比较（图片来源于作者自绘）

2010年，Oculus发布了Oculus Rift的原型机，并于2012年在Kickstarter上开始众筹，最终筹得250万美元的资金。Oculus全力投入VR设备的研发工作中，一直到2014年被Facebook收购。在被收购之后，Oculus获得了Facebook的全力支持，并在2016年发布了Oculus Rift的首个消费者版本。在期间的2014年，谷歌发布了Google Cardboard，三星发布了Gear VR。2016年，微软与五大OEM合作开发多款头戴式显示器。2018年，Facebook发布Oculus Rift S和Oculus Quest、爱奇艺发布奇遇2S VR一体机、PICO发布PICO G24K。同年VR一体机面世，Facebook发布Oculus Go（见图9-5a）、联想发布Mirage Solo、

HTC 推出 HTC VIVE Pro。2020 年，苹果公司 1 亿美元收购 VR 直播公司 NextVR。2021 年被称为“元宇宙之年”，字节跳动公司花费 90 亿元人民币收购了 VR 创业公司 PICO，同年，Meta Quest 2 全球出货量达到 1110 万台，超过了马克・扎克伯格预测的 VR 生态系统爆炸性增长的拐点——1000 万用户。2022 年，PICO 在中国市场正式发布新一代 VR 一体机 PICO 4 系列，这也是 PICO 被字节收购以来首次发布升级换代产品。2022 年 10 月，美国社交网络巨头和 Facebook 创始人马克・扎克伯格宣布公司更名为 Meta，并明确定义为“Metaverse 公司”。同月，Meta Quest Pro 发布（见图 9-5）。

a）Oculus Go一体机

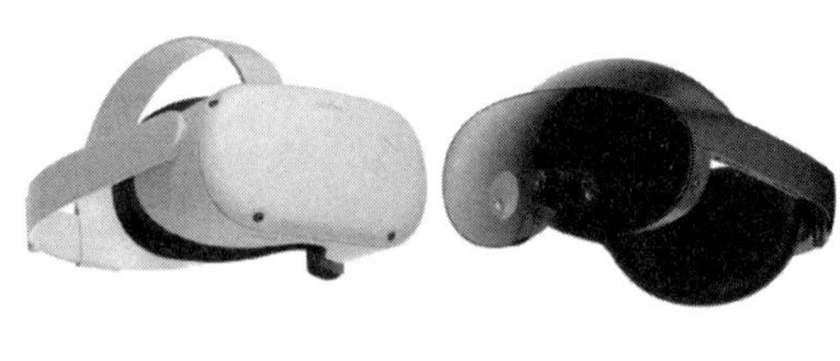

b）Meta Quest Pro

图 9-5　2018 年 Facebook 推出的 Oculus Go 一体机和 2022 年 Metaverse 发布的 Meta Quest Pro

AR 的发展历程可以追溯到 20 世纪 90 年代，1990 年波音公司马斯考尔德提出 AR 概念。1999 年，全球首个 AR 开源软件 ARToolkit 发布。2000 年，全球第一款 AR 游戏发布。2012 年，谷歌发布 AR 眼镜 Google Glass，Google Glass 采用了先进的计算机视觉技术和语音识别技术，可以识别用户的手势和语音指令，并根据用户的需求显示相应的虚拟信息，它的推出引起了广泛的关注和热议，被认为是 AR 技术的重要里程碑之一（见图 9-6a）。2015 年，任天堂发布 Pokemon Go 游戏；微软发布 Hololens，Hololens 是一款 MR 头戴式显示器，支持语音和手势控制，它可以在现实场景中呈现出虚拟物体，并支持用户与虚拟物体进行互动（见图 9-6b）。同年，百度、联想等国内企业开始布局 AR。2016 年，Magic Leap 获得 8 亿美元巨额投资。2017 年，谷歌推出开发平台 ARCore；苹果公司推出开发平台 ARKit；百度、阿里、腾讯陆续推出 AR 平台。2018 年，Magic Leap 发布 Magic Leap One。2019 年，微软发布 Hololens 2。2021 年，TCL 展示基于 Birdbath 方案的新款 AR 眼镜，肖特将 AR 光学晶圆减轻 20%。2022 年，沃尔玛收购 AR 技术公司 Memomi，Memomi 是一家领先的 AR 技术提供商，旨在增强虚拟光学试穿体验。沃尔玛收购 Memomi，可以为其在线购物平台提供更身临其境的 AR 体验，提升消费者的购物体验，推动 AR 技术在电商领域的应用。

a）Google Glass

b）Hololens

图 9-6　2012 年谷歌公司发布的 Google Glass 和 2015 年微软发布的 Hololens

2023 年 6 月 6 日，苹果公司在 WWDC（全球开发者大会）2023 上正式发布了 Apple Vision Pro。这是一台革命性的空间计算设备，将数字内容无缝融入真实世界，让用户处在当下并与他人保持连接。它使用全球首创的空间操作系统 Vision OS，该系统基于苹果 MacOS、iOS、iPadOS 三大系统的创新之上，支持 3D 内容引擎，打破了传统显示器的局限，采用全新三维用户界面，实现自然交互。Apple Vision Pro 由一个双面显示屏、一个便携电池以及头戴、面罩等零部件组成。采用双芯片设计，以 M2 和首次亮相的 R1 芯片为主，拥有 12 个摄像头、5 个传感器和 6 个传声器。支持交互方式以眼动交互、语音交互和手势交互。这也是目前业内罕见地采用无手柄交互的头戴式显示器产品。在场景上，以视频、办公、游戏和家居四大产品为主（见图 9-7）。

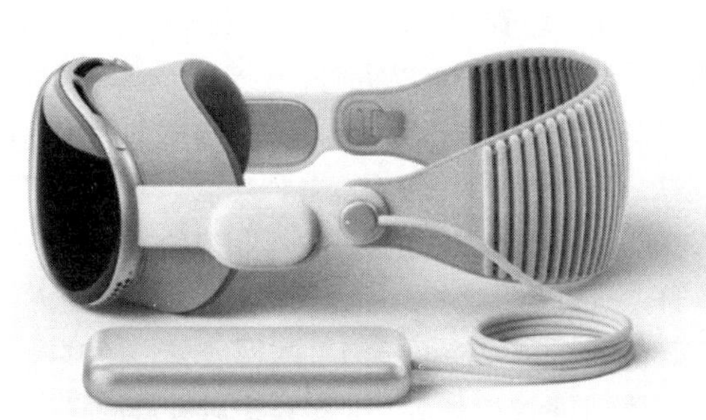

图 9-7　Apple Vision Pro 及操作场景（图片来源于苹果公司官网）

苹果公司的 CEO Tim Cook 说："如同 Mac 将我们带入个人计算时代、iPhone 将我们带入移动计算时代、Apple Vision Pro 将带我们进入空间计算时代。基于苹果公司数十年的创新积累，Apple Vision Pro 是遥遥领先的空前之创，带来革命性的全新输入系统和数以千计的创新技术。它为用户带来绝佳体验，并为开发者带来振奋人心的新机会。"

技术的进步需要持续的创新、多样性的应用以及用户需求的驱动。XR 技术给工业设计带来了多方面的影响，其中之一就是拓展了设计的维度和空间。传统的工业设计主要基于二维或三维空间进行设计，但 XR 技术可以将设计扩展到超脱现实之外的维度和空间，它提供了更广阔的创作可能性。未来，随着 XR 技术的不断进步，头戴式显示器设备将逐渐向多元化发展，设备形态、佩戴方式、显示技术等方面将不断创新。同时，交互方式将更加自然便捷，手势识别、语音识别、眼球追踪等技术将得到广泛应用，内容制作将更加普及。

## 9.2.3　多模态交互

"模态"（Modality）是德国理学家赫尔姆霍茨提出的一种生物学概念，即生物凭借感知器官与经验来接收信息的通道，如人类有视觉、听觉、触觉、味觉和嗅觉模态。多模态是指将多种感官进行融合，而多模态交互是指人通过声音、肢体语言、信息载体（文字、图片、音频、视频）、环境等多个通道与计算机进行交流，充分模拟人与人之间的交互方式。随着人机交互技术的不断发展，多模态交互成为人机交互的发展趋势。作为一种新型人机交互方式，多模态交互并非多个模态的简单叠加，而是通过各模态配合实现比单一模态更高效、自然的人机对话。不仅可以提高用户的体验感，还可以增加交互的可靠性和效率。

当前对多模态交互的研究主要有以下两方面。一方面，利用多模态交互进行用户情绪识别，即基于语言、视觉和听觉等多种模态的信息输入途径，预测用户的情感倾向，让产品更加理解用户当前的情绪，以做出符合当下情绪的回应，使整个人机交互过程更加人性化；另一方面，将多模态交互方式融入增强现实环境中，在手势交互的基础上增加语音、传感器交互等，实现更智能化的人机交互环境，给用户“身临其境”的效果。在数字化时代，多模态交互方式将更多地替代单模态交互，以更为丰富的五感刺激让用户更加自然地融入产品和环境中。随着科技的进步，VR、AR、MR 等技术的出现让人类与外界环境的信息交流更加趋于真实。将多模态交互方式运用于设计载体中有助于用户实现更顺畅的信息传递与交流，给用户带来更深刻的情感价值。

亚马逊公司的智能音箱 Echo 是 2014 年发布的一款基于语音助手 Alexa 的智能音箱，它开创了语音交互的先河。Echo 智能音箱采用多模态交互技术，通过语音指令可以实现播放音乐、查询天气、控制智能家居等功能。Echo 智能音箱的语音交互技术是基于自然语言处理和语音识别技术的，用户可以通过说出“Alexa”这个唤醒词来激活语音助手，然后通过语音指令来实现各种功能。例如，用户可以说“播放音乐”“查询天气”“打开灯”等指令，Echo 会识别这些指令并执行相应的操作。除了语音交互，Echo 还支持其他的交互方式，例如触摸屏幕、按钮等。这些交互方式可以让用户更加方便地控制 Echo，实现更加个性化的使用体验。Echo 为智能家居和智能语音助手的发展奠定了基础，它的多模态交互方式为用户提供了更加自然、高效和个性化的交互体验，是智能家居领域的重要代表之一（见图 9-8a）。

长虹 CHiQ-Q8T 是长虹 2020 年 11 月推出的一款智能电视产品，这款产品同样以多模态交互为主要特点，提供越来越便捷的交互体验。它保持了 CHiQ 系列“为消费者创造出越来越舒适、越来越自在的生活体验”的理念，它使用第七代极致无边全面屏、杜比视界胶片画质技术与全程 MEMC 防抖芯片的三重组合，带来更好的影音享受，提升了消费者在家观看的效果。摇一下、触一下、说一声就能开启新视界，多模态的交互体验极大地解锁了看电视新姿势的控制设计，解决了目前智能电视单一化语音操作的弊端，带来更为智能化的电视体验（见图 9-8b）。

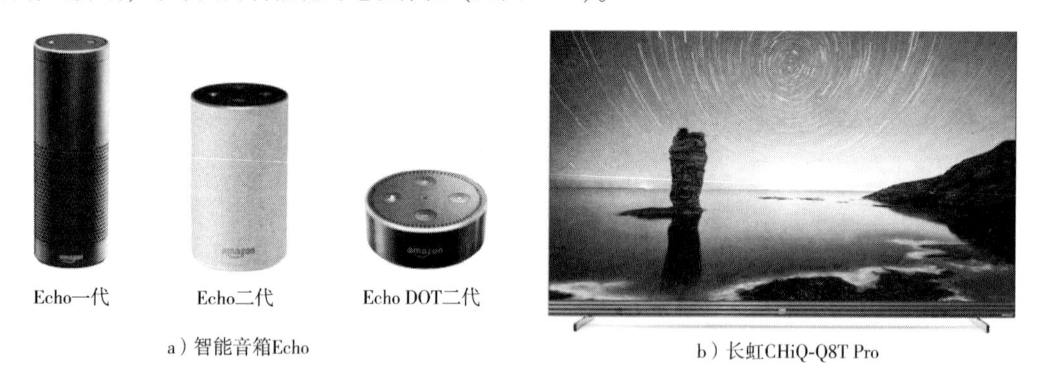


a）智能音箱Echo

b）长虹CHiQ-Q8T Pro

图 9-8　智能音箱 Echo 和长虹 CHiQ-Q8T Pro（图片来源于 Echo 官网、长虹官网）

多模态交互的重要性在于它可以提供更加自然、智能和个性化的用户体验，满足用户在不同场景下的需求。通过融合多种交互方式，如语音、图像、手势、触控等，更好地理解用户的意图，提高人机之间的效率和准确度。它的发展将会带来更丰富的应用效果，比如解决感官失能人群的交流问题。随着多模态交互技术的不断成熟，它将越来越普及，应用到更多的场景中。

# 9.3　设计的组织与社会创新

## 9.3.1　跨学科设计合作

随着信息技术、网络技术等的发展，不同学科之间的交流合作变得更加便捷高效，这使得跨学科设计合作能够更加深入地开展。跨学科（Interdisciplinary）设计合作是指不同学科领域的专业人士共同合作完成设计项目的过程，这种合作方式可以整合不同领域的专业知识和技能，实现更全面、创新的方案。现代社会面临的许多问题都是复杂的、多维度的，需要综合运用多个学科领域的知识才能得到有效解决，跨学科设计合作便可以整合不同领域的专业知识。

跨学科设计合作的历史渊源和发展可以追溯到古代，当时各个学科之间的交流合作相对较少，主要出现在一些综合性的工程项目中，如水利工程、建筑工程等。在文艺复兴时期，艺术家和科学家之间的合作开始增多，他们共同探索了艺术和科学之间的内在联系，推动了艺术和科学的相互融合。这种跨学科的合作为后来的科学研究和艺术创作提供了重要的启示。到了现代，随着技术的快速发展，不同学科领域之间的界限变得越来越模糊，跨学科设计合作已经成为一种普遍的现象。

以智能家居系统的设计为例，跨学科设计合作可以涉及多个学科领域。电气工程师负责设计智能家居系统的电路和硬件部分，确保系统正常运行。计算机科学家开发智能家居系统的软件部分，包括语音识别、人脸识别、智能控制等功能。设计学专业人士负责设计智能家居系统的外观和用户界面，保证保系统易于使用和美观。心理学家研究用户的行为需求，确保智能家居系统的设计符合用户的心理期望。通过跨学科设计合作，这些来自不同领域的人员可以共同设计出一个功能优良、易于使用、美观的智能家居系统，满足用户的需求期望，实现更好的设计效果。

STEM是科学（Science）、技术（Technology）、工程（Engineering）和数学（Mathematics）这四个英文单词首字母的缩写。STEM教育就是在全球教育创新与变革背景下的学科融合教育，强调的是一种跨学科一体化的教育方式，目的是培养具有综合能力的人才。近年来，国内也越来越重视跨学科设计教育，2022年国务院学位委员会、教育部印发的《研究生教育学科专业目录（2022年）》将交叉学科新增为第14个学科门类，并将设计学归属于交叉学科下的一级学科，可授工学、艺术学学位，意味着设计学科朝更加多元交叉的方向发展。北京师范大学未来设计学院基于设计与“未来生产、生活方式”“艺术与科技”“设计与教育”三个研究方向，跨界融合包括经济学、文学、工学、心理学、教育学在内的现有学科门类，与国内外不同高校和社会团体合作共创，产出了一系列跨学科合作成果。

## 9.3.2　参与式设计创新

参与式设计（Participatory Design）是指在设计过程中，通过积极邀请用户、利益相关者和其他相关人员参与，共同探讨实现设计创新的方法。核心思想是将用户和其他相关人员视为设计过程中的重要合作伙伴，通过他们的参与贡献，实现更好的设计效果。这样可以帮助设计师更清晰地了解用户和其他相关人员的需求期望，提高设计的针对性。同时，参与者也可以实现更好的创新创意。

参与式设计的历史渊源可以追溯到20世纪60年代的北欧国家，最初起源于斯堪的纳维亚的工会运动。当时的参与式设计主要是为了解决新技术导致工人工作权力被剥夺的问题，研究人员开发了一种名为“语言游戏”的设计方法，使得研究人员和工人可以一起解决新技术造成的各种问题。随后，斯堪的纳维亚人发布了“斯堪的纳维亚挑战”，呼吁人们开发和使用适合时代的工业民主设计方法。在20世纪80年代，北欧联盟图形研究项目中，参与式设计得到了进一步的发展，并成为一种实用的设计方法。这个阶段的参与式设计主要是为了提高技术工作者的民主参与度，使得更多人能够参与到设计过程中来。此时，参与式设计开始在社会中得到普及和推广。进入21世纪后，随着信息技术的快速发展和普及，参与式设计得到了更广泛的应用。它强调在创新过程的不同阶段，所有利益方都应该被邀请与设计师、研究者、开发者合作，一起定义问题、定位产品、提出解决方案，并对方案做出评估。

参与式设计的核心理念是以用户为中心，注重用户的参与和反馈，旨在创造出更加符合用户需求、具有社会价值和可持续性的产品和服务。其中，最为典型的是C2M模式，“C2M”是英文“Customer to Manufactory”（顾客对工厂）的简称，是一种新型的电子商务商业模式。它是指在互联网和电子商务平台的支持下，消费者直接向工厂提交个性化定制需求，工厂根据需求进行定制生产并直接将产品交付给消费者的模式。与传统的商业模式相比，C2M模式更好地满足了消费者的个性化需求。并且在C2M模式下，工厂可以直接接收消费者的订单，减少了中间环节，提高了生产率，降低了生产成本。它可以帮助工厂优化供应链，减少库存积压和浪费，提高资金周转率。在这些作用之下，C2M模式可以促进传统制造业向智能化、个性化、定制化方向转型升级，提高产业竞争力。

宜家是一家以提供平价且实用的家具而闻名的瑞典公司。宜家通过鼓励顾客参与家具的组装和设计，实现了参与式设计创新。顾客可以根据自己的需求和喜好选择不同的组件和配件，自由组合成适合自己的家具。这种参与式设计创新不仅能够满足顾客的个性化需求，还提高了顾客对产品的满意度和忠诚度（见图9-9）。

设计你的专属储物方案

图9-9 用户可以在宜家网站自主设计储物方案（图片来源于宜家官网）

小米作为以智能手机和智能家居产品著称的中国科技公司，它从创立之初做第一款产品MIUI系统时，就从多个论坛里筛选出100个极客级别的用户，与研发工程师团队之间互动交流，参与MIUI操作系统的研发，小米社区就是在这一理念下诞生的，它在上线之后就成为小米与用户交流的平台。通过与用户社区的互动不断改进和优化产品，小米鼓励用户提供反馈和建议，通过软件更新和新产品发布来回应用户的需求。这种用户参与式地设计创新使小米能够快速响应市场需求，不断改进自身产品。

Threadless是一家在线T恤设计平台，它通过举办设计竞赛和社区投票来实现参与式设计创新。设计师可以提交自己的T恤设计作品，社区成员可以投票选择最喜欢的设计，获胜的设计将被制成T恤并在网站上销售。不仅为设计师提供了展示才华的机会，还使消费者拥有更多的自主选择权，体会更多样独特的产品。

在现今社会，网络化的组织和系统正在深刻地改变着人们的生活方式。随着新技术的不断涌现和数字媒体的广泛应用，生产和社交方式都发生了巨大变革。实际上，参与式设计不仅仅是一种具体的设计方法，更是一种设计哲学。它强调了用户的参与和反馈，让更多人能够参与到设计的过程中来，从而实现真正的“民主化”创新。在信息化的时代，随着通信技术的进步，用户有了更多的机会和工具来开发自己的产品和服务，这也为参与式设计提供了更大的发展空间。人们生活在一个充满挑战和机遇的时代，比任何时候都更需要齐心协力，共同解决面临的问题。协作和创造的力量来源于人们找到共同点的能力，分享想法，使用共同的语言，以及共同创造一个更美好的未来。

### 9.3.3　设计组织的社会创新

21世纪以来，社会创新与设计联系密切，社会创新可以是设计的目标，也可以成为设计的推动力。以改变人类社会为目的的设计，可以称之为社会创新设计。社会创新设计即基于社会创新视野下的设计活动，包括设计为了启动、促进、支持、加强和复制社会创新所做的一切，聚焦设计之于社会变革的重要意义。设计师的角色是作为整个过程的重要贡献者，以促进者、活动家、战略家以及文化推广者的角色融入整个协同设计过程之中。

目前设计的社会创新体现在了多个方面，这里主要从高校、企业、设计中心、工业设计园区这几个方面进行介绍。

#### 1. 高校设计专业的社会创新

首先，在各国的工业设计发展规划中，普遍制定了明确的教育体系与相关的阶段性目标。如韩国在其第二个设计振兴五年计划（1998—2002）中，除整体修订大专院校的工业设计理念、大纲、方法、形式外，还在大学中建立了十五个设计创新中心，提倡产学研相结合。在这五年中，韩国工业设计专业的毕业生同比增长27%，由原来的28583人上升到36397人。这其中，教育系统的人才输出不再局限于有限的几种知识背景，而是扩展到从造型到综合表现，从视觉到情感心理等多元范畴。美国很多工业设计学校为专门服务于某一产业而办学，如汽车、电器、家具等；有的学校注重于实用主义的设计哲学研究；有的学校把美术与工业设计相结合，在装潢、展览、陈列、包装、标志等方面培育综合能力。对于工业设计从业机构的发展而言，人才输入端的数量增长和类型多样，带来的是自身知识体系和组织结构的变化，其所提供的设计输出将更加倾向于系统性的问题解决方案，而不再聚焦于线性的色彩及造型美化层面。此外，在产品的研发与设计过程中，工业设计从业者与非设计学科从业人员之间的沟通大幅增进值得关注，这对于企业内部工业设计部门的日后构型意义深远。

#### 2. 企业设计部门的社会创新

绝大部分企业的初期阶段，多是由企业创始人定义或参与定义的。当企业发展需要次代或三代产品时，其外观与功能的共同完善将变得重要，于是专业的设计人员应运而生，而定义产品的通常仍是企业的领导者或市场人员。

企业的服务对象为终端客户，控制企业内部工业设计部门发展的内在动力机制源于企业利益与终端用户需求之间的矛盾关系，这种矛盾关系更深层次受制于企业的设计能力与技术能力所产生的博弈，二者的理论平衡是这一关系的界点。若在一定时期内，企业的核心竞争力由设计所实现，则通常表现为企业利益更多服务于用户需求；而若技术成为企业核心竞争力的主导，则通常表现为企业利益牵引用户需求。

目前，中国企业内部工业设计部门的发展趋势将从以下几个方向演进，呈现出致力深度或融入战略研发的机制。

（1）趋向品牌化的设计价值　进一步将工业设计致力于企业品牌体系，构建当今社会的竞争，核心内容已经从产业设计致力于企业品评的多要素扩展至一个企业视觉及心理的各个层面，因而品牌是一个“企业要素系统”，包括企业的产品、识别、行为、文化、沟通策略以及表达等众多领域。工业设计致力于此，目的在于沟通和协调企业品牌各要素之间的良好关联。

（2）趋向机制化的设计价值　进一步将工业设计致力于企业创新机制的构建越来越多的变化表明，工业设计的知识结构和能力特质正作为国际领先企业的必要资源，融入支撑企业庞大系统运转的战略机制中。可以说，国际卓越企业中的工业设计将愈发趋于对企业生存和发展进行从原有宣传到更深机制化的必要匹配中。

（3）趋向整合化的设计价值　进一步加强与外部设计力量的合作。如何处理企业内部工业设计与外部设计力量的关系是当今企业创新所面临的问题之一。自主创新主要依赖企业内部的设计，但外部设计力量是制造型企业不可忽略的策略组成。外部设计力量通常包括独立的设计机构与设计院校。随着消费者需求的多元化，企业很大可能将逐步依赖内部设计部来解决主体及常规设计任务，利用外部设计力量激励内部设计，并以外部设计促进内部设计的变革，作为自主设计储备的重要方式。诺基亚公司自 2005 年 5 月开始，以 5 年投资计划，请全球独立设计机构与设计院校展开对世界各个地域和民族的文化差异与生活形态的研究。2007 年更是投入了上亿元人民币在全球 12 个国家的设计院校开展了一系列名为“唯一星球”的本地化服务设计合作项目。

#### 3. 设计中心的社会创新

近年来，中国的独立工业设计机构发展迅猛。所谓独立工业设计机构，一般是指基于一到两家企业的设计业务而起，并与所面对的几家长期客户的命运系在一起。其发展几乎被其所服务的企业所左右，扮演着企业整体生存体系中的某个变化性角色。如果能在企业的相应阶段帮助该企业进化和提升，这家设计机构将不断成为多家企业的核心动力源，并有可能塑造成为多家企业的设计管理指导机构。反之，其将不断处于在相似发展阶段的多家企业中徘徊，不仅使所服务的企业无法进阶，设计机构本身也受制于此而无法向高阶迈进。此外需要注意的是，独立工业设计机构的规模通常有一定的极限瓶颈，这与其所处地区的工业经济形态与产业结构类型息息相关。

独立工业设计机构对多个行业均有了解，善于将不同行业的设计思路融合，对各行业设计领域的工业流程和工艺水平基本了解，设计创新能力强，不受某一行业的技能限制，对各行业敏感度普遍较高。然而，其通常不甚了解所服务企业的战略发展方向，对企业的技术和工艺水平认知不深，容易造成设计的实现性下降，对消费的理解相对较弱，易受制于恶性的价格竞争和各类短期利益，创新能力通常因发展战略的混沌而受到影响。

独立工业设计机构的服务对象为企业，控制独立工业设计机构发展的内在动力机制源于自身利益与企业需求之间的矛盾关系，此种方式不受制于独立工业设的设计能力与制造生存的手段，则通常表现为自身利益迎合于企业需求；而若其具有较强的制造和加工能力，则通常表现为自身利益协同企业需求。

独立工业设计机构的发展趋势一般也会朝向以下几个方向演进：

（1）趋向咨询化形态的发展方向，成为大型专业设计战略及方案咨询机构　咨询化形态是知识经济与设计服务特征的有效融合。在制造能力缺失和力图摆脱竞争的双重挑战下，“顾问型”设计思维服务成为算式答案。其服务内容主要包括企业宏观的设计战略以及具体的产品设计思路。核心竞争力在于提供卓越设计思维指导下的创新流程与方法，用以优化企业的品牌体系，服务的载体集中在理论和知识层面，美国的 IDEO 公司和国内的上海桥中设计咨询管理有限公司都是此种服务类型的先行实践者。

（2）趋向品牌化形态的企业方向，成为拥有自主品牌的特质企业　在信息和知识语境下对于资源的掌控和调配能力同样可以被预见为重要的经济形态思路。聚焦于设计领域，对于需求、从业者以及市场机制的综合统筹通常以卓越的设计管理能力作为呈现，也促使相当数量具备有限制造能力的独立工业设计机构朝此经济形态发展。其主要提供基于自身品牌的产品与相关服务。核心竞争力在于以超新设计及优秀设计师的社会影响力所综合构筑的品牌价值。

（3）趋向平台化形态，成为整体服务解决方案的组织提供商　由于逐渐具备自身所涉及的产品领域中某一项或几项环节的核心制造能力，此类独立工业设计机构日趋倾向于为企业直接提供具有较完善实现性的产品元件，并且拥有局部范围批量化生产的能力。除不形成自身品牌外，拥有基于产品技术和设计的知识产权。服务载体集中于具有优势技术的设计-制造系统层面。

总体而言，中国的工业设计事业从业机构的趋势变化无疑受制于多方载体的利益关系。然而不应忽略的是，设计的根本要务仍在于合理满足人类在不同时空语境下的各类需求。作为服务载体无论如何演进，其始终都应遵循以人为本的恒定价值。作为当今社会经济组成中设计行为环节的实践者，企业设计部门与独立设计机构都在维持其生存和发展的基本前提下承担着修缮和提升工业化文明的历史责任。其未来的趋势性形态，也都需要成为不断发展和演进的工业化系统机制中的有机一环，通过一类有效且具备可持续价值的服务内容施益于人类本身，才能够参与和生存于工业文明日后前行的进程。

### 4. 工业设计园区的社会创新

2007 年时任总理温家宝批示“要高度重视工业设计”之后，工业设计产业的形态开始呈现多元化，设计文化创意平台、促进中心、工业设计园区等如雨后春笋般地发展起来。产业主体开始趋向多种形态并存的特征，以企业为代表的应用性工业设计领域，以职业设计公司为代表的服务性工业设计领域，以专业设计人才培养的大专院校、职业培训等综合性人才培养的领域和以产业园区为代表的与区域经济相对接的集聚性工业设计领域等，共同形成了中国工业设计产业第三个阶段的主体结构。

其中，工业设计园区是最具特色的一个，其总体特征有以下三点：

（1）大规模高速增长阶段　园区数量高速增长，全国已有设计创意类园区超过1000家，以工业设计为主的园区60多家。其辐射的设计企业和企业设计部门超过6000家。人才辐射数量也高速增长，全国已有设计类专业院校超过1700家，工业设计院校超过500家、在校学生总人数超过140万。与园区相关联的设计企业数量高速增长。以北京和深圳举例，北京工业设计产业起步较早，规模和技术服务水平都处于国内领先地位。统计在册的结果显示，2009年时，北京工业设计及相关业务收入已达60亿元，目前有200余家综合企业建立了自己的工业设计部门，全市专业工业设计公司400余家，主要集中在IT、通信设备、航空航天等领域。这些单位都与园区建立了多形式的连接。同样，2009年深圳工业设计专业的单项产值近2亿元，各类工业设计企业超过3500家，有5000余家设计型单位与园区发生深度连接。

（2）园区数量的高速增长　工业设计园区日益成为产业聚集的重要载体。近年来，在各地方政策的引导下，一些有条件的地区陆续建立了工业设计或设计产业园，全国设计创意类园区已突破1000家，以工业设计为主体的园区有40多家。其中，较有代表性的园区有：北京的DRC工业设计创意产业基地、无锡的工业设计园、深圳的设计之都产业园、深圳的工业设计产业园、上海的8号桥设计创意园、顺德的广东工业设计城、宁波的和丰创意广场等。这些园区在当地政府的大力支持下，吸收国有资本、民营资本和外资共同投资兴建，采取市场化运营方式，形成了明显的聚集效应。其在人才辐射上也形成了一个高地，拉动并影响了劳动力数量的增长。据不完全统计，我国工业设计从业者年龄结构主要在20～30岁之间，所占比例达到总人数的93%，主要分布于经济发达城市。其中，华北、华东、华南地区分别为24%、22%和20%，西南和东北地区分别占8%，西北地区为4%。目前，北京、上海、浙江、江苏、广东等经济发达地区的设计从业人员迅速增长。截止到2011年，北京与设计相关人员已近25万人，其中工业设计相关从业人员超过2万人；而在广东，工业设计的从业人员已超过10万人；在上海，工业设计人员也已超过8万人。根据不完全的统计全国直接从事工业设计的总人数约50万，这种规模与增长速度都是十分可观的。2006年全国设有工业设计的院校共260多所，相当于2000年的2倍，而截止到2011年，全国拥有工业设计的院校已超过500所，每年毕业生约3万人，为我国工业设计产业的高速发展提供了丰富的人力支持。

（3）工业设计园区成为中国工业园区的发展新主题　工业园是19世纪末工业化国家作为一种规划、管理、促进工业开发的手段而出现的。作为工业发展的一种有效手段，工业园区在降低基础设施成本，刺激地区经济发展，以城市集约化方式拓展社区综合效能和提供各种有效的资源与环境带来了巨大的作用。随着我国工业化进程的不断深入，伴随工业地产规划和经济发展的深入，致力于对工业区深度开发和文化性拓展也步入实践。

目前，工业设计园区独树一帜，成为各级地方政府和经济管理部门合理规划工业布局，从规划、转型和企业升级等方面，提升本地区科技、文化和城市内涵的重要举措。它为产业提供集生产、研发、物流、展示及融资等内容于一体的综合解决方案；为当地企业构建一个多元化的发展平台，以及从策划到规划、从文化到经济，在新的环节上创造社会生产价值的最大化。我国工业设计事业的发展，虽然仍处于初级阶段，与工业化的发展要求和发达国家的设计发展水平相比还存在着很大差距。但我国工业化发展在许多方面已经萌发出了独具特色的发展方式和经营理念，受到来自世界同行们的关注与尊重。

我国以设计创新为核心来建设园区的现象，并迅速成为近十年中国设计创新社会机制的亮点，是一个十分鲜明的标志。显示着各地大力发展“设计创新”事业的形态与生态，正极大地丰富着工业设计呈现给社会经济、文化和服务的崭新途径。原来以某个企业为中心、以其产品具体设计的服务已经被跨越，而以一个地方经济的产业环境为背景，从产业转型和行业升级以及更为宏观的层面上展开工作，并形成面向社会与市场的主力军。工业设计园区已成为政府转变地方经济发展方式和企业转型升级的重要手段，整个社会对工业设计园区有了一个更为全面、客观的认识与评价。

人们对工业设计园区的作用，从认识不足，到高度重视；从缺乏高水平的专门人才，到踊跃提升自主创新的能力；从政策支持、行业管理和知识产权保护，到各地区有关部门充分认识，积极推动设计事业，切实有效地促进设计创新的发展。中国设计园区的蓬勃发展既是历史赋予的机遇，也是时代提出的要求。

设计是当代创业创新园区的精髓。设计的思维、理念和事业的兴起，必将成为中国深化改革的成果，也是实现“中国创造”战略的关键动能。工业设计园区的建设机制应当基于政产学研的综合发力。在依托所在地区的整体规划、城市发展、产业定位等战略目标的基础上，为社会和国家战略贡献力量。

# 9.4 工业设计与生态文明建设

## 9.4.1 以双碳目标与可持续发展为导向的设计

伴随人类社会发展速度的加快，生态环境的污染和温室气体引起的全球变暖等问题的不断加剧，绿色健康可持续发展已成为各个国家的共识。联合国也制定了相关公约，倡导各个国家的行业发展遵循低碳排放的原则，以应对严峻的气候变化形势。2015 年 9 月，联合国通过了 17 个可持续发展目标。我国的各行业逐步以“双碳”为目标，调整发展布局保证企业健康发展，2020 年 9 月，我国提出“双碳”战略发展目标，奠定了长期的战略发展方向。

随着“双碳目标”上升为国家战略，对加快能源体系的清洁性、低碳性、安全性和高效性提出了更高要求。而对于国内的各行各业而言，在选择未来发展方向方面必须充分考虑到绿色低碳转型，这是国家战略发展的新要求，更是未来行业发展的趋势使然。潍柴动力是山东高端装备制造龙头企业，作为中国内燃机行业的领军企业，潍柴动力秉承“绿色、清洁、可持续”发展理念，积极践行社会责任，牢牢把握绿色低碳转型发展趋势，着重打造绿色产品、绿色制造、绿色运营以及绿色产业链，走出了一条绿色低碳高质量发展之路，助力国家双碳战略目标的实现。潍柴动力在推动绿色转型、拥抱可持续发展方面做出了突出贡献。在降低传统发动机能耗的同时，积极布局新能源多条技术路线，持续推动行业转型升级（见图9-10）。在传统能源方面，潍柴动力持续加大研发投入，满足全球最高排放标准，加速推动道路用车辆和非道路机械向“零排

图9-10 潍柴动力 WP13 发动机（图片来源于潍柴动力官网）

放”技术升级，同时兼顾油耗降低与性能提高，为行业节能减排提供“潍柴方案”。此外，潍柴动力的天然气发动机本体热效率突破54%，如果这款发动机实现商业化应用，每年可为我国减少碳排放9000万t，将对我国节能减排产生巨大的推动作用，助力行业双碳目标的加速实现，也为商用车的新能源转型起到积极的示范效应。

晨光作为全球最大的文具制造商之一，在双碳政策的响应之下，发布了国内首款“碳中和”系列文具。晨光的碳中和文具是其携手美团“青山计划”共同打造的，以“环保记”为系列名称，共计8款产品，包括中性笔、荧光笔、记号笔、笔盒、笔筒和订书机等常用文具品类。该系列文具突出简洁风格和轻量化的产品设计，产品外包装盒上显示产品使用的塑料由回收的外卖餐盒塑料再生制作而成。在生产过程中，晨光积极践行节能减排方式，如工厂光伏发电全覆盖等减少碳排放。此系列产品从原材料获取、生产加工、运输分销到使用、废弃处置阶段，达成全生命周期碳中和。每支碳中和系列中性笔笔身采用回收餐盒再造的再生塑料，可减少约2.3g塑料产生的碳排放。除此之外，为提升产品使用安全性，晨光在行业首创性推出采用食品级原料、减少化学品使用的儿童美术产品，即笔杆采用可再生速生杨木、安全环保水性漆的马可“三好铅笔”系列等（见图9-11）。

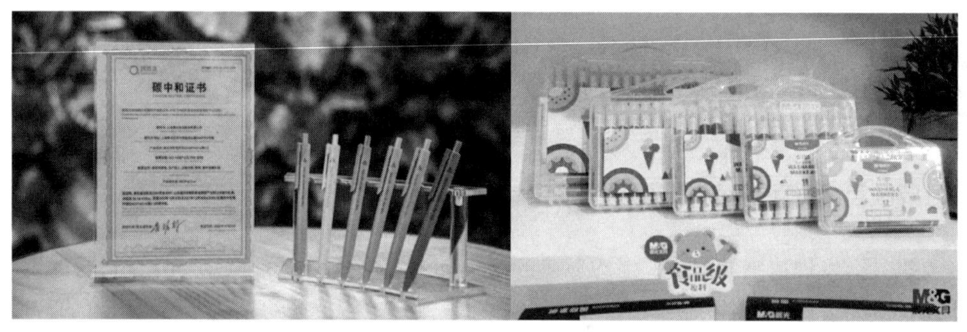


a）碳中和系列文具　　b）食品级原料的儿童水彩笔

图9-11　晨光碳中和系列文具和晨光食品级原料的儿童水彩笔（图片来源于晨光文具官方服务号）

工业是发展的基石，工业设计在推动节能减排和实现可持续发展的零碳目标中扮演着至关重要的角色。首先，积极引进和广泛使用环保材料是必要之举。在“双硬”战略的推动下，企业需将环保新材料的应用置于优先位置，确保产品从源头上减少对环境的负担。其次，构建循环经济体系是企业的重要职责。这意味着从产品的立项、设计、生产、销售到回收的每一个环节，都应遵循低碳标准，实现资源的有效利用和废弃物的减量化。最后，改进生产工艺流程并探索新工艺、新设计，不仅有助于提升产品的附加值，更是实现节能减排和可持续发展的关键路径。

### 9.4.2　乡村振兴与城市更新背景的设计

乡村振兴背景的设计，旨在通过设计手段激活乡村经济和文化，提升乡村居民的生活质量和幸福感。这一设计理念起源于20世纪初的乡村建设运动，随后在全球范围内得到了广泛的推广实践。在中国，乡村振兴战略的提出更是将这一设计理念推向了新的高度。城市更新，是指对中心城区建成区内城市空间形态和功能进行整治、改善、优化，从而实现房屋使用、市政设施、公建配套等全面完善，产业结构、环境品质、文化传承等全面提升的建设活动。城市更新背景的设计，是针对城市老化、功能衰退等问题而展开的一种城市更新和再生的设计方式。它起源于19世纪末的欧洲城市更新运动，旨在通过城市规划设计手段改善城市环境、提升城市功能和品质。在中国，随着城市化的快速推进，城市更新也成为城市发展的重要手段。

乡村振兴和城市更新是中国城市化发展的两个重要方面，乡村振兴通过促进农村经济、社会、文化等方面的发展，提高农村居民的生活水平和幸福感，实现城乡一体化发展。城市更新则是为了改善城市的环境、提高城市的品质和竞争力，促进城市的可持续发展。

重庆市万州区长岭镇东桥村适老化提升改造项目是一个以关爱农村老人为目的的适老公共空间建设，该项目的改造内容包括公路“白转黑”、水泥地坝铺上防滑石板、梯道无障碍改造、新建活动广场和公厕、安装栏杆和扶手等。该项目的实施有助于提升农村居民集中点的无障碍、安全性和环境优美程度，为农村老人打造一个养老公共空间样板，对农村养老问题提供了新的思路和解决方案。它通过对场地的不断梳理和多次实地走访，从安全性、便捷性、适用性、参与性 4 个维度增加适老化改造，同时深挖东桥村所在地的农耕文化，将乡村元素用于设计中，建设充满人文关怀的适老化科普文化长廊，以强化村民们的社会身份认同，提升其幸福感。

项目充分考虑老年人的安全需求，进行针对性的设计，如平整场地、防滑处理。在设计中采取安全措施、消除安全隐患，在道路两旁全程安装无障碍扶手，保证了老年人出行活动的安全。同时梳理交通空间，减少场地内梯坎的使用，增加无障碍通道，平整场地，提高场地的通达性和便捷性。根据老年人生理特点，在场地内设置座椅、休闲健身设施，打造更多广场及活动空间，提高空间适用性。增加活动场地功能的丰富度，包括太极广场、器械健身、康体漫步道、卵石按摩步道，保证安全性同时最大可能增加老人活动的参与性。除此之外，还向村民募集闲置农具，并将其安置在公共场所中、以农具为主题的景观节点展示，能让村里的老人们回忆起农忙时热火朝天的热闹景象，抚慰留守老人们的心灵，也唤醒其社会的身份认同。栏杆、围栏使用了大量的竹编艺术贯穿其中，质朴且具有温度。尊重场地，尊重本土文化，选用本土植被作为景观植物使用。搜寻当地废弃的老石板、砖、瓦等作为主要的铺装及墙面装饰材料，生态环保、造价低廉且具有较好的风貌效果，以确保在预算有限的情况下实施改造（见图 9-12 和图 9-13）。

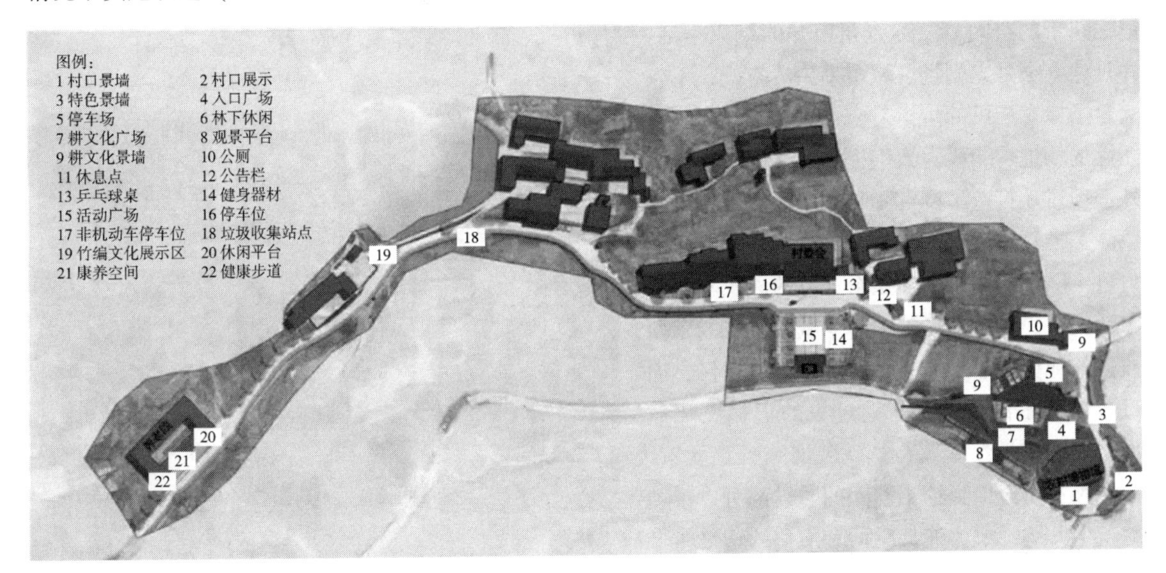


图 9-12　重庆市万州区长岭镇东桥村改造图纸样

图 9-13　重庆市万州区长岭镇东桥村改造后的面貌

重庆万州吉祥街城市更新项目是城市更新背景之下的一个案例，项目处在城市新与旧空间的交界面上，前靠新商业，背靠老旧街巷居民区。改造之前，该街区中心场地空间愈渐老旧破败，景观风貌形象差，引入段甬道空间车辆堆积、环境脏乱，街道的视觉主立面为万达商业建筑的背立面，挂满了空调机，管线杂乱，场地存在着高差复杂、居住界面混乱问题。

改造之后，设计保留了大量老的基底，对场地原有结构、树木保留，尊重现有巷道肌理与风貌，实现传统与新兴业态的融合共生，通过“点式”街巷的改造，促进城市的有机微更新，产生网络化触发效应，同时促使社会资源共同参与主动改造。将破旧消极的老城街巷，改造成为一个连接新生活与旧文化且充满记忆纽带的空间，复苏万州市井的烟火生活。并且建立了月光剧场、城市书屋等空间，不仅满足了原有居民的生活需求，还增加了更多可能性的场地功能，为人们提供了休闲平台。此外，项目还打造了网红咖啡店，引入更多年轻载体，推动地摊儿经济等，为街区注入鲜活的力量。除了延续生活在这个地方的居民本身的生活文化，设计把场地本身承载着记忆的东西被完整地保留下来，在场地置入城市记忆，通过景观的手法，将万州港过去的记忆文化载体，演变成景观墙体、景观装饰等景观元素。让居民和游客走到这个空间的时候都可以跟场地产生共鸣，成为连接生活和文化的记忆纽带（见图 9-14 和图 9-15）。

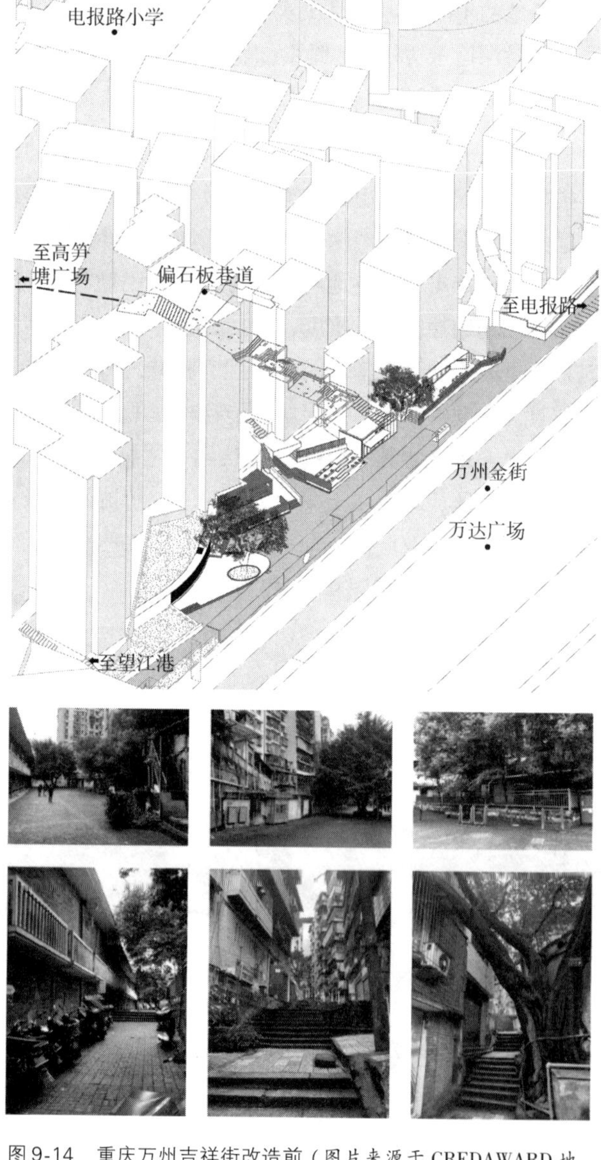


图 9-14　重庆万州吉祥街改造前（图片来源于 CREDAWARD 地产设计大奖中国官网）

图9-15　重庆万州吉祥街改造后(图片来源于CREDAWARD地产设计大奖中国官网)

在山地地区，城市更新与乡村振兴的研究实践显得尤为重要，因为这些地区常常需要在城市发展与自然山水环境之间寻求平衡。山地城市不仅要克服地形的限制，还要努力实现与山水环境的和谐共生。即便是在表面平坦的城市区域，其区域发展、整体规划、空间形态以及布局扩展都需紧密结合整体的山水格局进行考虑。此外，众多中小城市正经历着城市更新与乡村振兴的双重过程。随着城市的不断扩张，城乡交界处常常呈现出一种混合状态，既有城市的繁华，又有乡村的宁静。因此，在这些地区，如何将城市更新与乡村振兴有机结合，实现城乡一体化的可持续发展，成为一个亟待解决的问题。同时，在智能时代下，科技创新将在乡村振兴和城市更新中发挥越来越重要的作用。

## 9.4.3　设计的伦理与社会责任

工业革命是一把“双刃剑”，人工智能这一新技术革命也是如此。在大数据的背景之下，人们经常会有如此感觉，好像被手机监视了，手机软件会精准推送与自己生活息息相关的信息，发达的互联网在提供便利的同时，也挑战着人们的隐私权。科学技术的发展深刻影响了设计客体的属性变化，智能产品能够获取和处理海量的用户信息，给用户提供个性化的服务，同时也在重塑用户的实践经验和思维模式，这可能会导致诸多伦理风险和社会责任困境。

人工智能最大的特征是能够实现无人类干预的，基于知识并能够自我修正的自动化运行。智能时代之下的设计需要大量的数据来支持其设计和优化，但是这些数据往往涉及用户的隐私和安全。如果这些数据被泄露或滥用，将会对用户造成严重的影响。此外，在开启人工智能系统后，人工智能系统的决策不再需要操控者进一步的指令，依赖于人工智能技术的决策和行为可能会对人类造成不可预测的影响。大数据设计背景的产品和服务可能会对用户的权益和公平性造成影响，例如对用户数据的滥用、对用户权益的侵犯等。因此，人工智能的责任和道德问题成为一个重要的设计伦理问题。

Facebook于2007年推出的“朋友列表”功能，可让用户选择公开自己的某些信息。然而，一家名为Cambridge Analytica的公司利用这一功能，非法获取了约5000万用户的个人数据，包括性别、年龄、婚姻状况、政治观点等。打车软件Uber也曾通过“上帝模式”功能记录用户的个人信息，包括家庭住址、信用卡信息等。此外，Uber还被指控未经许可收集用户的通讯录信息，并将用户的个人信息共享给第三方。Google通过收集用户的搜索记录、浏览记录和地理位置等信息，将其用于广告定向投放。然而，这些信息可能包含用户的隐私信息，如疾病史、政治观点等。

如同过去人们利用技术创新有效应对了垃圾邮件、计算机病毒等诸多挑战一样，技术创新同样能够在提高未来人工智能的安全性方面发挥重要作用，从而最大限度地减少其对人类生活的负面影响。毕竟，问题的产生往往伴随着解决方案的出现。技术创新所带来的问题，最终还是需要依赖于持续的技术创新来逐步改善甚至彻底解决。此外，设计伦理的制定同样至关重要。短期内，人们或许可以通过将现有法律延伸到虚拟领域来应对挑战，但从长远角度出发，制定全新的法规，对大众进行必要的教育，以及尝试利用技术手段解决技术问题，无疑是新技术普及过程中不可或缺的环节。这些措施将共同为新技术的发展奠定坚实基础，确保其健康、可持续地融入社会。

## 复习思考题

1. 概述AIGC的定义，谈谈自己对AIGC的理解与体会。
2. 技术进步的智能时代工业设计有哪些机遇与挑战？
3. 设计维度的拓展包括哪些方面？对工业设计有何影响？
4. 跨学科设计合作在智能时代的重要性是什么？如何实现跨学科设计合作？
5. 参与式设计创新在智能时代的应用场景有哪些？
6. 设计的社会创新有哪些组织形式？
7. 如何通过设计实现可持续发展？
8. 有哪些乡村振兴与城市更新相关的设计案例值得学习和研究？
9. 智能时代的工业设计需要考虑哪些伦理和社会责任问题？

## 案例分析

### 阅读1　人工智能的发展

本书第8章介绍了机器人产业，值得一提的是，人工智能和机器人是两个不同的概念，但它们之间存在一定的联系。人工智能（Artificial Intelligence，AI）是指计算机系统能够执行人类智能所需的任务，例如理解语言、学习、推理、感知和行动等，是一种软件技术，它可以应用于各种领域。机器人（Robot）则是一种物理设备，通常由机械臂、传感器、控制器和其他硬件组成，可以通过编程和控制来执行任务。虽然人工智能和机器人是不同的概念，但它们可以结合使用。人工智能可以用于控制机器人的行动，使机器人能够更好地执行任务，还可以用于分析机器人收集的数据，以改进机器人的性能和效率。

人工智能的发展历史可以追溯到古代，人们通过幻想和预言，表达了对人工智能的期待。其中，希腊神话中的塔罗斯是一个被赋予了人工智能的机器人。在中国，西周时期的学者们就开始推究与探索人类的思考过程是否可以机械化。到了 20 世纪，数理逻辑研究取得了突破，人工智能开始崭露头角。其中，德国哲学家莱布尼茨提出了人的思考过程可以机械化的观点，而弗雷格则证明了“不完备定理”。1950 年，英国科学家图灵提出了著名的“图灵测试”，即如果有一台机器能够与人类通过电传设备交流，而不能被辨别出机器身份，那么这台机器就拥有了智能。这一理论推动了可编程机器人的发展，世界上第一台可编程机器人由美国工程师乔治 · 德沃尔设计完成。1956—1974 年，人工智能迎来了发展的黄金时代。这一时期，人们得到了无条件的经费支持，人工智能领域的研究也取得了重大进展，如启发式算法的出现，使得机器变得更加智能。首台人工智能 Shakey 和首台聊天机器人 Eliza 的诞生，更是让人们对人工智能充满了期待，认为在二十年内，机器将能完成人能做到的一切工作。然而，1974—1980 年，人工智能经历了第一次低谷，由于数据匮乏和第五次工程的失败，人工智能的发展受到了阻碍。直到联结主义的出现，人工智能才再度繁荣。但由于狂热的追捧和盲目的乐观，人工智能很快又遭到了冷落。从 1993 年至今，人工智能经历了两次繁荣和两次低谷，但总的来说，人工智能正在稳步前行，逐渐接近人类。

**分析与思考：**

1. 人工智能与机器人的深度融合将如何影响未来的工作和生活？
2. 人工智能对人类的思维方式和认知能力产生了哪些影响？如何将这些影响体现在设计当中？

## 阅读 2　AI 时代，工业设计何去何从

随着技术的不断进步和应用，人类逐渐从繁重的体力劳动和繁杂的脑力劳动中解脱出来，这是工业文明从 1.0 到 4.0，甚至迈向 5.0 的重要特征。这一过程中，人的体力和脑力、智力和慧力之间的转化变得尤为明显。

AI 时代的到来给人类社会带来巨大冲击，AI 时代不仅解放了人类的双手，更在某种程度上释放了人类的思维。传统的工业生产方式往往需要人们进行大量的计算、分析和决策，而现在，这些任务可以由 AI 系统来承担。人类得以从烦琐的计算中解脱出来，将更多的精力投入到创新和思考中去。工业设计也迎来了新的发展机遇，AI 技术大大提高了设计效率，还可以模拟人类的思维方式和创新过程，为设计提供更多的灵感和可能性。

但是，人们也要看到，AI 并不能完全取代人类在设计中的作用，AI 时代的来临并不意味着人类可以完全放弃思考和决策。相反，人们需要更加关注人类的整个命运，更加注重人文精神。设计本质上是一种创造性和人文精神的体现，它需要人类独特的审美、情感和价值观的融入。AI 可以提供数据和技术的支持，但最终的决策和判断仍需要人类来完成。在利用 AI 技术的同时，需要保持对人类的尊严和价值的尊重，确保技术的发展符合人类的利益需求。同时，人们也需要深入探究工业设计的基础理论，理解其本质和规律，以便更好地应对未来的挑战。只有深入探究技术的本质和人类的本质，才能更好地理解技术的发展和人类的需求。因此，人们也需要关注不同时代里的经典和现象，以便从中汲取经验教训，为未来的发展提供借鉴参考。

面对 AI 技术的崛起，如果人们选择成为机器的附庸，或是因担忧其飞速发展而陷入绝望，那么人们将错失自我革新的良机，无论未来是否真的出现技术奇点。如果人们沉迷于智能化时代的享乐，放弃对进步的追求，自我设限，工业设计的创新之路将停滞不前。然而，若人们以感恩的心态接纳 AI

技术，因为它将人们从烦琐单调的工作中解脱出来，得以释放潜能，若人们珍视人类独有的品质，如自由意志和情感连接，这些是AI无法复制的，且坚信人类与AI的和谐共生将激发出前所未有的创造力和价值，并付诸实践，那么人类与AI这一卓越组合将共同开辟工业设计的新纪元。

在这一愿景下，工业设计将超越技术与功能的界限，融入人类的情感、智慧和创意，与AI技术相互碰撞，共同创造出更智能、美观且实用的设计。这样的工业设计不仅满足基本需求，更将提升生活品质，丰富精神世界，成为推动人类文明进步的关键力量。人们不是被机器支配，而是与AI携手共进，成为共同创造美好未来的先驱者。

**分析与思考：**

1. AI与工业设计的融合如何保持人文关怀？

2. 思考工业设计的未来发展趋势。

# 参考文献

[1] 威尔斯．世界史纲［M］．孙丽娟，译．北京：北京理工大学大学出版社，2016.

[2] 奥斯本．钢铁、蒸汽与资本［M］．曹磊，译．北京：电子工业出版社，2016.

[3] 阿什顿．工业革命（1760—1830）［M］．李冠杰，译．上海：上海人民出版社，2020.

[4] 帕尔默，科尔顿，克莱默．工业革命：变革世界的引擎［M］．苏中友，周鸿临，范丽，译．北京：世界图书出版公司，2010.

[5] 吴军．全球科技通史［M］．北京：中信出版集团，2019.

[6] 李朔．中英工业设计发展历程轨迹比较研究［M］．北京：中国纺织出版社，2020.

[7] 王受之．世界现代设计史［M］.2 版．北京：中国青年出版社，2015.

[8] 何人可．工业设计史［M］.5 版．北京：高等教育出版社，2019.

[9] 耿明松．中外设计史［M］．北京：中国轻工业出版社，2017.

[10] 王晨升，倪瀚，魏晓东，等．工业设计史［M］．上海：上海人民美术出版社，2012.

[11] 卢永毅，罗小未．产品、设计、现代生活：工业设计的发展历程［M］．北京：中国建筑工业出版社，1995.

[12] 王震亚，赵鹏，高茜，等．工业设计史［M］．北京：高等教育出版社，2017.

[13] 兰玉琪，邓碧波．工业设计概论［M］.2 版．北京：清华大学出版社，2018.

[14] 毛溪．中国民族工业设计 100 年［M］．北京：人民美术出版社，2015.

[15] 赵儒煜．产业革命论［M］．北京：科学出版社，2003.

[16] 中国电子学会．机器人简史［M］．北京：电子工业出版社，2022.

[17] 李开复，陈楸帆．AI 未来进行式［M］．杭州：浙江人民出版社，2022.

[18] 陈炳祥．人工智能改变世界［M］．北京：人民邮电出版社，2017.

# 后　记

经全国高等教育自学考试指导委员会同意，由艺术类专业委员会负责高等教育自学考试《工业设计史论》课程教材的审稿工作。

《工业设计史论》自学考试教材由清华大学蒋红斌副教授担任主编。全书由蒋红斌教授撰写、统稿。

参加本教材审稿讨论会并提出修改意见的专家有北京信息科技大学高炳学教授、北京印刷学院赵颖副教授。

对于编审人员付出的辛勤劳动，特此表示感谢。

全国高等教育自学考试指导委员会

艺术类专业委员会

2023 年 12 月